机电产品加速试验建模分析方法与应用

Modeling Analysis Method and Application of Accelerated Test of Electromechanical Products

汪亚顺　陈　循　张春华　张书锋　著

国防工業出版社
·北京·

图书在版编目(CIP)数据

机电产品加速试验建模分析方法与应用/汪亚顺等著.—北京：国防工业出版社,2023.3

ISBN 978-7-118-12872-7

Ⅰ.①机… Ⅱ.①汪… Ⅲ.①机电设备—工业产品—加速寿命试验—系统建模 Ⅳ.①F764.4

中国国家版本馆 CIP 数据核字(2023)第 043408 号

※

国防工业出版社出版发行

(北京市海淀区紫竹院南路 23 号 邮政编码 100048)

三河市腾飞印务有限公司印刷

新华书店经售

*

开本 710×1000 1/16 印张 21¼ 字数 368 千字

2023 年 3 月第 1 版第 1 次印刷 印数 1—1500 册 **定价** 136.00 元

国防书店：(010)88540777 书店传真：(010)88540776

发行业务：(010)88540717 发行传真：(010)88540762

致　读　者

本书由中央军委装备发展部**国防科技图书出版基金**资助出版。

为了促进国防科技和武器装备发展，加强社会主义物质文明和精神文明建设，培养优秀科技人才，确保国防科技优秀图书的出版，原国防科工委于 1988 年初决定每年拨出专款，设立国防科技图书出版基金，成立评审委员会，扶持、审定出版国防科技优秀图书。这是一项具有深远意义的创举。

国防科技图书出版基金资助的对象是：

1. 在国防科学技术领域中，学术水平高，内容有创见，在学科上居领先地位的基础科学理论图书；在工程技术理论方面有突破的应用科学专著。

2. 学术思想新颖，内容具体、实用，对国防科技和武器装备发展具有较大推动作用的专著；密切结合国防现代化和武器装备现代化需要的高新技术内容的专著。

3. 有重要发展前景和有重大开拓使用价值，密切结合国防现代化和武器装备现代化需要的新工艺、新材料内容的专著。

4. 填补目前我国科技领域空白并具有军事应用前景的薄弱学科和边缘学科的科技图书。

国防科技图书出版基金评审委员会在中央军委装备发展部的领导下开展工作，负责掌握出版基金的使用方向，评审受理的图书选题，决定资助的图书选题和资助金额，以及决定中断或取消资助等。经评审给予资助的图书，由国防工业出版社出版发行。

国防科技和武器装备发展已经取得了举世瞩目的成就，国防科技图书承担着记载和弘扬这些成就，积累和传播科技知识的使命。开展好评审工作，使有限的基金发挥出巨大的效能，需要不断摸索、认真总结和及时改进，更需要国防科技和武器装备建设战线广大科技工作者、专家、教授，以及社会各界朋友的热情支持。

让我们携起手来，为祖国昌盛、科技腾飞、出版繁荣而共同奋斗！

国防科技图书出版基金

评审委员会

国防科技图书出版基金
2020 年度评审委员会组成人员

前　言

当前装备大部分是机、电、光、液一体化系统，机电产品是装备的重要组成部分。随着科学技术的进步，机电产品的功能日益增多，结构日益复杂。与此同时，用户对装备高可靠、长寿命的期待与装备生产商要求的短开发周期、低研制费用之间的矛盾日益凸显。因此，如何快速提高机电装备的寿命与可靠性，以及其评估效率的问题逐渐受到广泛的关注，而加速试验是有效解决此问题的手段与方法。

加速试验技术的基本原理是在失效机理不变的前提下，通过加大试验应力量级加快试验对象的性能退化或失效过程，一方面快速激发产品缺陷，通过改进设计或工艺，实现高效可靠性增长；另一方面获得加速条件下的寿命或性能退化数据，通过数学建模将加速试验数据转换到正常（现场）状态，进而对正常应力水平下的装备可靠性与寿命进行验证、评估或预测。

针对利用加速试验实现可靠性高效增长的问题，作者所在课题组（国防科技大学可靠性实验室）于 2007 年出版了《可靠性强化试验理论与应用》，此专著是国内首部公开出版的可靠性强化试验相关专著，系统地论述了可靠性强化试验的理论、方法和应用，可为可靠性强化试验的理论研究及工程应用提供参考。针对利用加速试验实现可靠性与寿命快速评估问题，可靠性工程领域有较为广泛的关注。作者所在课题组于 2013 年出版了《加速寿命试验技术与应用》，此专著系统地论述了加速寿命试验的理论、方法和工程应用，可为加速寿命试验的理论研究及工程应用提供参考。

总体上，目前以可靠性与寿命评估为目标的加速试验研究对象主要是电子产品和元器件等低层级产品。由于机电产品具有与电子产品不同的特点，如多相关失效模式、损耗失效、非指数分布、失效时间分散性大等，因此，将加速试验技术直接应用于机电产品可能存在适用性问题，面临新的挑战。

本书在《加速寿命试验技术与应用》的基础上，针对机电产品加速试验技术领域存在的理论与方法问题开展讨论，集成了作者所在课题组最近十多年来在该领域的重要研究成果，内容包括机电产品加速试验建模分析的理论、方法和工程应用的典型案例。全书共 7 章：

第 1 章介绍机电产品加速试验研究背景与需求、基本概念、研究现状、常用模型；第 2 章针对单失效模式加速寿命试验建模分析精度与工程应用问题，建立了单失效模式恒定应力及步降应力加速寿命试验的统计建模分析方法；第 3 章针对单失效模式加速寿命试验中引入退化失效的需求，系统介绍两类单失效模式加速退化试验建模分析方法；第 4 章针对多失效模式产品加速寿命试验建模需求，系统介绍多失效模式加速寿命试验建模分析方法；第 5 章针对多失效模式产品加速退化试验建模需求，系统介绍多失效模式加速退化试验建模分析方法；第 6 章针对加速试验综合建模分析及融合评估需求，提出两类加速试验失效机理一致性分析方法，系统介绍两种提高加速试验建模一致性的融合建模分析方法；第 7 章以某先导式安全阀、滚动轴承和关节轴承的加速试验为例，介绍加速试验在工程应用中取得成功应用的案例。

本书内容的特点：一是解决了机电产品多失效模式带来的多失效模式加速寿命试验建模分析问题，以及多失效模式加速退化试验建模分析问题；二是研究了如何检验机电产品试样在加速试验中的失效机理与服役条件下失效机理的一致性问题，以确保建模分析前提条件成立，以及如何通过融合评估方法提高加速试验的有效性；三是包含了多个机电产品加速试验的工程应用案例，可为其他机电装备加速试验的理论研究与工程应用提供借鉴。

本书力图理论联系实际，既注重对于加速试验这一新型技术领域的基本理论进行诠释，也注重对其试验方法及工程应用进行剖解，以开阔视野，启发思路。希望能为读者展示这一新型试验技术的研究与工程应用前景，推动加速试验技术的进一步研究与工程应用的深入开展。

本书的出版是集体智慧的结晶，感谢邓爱民、谭源源、张详坡、鲁相、万伏彬等多位博士在读期间所做出的成效卓越的研究工作，感谢温熙森教授多年来对课题组的大力支持和悉心指导，感谢于永利教授、陈文华教授对本专著的建议和大力推荐。

限于水平，书中难免有不妥之处，恳请读者指正。

作者

2022 年 9 月

于国防科技大学智能科学学院

目　　录

Contents

第1章　绪　　论

当前装备大部分是机、电、光、液一体化系统,机电产品是装备的重要组成部分。机电产品可靠性与寿命的科学有效评估对于确保装备在使用期内的可靠、安全运行,避免盲目延长使用期可能造成的安全隐患,以及提高可用性具有重要意义。随着科学技术的进步,机电产品的可靠性与寿命要求越来越高,使机电产品高可靠、长寿命评估成为亟待解决的难题。加速试验技术的出现使得这一难题的解决成为可能。

加速试验技术的基本思路是适当提高试验应力水平,记录加速应力水平下的失效数据或性能退化数据,在一定的假设条件下对试验数据进行建模分析,建立产品的寿命参数或退化模型参数与应力水平的关系,然后外推至使用应力水平,评估产品在使用应力水平下的寿命。由于采用了加速应力,使得产品的寿命历程大幅度压缩,因而可在产品使用寿命到期之前实现提前评估,且预测能力较强。因此,加速试验技术已成为在时间和成本约束下进行机电产品寿命评估的必然要求。

近年来,加速试验技术逐渐成为国内外可靠性工程领域研究的热点,但是目前加速试验的研究对象主要针对电子产品和元器件等低层级产品。机电产品具有与电子产品不同的特点,如多相关失效模式、损耗失效、非指数分布、失效分散性大等。同时,机电产品的功能日益多样,结构日益复杂,因此目前加速试验技术应用于机电产品可能存在适用性问题,面临新的挑战。

本书集中了最近十多年来作者所在课题组在机电产品加速试验建模分析与工程应用领域的最新研究成果,主要针对的问题包括:

1. 机电产品加速试验建模分析问题

加速试验建模分析方法在加速试验研究中占据重要地位。领域内的众多研究均聚焦于这一问题,具有较好的研究基础。我们主要解决了机电产品多失效模式带来的多失效模式加速寿命试验建模分析问题,以及多失效模式加速退化试验建模分析问题。

2. 机电产品加速试验有效性问题

机电产品加速试验有效性指通过加速试验可以在较短时间内获得机电产品

试验数据,实现机电产品寿命评估,而且寿命评估结果与其实际寿命的吻合程度较好。有效性问题是目前加速试验研究与应用中的热点,也是解决加速试验在更广领域工程应用的瓶颈问题。在这一问题中需要研究如何检验试样在加速试验中的失效机理与服役条件下失效机理的一致性,以确保建模分析前提条件成立,以及如何通过融合评估方法提高加速试验有效性。

3. 加速试验工程应用问题

工程实际中,机电产品的结构复杂、服役条件多样,如何利用加速试验建模分析方法实现其寿命预测与可靠性评估成为有待解决的难题。需要针对特定的机电产品对象研究解决如何设计加速试验方案,并开展加速试验获取试验数据,如何研究便于工程应用的建模分析方法分析试验数据,得到可靠性与寿命的预测与评估结果,并对结果的有效性进行分析等一系列问题。

本章在阐述本书的研究背景与所针对的主要问题之后,首先介绍寿命、寿命试验、失效模式、加速试验等基本概念,然后分别从统计建模分析、优化设计、多应力加速试验、工程应用、发展趋势等几方面阐述加速试验研究现状,接着概述加速试验寿命模型、加速模型、加速因子、竞争失效模型等相关模型。

1.1 基本概念及内涵

1.1.1 寿命与寿命评估

寿命是对产品可靠状态持续能力的时间描述,是重要的可靠性参数。比如,在导弹、鱼雷等“长期贮存,一次使用”的装备服役过程中,产品主要处于贮存这样一个非工作状态,贮存寿命就成为这一类装备最重要的可靠性参数,反映了装备可靠贮存状态的持续能力。对于这类装备,贮存寿命反映了装备在贮存寿命期内直接由贮存状态转化为需要的工作状态,进而转化为战斗力的能力。贮存寿命对于确保这一类装备维持较高的战备完好率,遂行军事任务、维护国家安全具有重大意义。

因此,寿命指标已成为装备可靠性指标一个非常重要的组成部分。在新研装备及在役装备中大量存在着寿命研究需求,主要包括两个方面:①在研制阶段如何通过有效的设计提高装备的寿命能力;②在使用阶段如何通过有效的延寿方法来延长装备的寿命期。上述两个研究需求面临的共同技术难题是长寿命评估,即如何通过有效的试验方法对装备寿命进行量化,为装备寿命设计、延寿提供可信的寿命信息。随着装备可靠性要求及可靠性水平的不断提高,长寿命评估的研究需求越来越迫切。我国的各类型号导弹、鱼雷装备的贮存寿命要求也都超过了 10 年。除了装备贮存寿命以外,武器装备的工作寿命、民用装备的使用寿命都存在类似的研究需求。

通常,产品的可靠性主要从可靠度和可靠寿命两个角度去衡量。可靠度(reliability)是对产品在规定的条件下及规定的时间内维持规定功能的概率描述。设产品的最大功能持续时间为 T , T 是 $[0,\infty)$ 上取值的随机变量,则产品在时刻 $t(t \geqslant 0)$ 的可靠度 $R(t)$ 是指产品最大功能持续时间超过时刻 t 的概率,即

$$R(t) = P\{T > t\} \tag{1-1}$$

寿命(life)是对产品在规定的条件下,满足规定可靠度要求的持续时间描述。设 $r(r \in [0,1])$ 为规定的可靠度,则相应的寿命则为

$$t_r = R^{-1}(r) \tag{1-2}$$

式中: $R^{-1}(r)$ 为式(1-1)的逆函数。例如, $t_{0.95}$ 表示为可靠度下降至 0.95 时的寿命,其物理含义是产品在规定的条件下,时间持续到 $t_{0.95}$ 时产品仍能保持规定功能的概率为 95%。

寿命评估(life evaluation)是通过合理的试验及试验数据分析量化产品寿命指标的过程。准确地评估寿命,可以确保装备的安全服役,实现装备的战备完好性,提高装备可用性,最大限度发挥装备的资源效益。由式(1-1)、式(1-2)可以看出,寿命评估的核心内容是获取装备的可靠度函数 $R(t)$,然后根据式(1-2)并结合规定的可靠度计算出装备的可靠寿命。

寿命评估主要应用于装备全寿命周期设计定型阶段的定寿以及服役阶段的延寿,如图 1-1 所示。其中,定寿是指在设计定型阶段对装备进行寿命评估,以验证寿命;延寿是指在服役即将到期时对装备寿命进行再评估,若可靠性仍满足(或通过维修或更换等措施后仍满足)要求则可继续服役,否则进行报废处理。

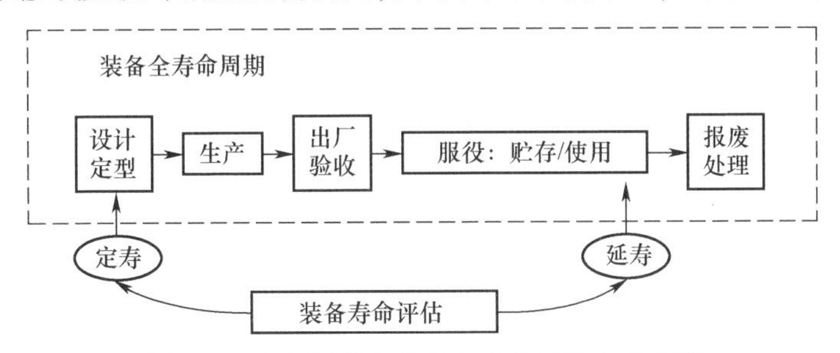

图 1-1 寿命评估在装备全寿命周期中的应用

1.1.2 寿命试验与加速试验

按照试验中加载的不同应力类型,寿命评估主要通过两种基本试验方法获

取寿命数据:寿命试验和加速试验。

寿命试验(life testing)是指在装备使用现场或者通过实验室对使用现场进行模拟,对装备加载真实的环境应力和工作应力,获取产品的性能退化或失效数据,并通过对这些数据进行统计分析来量化寿命指标的一种技术途径。寿命试验的理论和方法发展比较成熟,而且这种方法的评估结果相对真实可信。但寿命试验从本质上是在寿命实际消耗基础上的寿命统计,因此试验周期长、费用代价高,对于装备的使用和保障的指导意义不强。

美国罗姆航空发展中心(Rome Air Development Center)在1967年的一份报告中给出的加速试验的定义[1-6]:加速试验(accelerated testing)是在进行合理工程及统计假设的基础上,利用与物理失效规律相关的统计模型对在超出正常应力水平的加速环境下获得的可靠性信息进行转换,得到试件在额定应力水平下可靠性特征的可复现的数值估计的一种试验方法。通俗地说,加速试验是指在不改变产品失效机理的前提下对产品加载高于正常使用条件的应力等级,加快产品性能退化或失效过程,通过对加速应力下获得的数据进行统计分析,预测产品正常使用条件寿命指标的一种技术途径。

由于采用高应力量级加速产品的退化或失效过程,加速试验可以在产品的真实寿命消耗实现之前提前获得寿命过程数据,因此使得寿命指标的提前评判成为可能,也就是说,加速试验使寿命评估具有了预测能力。同时,加速试验在试验周期上大大缩短了寿命试验的时间消耗,提高了试验效率,降低了试验成本,因此使高可靠长寿命产品的寿命评估在工程上具有了实现的可能性。

表1-1对寿命试验和加速试验进行了对照分析,具体说明如下:

表1-1 寿命试验与加速试验对照分析

试验类型	寿命试验	加速试验
适用范围	可以在装备使用现场进行,试验产品不受尺寸限制	需要在实验室进行,试验产品尺寸受到设备尺寸的限制
试验条件	使用中的真实环境和载荷条件	加速环境和载荷
评估结果	相对真实,可信度高	具有一定的评估风险
实施代价	耗时长,费用高	耗时短,费用低
预测能力	无预测能力	预测能力强

1. 适用范围

寿命试验可以通过结合现场使用收集现场数据进行,因此不受产品大小限制,装备的系统、分系统、整机、元器件材料等各个级别,以及各种尺寸的产品均适用;而加速试验则往往需要通过实验室设备来加载加速条件,因此受到设备尺寸及设备能力的限制。

2. 试验条件

寿命试验采用现场条件或者通过实验室设备模拟现场条件,加载的应力追求真实性;而加速试验加载的应力高于产品的正常使用条件,而且通常只针对个别主导应力进行加速。

3. 评估结果

由于试验条件真实,寿命试验获得的寿命评估结果也相对真实,可信度高;而加速试验得到寿命评估结果需要经过加速失效、建模预测这两个过程,评估结果存在一定的风险。

4. 实施代价

寿命试验往往需要经历较长的时间,有时甚至需要数年,试验费用高;而加速试验通常只需要数月时间,耗时短,费用相对低。

5. 预测能力

由于寿命试验是在寿命消耗实现基础上的寿命统计,因此只能被动评估寿命,不具备预测能力;而加速试验则可以通过加速过程提前获得产品退化或者失效,进而通过建模过程预测在正常条件下的产品寿命。

从装备使用和保障的实际需求来看,寿命评估必须带有一定的提前量,才能给使用和保障提供有价值的指导信息,保证装备寿命期的服役可靠性和安全性,也就是说寿命评估需要具有充分的预测能力。因此,加速试验目前已成为可靠性工程领域备受关注的一项研究热点,特别是在重大装备的定寿、延寿研究中得到了高度的重视。1994 年,在美国航空航天局(NASA)的资助下,美国科学院和工程院下设的国家研究委员会(National Research Council)专门成立了"基于加速试验方法的材料和结构长期退化评估研究组"(Committee on Evaluation of Long-Term Aging of Materials and Structure Using Accelerated Test Methods),研究各种先进材料的退化问题,提出量化新一代航天器材料和结构寿命的加速试验和分析方法,其核心内容是利用加速试验方法测试和预测材料在航天器各种可能运行环境中的特性退化。1999 年,该研究委员会将此项研究进一步扩展到运输、通信、环境、能源等领域的各种设施,研究其材料在各种应用环境中的长期退化,在其研究计划"基础设施材料加速老化模拟的试验方法和模型研究议程"(Research Agenda for Test Methods and Models to Simulate the Accelerated Aging of Infrastructure Materials)中,将加速试验方法作为量化材料在实际系统中长期退化特性的可能途径开展专项研究。

1.1.3 失效模式

按 GJB 451A—2005《可靠性维修性保障性术语》中的定义,失效模式也称故障模式,指故障的表现形式。更确切地说,故障模式一般是对产品所发生的、能被观察或测量到的故障现象的规范描述。

按产品中失效模式种类的数量,失效模式可分为单失效模式和多失效模式。单失效模式指产品的失效表现形式只有一种。多失效模式也称竞争失效模式,指产品的失效表现形式有两种或两种以上,产品的失效是这些失效模式竞争的结果。

按失效模式的特点,失效模式可分为突发型和退化型。突发型失效模式只有两种状态,即具有某种功能(1 状态)或不具有某种功能(0 状态),如元器件击穿、电路短路、材料断裂等都属于此类失效模式。如图 1-2(a)所示,在 T 时刻产品的某项功能从 1 状态突然转移到 0 状态,显然,T 即为该突发型失效模式的发生时间。

在退化型失效模式中,性能随着时间的延长而逐渐劣化,直至达到无法正常工作,如密封件老化导致泄漏、推进剂材料性能退化无法满足燃速要求、弹簧应力松弛无法实现规定动作等。如图 1-2(b)所示,设衡量某退化型失效模式的性能参数 D 退化到低于失效阈值 D_f,认为该失效模式发生。显然,T_f是相对于失效阈值 D_f的发生时间。

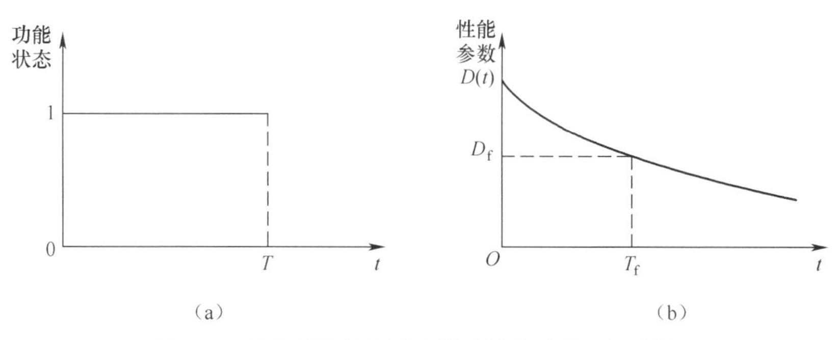

图 1-2 突发型失效模式和退化性失效模式示意图

(a)突发型失效模式;(b)退化型失效模式。

1.1.4 加速试验分类

1. 以试验中的失效模式划分

如前所述,产品的失效主要包括两类失效模式:突发型失效模式和退化型失

效模式。根据产品在加速试验中失效模式的不同,加速试验可分为以下三种类型:

1）加速寿命试验

加速寿命试验(accelerate life testing, ALT)主要针对产品失效模式为突发型失效模式的情况,在试验中得到的数据是产品失效时间。

2）加速退化试验

加速退化试验(accelerate degradation testing, ADT)主要针对产品失效模式为退化型失效模式的情况,在试验中得到的是产品性能退化数据。

3）单失效场合与多失效场合加速试验

单失效场合加速试验中产品只出现一种失效模式。多失效场合加速试验中产品出现两种或两种以上失效模式,对于此类产品进行的加速试验,称为竞争失效场合加速试验(accelerate testing with competing failure modes),其试验数据既可能有失效时间也可能有性能退化数据。ALT 和 ADT 可看作是竞争失效场合加速试验的特殊情况。

2. 以试验加载的应力类型划分

如图 1-3 所示,按照加速试验中加载的应力随时间变化规律,加速试验又可分为恒定应力(constant-stress)加速试验、步进应力(step-stress)加速试验、序进应力(progressive-stress)加速试验,通常分别简称为恒加试验、步加试验和序加试验。

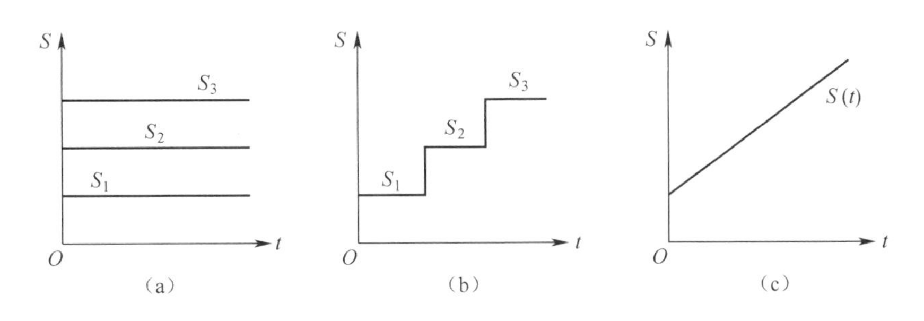

图 1-3　加速试验的应力类型

(a)恒加试验;(b) 步加试验;(c) 序加试验。

恒定应力加速试验的实施过程、数据分析等相对简单,寿命评估结果比较准确;步进应力加速试验可以使样品失效更快,所需样本量更少,但寿命评估结果准确性不如恒加试验;变应力加速试验对设备要求很高,且数据分析十分复杂,在实际应用中很少采用。

1.2 加速试验研究现状

1.2.1 加速试验统计建模分析

1. 加速寿命试验统计建模分析

加速寿命试验统计分析的研究始于20世纪60年代，首先发展起来的是恒定应力试验[7-20]。纳尔逊(Nelson)研究了恒定应力试验的模型以及图分析、最小二乘、极大似然估计(maximum likelihood estimation, MLE)等统计分析方法[7]。Bugaighis对MLE和最好线性无偏估计(best linear unbiased estimation, BLUE)进行了分析精度对比，得出了前者估计性能更好的结论[8]，并讨论了各种截尾方式(定时、定数)对MLE的影响[9]。Watkins深入研究了MLE的数值解法[11]。张志华、茆诗松等提出了恒定应力试验分析的简单线性无偏估计和非参数统计方法[17-20]。

步进应力试验具有高效率的优点，成为研究关注的重点[7,21-36]。1980年，纳尔逊针对步进应力试验不同应力下试验时间的折算问题，提出了著名的累积失效模型(cumulative exposure model, CEM)，从而使得步进应力试验的统计分析取得重大突破[21]。Teng和Yeo建立了步进应力试验寿命与应力之间的最小二乘分析方法[29]。费鹤良研究了指数分布步进应力试验的区间估计[32]。近年来，纳尔逊对步进应力试验进行了残差分析[34]；Wang对CEM等模型进行了验证[35]。

张春华首次提出了步降应力加速寿命试验及其统计分析方法，并通过仿真和试验证实步降试验比步进试验效率更高，从而可减少试验时间、降低试验成本[3]。在此基础上，贾占强、徐广等分别研究了双应力交叉步降和对数正态步降加速寿命试验分析方法[37-38]。

与其他试验类型相比，变应力试验的工程实施以及统计分析过程比较复杂，因此研究相对较少。

2. 加速退化试验统计建模分析

加速退化试验统计分析的研究始于20世纪80年代，其核心问题主要是建立退化模型以描述产品性能的退化轨迹，并在此基础上统计可靠性特征量。加速退化试验的退化模型包括混合效应模型[7,39-50]、随机过程模型[51-53]、数学拟合模型[7]、非参数模型等[54]，其中混合效应模型应用最为广泛。

纳尔逊重点分析了混合效应模型和数学拟合模型，并指出相比前者而言，后者适用范围广但外推效果可能不一定好[7]。Meeker等给出了加速退化数据的近似极大似然估计分析方法，并采用仿真方法计算可靠性特征量的置信区间[42]。

Whitmore、Padgett 等研究了基于维纳(Wiener)、高斯等随机过程的退化模型,很好地描述了退化量测量值的随机性,但计算过程相对复杂,限制了应用推广[51-53]。Shiau 和 Lin 提出了退化轨迹的非参数模型,但同样存在外推效果不理想的问题[54]。Tseng 和 Wen 针对步进应力加速退化试验提出了相应的折算模型,并以混合效应模型描述退化轨迹,建立了最小二乘法[55]。邓爱民等提出了基于退化轨迹和基于退化量分布的加速退化试验可靠性评估方法[4]。李晓阳、姜同敏等采用加速退化试验研究组件级产品的寿命评估问题,取得了良好效果[56-57]。

3. 竞争失效场合加速试验统计建模分析

传统的 ALT 和 ADT 统计分析中通常假设产品仅有一种失效模式。但产品可能存在多种失效模式,任何一种失效模式发生均可导致产品失效,即产品失效是多失效模式竞争的结果。例如,轴承组件有轴承疲劳、轴承磨损和轴承断裂三种失效模式,任一失效模式发生均可导致轴承组件失效。

竞争失效场合加速试验统计分析的研究从 20 世纪 70 年代开始引起重视。纳尔逊建立了竞争失效模型,并给出了对数正态分布下的图估计和极大似然估计[7,58]。Klein 和张志华等分别对威布尔(Weibull)分布和指数分布下竞争失效场合加速寿命试验进行了研究[59-60]。张志华研究了竞争失效场合恒定应力加速寿命试验的矩估计和最小二乘方法[61]。Zhao 和 Elsayed 对存在突发型失效的加速退化试验进行了分析,以布朗运动描述退化轨迹,通过 MLE 方法对正常应力下的可靠性进行统计推断[62]。Kim 和高伟等采用混合分布对竞争失效问题进行了建模和分析,但混合分布只能用于各失效模式的失效时间均具有同一分布族(如指数分布)的情形,适用性较差[63-64]。谭源源、陈循等针对装备贮存寿命评估的整机级加速试验需求,对竞争失效场合加速试验统计建模分析进行了系统深入的研究,建立了可以用于多种寿命失效模式和多种退化失效模式并存的整机加速试验方法[6]。

1.2.2 加速试验优化设计

1. 加速寿命试验优化设计

加速寿命试验优化设计始于 20 世纪 60 年代,恒定应力试验的优化设计开展得最早也最充分[65-75]。纳尔逊等研究了威布尔分布和对数正态分布下恒定应力试验的最优设计,成为基于 MLE 统计分析的优化设计理论基础[66-67]。Meeker 重点研究了恒定应力试验优化设计鲁棒性(即最优方案对先验参数取值变化的敏感程度),提出了折中的优化设计方案,牺牲一定的统计精度来改善优化方案的鲁棒性[68]。陈文华、张志华等对恒定应力试验优化设计也进行了相应的研究[71-75]。

步进应力加速寿命试验的优化设计研究最开始关注的是两个加速应力水平的简单步进应力试验[76-83]。Miller 和纳尔逊研究了指数分布下简单步进应力试验的最优设计[76]。Bai 等针对失效截尾、周期监测等情况的简单步进应力试验优化设计问题进行研究[77-78]。Khamis 和 Higgins 讨论了三步步进试验的最优设计[79]。

上述加速寿命试验优化设计研究,主要采用解析优化的方法,即通过基于先验的约束极值问题求解得到最优方案。但解析优化方法存在一定的缺陷,如优化目标函数分析推理过程复杂、问题的解析解可能难以得到甚至不存在。针对这一问题,汪亚顺等提出了基于蒙特卡罗仿真的恒定、步降应力加速寿命试验优化设计方法,为加速寿命试验的优化设计研究提供了一种全新的思路[5]。

2. 加速退化试验优化设计

恒定应力加速退化试验优化设计研究始于 20 世纪 90 年代[84-90]。Boulanger 和 Escobar 对加速退化试验优化设计问题进行了详细阐述[84]。Yu 和 Tseng 提出了加速退化试验停止时间的确定准则和方法[85]。Yu 和 Chiao 针对退化率服从对数正态分布的产品,研究了恒定应力加速退化试验在试验费用约束下的优化设计问题[87-88]。Liao 和 Elsayed 以模型参数的协方差矩阵最小化为优化目标对加速退化试验进行了优化[89]。汪亚顺等以混合效应模型作为退化模型,研究了仿真基恒定应力加速退化试验优化设计问题,从而克服了解析优化方法求解困难的问题[90]。

相对而言,步进应力加速退化试验优化设计研究较少[91-93]。Tang 等以试验费用为目标函数,而以平均寿命 MLE 的渐近方差作为约束条件,设计步进应力加速退化试验的样本量、试验时间和监测次数[92]。Liao 和 Tseng 以费用作为约束条件,研究了步进应力加速退化试验优化设计问题[93]。

3. 竞争失效场合加速试验优化设计

竞争失效场合加速试验优化设计起步于 20 世纪 90 年代,相关研究目前相对较少,主要以解析方法为主[94-97]。Bai 和 Chun 研究了竞争失效场合简单步进加速寿命试验优化设计方法,并分析了最优方案的主要影响因素[94]。Pascual 针对威布尔分布下各失效模式相互独立的恒加试验,研究了方案优化设计问题,并对最优方案进行了敏感性分析[96]。李晓阳和姜同敏研究了竞争失效场合步进应力加速退化试验优化设计问题,并在试验费用约束下给出了优化的样本量和测试时间[97]。

1.2.3 多应力加速试验研究

近年来,多应力加速试验方法逐渐受到人们的关注:一方面因为多应力条件可以真实体现机电产品实际服役环境与工作载荷状态;另一方面可以获得更大的加速系数。潘正强等针对产品性能受多个应力影响的情况,建立了基于维纳(Wiener)过程的多应力恒定加速退化试验方案设计方法[98]。本书作者所在团队针对复杂加速试验的方案设计及建模分析难题开展了卓有成效的工作,分别提出了基于蒙特卡罗仿真的多应力加速试验方案优化设计方法[99-100],以及多应力加速试验的通用加速模型和基于粒子群优化算法的多参数估计方法[101-102]。

1.2.4 加速试验应用概况

加速试验方法自提出以来,一直处于边研究边应用的状态。表 1-2 列出了对目前文献综合分析得出的加速试验应用概况,其中应用研究对象分别以工作寿命和贮存寿命归类列出。由表 1-2 可看出,目前加速试验的应用研究对象主要是单一失效模式的元器件材料级产品,而对多种失效模式并存(竞争失效场合)的复杂产品(如整机级产品),其应用研究仍比较少。

表 1-2 加速试验应用概况

加速试验类型	应用研究对象	
	工作寿命	贮存寿命
单一失效模式加速寿命试验	钽电容、发光二极管(LED)驱动器、真空荧光阵列、RF-MEMS 开关器件、GaN 场效应管、逻辑集成器件、继电器、陀螺电机、航天电连接器、电容、密封材料、轴承	砷化镓金属场效应管、引信电子零部件、继电器
单一失效模式加速退化试验	薄膜电阻、橡胶件、聚合物材料、发光二极管、绝缘材料、SiC 二极管、医学植入器件、电源、感应电机、GaAs 场效应管、电容	HTPB 推进剂、塑胶微电路、储备电池组、微机电系统(MEMS)、炸药、推进剂、压电陶瓷、橡胶件、微波电子产品
竞争失效场合加速试验	电机绝缘部件、发光二极管	

1.2.5 加速试验技术发展趋势

目前加速试验理论和方法研究取得了长足进展,并在许多工程项目中得到了成功应用。然而加速试验技术目前仍处于蓬勃发展阶段,有许多理论创新与应用转化的问题亟待解决。除了本书关注的内容外,加速试验技术发展趋势主要如下:

(1) 多应力加速试验。机电装备在实际服役过程中通常同时受到多种应力的作用,施加单一应力的加速试验不可能真实体现机电产品实际的服役状态。

采用多种应力作为机电装备的加速试验应力，才能全面体现服役工况，使寿命预测更加准确，并且能得到更大的加速系数，使加速试验更加高效。作者所在课题组针对多应力加速试验方面的研究已开始起步并取得初步研究成果，预期未来多应力加速试验建模分析、优化设计与工程应用将成为研究热点。

（2）复杂系统加速试验。加速试验在更广泛的工程应用中必然会遇到复杂系统的应用问题。加速试验的研究目前主要集中于单一失效机理，以及多个失效机理相互独立的情形。而复杂系统往往存在多个失效机理且可能是相互耦合的，系统失效则是多个潜在失效机理相互竞争的结果。竞争失效条件下的加速试验问题目前已经引起了相关学者的高度重视，并在统计分析和优化设计等方面取得了一定的研究进展。相关问题的探讨在今后一段时间内将仍然是研究关注的焦点。

（3）加速试验的统计分析精度问题。加速试验是统计试验的发展分支，所以分析精度对于加速试验技术至关重要，这也是统计试验研究的共性问题。统计精度问题将仍然是加速试验分析方法研究的一个主题。

（4）加速试验方法的效率问题。相对于模拟统计试验而言，加速试验的基本动因在于提高试验过程的时间效率和经济效益，从而以最低的试验代价达到寿命评估的目的。这是加速试验研究的特性问题。因此，效率问题构成了精度问题以外的另一主题。从总体而言，加速试验的统计分析与优化设计应该是在效率问题与精度问题之间的一个折中。

（5）加速试验的鲁棒性优化设计。寿命先验是优化设计研究的基础，而先验信息存在一个置信度问题。如果一个优化设计过分依赖于先验信息的置信度，那么这个设计的优化度是值得怀疑的。加速试验的鲁棒性优化设计问题目前已经成为该领域内的一个研究热点。

（6）加速试验工程化软件。随着加速试验技术研究的深入与成熟，加速试验工程化软件的研发将成为该领域研究工作的必然趋势。目前国外已出现如ALTA、威布尔++等分析软件，但国内具有自主知识产权的相关软件有待研发。

1.3 加速试验模型概述

作为本书后续各章的基础，本节将分别介绍加速试验中具有共性意义的三类模型：寿命模型、加速模型、竞争失效模型。这些模型是后续各章讨论统计建模分析方法的前提，是加速试验的理论基础。本节给出的模型将在后续各章节的方法讨论中陆续应用。

1.3.1 加速试验常用模型

在加速试验中,产品失效包括呈现如下关联映射关系的三要素:应力→失效机理→失效模式,如图 1-4 所示。应力是引起产品发生失效的外因,而外因通过内因发生作用,即通过产品内部发生物理、化学、电气和机械变化而导致失效。失效机理是指应力对产品发生物理、化学、电气和机械等作用,直至引起失效的动态或静态过程。根据产品失效的具体情况,可将失效机理大致分为两大类:过应力机理和损伤累积机理。过应力机理,是指当应力超过产品所能承受的强度时,产品就会发生失效;如果应力低于产品的强度,该失效机理不会对产品造成影响。在损伤累积机理中,不论是否导致产品失效,应力都会对该产品造成一定的损伤且损伤会逐渐累积,这种损伤累积可能会导致产品性能逐渐劣化,或内部材料、结构等抗应力的某种强度逐渐降低,当产品的性能或某些抗应力强度劣化到某种程度时,产品随即失效。

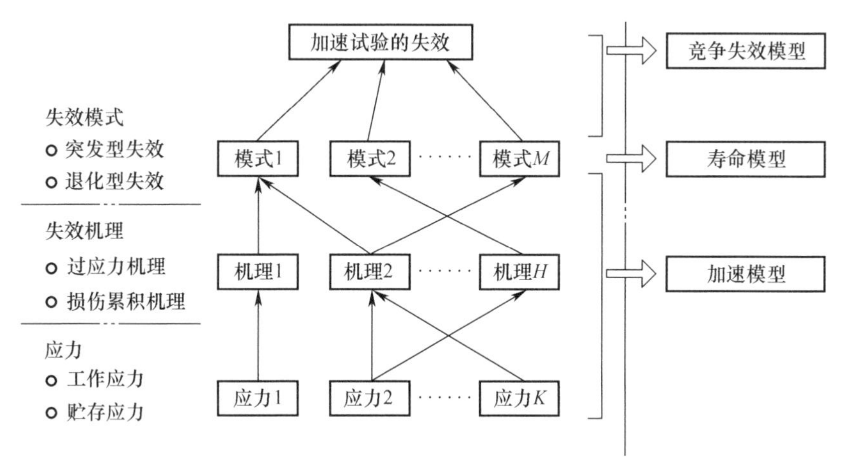

图 1-4 加速试验的失效和模型

需要特别指出的是,图 1-4 所示的这种关联映射关系不是单纯的直线关系。例如,应力 2 经由失效机理 H 导致失效模式 2 发生;应力 1 经由失效机理 1 导致失效模式 1 发生;而应力 2 和应力 K 共同作用经由失效机理 2 同样也可以导致失效模式 1 发生。

在加速试验中,各种应力对产品的加速作用产生多种失效机理,进而形成多种失效模式,任意一种失效模式的发生均可导致产品的失效。因此,在不改变失效机理的情况下,通过提高产品敏感应力的应力水平,加快失效模式的发生(当然,加速应力对各失效模式的加速作用是不同的),这样可以在较短时间内获得高应力水平下的性能退化数据或失效数据，然后利用数据进行统计建模分析，通过外推预测在正常应力水平下的寿命指标。

因此，加速试验中用于描述加速试验全过程的模型包括3类（图1-4）：寿命模型、加速模型、竞争失效模型。其中，寿命模型描述试验样本中各失效模式的类型、失效过程、分散性；加速模型描述由失效机理主导的失效特征量与加速应力之间的映射关系；竞争失效模型描述各种潜在失效模式与产品最终失效之间的关系。

本节后续内容将分别介绍加速试验的竞争失效模型、寿命模型和加速模型。由于不同的应力加载方式对产品的失效或者性能退化的影响是不同的，因此在寿命模型中分别对恒加试验、步加试验这两种最常用的加速试验类型进行讨论。

1.3.2 竞争失效模型

设某产品共有 M 种失效模式，编号分别为 $1,2,\cdots,M$。其中包括 M_{H} 种突发型失效模式（编号为 $1,2,\cdots,M_{\mathrm{H}}$）和 M_{S} 种退化型失效模式（编号为 $M_{\mathrm{H}}+1,M_{\mathrm{H}}+2,\cdots,M$），各种失效模式之间是竞争失效关系，即任一失效模式发生均可导致产品失效，产品失效时间 T 是 M 种失效模式发生的最小时间，则

$$T=\min(T^{(1)},T^{(2)},\cdots,T^{(M)}) \tag{1-3}$$

式中：$T^{(d)}$ 为失效模式 $d(d=1,2,\cdots,M)$ 的发生时间。

因此，产品可靠度函数 $R(t)$ 可表示为

$$R(t)=P\{T>t\}=P\{T^{(1)}>t \text{ and } T^{(2)}>t \text{ and } \cdots \text{ and } T^{(M)}>t\} \tag{1-4}$$

单一失效模式实际上是竞争失效模型（$M=1$）的特殊情形。

当 $T^{(1)},T^{(2)},\cdots,T^{(M)}$ 统计上相互独立时，有

$$\begin{aligned}R(t)&=P\{T>t\}=P\{T^{(1)}>t \text{ and } T^{(2)}>t \text{ and } \cdots \text{ and } T^{(M)}>t\}\\&=P\{T^{(1)}>t\}P\{T^{(2)}>t\}\cdots P\{T^{(M)}>t\}=R^{(1)}(t)R^{(2)}(t)\cdots R^{(M)}(t)\end{aligned} \tag{1-5}$$

式中：$R^{(d)}(t)$ 为失效模式 $d(d=1,2,\cdots,M)$ 的可靠度函数。

1.3.3 恒加试验的寿命模型

1. 恒加试验的寿命分布类模型

假设恒加试验的 E 个加速应力水平为 $S_1,S_2,\cdots,S_E$，失效模式 $d(d=1,2,\cdots,M)$ 在 $S_i(i=1,2,\cdots,E)$ 应力下的累积失效分布函数为 $F_i^{(d)}(t)$。$F_i^{(d)}(t)$ 通常可用某一特定的分布（如指数分布、威布尔分布、对数正态分布等）进行描述。

1）指数分布

指数分布的分布函数为

$$F_i^{(d)}(t)=1-\mathrm{e}^{-\lambda_i^{(d)}t}\quad(t\geqslant 0)\tag{1-6}$$

式中：$\lambda_i^{(d)}$ 为失效模式 d 在 S_i 应力下的失效率。与电子产品关联的失效模式，其寿命分布通常服从指数分布。

2）威布尔分布

威布尔分布的分布函数为

$$F_i^{(d)}(t)=1-\exp\left[-\left(t/\eta_i^{(d)}\right)^{m^{(d)}}\right]\quad(t\geqslant 0)\tag{1-7}$$

式中：$\eta_i^{(d)}>0$ 为失效模式 d 在 S_i 应力下的尺度参数，也称特征寿命；$m^{(d)}>0$ 为失效模式 d 的形状参数。威布尔分布可描述失效率随时间增大、减小、不变的各种情况，广泛应用于由非电类产品造成的失效模式的寿命分布描述。指数分布为威布尔分布在 $m^{(d)}=1$ 时的特例。

3）对数正态分布

对数正态分布的分布函数为

$$F_i^{(d)}(t)=\Phi\left[\left(\ln t-\mu_i^{(d)}\right)/\sigma_i^{(d)}\right]\quad(t>0)\tag{1-8}$$

式中：$\mu_i^{(d)}$ 为失效模式 d 在 S_i 应力下的对数寿命均值且 $-\infty<\mu_i^{(d)}<\infty$；$\sigma_i^{(d)}$ 为相应的对数寿命标准差；$\Phi(\cdot)$ 为标准正态分布函数。对数正态分布通常用来描述由疲劳造成的失效模式的寿命分布。

2. 恒加试验的退化类模型

加速试验中常用的退化类模型包括混合效应模型（mixed-effect model, MEM）、随机过程模型（stochastic process model, SPM）及非参数模型等其他退化模型。混合效应模型应用最广，且实用有效。本书仅以混合效应模型为代表介绍退化类模型，其他类型的退化模型可参见相关文献，在此不作赘述。

设恒加试验 S_i 应力下，样品 j 退化型失效模式 $d(d=M_{\mathrm{H}}+1,M_{\mathrm{H}}+2,\cdots,M)$ 的退化量随时间的变化轨迹（即理论退化轨迹）为 $D_{ij}^{(d)}(t)$，退化量测量值可表示为

$$y_{ij}^{(d)}(t_{i,k})=D_{ij}^{(d)}(t_{i,k})+\varepsilon_{ij}^{(d)}(t_{i,k})\tag{1-9}$$

式中：$y_{ij}^{(d)}(t_{i,k})$ 为 S_i 应力下第 $k(k=1,2,\cdots,K_i)$ 次测量时间 $t_{i,k}$ 的测量值；$\varepsilon_{ij}^{(d)}(t_{i,k})$ 为相应的测量误差，相互独立且服从正态分布 $\varepsilon_{ij}^{(d)}\sim N(0,\sigma_\varepsilon^{(d)2})$。

理论退化轨迹 $D_{ij}^{(d)}(t)$ 一般可采用以下几种线性（或变换后呈线性）模型进行有效拟合：

$$D_{ij}^{(d)}(t)=\alpha_{ij}^{(d)}+\beta_{ij}^{(d)}\cdot t\tag{1-10}$$

$$D_{ij}^{(d)}(t)=\alpha_{ij}^{(d)}+\beta_{ij}^{(d)}\cdot \ln t\tag{1-11}$$

$$\ln[D_{ij}^{(d)}(t)] = \alpha_{ij}^{(d)} + \beta_{ij}^{(d)} \cdot \ln t \tag{1-12}$$

$$D_{ij}^{(d)}(t) = \exp[\alpha_{ij}^{(d)} + \beta_{ij}^{(d)} \cdot t] \tag{1-13}$$

$$D_{ij}^{(d)}(t) = \exp[-\beta_{ij}^{(d)} t^{\alpha_{ij}^{(d)}}] \tag{1-14}$$

式中：$\alpha_{ij}^{(d)}$ 和 $\beta_{ij}^{(d)}$ 为退化模型的未知参数。

模型(1-10)~模型(1-14)的理论退化轨迹分别如图 1-5(a)~(e)所示。

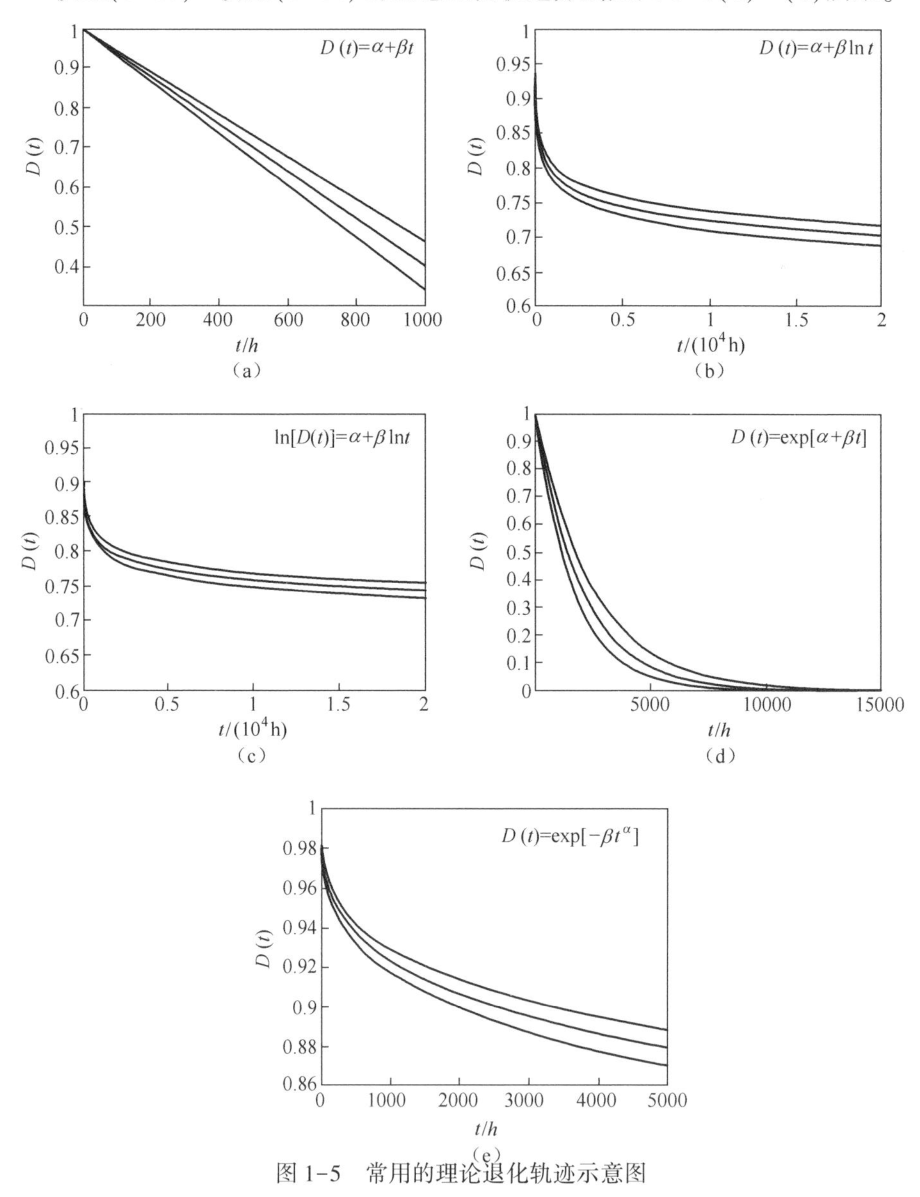

图 1-5　常用的理论退化轨迹示意图

(a)模型(1-10)；(b) 模型(1-11)；(c) 模型(1-12)；(d) 模型(1-13)；(e) 模型(1-14)。

模型(1-10)为线性模型,适用于退化率恒定的场合。模型(1-11)和模型(1-12)分别为对数模型和双对数模型,适用于退化率分为以下两个阶段的场合:第一阶段持续时间较短,退化量随时间增加而急剧下降;第二阶段持续时间很长,退化量随时间增加而缓慢降低。相比模型(1-11)而言,模型(1-12)退化量的下降相对更为平缓。模型(1-13)为指数模型,适用于描述严格符合 e 指数退化规律的理论退化轨迹。模型(1-14)为复合指数模型,前面四个模型的退化率仅由参数$\beta_{ij}{}^{(d)}$决定,而模型(1-14)则由参数$\beta_{ij}{}^{(d)}$和$\alpha_{ij}{}^{(d)}$共同决定,由于多了一个变量,因此其适用范围较广。在实际应用中通常令$\alpha_{ij}{}^{(d)}$为常量$\alpha^{(d)}$,由产品特性决定;而$\beta_{ij}{}^{(d)}$为变量,描述不同加速应力水平下产品的退化差异。

在获得理论退化轨迹的基础上,可求取伪失效时间。设退化型失效模式 d 的失效阈值为$D_{\mathrm{f}}^{(d)}$,则可通过求取$D_{ij}{}^{(d)}(t)$反函数获得 S_i 应力下样品 j 退化型失效模式 d 的伪失效时间:

$$t_{ij}{}^{(d)} = (D_{ij}{}^{(d)})^{-1} D_{\mathrm{f}}^{(d)} \tag{1-15}$$

由于$t_{ij}{}^{(d)}$并非样本失效模式 d 的实际发生时间,但又需要使用它们来进行可靠性评估,因此称为伪失效时间。

1.3.4 步加试验的寿命模型

1. 步加试验的寿命分布类模型

除了初始应力水平 S_1 以外,步加试验在其他加速应力水平($S_2, S_3, \cdots, S_k$)得到的失效数据均不是完整的失效样本,其中尚未包含该应力水平以前所有应力水平试验中的累积试验时间,因此步加试验需要通过应力水平之间的数据折算得到累积试验时间。1980 年,纳尔逊在研究步加试验时提出了著名的累积失效模型(CEM),即产品的残存寿命仅依赖于已累积的失效概率和当前的应力水平,而与累积方式无关[21]。

假设步加试验的加速应力水平为 $S_1 < S_2 < \cdots < S_E$,各应力的加载时间长度分别为$\tau_1, \tau_2, \cdots, \tau_E$,如图 1-6(a)所示,产品失效模式 $d(d = 1, 2, \cdots, M)$ 在恒加试验 S_i 应力下的累积失效分布函数为 $F_i^{(d)}(t)$(见图 1-6(b)),而在步进试验中的累积失效分布函数为 $F^{(d)}(t)$(见图 1-6(c)),可以得出:

(1) 在 $0 \leqslant t \leqslant \tau_1$ 阶段,失效模式 d 只受到应力 S_1 的作用,$F^{(d)}(t) = F_1^{(d)}(t)$。

(2)在$\tau_1 < t \leqslant \tau_2$阶段,初始的累积失效概率为$F_1^{(d)}(\tau_1)$,根据纳尔逊累积失效模型,设$F_1^{(d)}(\tau_1)$与在 S_2 下作用 $C_2^{(d)}$ 时间产生的累积失效概率相当,如图 1-6(b)所示,即

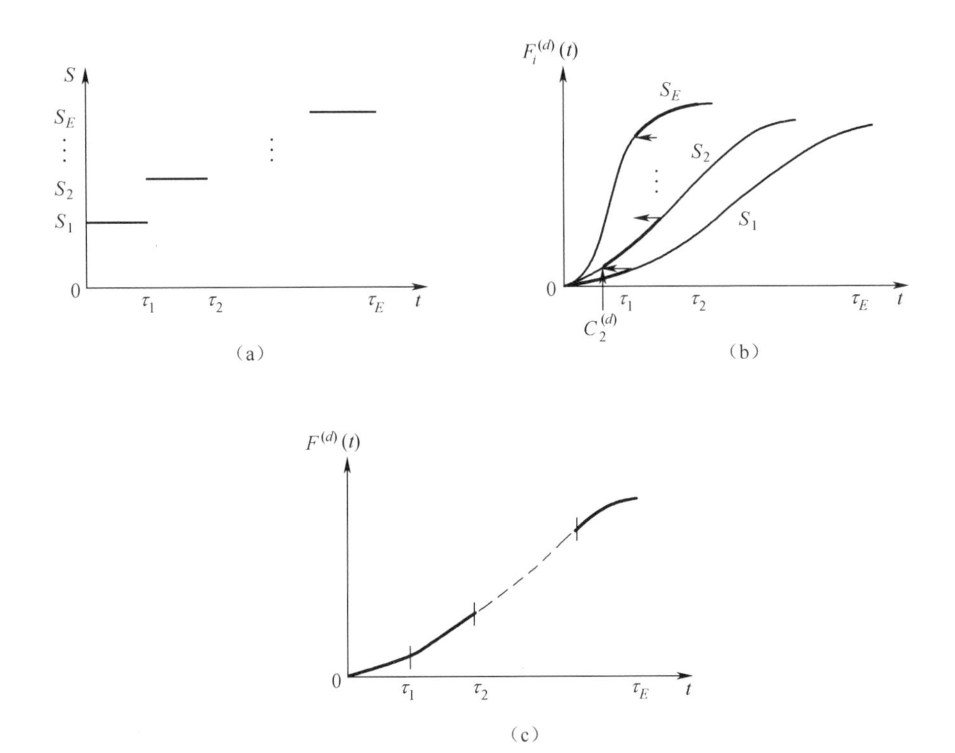

图 1-6　步加试验的累积失效模型

(a)步进加速应力;(b) 各步进应力对应的累积失效分布函数;
(c)步加试验累积失效分布函数。

$$F_1^{(d)}(\tau_1) = F_2^{(d)}(C_2^{(d)}) \tag{1-16}$$

因此, $F^{(d)}(t) = F_2^{(d)}(C_2^{(d)} + t - \tau_1)$ 。

(3)在 $\tau_2 < t \leqslant \tau_3$ 阶段,初始的累积失效概率为 $F_2^{(d)}(C_2^{(d)} + \tau_2 - \tau_1)$,同样根据 CEM,设 $F_2^{(d)}(C_2^{(d)} + \tau_2 - \tau_1)$ 与在 S_3 下作用 $C_3^{(d)}$ 时间产生的累积失效概率相当,即

$$F_2^{(d)}(C_2^{(d)} + \tau_2 - \tau_1) = F_3^{(d)}(C_3^{(d)}) \tag{1-17}$$

因此, $F^{(d)}(t) = F_3^{(d)}(C_3^{(d)} + t - \tau_2)$ 。

(4) 依此类推,直到 S_k 。

通过上述模型,最终得到步加试验累积失效分布函数为

$$
F^{(d)}(t)=\begin{cases}F_1^{(d)}(t),\tau_0\leqslant t\leqslant\tau_1;\tau_0=0,C_1^{(d)}=0\\F_2^{(d)}(C_2^{(d)}+t-\tau_1),\tau_1<t\leqslant\tau_2;\ F_1^{(d)}(\tau_1)=F_2^{(d)}(C_2^{(d)})\\F_3^{(d)}(C_3^{(d)}+t-\tau_2),\tau_2<t\leqslant\tau_3;\ F_2^{(d)}(C_2^{(d)}+\tau_2-\tau_1)=F_3^{(d)}(C_3^{(d)})\\\vdots\\F_i^{(d)}(C_i^{(d)}+t-\tau_{i-1}),\tau_{i-1}<t\leqslant\tau_i;\ F_{i-1}^{(d)}(C_{i-1}^{(d)}+\tau_{i-1}-\tau_{i-2})=F_i^{(d)}(C_i^{(d)})\\\vdots\\F_E^{(d)}(C_E^{(d)}+t-\tau_{E-1}),\tau_{E-1}<t\leqslant\tau_E;\ F_{E-1}^{(d)}(C_{E-1}^{(d)}+\tau_{E-1}-\tau_{E-2})=F_E^{(d)}(C_E^{(d)})\end{cases}\tag{1-18}
$$

2. 步加试验的退化类模型

设恒加应力 S_i 下样品 j 退化型失效模式 d $(d = M_{\mathrm{H}}+1, M_{\mathrm{H}}+2,\cdots,M)$ 的理论退化轨迹为 $D_{ij}^{(d)}(t)$（见图 1-7(b)），可以借用 CEM 的思路对步加试验各应力下样品 j 退化型失效模式 d 的理论退化轨迹 $D_j^{(d)}(t)$ 分阶段进行分析，得到如下的退化型失效模式在步加试验中的累积退化模型（cumulative degradation model，CDM）：

（1）在 $0\leqslant t\leqslant\tau_1$ 阶段，退化型失效模式 d 在 S_1 应力的作用下，$D_j^{(d)}(t)=D_{1j}^{(d)}(t)$。

（2）在 $\tau_1<t\leqslant\tau_2$ 阶段，初始退化量为 $D_{1j}^{(d)}(\tau_1)$，如果 $D_{1j}^{(d)}(\tau_1)$ 与在 S_2 下作用 $w_2^{(d)}$ 时间产生的退化量相当，如图 1-7(b)所示，则

$$
D_{1j}^{(d)}(\tau_1)=D_{2j}^{(d)}(w_2^{(d)})\tag{1-19}
$$

因此，$D_j^{(d)}(t)=D_{2j}^{(d)}(w_2^{(d)}+t-\tau_1)$。

（3）在 $\tau_2<t\leqslant\tau_3$ 阶段，初始的退化量为 $D_{2j}^{(d)}(w_2^{(d)}+\tau_2-\tau_1)$，同样如果 $D_{2j}^{(d)}(w_2^{(d)}+\tau_2-\tau_1)$ 与在 S_3 下作用 $w_3^{(d)}$ 时间产生的退化量相当，则

$$
D_{2j}^{(d)}(w_2^{(d)}+\tau_2-\tau_1)=D_{3j}^{(d)}(w_3^{(d)})\tag{1-20}
$$

因此，$D_j^{(d)}(t)=D_{3j}^{(d)}(w_3^{(d)}+t-\tau_2)$。

（4）依此类推，直到 S_k。

通过上述模型，最终得到步加试验累积退化轨迹为

$$
D_j^{(d)}(t)=\begin{cases}D_{1j}^{(d)}(t),\tau_0\leqslant t\leqslant\tau_1;\tau_0=0,w_1^{(d)}=0\\D_{2j}^{(d)}(w_2^{(d)}+t-\tau_1),\tau_1<t\leqslant\tau_2;\ D_{1j}^{(d)}(\tau_1)=D_{2j}^{(d)}(w_2^{(d)})\\D_{3j}^{(d)}(w_3^{(d)}+t-\tau_2),\tau_2<t\leqslant\tau_3;\ D_{2j}^{(d)}(w_2^{(d)}+\tau_2-\tau_1)=D_{3j}^{(d)}(w_3^{(d)})\\\vdots\\D_{ij}^{(d)}(w_i^{(d)}+t-\tau_{i-1}),\tau_{i-1}<t\leqslant\tau_i;\ D_{(i-1)j}^{(d)}(w_{i-1}^{(d)}+\tau_{i-1}-\tau_{i-2})=D_{ij}^{(d)}(w_i^{(d)})\\\vdots\\D_{Ej}^{(d)}(w_E^{(d)}+t-\tau_{E-1}),\tau_{E-1}<t\leqslant\tau_E;\ D_{(E-1)j}^{(d)}(w_{E-1}^{(d)}+\tau_{E-1}-\tau_{E-2})=D_{Ej}^{(d)}(w_E^{(d)})\end{cases}\tag{1-21}
$$

1.3.5 加速模型

在加速试验中,加速应力对各种失效模式的加速机理和加速作用是不同的。加速模型用于描述失效模式的可靠性特征量(如平均寿命、特征寿命、失效率等)或者产品性能退化速率与加速应力水平之间的关系。常用的物理加速模型包括:阿伦尼乌斯(Arrhenius)模型、逆幂律模型、艾林(Eyring)模型等。

1. 阿伦尼乌斯模型

阿伦尼乌斯模型常用于描述温度加速应力与产品寿命特征之间的关系,即

$$\eta = A\exp[E_a/(kT)] \tag{1-22}$$

式中:T 为温度加速应力水平;η 为产品在温度加速应力 S 作用下的寿命特征量,如平均寿命、p 分位可靠寿命等,或者产品性能退化速率;A 为与失效模式、加速试验类型及其他因素相关的常数;E_a 为激活能,与造成失效模式的材料有关,单位是电子伏特(eV);k 为玻尔兹曼常数,$k=8.6171\times10^{-5}$eV/℃。

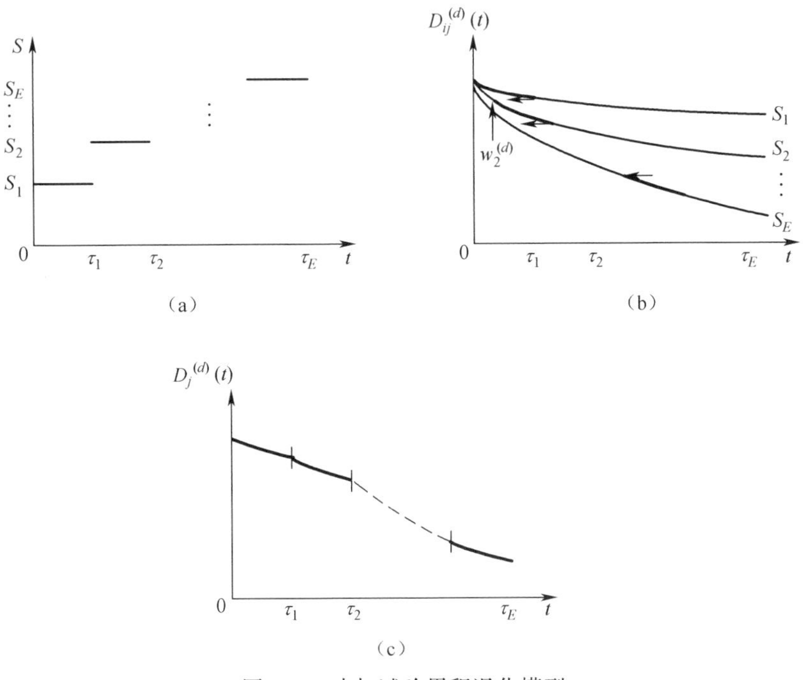

图 1-7 步加试验累积退化模型

(a)步进加速应力;(b) 各步进应力对应的理论退化轨迹;(c) 步加试验累积退化轨迹。

对式(1-22)两边取对数,可得线性化的阿伦尼乌斯模型

$$\ln\eta = \gamma_0 + \gamma_1 \cdot \varphi(T) \tag{1-23}$$

式中：$\gamma_0 = \ln A$；$\gamma_1 = E_a/k$；$\varphi(T) = 1/T$。

2. 逆幂律模型

逆幂律模型常用于描述机械应力或电应力作为加速应力时与产品寿命特征或者产品性能退化速率之间的关系，即

$$\eta = AS^{\gamma_1} \tag{1-24}$$

式中：S 为所采用的加速应力水平（机械应力或电应力）；γ_1 为与失效模式或其他因素相关的常数。用于描述金属材料疲劳寿命与周期性载荷关系的 $S-N$ 曲线就是一种最常见的逆幂律模型形式。

对式（1-24）两边取对数，可得线性化的逆幂律模型，即

$$\ln\eta = \gamma_0 + \gamma_1 \cdot \varphi(S) \tag{1-25}$$

式中：$\gamma_0 = \ln A$；$\varphi(S) = \ln S$。

3. 艾林模型

如果采用两种不同的应力（其中一种应力为温度应力）作为加速应力进行加速试验，则常用艾林模型作为加速模型：

$$\eta = (A/T)\exp[B/(kT)] \cdot \exp\{V[C + D/(kT)]\} \tag{1-26}$$

式中：A、B、C、D 为可通过加速试验数据分析进行估计的待定常数；T 和 V 分别为两种加速应力水平。

对式（1-26）两边取对数，可得线性化的艾林模型：

$$\ln\eta' = \gamma_0 + \gamma_1 \cdot \varphi_1(T) + \gamma_2 \cdot \varphi_2(V) + \gamma_3 \cdot \varphi_1(T)\varphi_2(V) \tag{1-27}$$

式中：η_i' 为“寿命”或者产品性能退化速率，且 $\eta_i' = \eta_i \cdot T$；$\gamma_0 = \ln A$；$\gamma_1 = B/k$；$\gamma_2 = C$；$\gamma_3 = D/k$；$\varphi_1(T) = 1/T$；$\varphi_2(V) = V$；$\varphi_1(T)\varphi_2(V) = V/T$。$\varphi_1(T)\varphi_2(V)$ 为交互项，所以艾林模型反映了两种加速应力的耦合。如果通过假设检验方法或其他方法证明两应力之间无交互作用，则可将交互项略去。

4. 多项式加速模型

前三种加速模型都可以通过适当的方式线性化。当线性关系不适用时，还可采用如下的 k 次多项式加速模型：

$$\ln\eta = \gamma_0 + \gamma_1\varphi(S) + \gamma_2[\varphi(S)]^2 + \cdots + \gamma_k[\varphi(S)]^k \tag{1-28}$$

当 $k = 1$ 时，该模型等价于阿伦尼乌斯模型（$\varphi(S) = 1/S$）或逆幂率模型（$\varphi(S) = \ln S$）。在多应力加速试验中，多项式模型还可以进一步包含应力交互效应的高次项，因此在模型拟合优度上具有较大的优势。

在以上四种加速模型中，前三种模型与产品失效加速过程的物理过程相关，是与物理定律相关的加速模型，因此也称为物理加速模型；而多项式加速模型则是根据物理加速模型构造的数学假设，因此也称为数学加速模型。数学加速模型是否成立主要通过数据拟合优度来判断，因此适用面广但外推风险较大；物理

加速模型具有失效物理理论基础,因而外推结果比较可信,但仅适用于与物理模型相一致的加速试验场合。

1.3.6 加速因子

1. 加速因子定义

加速因子的概念最早是在著名的"天地折合问题",即机载设备的地面试验信息与飞行试验信息的折算与综合问题的研究中引入的,用以表征产品在不同水平的环境中失效的快慢程度,反映环境的严酷等级。在后来的研究中,加速因子逐渐推广到不同环境下可靠性信息的折算与综合研究中,比如外场信息与内厂信息。

本书所指的加速因子仅限于加速试验中的加速因子,反映在加速试验中应力水平对产品作用的严酷等级,因此也反映了加速试验中得到的寿命信息与实际使用条件的寿命信息之间的折算规律。

若产品在应力水平 S_i 与应力水平 S_j 下的可靠寿命分别为 $t_{R,i}$ 和 $t_{R,j}$,则称

$$k_{ij} = t_{R,j}/t_{R,i} \tag{1-29}$$

为加速应力水平 S_i 相对于应力水平 S_j 的加速因子(accelerated factor,AF)。

从定义式(1-29)可以看出,加速因子定义为可靠寿命之比,因此在本质上反映了产品分别在两种应力水平下寿命过程的相对快慢程度。由于可靠度与累计失效概率之和为 1,所以根据纳尔逊累积失效模型,可将加速因子作以下定义。

若产品在应力水平 S_i 与 S_j 分别作用时间 t_i 与 t_j 的累积失效概率相同,即 $F_i(t_i) = F_j(t_j)$,则称

$$k_{ij} = t_j/t_i \tag{1-30}$$

为应力水平 S_i 相对于 S_j 的加速因子。

式(1-30)实际上是将加速因子定义为在不同应力水平作用下产品达到相同寿命消耗累积量的期望时间之比,因此包含了一个试验数据的寿命消耗累积等量折算的基本原理。因为式(1-30)可以变形为

$$t_j = k_{ij}t_i \tag{1-31}$$

由此可以看出,如果产品在应力水平 S_i 作用下的试验时间为 t_i,则在应力水平 S_j 作用下达到相同寿命消耗累积的等效试验时间 t_j 由式(1-31)确定,因此式(1-31)也是加速试验中不同应力水平之间试验时间的折算公式。这在本质上也是另外一种形式的加速模型。

2.常见寿命分布的加速因子[103]

1) 寿命分布为尺度参数函数族的情况

尺度参数函数族寿命分布是指产品在应力 S_i 作用下的累积失效率函数(CDF)为

$$F_i(t)=G(t/\sigma_i) \tag{1-32}$$

式中:σ_i 为尺度参数。根据式(1-30)的定义,当产品在应力水平 S_i 与 S_j 分别作用时间 t_i 与 t_j 的累积失效概率相同时,有

$$G(t_i/\sigma_i)=G(t_j/\sigma_j) \tag{1-33}$$

由于 $G(\cdot)$ 是严格单调函数,因此可得

$$k_{ij}=t_j/t_i=\sigma_j/\sigma_i \tag{1-34}$$

指数分布 $F(t)=1-\mathrm{e}^{-\lambda t}$ 是典型的尺度参数分布函数,因此指数分布的加速因子为

$$k_{ij}=\lambda_i/\lambda_j \tag{1-35}$$

2) 寿命分布为位置尺度参数函数族的情况

位置-尺度参数函数族寿命分布是指产品在应力 S_i 作用下的累积失效率函数为

$$F_i(t)=G\left(\frac{t-\mu_i}{\sigma_i}\right) \tag{1-36}$$

式中:μ_i 为位置参数;σ_i 为尺度参数。根据式(1-30)的定义,当产品在应力水平 S_i 与 S_j 分别作用时间 t_i 与 t_j 的累积失效概率相同时,有

$$G\left(\frac{t_i-\mu_i}{\sigma_i}\right)=G\left(\frac{t_j-\mu_j}{\sigma_j}\right) \tag{1-37}$$

由于 $G(\cdot)$ 是严格单调函数,并且 $t_j=k_{ij}t_i$,因此可得

$$\frac{t_i-\mu_i}{\sigma_i}=\frac{k_{ij}t_i-\mu_j}{\sigma_j} \tag{1-38}$$

该方程对于任一可靠寿命 t_i 恒成立,因此必须满足

$$k_{ij}=\frac{\mu_j}{\mu_i}=\frac{\sigma_j}{\sigma_i} \tag{1-39}$$

式(1-39)同时得出了位置尺度参数族寿命分布在不同应力水平下的位置参数和尺度参数应满足的统计约束条件。

典型的位置尺度参数族寿命分布包括正态分布、双参数指数分布、极值分布:

(1) 对于正态分布 $F(t)=\Phi[(t-\mu)/\sigma]$(其中 $\mu>3\sigma$,$\Phi(\cdot)$ 为标准正态分布),加速因子与分布参数约束条件与式(1-38)相同;

(2) 对于双参数指数分布 $F(t)=1-\exp[-\lambda(t-\gamma)]$(其中 $t>\gamma$),加速

因子：

$$k_{ij} = \lambda_i/\lambda_j = \gamma_j/\gamma_i \tag{1-40}$$

同时也给出了分布参数约束条件 $\lambda_i\gamma_i = \lambda_j\gamma_j$ ；

（3）对于极值分布 $F(t) = 1 - \exp\{-\exp[(t-\mu)/\sigma]\}$ ，加速因子与分布参数约束条件与式（1-38）相同。

3）寿命分布为对数位置/尺度参数函数族的情况

对数位置/尺度参数函数族寿命分布是指产品在应力 S_i 作用下的累积失效率函数为

$$F_i(t) = G\left(\frac{\ln t - \mu_i}{\sigma_i}\right) \tag{1-41}$$

式中：μ_i 为位置参数；σ_i 为尺度参数。根据式（1-30）的定义，当产品在应力水平 S_i 与 S_j 分别作用时间 t_i 与 t_j 的累积失效概率相同时，有

$$G\left(\frac{\ln t_i - \mu_i}{\sigma_i}\right) = G\left(\frac{\ln t_j - \mu_j}{\sigma_j}\right) \tag{1-42}$$

由于 $G(\cdot)$ 是严格单调函数，并且 $t_j = k_{ij}t_i$ ，因此可得

$$\frac{\ln t_i - \mu_i}{\sigma_i} = \frac{\ln k_{ij}t_i - \mu_j}{\sigma_j} \tag{1-43}$$

该方程对于任一可靠寿命 t_i 恒成立，因此必须满足

$$\frac{\mu_j - \ln k_{ij}}{\mu_i} = \frac{\sigma_j}{\sigma_i} = 1 \tag{1-44}$$

因此，该对数位置/尺度参数分布的加速因子与不同应力水平下的分布参数约束为

$$k_{ij} = \exp(\mu_j - \mu_i) \tag{1-45}$$

$$\sigma_i = \sigma_j \tag{1-46}$$

典型的对数位置尺度参数族寿命分布包括对数正态分布和威布尔分布：

（1）对于对数正态分布 $F(t) = \Phi[(\ln t - \mu)/\sigma]$（其中 $\mu > 3\sigma$ ，$\Phi(\cdot)$ 为标准正态分布），加速因子、分布参数约束条件分别为式（1-45）和式（1-46）。

（2）对于威布尔分布 $F(t) = 1 - \exp[-(t/\eta)^m]$ ，其中 m 是形状参数，η 是特征寿命，由于其等价于 $F(t) = 1 - \exp\{-\exp[(\ln t - \mu)/\sigma]\}$（其中 $\mu = \ln\eta$ ，$\sigma = m^{-1}$ ），可以看作 $\ln t$ 服从参数为 $(\ln\eta, m^{-1})$ 的极值分布，因此威布尔分布的加速因子与不同应力水平下的分布参数约束为

$$k_{ij} = \eta_j/\eta_i \tag{1-47}$$

$$m_i = m_j \tag{1-48}$$

4）其他寿命分布情况

按照类似的推导过程讨论三参数威布尔分布、三参数对数正态分布这两种常见寿命分布情况，可以得到以下的结论：

对于三参数威布尔分布 $F(t)=1-\exp\{-[(t-\gamma)/\eta]^m\}$（$t>\gamma$），其中 m 是形状参数，η 是尺度参数，γ 是位置参数，加速因子与不同应力水平下的分布参数约束为

$$k_{ij}=\gamma_j/\gamma_i=\eta_j/\eta_i \tag{1-49}$$

$$m_i=m_j,\quad \gamma_i\eta_j=\gamma_j\eta_i \tag{1-50}$$

对于三参数对数正态分布 $F(t)=\Phi\{[\ln(t-\gamma)-\mu]/\sigma\}$（其中 $t>\gamma$，$\Phi(\cdot)$ 为标准正态分布），加速因子与不同应力水平下的分布参数约束为

$$k_{ij}=\gamma_j/\gamma_i=\exp(\mu_j-\mu_i) \tag{1-51}$$

$$\sigma_i=\sigma_j,\quad \ln\gamma_j-\ln\gamma_i=\mu_j-\mu_i \tag{1-52}$$

3. 关于加速因子的进一步讨论

本节从加速因子的定义出发，在失效机理一致性的前提条件下对常见寿命分布的加速因子进行了推导，并且得到了常见寿命分布在各加速应力水平之间的分布参数约束，总结见表1-3。表1-3所列的加速因子在后续章节的统计分析方法中将进一步应用。

表1-3　常见寿命分布下的加速因子及分布参数约束

寿命分布	分布函数	加速因子	分布参数约束
指数分布	$F(t)=1-e^{-\lambda t}$	$k_{ij}=\lambda_i/\lambda_j$	
正态分布	$F(t)=\Phi[(t-\mu)/\sigma]$	$k_{ij}=\mu_j/\mu_i=\sigma_j/\sigma_i$	$\mu_j/\mu_i=\sigma_j/\sigma_i$
双参数指数分布	$F(t)=1-\exp[-\lambda(t-\gamma)]$	$k_{ij}=\lambda_i/\lambda_j=\gamma_j/\gamma_i$	$\lambda_i\gamma_i=\lambda_j\gamma_j$
极值分布	$F(t)=1-\exp\{-\exp[(t-\mu)/\sigma]\}$	$k_{ij}=\mu_j/\mu_i=\sigma_j/\sigma_i$	$\mu_j/\mu_i=\sigma_j/\sigma_i$
对数正态分布	$F(t)=\Phi[(\ln t-\mu)/\sigma]$	$k_{ij}=\exp(\mu_j-\mu_i)$	$\sigma_j=\sigma_i$
威布尔分布	$F(t)=1-\exp[-(t/\eta)^m]$	$k_{ij}=\eta_j/\eta_i$	$m_i=m_j$
三参数威布尔分布	$F(t)=1-\exp\{-[(t-\gamma)/\eta]^m\}$	$k_{ij}=\gamma_j/\gamma_i=\eta_j/\eta_i$	$m_i=m_j$ 且 $\gamma_j/\gamma_i=\eta_j/\eta_i$
三参数对数正态分布	$F(t)=\Phi\{[(\ln(t-\gamma)-\mu)]/\sigma\}$	$k_{ij}=\gamma_j/\gamma_i=\exp(\mu_j-\mu_i)$	$\sigma_i=\sigma_j$ 且 $\ln\gamma_j-\ln\gamma_i=\mu_j-\mu_i$

分布参数约束是在失效机理保持一致前提下依据累积失效模型推导出的结论，因此该约束是失效机理一致性的必要条件。这一结论与目前文献普遍接受

的“分布参数约束是失效机理一致性的充要条件”的结论不同。显然,如果“分布参数约束是失效机理一致性的充要条件”的结论成立,则在指数分布场合因为不存在分布参数约束,那么指数分布场合将不存在失效机理漂移问题,这一结论显然与客观事实不符,这正好反证了“分布参数约束是失效机理一致性的必要条件”的结论。

参 考 文 献

[1] 张春华, 温熙森, 陈循. 加速寿命试验技术综述[J]. 兵工学报, 2004, 25(4): 485-490.

[2] 邓爱民, 陈循, 张春华,等. 加速退化试验技术综述[J]. 兵工学报, 2007, 28(8): 1001-1007.

[3] 张春华. 步降应力加速寿命试验的理论和方法[D]. 长沙: 国防科技大学, 2002.

[4] 邓爱民. 高可靠长寿命产品可靠性技术研究[D]. 长沙: 国防科技大学, 2006.

[5] 汪亚顺. 仿真基加速试验方案优化设计方法研究[D].长沙:国防科技大学, 2008.

[6] 谭源源. 装备贮存寿命整机加速试验技术研究[D]. 长沙: 国防科技大学, 2010.

[7] NELSON W. Accelerated Testing: Statistical Models, Test Plans and DataAnalysis[M]. New York: John Wiley & Sons, 1990.

[8] BUGAIGHIS M M. Efficiencies of MLE and BLUE for parameters of an accelerated life test model[J]. IEEE Transactions on Reliability, 1988, 37(2): 230-233.

[9] BUGAIGHIS M M. Exchange of censorship types and its impact on the estimation of parameter of a weibull regression model[J]. IEEE Transactions on Reliability, 1995, 44(3): 496-499.

[10] HIROSE H. Estimation of threshold stress in accelerated life testing[J]. IEEE Transactions on Reliability, 1993, 42(4): 650-657.

[11] WATKINS A J. Review: likelihood method for fitting weibull log-linear modes to accelerated life test data[J]. IEEE Transactions on Reliability, 1994, 43(3): 361-365.

[12] GUIDA M, GIORGIO M. Reliability analysis of accelerated life test data from a repairable system[J]. IEEE Transactions on Reliability, 1995, 44(2): 337-345.

[13] GLASER R E. Weibull accelerated life testing with unreported early failures[J]. IEEE Transactions on Reliability, 1995, 44(1): 31-36.

[14] MCLINN J A. New analysis methods of multilevel accelerated life tests[J]. IEEE Proceedings of Annual Reliability and Maintainability Symposium, 1999, 38-42.

[15] WANG W, KECECIOGLU D B. Fitting the weibull log-linear model to accelerated life test data[J]. IEEE Transactions on Reliability, 2000, 49(2): 217-223.

[16] YANG G B. Accelerated life test at higher usage rates[J]. IEEE Transactions on Reliability, 2005, 54(1): 53-57.

[17] MAO S, HAN Q. Statistical analysis of life and accelerated life test on Weibull distribution case under type Ⅰ censoring[J]. Chinese Journal of Applied Probability and Statistics, 1991, 7(1): 61-72.

[18] 张志华, 茆诗松. 恒加试验简单线性估计的改进[J]. 高校应用数学学报(A 辑), 1997, 12(3): 417-424.

[19] 孙利民, 张志华. Weibull 分布下恒定应力加速寿命的试验分析[J]. 江苏理工大学学报(自然科学版), 2000, 21(3): 78-81.

[20] 张志华. 恒定应力加速寿命试验的非参数统计方法[J]. 海军工程大学学报, 2001, 13(2): 11-16.

[21] NELSON W B. Accelerated life testing: step-stress models and data analysis[J]. IEEE Transactions on Reliability, 1980, 29(2): 103-108.

[22] BHATTACHARGGA G K, SOEJOETI Z A. A tampered failure rate model for step-stress Accelerated life test[J]. Communications in Statistics-Theory & Methed, 1989, 18(5): 1627-1643.

[23] TANG L C, SUN Y S, et al. Analysis of step-stress accelerated life test data: a new approach[J]. IEEE Transactions on Reliability, 1996, 45(1): 69-74.

[24] TYOSKIN O I, KRIVOLAPOV S Y. Nonparametric model for step-stress accelerated life testing[J]. IEEE Transactions on Reliability, 1996, 45(2): 346-350.

[25] KHAMIS I H, HIGGINS J J. A new model for step-stress testing[J]. IEEE Transactions on Reliability, 1998, 47(2): 131-134.

[26] XIONG C. Inferences on a simple step-stress model with type Ⅱ censored exponential data[J]. IEEE Transactions on Reliability, 1998, 47(2): 141-146.

[27] XIONG C, GEORGE A M. Step-stress life testing with random stress change times for exponential data[J]. IEEE Transactions on Reliability, 1999, 48(2): 141-148.

[28] VILIJANDAS B B, REACHE L G, MIKHAIL S N. Parametric inference for step-stress models[J]. IEEE Transactions on Reliability, 2002, 51(1): 27-31.

[29] TENG S L, YEO K P. A least squares approach to analyzing life stress relationship in step-stress accelerated life tests[J]. IEEE Transactions on Reliability, 2002, 51(2): 177-182.

[30] MCSORLEY E O, LU J C, LI C S. Performance of Parameter estimates in step-stress accelerated life tests with various sample sizess[J]. IEEE Transactions on Reliability, 2002, 51(3): 271-276.

[31] XIONG C, JI M. Analysis of grouped and censored data from step-stress life test[J]. IEEE Transactions on Reliability, 2004, 53(1): 21-28.

[32] 费鹤良. 指数模型步进应力加速寿命试验的区间估计[J]. 应用概率统计, 1995, 11(3): 297-304.

[33] GE G P, MA HAIXUN, HE Y H. Data analysis from accelerated life test using step stress and Weibull distribution[C]// Proceedings of the International Conference on Reliability,

Maintainability and Safety, Beijing, 1994.

[34] NELSON W B. Residuals and their analyses for accelerated life tests with step and varying stress[J]. IEEE Transactions on Reliability, 2008, 57(1): 360-368.

[35] WANG B X. Testing for the validity of the assumptions in the exponential step-stress accelerated life-testing model[J]. Computational Statistics and Data Analysis. 2009, 53(7): 2701-2709.

[36] LUO M, JIANG T M Step stress accelerated life testing data analysis for repairable system using proportional intensity model [C]// Proceedings of Annual Reliability and Maintainability Symposium, Fort Worth, 2009.

[37] 贾占强, 梁玉英. 一种新的双应力加速寿命试验研究——方法篇[J]. 军械工程学报, 2007, 19(3): 9-12.

[38] 徐广, 王蓉华. 步降应力加速寿命试验的效率分析[J]. 上海师范大学学报(自然科学版), 2008, 37(5): 468-475.

[39] NELSON W B. Analysis of performance-degradation data from accelerated tests[J]. IEEE Transactions on Reliability, 1981, 30(2): 149-154.

[40] 邓爱民, 陈循, 张春华,等. 基于加速退化数据的可靠性评估[J]. 弹箭与制导学报, 2006, 26(2): 808-812.

[41] 赵建印, 孙权, 彭宝华,等. 基于加速退化试验数据的可靠性分析[J]. 电子质量, 2005(5): 30-33.

[42] MEEKER W Q, ESCOBAR L A, LU J C. Accelerated degradation tests: modeling and analysis[J]. Technometrics, 1998, 40(2): 89-99.

[43] MEEKER W Q, ESCOBAR L A. A review of research and current issues in accelerated testing[J]. International Statistical Review, 1993, 61: 147-168.

[44] YANG K, YANG G. Performance degradation analysis using principal component method [C]//Proceedings Annual Reliability and Maintainability Symposium, Philadelphia, 1997.

[45] MENEGHESSO G, CROSATO C, GARAT F, et al. Failure mechanisms of Schottky gate contact degradation and deep traps creation in AlGaAs/InGaAs PM-HEMTs submitted to accelerated life tests[J]. Microelectronics Reliability, 1998, 38: 1227-1232.

[46] FEINBERG A A, WIDOM A. Connecting parametric aging to catastrophic failure through thermodynamics[J]. IEEE Transactions on Reliability, 1996, 45(1): 28-33.

[47] CHUANG S L, ISHIBASHI A. Kinetic model for degradation of light-emitting diodes[J]. IEEE Journal of Quantum Electronics, 1997, 33(6): 970-979.

[48] CRK V. Reliability assessment from degradation data[C]// Proceedings Annual Reliability and Maintainability Symposium, Los Angeles, 2000.

[49] SUGIYAMA M, SAIKI K, SAKATA A, et al. Accelerated degradation testing of gas diffusion electrodes for the chlor-alkali process[J]. Journal of Applied Electrochemistry, 2003, 33: 929-932.

[50] JAYARAM J, GIRISH T. Reliability Prediction through Degradation Data Modeling using a Quasi-Likelihood Approach[C]// Poceedings of the Annual Reliability and Maintainability Symposium, Alexandria, 2005.

[51] WHITMORE G A, SCHENKELBERG F. Modelling accelerated degradation data using wiener diffusion with a scale transformation[J]. Lifetime Data Analysis, 1997, 3: 27-45.

[52] PARK C, PADGETT W J, TOMLINSON M A. Accelerated degradation models for failure based on geometric brownian motion and gamma processes[J]. Lifetime Data Analysis, 2005, 11: 511-527.

[53] PARK C, PADGETT W J. New Cumulative Damage Models for Failure Using Stochastic Processes as Initial Damage[J]. IEEE Transactions on Reliability, 2005, 54(3): 530-540.

[54] SHIAU J H, LIN H H. Analyzing accelerated degradation data by nonparametric regression [J]. IEEE Transactions on Reliability, 1999, 48(2): 149-158.

[55] TSENG S T, WEN Z C. Step-stress accelerated degradation analysis for highly reliable products[J]. Journal of Quality Technology, 2000, 32(3): 209-216.

[56] 李晓阳, 姜同敏, 黄涛,等. 微波电子产品贮存状态的 SSADT 评估方法[J]. 北京航空航天大学学报, 2008, 34(10): 1135-1138.

[57] 李晓阳, 姜同敏. 基于加速退化模型的卫星组件寿命与可靠性评估方法[J]. 航空学报, 2007, 28: 100-103.

[58] NELSON W. Graphical Analysis of Accelerated Life Test Data with a Mix of Failure Modes [J]. IEEE Transactions on Reliability, 1975, R-24(4): 230-237.

[59] KLEIN J P, BASU A P. Weibull accelerated life test when there are competing causes of failure[J]. Communications in Statistics Theory and Methods, 1981, 10(20): 2073-2100.

[60] 张志华, 茆诗松. 竞争失效产品加速寿命试验的广义线性模型分析[J]. 华东师范大学学报(自然科学版), 1997(1): 29-35.

[61] 张志华. 竞争失效产品加速寿命试验的非参数统计方法[J]. 工程数学学报, 2002, 19(3): 59-63.

[62] ZHAO W, ELSAYED E A. An accelerated life testing model involving performance degradation[C]// Proceedings of Annual Reliability and Maintainability Symposium, Los Angeles, 2004.

[63] KIM C M, BAI D S. Analyses of accelerated life test data under two failure modes[J]. International Journal of Reliability, Quality and Safety Engineering, 2002,111-126.

[64] 高伟, 赵选民. 混合指数分布恒定应力加速寿命试验的统计分析[J]. 机械科学与技术, 2006, 25(8): 913-916.

[65] CHERNOFF H. Optimal accelerated life designs for estimation[J]. Technometrics, 1962, 4(3): 381-408.

[66] NELSON W B, KIELPINSKI T J. Theory for optimum censored accelerated life tests for normal and lognormal distributions[J]. Technometrics, 1976, 18(1): 105-114.

[67] NELSON W B, MEEKER W Q. Theory for optimum censored accelerated life tests for Weibull and extreme value distributions[J]. Technometrics, 1978, 20(2): 171-177.
[68] MEEKER W Q. A comparison of accelerated life test plans for Weibull and Lognormal distribution and type Ⅰ censoring[J]. Technometrics, 1984, 26(2): 157-172.
[69] CHUNG S W, BAI D S. Optimal designs of partially accelerated life tests for Weibull distributions[J]. Journal of the Korean Institute of Industrial Engineers, 1998, 24: 367-379.
[70] ELSAYED E A, JIAO L. Optimal design of proportional hazards based accelerated life testing plans[J]. International Journal of Materials and Product Technology, 2002, 17: 411-424.
[71] TANG L C, XU K. A multiple objective framework for planning accelerated life tests[J]. IEEE Transactions on Reliability, 2005, 54(1): 58-63.
[72] 陈文华, 程耀东. 对数正态分布时恒定应力加速寿命试验方案的优化设计[J]. 仪器仪表学报, 1998, 19(5): 555-557.
[73] 陈文华, 程耀东. 威布尔分布下恒定应力加速寿命试验方案的优化设计[J]. 浙江大学学报(工学版), 1999, 33(4): 337-342.
[74] 陈文华, 冯红艺, 钱萍,等. 综合应力加速寿命试验方案优化设计理论与方法[J]. 机械工程学报, 2006, 42(12): 101-105.
[75] 张志华. 定数截尾的恒定应力加速寿命试验的优化设计[J]. 海军工程大学学报, 2000, 3: 57-60.
[76] MILLER R, NELSON W B. Optimum simple step-stress plans for accelerated life testing[J]. IEEE Transactions on Reliability, 1983, 32(1): 59-65.
[77] BAI D S, KIM M S, LEE S H. Optimum Simple Step-stress Accelerated Life Tests with censoring[J]. IEEE Transactions on Reliability, 1989, 38(5): 528-532.
[78] BAI D S, KIM M S, LEE S H. Optimum simple step-stress accelerated life tests under periodic observation[J]. Journal of the Korean Statistical Society, 1989, 18: 125-134.
[79] KHAMIS I H, HIGGINS J J. Optimum 3-Step Step-Stress Tests[J]. IEEE Transactions on Reliability, 1996, 45(2): 341-345.
[80] ALHADEED A A, YANG S S. Optimal simple step-stress plan for Khamis-Higgins model [J]. IEEE Transactions on Reliability, 2002, 51: 211-215.
[81] LI C, FARD N. Optimum bivariate step-stress accelerated life test for censored data[J]. IEEE Transactions on Reliability, 2007, 56(1): 77-84.
[82] 程依明. 步进应力加速寿命试验的最优设计[J]. 应用概率统计, 1994, 10(1): 51-61.
[83] 施方, 葛广平. Weibull 分布和极值分布场合下简单步进应力加速寿命试验的最优设计[J]. 上海大学学报, 1998, 4(4): 383-389.
[84] BOULANGER M, ESCOBAR L A. Experimental design for a class of accelerated degradation tests[J]. Technometrics, 1994, 36(3): 260-272.

[85] YU H F, TSENG S T. On-line procedure for terminating an accelerated degradation test[J]. Statistica Sinica, 1998, 8: 207-220.

[86] ESCOBAR L A, MEEKER W Q. Test planning for accelerated destructive degradation tests [C]// International Conference on Reliability and Survival Analysis, University of South Carolina, 2003.

[87] YU H F, CHIAO C H. Designing an accelerated degradation experiment by optimizing the interval estimation of the mean time to failure [J]. Journal of the Chinese Institute of Industrial Engineers, 2002, 19(5): 23-33.

[88] YU H F. Designing an accelerated degradation experiment with a reciprocal Weibull degradation rate[J]. Journal of statistical planning and inference, 2006, 136: 281-297.

[89] LIAO H, ELSAYED E A. Optimization of system reliability robustness using accelerated degradation testing [C]// Poceedings of The Annual Reliability and Maintainability Symposium, Alexandria, 2005.

[90] 汪亚顺, 张春华, 陈循,等. 仿真基混合效应模型加速退化试验方案优化设计研究[J]. 机械工程学报, 2009, 45(12): 108-114.

[91] PARK S J, YUM B J, BALAMURALI S. Optimal design of step-stress degradation tests in the case of destructive measurement[J]. Quality Technology & Quantitative Management, 2004, 1(1): 105-124.

[92] TANG L, YANG G, XIE M. Planning Of step-stress accelerated degradation test[C]// Poceedings of The Annual Reliability and Maintainability Symposium, Los Angeles, 2004.

[93] LIAO C M, TSENG S T. Optimal design for step-stress accelerated degradation tests[J]. IEEE Transactions on Reliability, 2006, 55(1): 59-66.

[94] BAI D S, CHUN Y R. Optimum simple step-stress accelerated life tests with competing causes of failure[J]. IEEE Transactions on Reliability, 1991, 40(5): 621-627.

[95] 刘立喜, 葛广平. 竞争失效产品定时截尾的简单恒加寿命试验的优化设计[J]. 应用概率统计, 1998, 14(3): 301-306.

[96] PASCUAL F. Accelerated life test planning with independent Weibull competing risks with known shape parameter[J]. IEEE Transactions on Reliability, 2007, 56(1): 85-93.

[97] LI X Y, JIANG T M. Optimal design for step-stress accelerated degradation testing with competing failure modes [C]// Proceedings of Annual Reliability and Maintainability Symposium, Fort Worth, 2009.

[98] 潘正强, 周经伦, 彭宝华. 基于 Wiener 过程的多应力加速退化试验设计[J]. 系统工程理论与实践, 2009, 29(8): 64-71.

[99] WANG Y S, ZHANG C H, ZHANG S F, CHEN X, et al. Optimal design of constant stress accelerated degradation test plan with multiple stresses and multiple degradation measures [J]. Proceedings of the Institution of Mechanical Engineers, Part O: Journal of Risk and Reliability 2015, 229(1):83-93.

[100] WANG Y S, CHEN X, TAN Y Y. Optimal Design of Step-stress Accelerated Degradation Test with Multiple Stresses and Multiple Degradation Measures[J]. Quality and Reliability Engineering International, 2017, 33(8): 1655–1668.

[101] LIU Y, WANG Y S, FAN Z W, et al. Lifetime prediction method for MEMS gyroscope based on accelerated degradation test and acceleration factor model[J]. Eksploatacja i Niezawodnosc-Maintenance and Reliability, 2020, 22(2): 221–231.

[102] LIU Y, WANG Y S, FAN Z W, et al. A new universal multi-stress acceleration model and multi-parameter estimation method based on particle swarm optimization[J]. Proceedings of the Institution of Mechanical Engineers, Part O: Journal of Risk and Reliability, 2020, 234(6):764–778.

[103]张春华，陈循，杨拥民．常见寿命分布下环境因子的研究[J]．强度与环境，2001(4)：7–12.

第 2 章　单失效模式加速寿命试验建模分析

工程实际中某些机电产品的失效主要表现为一种失效模式,同时机电产品单失效模式场合下加速试验建模分析理论是多失效模式场合分析的基础,因此我们首先讨论单失效模式下加速试验建模分析问题。

加速寿命试验从最初恒定应力试验方法的产生到步进应力与序进应力试验方法的提出,这一发展过程实际上是寿命评估需求不断发展推动的必然结果。随着产品可靠性水平不断提高,寿命不断增加,提高试验应力水平以达到缩短试验周期便成为技术发展的一个必然选择。由于应力加载方式对试验周期的影响,人们在恒定应力试验的基础上又发展了步进应力试验和序进应力试验方法,以进一步缩短试验周期。

在目前的三种基本加速试验方法中,恒定应力试验具有较高的数据分析精度,步进应力试验具有较高的加速效率,序进应力试验工程实现难度较大。本章首先针对单失效模式下威布尔分布恒定应力加速寿命试验传统分析方法的不足,提出基于构造数据的分析方法。然后在步进应力试验的基础上提出了步降应力加速试验方法,建立步降应力加速寿命试验的统计建模分析方法,为高可靠长寿命评估提供一种效率更优的试验方法支撑。

2.1　单失效模式下威布尔分布场合恒定应力加速寿命试验建模分析

由于威布尔分布恒定应力加速寿命试验的极大似然分析方法不存在闭合解,其求解常采用迭代方法,存在初始值敏感的问题。一般认为,在迭代初始值偏离真值的误差大于 10%的情况下,多数常用的迭代方法失效。因此,二步分析方法成为威布尔分布恒定应力试验最常用的统计分析方法。二步分析方法的主要思路如下:

(1) 利用最好线性无偏估计(BLUE)或者简单线性无偏估计(GLUE)对各加速应力水平下的威布尔分布参数进行拟合,并在形状参数保持不变的假设下得到形参的二次估计;

（2）对步骤（1）得到的特征寿命与加速应力水平的关系进行模型拟合，从而利用模型外推进行使用条件下的可靠寿命估计。

恒定应力试验极大似然分析方法和二步分析方法在参数估计效率上不存在明显差异，但是二步分析方法在计算过程上要简便得多。然而，二步分析方法的BLUE或GLUE过程需要查“可靠性试验用表”，不易于流程化和工程应用。

本节针对二步分析方法存在的不足，提出构造数据方法对其加以改进，并将其应用于后续提出的威布尔分布场合步降应力加速试验的建模分析问题中。构造数据方法的分析模型在拟合优度上高于二步分析方法，从而改善了恒定应力试验的统计分析精度，并且避免了二步分析方法的查表过程，具有更高的工程应用价值。

2.1.1 恒定应力试验建模分析问题描述

恒定应力加速寿命试验将样本分别在 k 个应力水平 $S_k, S_{k-1}, \cdots, S_1$（$S_k > S_{k-1} > \cdots > S_1$）下进行试验，每个应力水平的样本总量为 n，试验采取定数截尾方式，截尾数分别为 $n_k, n_{k-1}, \cdots, n_1$，其中 $n_{i-1} - n_i = r_{i-1}$，试验得到各应力水平 S_i 下的失效样本为

$$
\begin{gathered}
S_k : t_{k,1}, t_{k,2}, \cdots, t_{k,n_k} \\
S_{k-1} : t_{k-1,1}, t_{k-1,2}, \cdots, t_{k-1,n_{k-1}} \\
\vdots \\
S_1 : t_{1,1}, t_{1,2}, \cdots, t_{1,n_1}
\end{gathered} \tag{2-1}
$$

2.1.2 二步分析方法

本小节首先介绍国标GB 2689引用的两种基于最好线性无偏估计（BLUE）和简单线性无偏估计（GLUE）的威布尔分布恒定应力试验统计分析方法，因为该方法的统计分析过程主要按照分布参数估计、加速模型回归两个步骤进行，所以工程界习惯上称之为二步分析方法[1]。

1. 分布参数估计

对于式（2-1）的威布尔分布恒定应力定数截尾样本 $S_i : t_{ij}(1 < j < n_i)$，二步分析方法首先利用BLUE或GLUE对分布参数 (m_i, η_i) 进行估计。当 $n \leqslant 25$ 时，分布参数的BLUE为

$$
\hat{\mu}_i = \sum_{j=1}^{n_i} D(n, n_i, j) \ln t_{ij}, \hat{\sigma}_i = \sum_{j=1}^{n_i} C(n, n_i, j) \ln t_{ij} \tag{2-2}
$$

$$
\mathrm{Var}(\hat{\mu}_i) = A_{n_i,n} \sigma^2 \tag{2-3}
$$

$$\hat{m}_i = g_{n_i,n}/\hat{\sigma}_i, \hat{\eta}_i = \exp(\hat{\mu}_i) \tag{2-4}$$

当 $n>25$ 时,分布参数的 GLUE 为

$$\hat{\sigma}_i = \frac{1}{nk_{n_i,n}} \sum_{j=1}^{n_i} |\ln t_s - \ln t_{ij}|, \quad \hat{\mu}_i = \ln t_s - \hat{\sigma}_i E(Z_s) \tag{2-5}$$

$$\mathrm{Var}(\hat{\mu}_i) = A_{n_i,n}\sigma^2 \tag{2-6}$$

$$\hat{m}_i = g_{n_i,n}/\hat{\sigma}_i, \hat{\eta}_i = \exp(\hat{\mu}_i) \tag{2-7}$$

$$s = \begin{cases} n_i & (n_i \leqslant 0.9n) \\ n & (n_i > 0.9n \text{ 且 } n \leqslant 15) \\ n-1 & (n_i > 0.9n \text{ 且 } 16 \leqslant n \leqslant 24) \\ [0.892n]+1 & (n_i > 0.9n \text{ 且 } n \geqslant 25) \end{cases} \tag{2-8}$$

其中的系数 $C(n,n_i,j)$、$D(n,n_i,j)$、$A_{n_i,n}$、$g_{n_i,n}$、$nk_{n_i,n}$、$E(Z_s)$ 均可查“可靠性试验用表”。

根据加速因子的讨论结果,威布尔分布场合恒定应力试验在各应力水平下的形状参数 m_i 之间存在恒等约束。由于试验的随机性和统计分析的误差,恒定应力试验数据通过以上统计分析所得的 m_i 之间往往存在一定的差异,因此二步分析方法采用如下的最小方差无偏估计对各应力水平下威布尔分布形状参数 m 进行一致性估计:

$$\hat{m} = \frac{\sum_{i=1}^{k} l_{n_i,n}^{-1} - 1}{\sum_{i=1}^{k} l_{n_i,n}^{-1}\hat{\sigma}_i} \tag{2-9}$$

式中:$l_{n_i,n}$为方差系数,可查“可靠性试验用表”。

2. 加速模型回归

威布尔分布产品寿命的加速模型可表示为

$$\mu_i = \ln(\eta_i) = \sum_{j=0}^{n} a_j \phi_j(S_i) \quad (i=1,2,\cdots,k) \tag{2-10}$$

式中:μ_i 为威布尔分布的位置参数,$\mu_i = \ln(\eta_i)$。根据分布参数估计结果,可得加速模型参数的估计方程为

$$\begin{cases} E(\hat{\mu}_i) = \mu_i = \sum_{j=0}^{n} a_j \phi_j(S_i) \\ \mathrm{Var}(\hat{\mu}_i) = A_{n_i,n}\sigma^2 \quad (i=1,2,\cdots,k) \end{cases} \tag{2-11}$$

且 $\hat{\mu}_i$ 相互独立。这是方差不等的线性回归模型,由高斯-马尔可夫定理,可以求

得加速模型 a_j 的估计及方差。

二步分析方法的最大优点在于计算简便,有标准的数据表可供查阅,但是该分析方法没有考虑中间估计量 μ_i 和 σ_i 之间的相关性;由于各应力水平的寿命分布参数之间存在形参恒等约束,因此二步分析方法在按照式(2-9)得到形参的一致性估计以后,特征寿命的估计将相应地产生新的估计,而二步分析方法在分析过程中并没有对特征寿命参数的估计进行更新。

图 2-1 为某轴承恒定应力加速寿命试验的威布尔分布图,其中的 S_1、S_2、S_3 分别表示加速寿命试验的三个加速应力水平,威布尔分布概率图中直线的斜率为威布尔分布的形状参数 m。失效物理分析表明,轴承在三个应力水平下的失效机理相同,而图 2-1 却显示,应力水平 S_2 的威布尔分布图直线拟合的斜率与应力水平 S_1 和 S_3 相比存在一定的差异,即二步分析方法得到的中间估计量 $\hat{\sigma}_2$ 与 $\hat{\sigma}_1$、$\hat{\sigma}_3$ 之间存在较大的差异,因此 $\hat{\sigma}_2$ 与一致性估计 $\hat{\sigma}$ 相比存在较大的误差。由于分布参数之间具有相关性,因此可以推测 S_2 的特征寿命估计 $\hat{\eta}$ 同样也存在较大误差。二步分析方法虽采用加权平均式(2-9)对 S_2 的形状参数 m 的估计进行了误差修正,但特征寿命 η 的估计误差却没有同时进行修正,因此影响到后续分析的模型参数估计及寿命预测,使得统计分析精度降低。

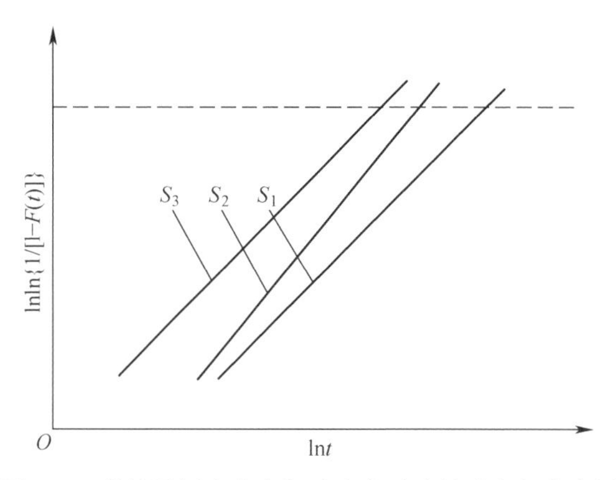

图 2-1　某轴承恒定应力加速寿命试验的威布尔分布图

同时,由于 BLUE 与 GLUE 的计算过程均需要查“可靠性试验用表”,所以上述文献提出的方法与二步分析方法的统计分析过程均依赖于标准数据表,不易于软件实现。

2.1.3　构造数据分析方法

本小节在 2.1.2 节分析的基础上提出一种新的构造数据分析方法,对二步分析方法进行改进[2]。其基本思想是:在得到形参的一致性估计 $\hat{m}$ 以后,对所有的寿命数据进行 $\hat{m}$ 次幂得到 k 组新的寿命数据,即构造数据,并以构造数据的寿命参数进行加速模型拟合。

1. 形状参数 m 的一致性估计

对于式(2-1)所示的威布尔分布恒定应力加速寿命试验数据 t_{ij} ($i=1,2,\cdots,k;j=1,2,\cdots,n_i$),若令

$$u_{ij}(m_i)=\sum_{l=1}^{j}t_{il}^{m_i}+(n-j)t_{ij}^{m_i}\quad(j=1,2,\cdots,n_i)\tag{2-12}$$

则其分布参数的逆矩估计为

$$\sum_{j=1}^{n_i-1}\ln\frac{u_{in_i}(m_i)}{u_{ij}(m_i)}=n_i-1\tag{2-13}$$

该逆矩估计可采用试探方法求解。

若通过试探方法求解得到的形参点估计分别为 $\hat{m}_1,\hat{m}_2,\cdots,\hat{m}_k$, 由于形状参数 m_i 之间存在恒等约束,所以必须依据这 k 个点估计对形状参数 m 进行一致性估计,工程上常采用如下的加权平均方法求得形状参数 m 的一致性估计:

$$\hat{m}=\frac{\sum_{i=1}^{k}n_i\hat{m}_i}{\sum_{i=1}^{k}n_i}\tag{2-14}$$

式中: n_i 为各应力水平试验的截尾数。

2. 基于构造数据的加速模型参数估计

引理 2.1 如果 $T\sim F_t(t)=1-\exp[-(t/\eta)^m]$, 则 $y=T^m\sim F_y(y)=1-\exp(-\lambda y)$, 其中 $\lambda=\eta^{-m}$,记 $\theta=1/\lambda=\eta^m$,即威布尔分布寿命数据的 m 次幂服从指数分布。

证明: $F_y(y)=P(T^m<y)=P(T<y^{1/m})=F_t(y^{1/m})=1-\exp[-(y^{1/m}/\eta)^m]=1-\exp[-\lambda y]$。

在获得威布尔分布形状参数 m 的一致性估计式(2-14)以后,依据引理 2.1 对原始数据(2-32)进行处理,构造如下数据:

$$(y_{i,1},y_{i,2},\cdots,y_{i,n_i})=(t_{i,1}^{\hat{m}},t_{i,2}^{\hat{m}},\cdots t_{i,n_i}^{\hat{m}})\quad(i=1,2,\cdots,k)\tag{2-15}$$

依据引理 2.1,该构造数据 $y_{i,j}$ 服从 $\lambda_i=\eta_i^{-m}$ 的指数分布,因此其平均寿命 θ_i 的极大似然点估计为

$$\theta_i=[y_{i,1}+y_{i,2}+\cdots+y_{i,n_i}+(n-n_i)y_{i,n_i}]/n_i\quad(i=1,2,\cdots,k)\tag{2-16}$$

由于 $\hat{\theta}_i = \hat{\eta_i^m}$，所以式(2-16)实际上也是特征寿命参数 η_i 的二次估计。

于是，$\ln\theta_i$ 的无偏估计为

$$\delta_i = \ln\tau_i - \psi(n_i) \quad (i = 1,2,\cdots,k) \tag{2-17}$$

即

$$E(\delta_i) = \ln\theta_i \tag{2-18}$$

其中

$$\tau_i = y_{i,1} + y_{i,2} + \cdots + y_{i,n_i} + (n - n_i)y_{i,n_i} \tag{2-19}$$

$$\psi(n_i) = \sum_{j=1}^{n_i-1} \frac{1}{j} - c \tag{2-20}$$

式中：c 为欧拉常数，$c = 0.577215664\cdots$。同时，$\ln\theta_i$ 的估计方差为

$$D(\delta_i) = D(\ln\tau_i) = \zeta(2,n_i - 1) \quad (i = 1,2,\cdots,k) \tag{2-21}$$

式中：$\zeta(\cdot)$ 为黎曼 ζ 函数，有

$$\zeta(2,n_i - 1) = \frac{\pi^2}{6} - \sum_{j=1}^{n_i-2} \frac{1}{j^2} \tag{2-22}$$

为了实现基于构造数据的加速模型参数估计，首先对原加速模型依据构造数据的寿命特征进行转换。将 $\theta = \eta^m$ 代入式(2-10)所示的加速模型，可得

$$\ln(\theta^{1/m}) = \sum_{j=0}^{n} a_j\phi_j(S) \tag{2-23}$$

即

$$\ln(\theta) = m\sum_{j=0}^{n} a_j\phi_j(S) \tag{2-24}$$

因此，若令 $c_j = ma_j$，则可得转换的加速模型：

$$\ln(\theta) = \sum_{j=0}^{n} c_j\phi_j(S) \tag{2-25}$$

于是，结合式(2-18)、式(2-21)和式(2-25)，对于 $i = 1,2,\cdots,k$，可得线性回归模型：

$$\begin{cases} E(\delta_i) = \sum_{j=0}^{n} c_j\phi_{j,i} \\ D(\delta_i) = \zeta(2,n_i - 1) \end{cases} \tag{2-26}$$

若记

$$\boldsymbol{\Delta} = \begin{bmatrix} \delta_1 \\ \delta_2 \\ \vdots \\ \delta_k \end{bmatrix}, \boldsymbol{\Phi} = \begin{bmatrix} \phi_{0,1} & \phi_{1,1} & \cdots & \phi_{n,1} \\ \phi_{0,2} & \phi_{1,2} & \cdots & \phi_{n,2} \\ \vdots & \vdots & \vdots & \vdots \\ \phi_{0,k} & \phi_{1,k} & \cdots & \phi_{n,k} \end{bmatrix}, \boldsymbol{c} = \begin{bmatrix} c_0 \\ c_1 \\ \vdots \\ c_n \end{bmatrix}, \boldsymbol{V} = \begin{bmatrix} \zeta_1 & & & 0 \\ & \zeta_2 & & \\ \vdots & & \ddots & \vdots \\ 0 & & & \zeta_k \end{bmatrix}$$

则式(2-26)所示的线性回归模型可以简单表述为

$$\begin{cases} E(\boldsymbol{\Delta}) = \boldsymbol{\Phi c} \\ D(\boldsymbol{\Delta}) = \boldsymbol{V} \end{cases} \tag{2-27}$$

据高斯-马尔可夫定理,可得转换加速模型参数 c 的最小方差无偏估计为

$$\hat{c} = (\boldsymbol{\Phi}^{\mathrm{T}}\boldsymbol{V}^{-1}\boldsymbol{\Phi})^{-1}\boldsymbol{\Phi}^{\mathrm{T}}\boldsymbol{V}^{-1}\boldsymbol{\Delta} \tag{2-28}$$

并且其估计方差为

$$D(\hat{c}) = (\boldsymbol{\Phi}^{\mathrm{T}}\boldsymbol{V}^{-1}\boldsymbol{\Phi})^{-1} \tag{2-29}$$

将式(2-28)和正常应力水平 S_0 代入式(2-25),并结合 $\theta = \eta^m$,可以求得正常应力水平 S_0 下的特征寿命参数 $\hat{\eta}_0$。

实际上,加速寿命试验统计分析的基本任务便是估计产品在正常条件下的寿命分布参数,所以对于威布尔分布场合加速寿命试验的统计分析问题而言,在上述过程求得正常使用应力条件下寿命分布参数点估计 $\hat{m}$ 和 $\hat{\eta}_0$ 以后,加速寿命试验的统计分析问题便自然演变为一个常规的寿命评估问题,在此不作赘述。

2.1.4 威布尔分布恒定应力加速寿命试验建模分析算例

1. He-Ne 激光器恒定应力加速寿命试验

算例 1 首先对某型 He-Ne 激光器的恒定应力加速寿命试验数据进行统计分析,试验数据见表 2-1。该试验采用工作电流作为加速应力,共设置了 4 个加速应力水平,即 I = 7mA、11mA、15mA、20mA,加速模型采用逆幂律模型 $\ln\eta = a + b\ln I$。

该激光器加速寿命试验数据见表 2-1。

表 2-1 某 He-Ne 激光器加速寿命试验数据[3]

I_i /mA	t_{ij} /(10^3 h)
7	11.5,20.9,23.4,28.2,36
11	7.3,11.0,14.1,17.5,20.3
15	5.7,7.6,8.3,14.0
20	3.4,5.4,7.3,10.4,12.8

2. 绝缘材料恒定应力加速寿命试验

算例 2 对某变压器中绝缘材料恒定应力加速寿命试验进行了分析,试验数据见表 2-2。加速条件为工作电压 V,加速模型同样为幂律模型 $\ln\eta = a + b\ln V$。

表 2-2　某绝缘材料恒定应力加速寿命试验数据[4]

V_i/(kV/mm)	n_i	r_i	t_{ij}/h
3	6	6	3487, 3580, 7884, 9894, 19260, 21300
4	6	6	397.4, 445.6, 592.3, 688.8, 707.0, 1642
10	6	6	25.2, 44.4, 44.5, 46.4, 58.1, 92.2
15	5	5	9.9, 11.9, 12.4, 15.9, 20.1
20	6	6	6.8, 7.4, 8.0, 11.7, 18.3, 23.0

采用二步分析方法和构造数据方法分别对算例 1 与算例 2 的两组恒定应力加速寿命试验数据进行了对比分析,分析结果见表 2-3。

表 2-3　算例 1 与算例 2 的分析结果

算例	分析方法	$(\hat{m}, \hat{a}, \hat{b})$	AIC
1	二步分析方法	(2.09, 12.287, -1.073)	1708.6
	构造数据方法	(2.12, 12.235, -1.068)	1702.0
2	二步分析方法	(2.29, 12.456, -3.4624)	292.7
	构造数据方法	(2.21, 12.331, -3.4143)	280.6

表 2-3 中的 AIC 为依据 Akaike 信息准则定义的统计模型优化系数,反映了统计模型对原始试验数据的拟合优度,定义为

$$\mathrm{AIC} = -2[\ln(L_{\max}) - q] \tag{2-30}$$

式中:$L_{\max}$ 为极大似然函数值;q 为统计模型的未知参数个数。AIC 函数值越小,统计模型对原始数据的拟合程度就越好。

表 2-3 中的分析结果表明,构造数据方法统计分析结果与二步分析方法非常接近,验证了构造数据方法的有效性,并且构造数据方法建模分析结果的 AIC 小于二步分析方法,说明构造数据方法得到的分析模型在原始寿命数据的拟合优度方面高于二步分析方法,相应的寿命特征估计精度也将好于二步分析方法。由于算例 1 与算例 2 中各应力水平下形状参数估计之间的差异较小,因而 AIC 数值对比的差异不够明显。

总的来说,由于构造数据经过了形参一致性估计 $\hat{m}$ 的次幂处理,因此以构造数据的寿命参数进行加速模型拟合就相当于对原特征寿命 η_i 进行了修正估计,因此考虑了中间估计量之间的相关性,所以构造数据分析方法在模型拟合优度上将高于二步分析方法,并可相应地提高恒定应力试验的统计分析精度。同时,构造数据分析方法在形状参数估计时采用了逆矩估计方法,并将原来的威布尔分布场合恒定应力试验统计分析转化为指数分布场合的恒定应力试验统计分

析问题,因而可简化二步分析方法的统计分析过程,消除其中的查表步骤,以便于威布尔分布场合恒定应力试验统计分析的软件实现。

2.2 单失效模式下威布尔分布场合步降应力加速寿命试验建模分析

加速寿命试验建模分析的任务是对加速应力水平下产品的寿命信息进行加工,估计出加速模型中的未知参数,再利用该模型外推出正常条件下产品的寿命指标。建模分析过程实际上是研究如何根据有限的试验结果去推断产品的实际寿命水平,是获得试验数据合理解释的信息处理过程。加速寿命试验建模分析的一般步骤为:

(1) 假设产品寿命服从某种类型的分布,并通过假设检验考察分布假设是否正确;

(2) 分析数据 $t_1,t_2,\cdots,t_n$ 估计分布参数,方法主要有图估计方法、最小二乘方法、极大似然估计(MLE)方法、最好线性无偏估计(BLUE)方法、简单线性无偏估计(GLUE)方法等;

(3) 对加速模型进行参数回归(物理加速模型)或根据寿命应力关系构造加速模型(数学加速模型);

(4) 利用加速模型进行外推得到正常使用条件下的寿命特征。

在建模分析方法研究中,统计分析精度将是主要考虑的目标,算法复杂度的简化与软件可实现性也将是建模分析研究需要考虑的主要因素。步降应力加速寿命试验作为一种效率更高的加速寿命试验新方法,在工程实际中将得到越来越广泛的应用[1, 5-7]。本节以威布尔分布为例研究了步降应力加速寿命试验的建模分析方法。

2.2.1 步降应力试验建模分析问题描述

威布尔分布场合步降应力试验统计分析的基本假设包括:

(A1) 在步降应力试验的各应力水平下,样本寿命均服从威布尔分布,即

$$f(t)=(m/\eta)(t/\eta)^{m-1}\exp[-(t/\eta)^m] \tag{2-31}$$

式中:m 为形状参数;η 为特征寿命。

(A2) 纳尔逊累积失效模型。

(A3) 加速模型:对于威布尔分布产品,不同应力水平下的寿命特征量 η_i 与应力水平 S_i 满足加速模型

$$\ln(\eta)=\sum_{j=0}^{n}a_j\phi_j(S) \tag{2-32}$$

式中：$\phi_j(S)$ 为应力因素的函数，且 $\phi_0(S)=1$。令 $n=1$，式(2-32)即简化为

$$\ln\eta=a_0+a_1\phi_1(S) \tag{2-33}$$

当 $\phi_1(S)=1/S$（S 为绝对温度）时，式(2-33)表示威布尔-阿伦尼乌斯模型；当 $\phi_1(S)=\ln S$ 时，式(2-33)表示威布尔-逆幂律模型。

在上述三个基本假设中，A1 可以通过分布拟合的假设检验方法进行验证，A2 的纳尔逊累积失效模型经过了大量工程实践所证明，A3 则可以通过相关系数检验和残差分析等方法进行验证。

设步降应力试验的 k 个应力水平分别为 $S_1,S_2,\cdots,S_k(S_1<S_2<S_k)$，抽样 n 个样本，采取定数截尾方式，截尾数分别为 $r_k,r_{k-1},\cdots,r_1$，令 $r=r_k+r_{k-1}+\cdots+r_1$。试验得到失效样本（以各应力水平开始时刻为计算起点）：

$$\begin{array}{c}S_k:t_{k,1},t_{k,2},\cdots,t_{k,r_k}\\ S_{k-1}:t_{k-1,1},t_{k-1,2},\cdots,t_{k-1,r_{k-1}}\\ \vdots\\ S_1:t_{1,1},t_{1,2},\cdots,t_{1,r_1}\end{array} \tag{2-34}$$

和步进应力试验类似，除了最高应力水平 S_k 以外，步降应力试验在其他加速应力水平（$S_{k-1},S_{k-2},\cdots,S_1$）得到的失效数据均不是完整的失效样本，其中尚未包含该应力水平以前所有应力水平试验中的累积试验时间，因此步降应力试验建模分析必须首先通过应力水平之间的数据折算进行累积试验时间的估计。如图 2-2 所示，假设某步降应力试验首先从应力水平 S_3 开始，经过时间 t_3 以后步降到应力水平 S_2，同样经过时间 t_2 以后步降到应力水平 S_1。如果其中某试件在应力水平 S_1 经过时间 t_1 以后失效，则该试件的完整失效时间还应包含应力水平 S_3 和 S_2 的累积失效时间在应力水平 S_1 上的折算值。为此，应该首先将试件在进入应力水平 S_1 以前所有应力水平的试验时间折算到应力水平 S_1（以 t_{31} 和 t_{21} 表示），然后累加到应力水平 S_1 的失效时间 t_1 上，才能得到该试件的完整失效时间。

从以上的原理示意可以看出，累积试验时间折算是步降应力试验的统计分析的关键。本节利用第 1 章关于加速因子的结论来解决不同应力水平之间的试验时间折算问题，并就其中的参数估计及其求解算法进行讨论，在保证建模分析精度的同时，简化建模分析方法的复杂性，并使建模分析过程便于软件实现，以达到工程推广应用的目的。

2.2.2 三步分析方法

从数据折算的基本思想出发，建立了如图 2-3 所示的步降应力试验统计分

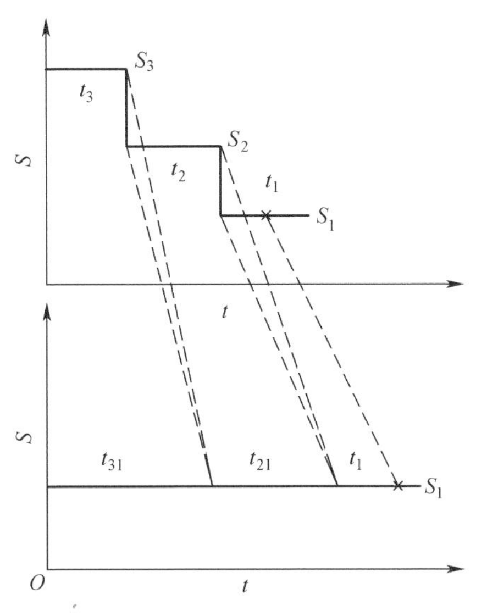

图 2-2　步降应力试验累积试验时间折算

析的总体方案。对应于恒定应力试验的二步分析，将图 2-3 所示的步降应力试验统计分析方案称为三步分析方法。基本过程如下：

步骤 1　通过数据折算过程得到各步降应力水平下的完整寿命数据，实现步降应力试验数据到恒定应力试验数据的转换；

步骤 2　对步骤 1 得到的寿命数据进行分布拟合，得到分布参数估计；

步骤 3　对步骤 2 的寿命估计与应力水平进行加速模型回归分析，得到加速模型参数估计。

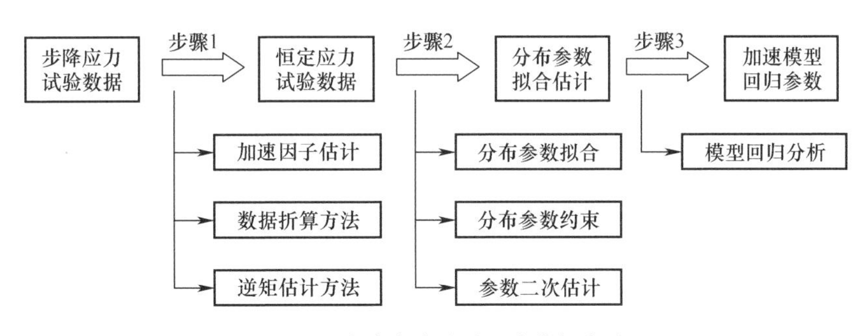

图 2-3　步降应力试验三步分析方法

其中，步骤 1 的数据折算是三步分析方法的关键，而步骤 2 与步骤 3 实际上构成了恒定应力试验的二步分析方法。2.1 节已对威布尔分布场合恒定应力试验的二步分析方法做了研究,提高了其统计分析精度,本节则主要对威布尔分布场合的数据折算问题即步骤 1 进行讨论。

2.2.3 基于加速因子的步降应力试验数据折算

威布尔寿命分布产品加速因子为 $k_{ij} = \eta_j/\eta_i$,则基于加速因子的不同应力水平失效数据的折算公式为

$$t_i = t_{i+1}\eta_i/\eta_{i+1} \tag{2-35}$$

若以 x_{ij} ($i = 1,2,\cdots,k$; $j = 1,2,\cdots,r_i$) 表示经过数据折算得到的应力水平 S_i 的完整失效数据,则该数据为双边截尾数据。为了避免求解双边截尾数据分布参数估计的困难,本小节在数据折算过程中将应力水平 S_i 以前的所有失效数据折算并补充到应力水平 S_i ,得到常规的单边截尾数据,如图 2-4 所示。

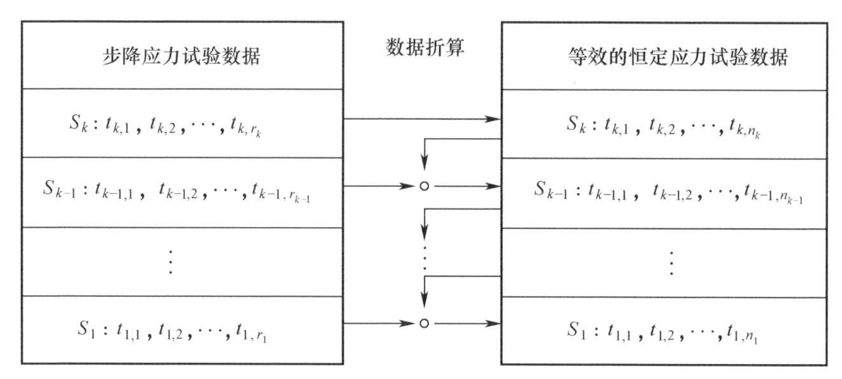

图 2-4 步降应力试验数据折算

注:图中“○”表示数据折算算法。

在数据折算过程中,假设已经得到 S_{i+1} 水平所有的等效数据为 $x_{i+1,j}$ ($j=1,2,\cdots,n_{i+1},n_{i+1} = r_k + r_{k-1} + \cdots + r_{i+1}$),则根据式(2-35),该 n_{i+1} 个样本可以折算到水平 S_i 得到前 n_{i+1} 个等效样本,即

$$x_{i,j} = x_{i+1,j}\eta_i/\eta_{i+1} \quad (j = 1,2,\cdots,n_{i+1}) \tag{2-36}$$

而 S_i 水平的实际失效数据加上累计试验时间 $x_{i,n_{i+1}}$ 可以得到后 r_i 个等效样本,即

$$x_{i,n_{i+1}+j} = x_{i,n_{i+1}} + t_{i,j} \quad (j = 1,2,\cdots,r_i) \tag{2-37}$$

该 $n_i(n_i = r_k + r_{k-1} + \cdots + r_i)$ 个寿命样本中含有未知量 η_i ,称为应力水平 S_i 下的准样本。为了方便起见,将其记为

$$t_1(\eta_i) < t_2(\eta_i) < \cdots < t_{n_i}(\eta_i) \tag{2-38}$$

式(2-38)所示的 S_i 水平等效准样本为(n,n_i)的定数截尾样本。对于该威布尔

分布的样本 $t_j(\eta_i)$，根据逆矩估计方法，若令

$$u_j(m_i,\eta_i)=\sum_{k=1}^{j}t_k^{m_i}(\eta_i)+(n-j)t_j^{m_i}(\eta_i)\quad(j=1,2,\cdots,n_i)\tag{2-39}$$

则分布参数的逆矩估计为

$$\sum_{j=1}^{n_i-1}\ln\frac{u_{n_i}(\hat{m}_i,\hat{\eta}_i)}{u_j(\hat{m}_i,\hat{\eta}_i)}=n_i-1\tag{2-40}$$

$$\hat{\eta}_i=\left[\frac{1}{n_i}u_{n_i}(\hat{m}_i,\hat{\eta}_i)\right]^{\frac{1}{\hat{m}_i}}\tag{2-41}$$

因此可以将准样本 $t_j(\eta_i)$ 代入式(2-40)和式(2-41)求解，从而得到分布参数 m_i、η_i 的逆矩估计，再将 η_i 代入准样本序列(2-38)即可得到应力水平 S_i 完整的等效寿命数据。

式(2-40)和式(2-41)组成一个非线性方程组，为了简化求解过程，先对式(2-40)和式(2-41)进行变形，得到

$$1+(n_i-1)\ln u_{n_i}(m_i,\eta_i)-\sum_{i=1}^{n_i-1}\ln u_i(m_i,\eta_i)=n_i\tag{2-42}$$

$$\eta_i=(u_{n_i}(m_i,\eta_i)/n_i)^{1/m_i}\tag{2-43}$$

可以采用数值迭代方法求解该二元非线性方程组，如图 2-5 所示。

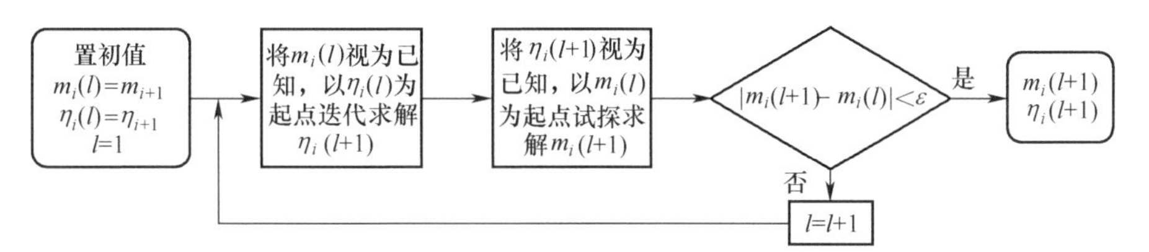

图 2-5　数据折算估计问题求解

在图 2-5 所示的求解过程中，式(2-43)可以改写为迭代格式：

$$\eta_i(l+1)=(u_{n_i}(m_i(l),\eta_i(l))/n_i)^{1/m_i(l)}\tag{2-44}$$

式中：l 为迭代求解的次序。在 $m_i(l)$ 已知的情况下，通过迭代格式反复迭代即可得到对应于 $m_i(l)$ 的收敛解 $\eta_i(l+1)$。

式(2-42)则可以采用试探方法求解，令

$$n_i(m_i,\eta_i)=1+(n_i-1)\ln u_{n_i}(m_i,\eta_i)-\sum_{i=1}^{n_i-1}\ln u_i(m_i,\eta_i)\tag{2-45}$$

对应于式(2-44)中迭代求解的 $\eta_i(l+1)$，以 $m_i(l)$ 为起点进行尝试，计算

$n_i(m_i(l),\eta_i(l+1))$ 的值。

若 $n_i(m_i(l),\eta_i(l+1)) > n_i$，则 $m_i(l+1) < m_i(l)$，用 $m_i(l) - \Delta m_i(l)$ 继续试探；

若 $n_i(m_i(l),\eta_i(l+1)) < n_i$，则 $m_i(l+1) > m_i(l)$，用 $m_i(l) + \Delta m_i(l)$ 继续试探；

若 $n_i(m_i(l),\eta_i(l+1)) = n_i$，则 $m_i(l+1) = m_i(l)$，结束试探。

为了保证试探迭代过程的收敛性，其中 $\Delta m_i(l)$ 一般选为递减序列。

利用上述算法和相应的求解方法，可以将步降应力试验数据转换为等效的恒定应力试验数据，具体的数据折算过程如下：

步骤 1 初始应力水平 S_k 下的试验数据本身是完整的 n 抽样 r_k 截尾寿命数据，因此 $x_{kj} = t_{kj}$。作为后续应力水平试验数据折算的基础，对 S_k 下的试验数据 x_{kj} 直接进行逆矩估计，得到 S_k 下寿命分布参数 m_k 和 η_k 的点估计。

步骤 2 根据式（2-36）所示的数据折算公式将 x_{kj} 折算到 S_{k-1} 得到前 $n_k(n_k = r_k)$ 个等效准样本 $x_{(k-1)j}(j=1,2,\cdots,n_k)$，其中的 $x_{(k-1)n_k}$ 即为应力水平 S_k 的累积时间对 S_{k-1} 的折算量，因此从式（2-37）可以进一步求得 S_{k-1} 水平实际失效数据对应的完整失效数据 $x_{(k-1)j}(j=n_k+1,n_k+2,\cdots,n_k+r_{k-1})$。由此得到的等效准样本为 n 抽样 $n_{k-1}(n_{k-1}=n_k+r_{k-1})$ 截尾的寿命数据，以步骤 1 中 m_k 和 η_k 的点估计为初值，按照图 2-5 所示的求解算法估计准样本中的 m_{k-1} 和 η_{k-1}，最终得到 S_{k-1} 水平下的等效数据样本。

步骤 3 根据式（2-36）所示的数据折算公式将 $x_{(k-1)j}$ 折算到 S_{k-2} 得到前 n_{k-1} 个等效准样本 $x_{(k-2)j}(j=1,2,\cdots,n_{k-1})$，其中的 $x_{(k-2)n_{k-1}}$ 即为应力水平 S_{k-2} 之前的累积时间对 S_{k-2} 的折算量，因此从式（2-37）可以进一步求得 S_{k-2} 水平实际失效数据对应的完整失效数据 $x(k-2)_j(j=n_{k-1}+1,n_{k-1}+2,\cdots,n_{k-1}+r_{k-2})$。由此得到的等效准样本为 n 抽样 $n_{k-2}(n_{k-2}=n_{k-1}+r_{k-2})$ 截尾的寿命数据，以步骤 2 中 m_{k-1} 和 η_{k-1} 的点估计为初值，按照图 2-5 所示的求解算法估计准样本中的 m_{k-2} 和 η_{k-2}，最终得到 S_{k-2} 水平下的等效数据样本。

步骤 4 将水平数减 1，重复步骤 3 的过程，直到 S_1 应力水平。

2.2.4 步降应力试验数据折算算例

1. 算例 1

为了验证基于加速因子的数据折算算法，对表 2-4 的仿真数据进行数据折算分析，表 2-5 列出了数据折算过程的分布参数求解结果与仿真设置参数，二者非常接近，验证了基于加速因子的数据折算算法的有效性。

表 2-4　步降应力试验仿真数据 1

S_i	η_i	r_i	失效数据 t_{ij}/h
20	81.869	10	13.22,21.01,26.13,30.24,33.76,36.92,39.82,42.53,45.09,47.53
15	115.623	10	3.32,6.54,9.68,12.76,15.79,18.78,21.75,24.71,27.67,30.63
10	188.086	10	4.78,9.68,14.64,19.69,24.85,30.13,35.57,41.21,47.07,53.21

表 2-5　算例 1 的仿真参数与数据折算结果

参数	S_3		S_2		S_1	
	m_3	η_3	m_2	η_2	m_1	η_1
仿真参数	2.4	81.869	2.4	115.623	2.4	188.086
折算结果	2.366	80.790	2.396	115.473	2.410	189.264
误差/%	1.42	1.32	0.17	0.13	0.42	0.63

2. 算例 2

算例 2 的步降应力试验数据见表 2-6,该数据来源于与表 2-4 相同模型参数的不同试验截尾数设置。表 2-7 列出了数据折算过程的分布参数求解结果与仿真设置参数,和算例 1 结论相似,本算例的折算分析结论与仿真参数设置值也非常接近,同样验证了基于加速因子的数据折算算法的有效性。

表 2-6　步降应力试验仿真数据 2

S_i	η_i	r_i	失效数据 t_{ij}/h
20	81.869	20	13.22,21.01,26.13,30.24,33.76,36.92,39.82,42.53,45.09,47.53, 49.88,52.16,54.39,56.56,58.71,60.83,62.93,65.03,67.12,69.22
15	115.623	5	2.98,6.00,9.05,12.15,15.32
10	188.086	5	5.29,10.73,16.36,22.22,28.36

表 2-7　算例 2 的仿真参数与数据折算结果

参数	S_3		S_2		S_1	
	m_3	η_3	m_2	m_3	η_3	m_2
仿真参数	2.4	81.869	2.4	115.623	2.4	188.086
折算结果	2.384	81.143	2.392	115.805	2.398	189.068
误差	0.67%	0.89%	0.33%	0.16%	0.08%	0.52%

实际上,算例 1 和算例 2 的模型参数数值完全一致,区别仅在于两个算例数据仿真的试验设计不尽相同,但是我们发现算例 2 相对于算例 1 的分析结果具有更高的分析精度与更快的收敛性。差距主要来源于试验设计中不同的截尾数

设置:尽管两个仿真算例最终的失效数完全相同,但是算例 1 的截尾失效比例分别为 1/4、1/4、1/4,而算例 2 的截尾失效比例分别为 1/2、1/8、1/8,即不对称截尾数设计。此外,从试验总时间上进行对比,算例 2 的总试验时间为 112. 9h,低于算例 1 的 131. 37h,因此算例 2 的不对称截尾数设计使得试验在加速效率上也要好于算例 1 的对称截尾数设计。正是因为如此,本章的验证实验(参见下一节)采用了与算例 2 相似的不对称截尾数设计。

步降应力试验的应力水平 S_k 试验相当于一个抽样数为 n 截尾数为 r_k 的定数截尾试验。为了保证统计分析精度,定数截尾试验应当保证 50%以上的样品失效。从基于加速因子的折算算法过程分析,由于采取了将前面应力水平失效数据折算到后续应力水平以得到单边截尾数据的分析方法,因此也要求试验设计在较高应力水平试验设置更多的失效数。因此,建议步降应力试验采用不对称截尾数设计,即

$$r_k > 0.5r \quad r_k > r_{k-1} > \cdots > r_1 \tag{2-46}$$

而这一试验设计对于步进应力试验方式而言往往是不可行的,因为步进应力试验的初始应力水平往往比较接近实际使用应力,这样的试验截尾数设置会延长步进应力试验在较低应力水平的试验时间,从而降低步进应力试验的加速效率。而步降应力试验则恰恰相反,在较高应力水平设置更多的失效数只会缩短总试验时间,从而进一步提高步降应力试验的加速效率。因此,步降应力试验方法与步进应力试验相比,不仅提高了加速试验的加速效率,而且还使得三步分析方法的采用成为可能。

通过本节的讨论,步降应力加速寿命试验的统计分析问题已经转化成恒定应力加速寿命试验的统计分析问题,所以可以利用 2. 1 节中提出的恒定应力试验的统计分析方法解决,以得到步降应力试验最后的寿命预测结果。

2. 3 应用案例:某型照明灯泡步降应力加速寿命试验

本节介绍某型照明灯泡的单失效模式加速寿命试验建模分析应用案例。将步降应力加速寿命试验应用于灯泡的熔断寿命研究:首先开展步降应力加速寿命试验设计;其次分析步降应力试验的加速效率;最后将三步分析方法应用于该步降应力试验数据,得到可靠性评估结果,对建模分析方法的有效性进行验证。

2. 3. 1 步降应力加速寿命试验设计

某型照明灯泡是一类比较典型的长寿命产品。GB 10681—89《普通照明灯

泡》规定,普通照明灯泡的寿命为灯泡点燃至烧毁时的小时数,并规定普通灯泡的平均寿命不少于1000h。如果按照常规寿命试验的方法进行寿命测试,则至少要做52昼夜试验。随着科技进步,有些厂家的灯泡标称寿命已达10000h以上,无法按照常规寿命试验方法进行寿命研究。

失效机理分析表明,灯泡熔断失效主要为灯丝在白炽状态下不断蒸发而逐渐消耗的过程。灯泡熔断失效将发生在灯丝最薄弱环节,是典型的最弱环失效模型,因此其理论寿命分布为威布尔分布。GB 10681—89建立了灯泡的加速模型,在已知加速模型的基础上推荐采用电压作为加速应力进行灯泡的寿命检验。本节选择此型照明灯泡作为试样,在假设加速模型未知的情况下进行步降应力试验方法的实验研究,同时为单失效模式加速寿命试验的建模分析提供应用案例。

根据已有的工程经验,本实验的加速应力为工作电压,设置4个加速应力水平,分别为250V、270V、287V、300V。对某型照明灯泡分别进行两组随机抽样,样本容量均为40,分别进行步进应力试验和步降应力试验,两组试验均采取定数截尾方式,各应力水平截尾数采用不对称截尾数设置$(r_1,r_2,r_3,r_4)=(5,5,5,20)$,即步降应力试验的截尾数分别设置为20、5、5、5,而步进应力试验的截尾数分别为5、5、5和20。该步降应力加速寿命试验如图2-6所示。

图2-6　步降应力加速寿命试验案例

2.3.2　加速效率分析

按照相同的试验设计,研究首先对步降和步进应力试验方法的加速效率进行对比验证,对比试验方案与验证结果如表2-8所示。表中列出了对比试验的加速应力水平选取、试验截尾数设置,而验证结果则主要为各应力试验时间和总试验时间。从表 2-8 可以看出,对比试验在步降与步进应力试验两种方案下的加速应力水平完全相同,试验的样本容量相等,并且在相同应力水平下试验的截尾数完全一致,因此对比方案保证了在两种试验中所获取的信息量完全相等,从而其试验时间的对比便可以直观地验证步降应力试验相对于步进应力试验的效率优势。

表 2-8 表明,在保证相同试验信息量的前提下步降应力试验的总试验时间与步进应力试验相比得到了较大幅度的降低,仅为步进应力试验的 30.7%。

表 2-8 加速效率对比试验方案与验证结果

试验方案	S_i /V	n,r	各应力试验时间/h	总试验时间/h
步进应力试验	250,270,287,300	40,[5 5 5 20]	192.118,10.183,3.690,7.528	213.519
步降应力试验	300,287,270,250	40,[20 5 5 5]	13.342,7.092,9.325,35.743	65.502

2.3.3 建模分析方法应用与验证

该步降应力试验收集的失效数据见表 2-9。除了 S_4(300V),其他加速应力水平获得的数据都是非完整的失效数据,其中 S_3 的失效数据应该累加产品在 S_4 的累积试验时间,依此类推,则 S_1 的失效数据应该累加 S_4、S_3、S_2 的所有累积试验时间。本节利用本章研究的统计分析方法对该步降应力试验数据进行统计分析,对建模分析方法进行验证。

表 2-9 灯泡步降应力加速寿命试验数据

S_i /V	t_{ij} /h
300	5.755,5.943,6.476,8.150,9.348,9.446,9.581,9.640,9.819,9.898, 10.646,10.887,11.426,11.554,11.578,11.659,12.692,13.072,13.143,13.342
287	1.472,2.419,3.331,5.757,7.092
270	0.209,0.396,0.806,8.971,9.325
250	1.271,2.392,13.946,20.725,35.743

利用概率图检验方法对最高加速应力水平(300V)的失效数据进行分布拟合检验,如图 2-7 所示,失效数据均匀分布在拟合直线附近,可以认为产品的寿命服从威布尔分布。

在概率图检验的基础上进一步采用 Van-Montfort 检验方法进行威布尔分布拟合优度检验:设对 n 个样本进行定数截尾寿命试验,获得 r 个失效数据 $t_1 \leqslant t_2 \leqslant \cdots \leqslant t_r$,则 Van-Montfort 检验统计量为

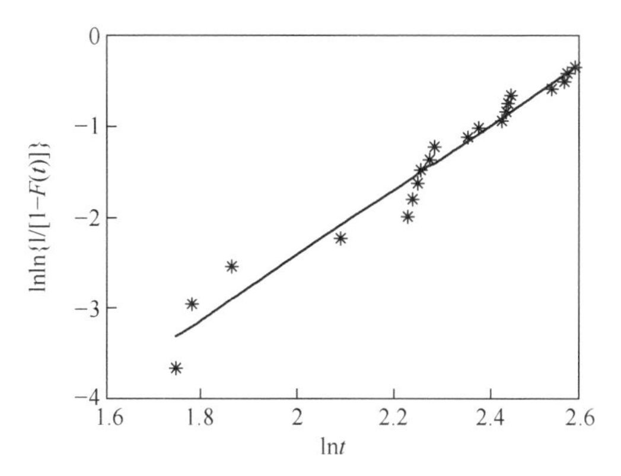

图 2-7　失效数据威布尔分布检验图

$$F = \frac{\sum_{i=r_f+1}^{r-1} G_i/(r - r_f - 1)}{\sum_{i=1}^{r_f} G_i/r_f} \tag{2-47}$$

式中：$r_f = [r/2]$，$[\ \cdot\ ]$表示取整；$G_i = \frac{\ln t_{i+1} - \ln t_i}{E(Z_{i+1}) - E(Z_i)}(i = 1,2,\cdots,r - 1)$，$E(\ \cdot\ )$ 表示数学期望，Z_i为标准极值分布的第 i 个次序统计量。

对于给定的显著水平 α，若 $F \geqslant F_{\alpha/2}(2(r - r_f - 1),2r_f)$ 或 $F \leqslant F_{1-\alpha/2}(2(r - r_f - 1),2r_f)$，则拒绝零假设；否则可以认为该截尾数据来自威布尔分布。对于表 2-9 所列的 S_4 水平的失效数据，Van-Montfort 检验统计量为 $F = 1.2290$，而 $F_{0.05}(18,20) = 1.84$、$F_{0.95}(18,20) = 0.5208$，所以在 $\alpha = 0.1$ 的显著水平下接受该寿命服从威布尔分布。

采用基于加速因子的数据折算算法对表 2-9 所列的数据进行折算分析，得到的各应力水平分布参数估计，见表 2-10。

表 2-10　步降应力试验数据的折算估计量

S_i /V	300	287	270	250
$\hat{m}_i$	3.827	3.836	3.827	3.821
$\hat{\eta}_i$/h	14.690	83.294	97.248	285.160

经过折算分析，步降应力加速寿命试验数据已经转化为了等效的恒定应力加速寿命试验数据，因此利用构造数据方法对等效恒定应力试验数据进行建模分析。威布尔分布参数 m 的一致性估计为

$$m = \sum_{i=1}^{k} \hat{m}_i n_i / \sum_{i=1}^{k} n_i = 3.827 \tag{2-48}$$

由于普通照明灯泡的熔断寿命与电压之间的关系满足逆幂律模型,根据本章的构造数据方法进行加速模型参数估计,见图 2-8(其中"∗"表示试验数据,直线表示加速模型,"∘"表示预测点),得到该型照明灯泡的加速模型为

$$\ln\eta = 81.43918 - 13.71378\ln V \tag{2-49}$$

在式(2-49)所示的逆幂率模型中,幂指数 $n=13.7$,而 GB 10681—89 所推荐的加速模型幂指数为 14,因此利用步降应力试验及其统计分析方法对某型照明灯泡熔断寿命进行研究得到的加速模型与实际结果非常接近,验证了步降应力加速寿命试验及其建模分析方法的有效性,同时也为单失效模式加速寿命试验的建模分析提供了应用案例。

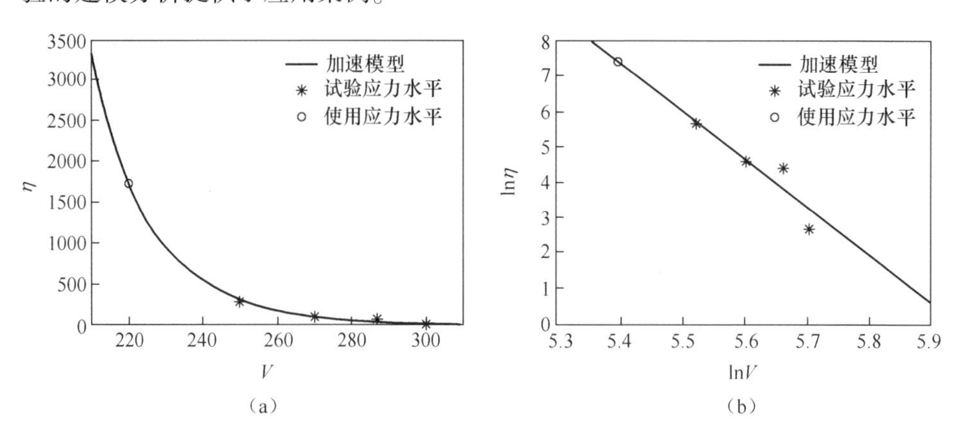

图 2-8 验证试验的模型拟合与寿命预测

(a) 双对数坐标;(b) 线性坐标。

参 考 文 献

[1] 张春华. 步降应力加速寿命试验的理论和方法[D]. 长沙: 国防科技大学, 2002.

[2] 张春华, 陈循, 李岳. 一种新的 Weibull 分布恒定应力加速寿命试验分析方法[J]. 国防科技大学学报, 2002, 24(2): 81-84.

[3] 杨之昌, 马秀芳. 长寿命 He-Ne 激光器的加速寿命试验[J]. 中国激光,1989,16(7): 410-412.

[4] Hirose H. Estimation of Threshold Stress in Accelerated Life-Testing[J]. IEEE Transactions on Reliability, 1993, 42(4): 650-657.

[5] 张春华, 陈循, 温熙森. 步降应力加速寿命试验(上篇):方法篇[J]. 兵工学报, 2009,26

(4): 661-665.

[6] 张春华, 陈循, 温熙森. 步降应力加速寿命试验(下篇):统计分析篇[J]. 兵工学报, 2009,26(4):666-669.

[7] CHUNHUA ZHANG C H, CHEN X, YASHUN WANG Y S. A New Step Stress Accelerated Life Testing Methodology: Step-down-stress [C]// Proceedings of European Safety and Reliability Conference, Valencia, Spain, 2008.

第 3 章　单失效模式加速退化试验建模分析

退化失效往往是突发失效的诱因和前奏,退化型失效的引入使我们可以在失效发生之前预先观测产品性能指标参数的变化,对产品寿命消耗过程及机理有更清晰的认识,从而可以采取有效措施来减缓甚至避免这种消耗。本章将在第 2 章单失效模式加速寿命试验建模分析的基础上,将单退化失效模式引入寿命预测问题,讨论在引入退化失效之后加速试验需要面对的两个基本问题:退化数据建模分析方法和加速退化数据建模分析方法,其中退化数据建模分析方法是加速退化数据建模分析方法的基础和前提。

3.1　单失效模式下性能退化数据建模分析方法

传统寿命评估与预测主要采用基于数理统计和寿命试验形成的理论和方法,统计分析的对象主要是寿命数据,即失效时间(time-to-failure)。由于高可靠长寿命产品在有限的试验时间内难以得到足够的失效数据,甚至没有失效数据,导致了传统的寿命评估方法存在不足。

大部分高可靠长寿命产品的失效机理最终能够追溯到产品潜在的性能退化过程,可以认为性能退化最终导致了产品失效(或故障)的产生。如果能够理解产品的失效机理和测量产品的性能退化量,就可以根据产品性能达到退化临界水平的时间来确定其可靠性。这种方法意味着即使出现可能永远观测不到产品实际的失效时间的情况,仍可以通过估计产品在给定应力下的退化轨迹,外推确定高可靠长寿命产品的可靠性。因此提出了利用产品性能退化数据来估计高可靠长寿命产品的可靠性与寿命的思想。

利用产品性能退化数据可以对高可靠长寿命产品的性能状态进行监测,通过对其进行建模分析,实现对产品的寿命进行预测,例如导弹贮存中周期性能测试数据、卫星在轨运行性能遥测数据等,可以用来预测导弹的贮存寿命和卫星的在轨寿命。因此研究性能退化数据建模分析方法可以解决高可靠长寿命产品无失效数据所引起的可靠性评估与寿命预测难题。

3.1.1 性能退化数据结构

在性能退化试验中，连续监测产品性能的退化过程往往存在困难，因此可以在试验过程中定时测试产品的性能特征。假设 n 个受试样本进行退化试验，t_1，t_2，$\cdots$，t_m 时刻对其进行性能退化量测量，共测 m 次，则记录的退化数据结构如表 3-1 所示，表中 y_{ij} 表示第 i 个样本在时刻 t_j 的性能退化量值。

表 3-1 性能退化数据结构

样本编号	测量时间与性能退化值			
	t_1	t_2	$\cdots$	t_m
1	y_{11}	y_{12}	$\cdots$	y_{1m}
2	y_{21}	y_{22}	$\cdots$	y_{2m}
$\vdots$	$\vdots$	$\vdots$	$\vdots$	$\vdots$
n	y_{n1}	y_{n2}	$\cdots$	y_{nm}

对于第 i 个样本的退化数据，可以拟合出一条退化轨迹曲线，这样 n 个样本可以有 n 条退化轨迹曲线，这些曲线具有相同的模型形式。常用的退化轨迹模型参见 1.3.3 节，大多数高可靠长寿命产品的退化轨迹一般可使用式(1-10)~式(1-14)所示的几种模型来进行有效的拟合。在 t_j 时刻，n 个样本的退化量又具有某种分布，不同时刻的分布属于同一分布族，不同的仅仅为随时间变化的某些分布参数。因此以下分别从退化轨迹和退化量分布讨论退化数据建模分析方法。

3.1.2 基于伪失效寿命的退化数据建模分析方法

1. 基本思想

由于同一类产品总体的退化趋势是基本一致的，因此做出以下假设：同一类产品的受试样品的退化轨迹可以使用具有相同形式的曲线方程来进行描述；由于样品的随机性，不同样品的退化曲线方程具有不同的方程系数。这种随机性同时使得样品的性能退化量到达预先设置的失效阈值所需要的时间（即失效寿命），也具有随机性，因此可以利用某特定分布来描述这种随机性。

图 3-1 给出了产品性能退化轨迹与其寿命分布之间关系示例，图中 D_{f} 为失效阈值，t_1，t_2，$\cdots$，t_n 分别是不同试验样本达到失效阈值的时间。由于这些时间不是样本的实际失效时间，因此称为伪失效寿命（pseud-failure lifetime）。如果得到样本退化轨迹满足的具体退化轨迹模型，就可以对每个样本的寿命时间进行预计，得到服从某种分布产品的伪失效寿命时间，从而评估或预测产品的寿命指标。

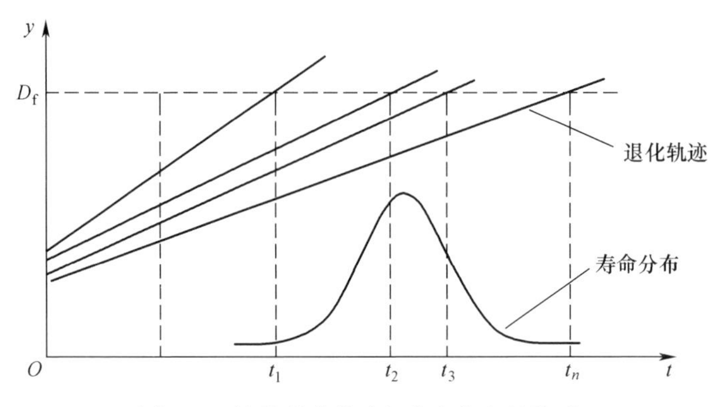

图 3-1　性能退化轨迹与寿命分布的关系

2. 基于伪失效寿命的退化数据建模流程

依据上述基本思想,可得基于伪失效寿命的退化数据建模流程:

步骤 1　根据产品性能退化趋势,从式(1-10)~式(1-14)中选择适当的退化轨迹模型

$$y_i = f(t, \beta_{1i}, \beta_{2i}, \cdots, \beta_{ki}) \tag{3-1}$$

式中:y_i 为第 i 个试验样本的退化轨迹模型,$i=1, 2, \cdots, n$;$\beta_{1i}, \beta_{2i}, \cdots, \beta_{ki}$ 为退化轨迹模型参数。

步骤 2　根据表 3-1 记录的性能退化数据$(t_j, y_{ij})$$(i=1, 2, \cdots, n; j=1, 2, \cdots, m)$,利用最小二乘法或非线性最小二乘法估计各个样本性能退化轨迹模型的参数 $\beta_{1i}, \beta_{2i}, \cdots, \beta_{ki}(i=1,2,\cdots,n)$,可以得到第 i 个试验样本的退化轨迹方程为

$$y_i = f(t, \hat{\beta}_{1i}, \hat{\beta}_{2i}, \cdots, \hat{\beta}_{ki}) \tag{3-2}$$

式中:$\hat{\beta}_{1i}, \hat{\beta}_{2i}, \cdots, \hat{\beta}_{ki}$分别为模型参数 $\beta_{1i}, \beta_{2i}, \cdots, \beta_{ki}$的最小二乘法估计值。

步骤 3　假设失效阈值为 D_f,根据求得的样本退化轨迹模型,外推求出各个样本的伪失效寿命:

$$T_i = f^{-1}(D_f, \hat{\beta}_{1i}, \hat{\beta}_{2i}, \cdots, \hat{\beta}_{ki}) \tag{3-3}$$

式中:$f^{-1}(\cdot)$为逆函数。如果无法得到$f^{-1}(\cdot)$的闭合解析解,则可以利用牛顿迭代法求出伪失效寿命,即对于任意初值 $T_i(0)$,利用下面迭代公式可以得到给定样本的伪失效寿命:

$$T_{i(l+1)} = T_{i(l)} + \frac{D_f - f(T_{i(n)}, \hat{\beta}_{1i}, \hat{\beta}_{2i}, \cdots, \hat{\beta}_{ki})}{\partial f(t, \hat{\beta}_{1i}, \hat{\beta}_{2i}, \cdots, \hat{\beta}_{ki})/\partial t\mid_{t=T_{i(l)}}} \quad (l=0,1,2,\cdots; i=1,2,\cdots,n) \tag{3-4}$$

于是可以得到 n 个试验样本的伪失效寿命$(T_1, T_2, \cdots, T_n)$。

步骤 4 利用图估法或其他分布假设检验方法，对伪失效寿命数据进行分布假设检验，选择伪失效寿命数据可能服从的分布。一般情况下，性能退化伪失效寿命服从威布尔分布或正态分布。

步骤 5 将上面得到的伪失效寿命数据视为完全寿命数据，根据选定寿命分布的寿命评估方法对产品进行评估[1-4]。

3. 应用算例

表 3-2 为某高可靠长寿命 GaAs 激光器工作电流在 80℃时随时间变化的百分比数据，共有 15 个样本进行试验，每 250h 测试一次数据，至 4000h 为止。假设产品的失效阈值 $D_f=10$，即工作电流增加 10%，激光器失效。

表 3-2 某 GaAs 激光器工作电流退化数据[5]

	t_j/h															
i	250	500	750	1000	1250	1500	1750	2000	2250	2500	2750	3000	3250	3500	3750	4000
1	0.47	0.93	2.11	2.72	3.51	4.34	4.91	5.48	5.99	6.72	7.13	8.00	8.92	9.49	9.87	10.94
2	0.71	1.22	1.90	2.30	2.87	3.75	4.42	4.99	5.51	6.07	6.64	7.16	7.78	8.42	8.91	9.28
3	0.71	1.17	1.73	1.99	2.53	2.97	3.30	3.94	4.16	4.45	4.89	5.27	5.69	6.02	6.45	6.88
4	0.36	0.62	1.36	1.95	2.30	2.95	3.39	3.79	4.11	4.50	4.72	4.98	5.28	5.61	5.95	6.14
5	0.27	0.61	1.11	1.77	2.06	2.58	2.99	3.38	4.05	4.63	5.24	5.62	6.04	6.32	7.10	7.59
6	0.36	1.39	1.95	2.86	3.46	3.81	4.53	5.35	5.92	6.71	7.70	8.61	9.15	9.95	10.49	11.01
7	0.36	0.92	1.21	1.46	1.93	2.39	2.68	2.94	3.42	4.09	4.58	4.84	5.11	5.57	6.11	7.17
8	0.46	1.07	1.42	1.77	2.11	2.40	2.78	3.02	3.29	3.75	4.16	4.76	5.16	5.46	5.81	6.24
9	0.51	0.93	1.57	1.96	2.59	3.29	3.61	4.11	4.60	4.91	5.34	5.84	6.40	6.84	7.20	7.88
10	0.41	1.49	2.38	3.00	3.84	4.50	5.25	6.26	7.05	7.80	8.32	8.93	9.55	10.45	11.28	12.21
11	0.44	1.00	1.57	1.96	2.51	2.84	3.47	4.01	4.51	4.80	5.20	5.66	6.20	6.54	6.96	7.42
12	0.39	0.80	1.35	1.74	2.98	3.59	4.03	4.44	4.79	5.22	5.48	5.96	6.23	6.99	7.37	7.88
13	0.30	0.74	1.52	1.85	2.39	2.95	3.51	3.92	5.03	5.47	5.84	6.50	6.94	7.39	7.85	8.09
14	0.44	0.70	1.05	1.35	1.80	2.55	2.83	3.39	3.72	4.09	4.83	5.41	5.76	6.14	6.51	6.88
15	0.50	0.83	1.29	1.52	1.91	2.27	2.78	3.42	3.78	4.11	4.38	4.63	5.38	5.84	6.16	6.62

步骤 1 根据退化轨迹选择退化模型。图 3-2(a)所示曲线为该产品性能参数的实际退化轨迹，从各个样本的退化轨迹可以看出，该产品性能呈线性退化趋势，因此选择线性退化轨迹模型。

步骤 2 估计性能退化模型参数。利用最小二乘法对每一个样本的退化模型参数进行估计，得到各样本退化轨迹模型参数值，如表 3-3 所示，拟合曲线如图 3-2(b)所示。

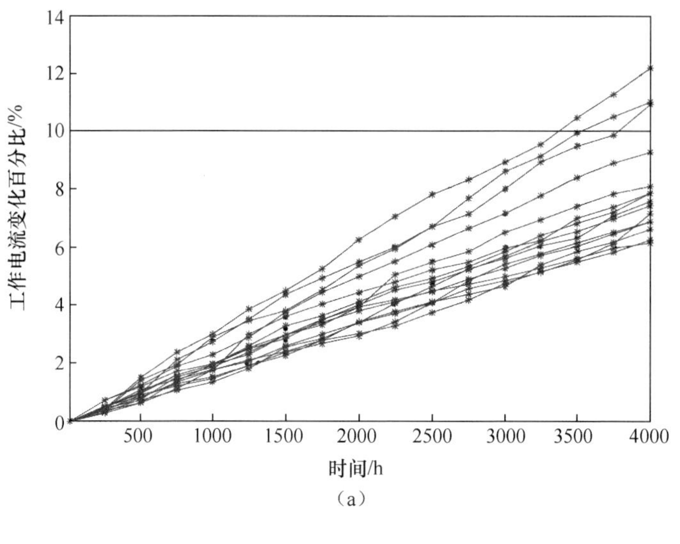

（a）

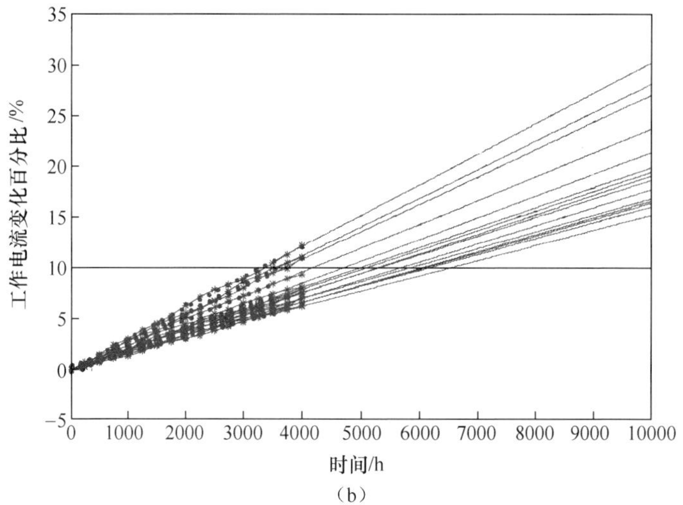

（b）

图 3-2　表 3-2 退化数据的实际退化轨迹及拟合轨迹

(a)实际退化轨迹;(b)拟合轨迹。

表 3-3　退化轨迹模型参数估计与伪失效寿命

i	模型系数 α_i	模型系数 β_i	伪失效寿命 T_i/h
1	−0.0384	0.0027	3702.48
2	0.0994	0.0024	4195.16

续表

i	模型系数 α_i	模型系数 β_i	伪失效寿命 T_i/h
3	0.3590	0.0016	5848.58
4	0.2557	0.0016	6173.80
5	-0.2640	0.00194	5299.79
6	-0.1865	0.0028	3591.99
7	-0.1231	0.0017	6051.81
8	0.1422	0.0015	6540.69
9	0.1031	0.0019	5111.81
10	-0.0153	0.0030	3306.67
11	0.1186	0.0019	5326.60
12	0.1153	0.0020	4995.24
13	-0.1806	0.0022	4718.38
14	-0.2092	0.0018	5689.76
15	-0.0267	0.0016	6101.42

步骤 3 外推各样本伪失效寿命。根据得到的退化模型，利用外推方法求出每个样本到达失效阈值 $D_f=10$ 的时间，即伪失效寿命，其结果如表 3-3 所示。

步骤 4 分布假设检验。分别对伪失效时间进行威布尔分布和正态分布的概率图检验，结果如图 3-3 所示，可以认为这两种分布都基本满足。下面分别利用威布尔分布与正态分布寿命型产品的统计分析方法对所得到的伪失效寿命时间进行进一步分析。

步骤 5 利用伪失效数据进行可靠性评估。当伪失效寿命服从正态分布时，可以得到该 GaAs 激光器可靠度曲线如图 3-4 实线所示；当伪失效寿命服从威布尔分布，可以得到该 GaAs 激光器可靠度曲线如图 3-4 虚线所示。

从图 3-4 中所示产品在不同寿命分布类型下的可靠度曲线可以看出，假设伪失效寿命服从正态分布时估计得到的可靠度比服从威布尔分布下估计得到的可靠度略显保守，由于这里的威布尔分布参数 $m>1$，产品失效属于耗损失效，近似于正态分布。因此两者均能较准确地反映产品的可靠性变化趋势。

3.1.3 基于退化量分布的退化数据建模分析方法

1. 基本思想

产品的性能退化整体上受相同退化机理的制约，呈现相似的退化规律，但是不同产品性能之间具有某种差异性，因而不同产品的性能退化量随时间的退化

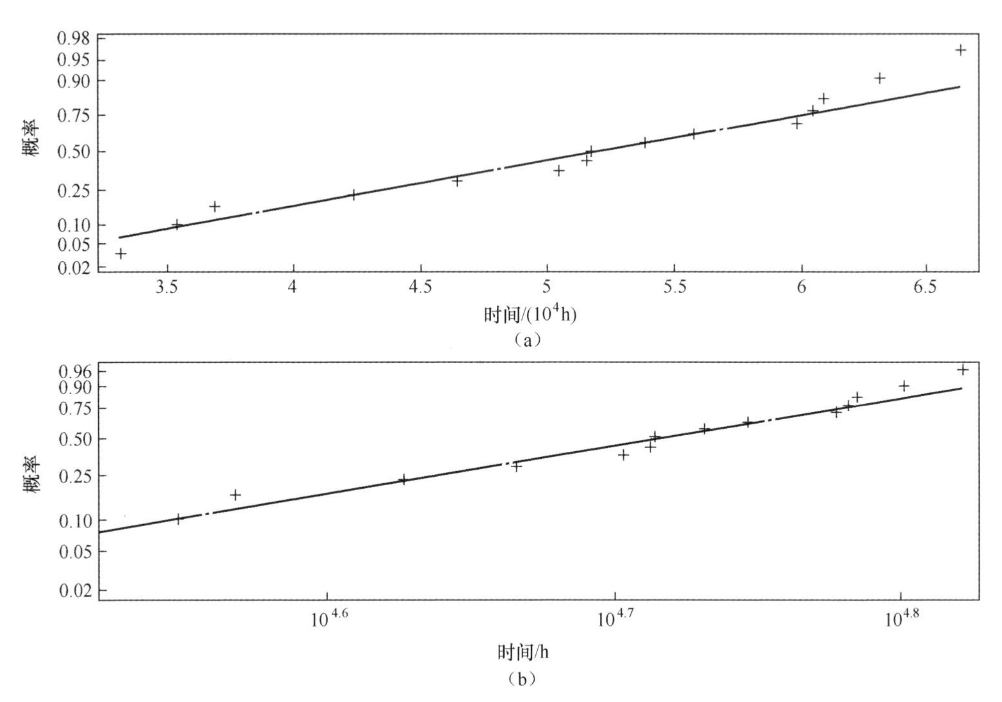

图 3-3 伪失效寿命分布假设检验图

(a)正态分布概率图;(b)威布尔分布概率图。

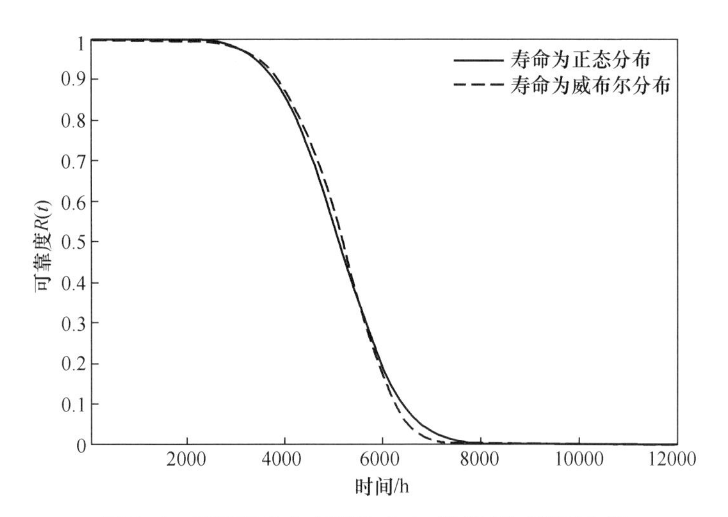

图 3-4 不同寿命分布下的 GaAs 激光器可靠度曲线

过程又不完全相同,因此假设同一类产品样本的性能退化量所服从的分布形式在不同的测量时刻是相同的,只是分布参数随时间不断变化,即产品性能退化量在不同测量时刻服从同一分布族，其分布参数为时间变量的函数，如图 3-5 所示。通过分析，得到退化量分布参数随时间的变化规律后，即可以利用退化量分布对产品的可靠性和寿命进行评估或者预测。

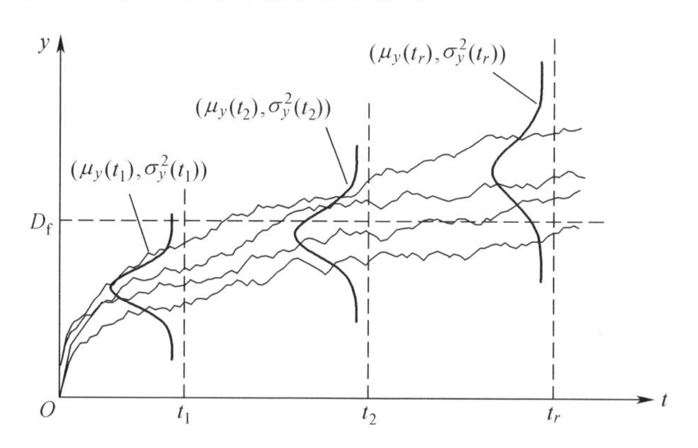

图 3-5　性能退化量在不同时刻的分布示意图

如果性能退化量 y 服从均值为 $\mu_y(t)$、均方差为 $\sigma_y(t)$ 的正态分布，则它们可以用来确定性能退化量在时刻 t 的分布情况。如果性能退化为单调递减曲线，当 $y \leqslant D_f$ 时产品失效，那么其可靠性与性能退化量分布的关系为

$$R(t) = 1 - P(y \leqslant D_f) = 1 - \Phi\left(\frac{D_f - \mu_y(t)}{\sigma_y(t)}\right) \tag{3-5}$$

如果性能退化为单调递增曲线，当 $y \geqslant D_f$ 时产品失效，那么可靠性与性能退化量分布的关系则为

$$R(t) = 1 - P(y \geqslant D_f) = \Phi\left(\frac{D_f - \mu_y(t)}{\sigma_y(t)}\right) \tag{3-6}$$

如果性能退化量 y 服从形状参数为 $m_y(t)$、尺度参数为 $\eta_y(t)$ 的威布尔分布，且性能退化为单调递减曲线，当 $y \leqslant D_f$ 时产品失效，那么其可靠性与性能退化量分布的关系为

$$R(t) = 1 - P(y \leqslant D_f) = \exp\left\{-\left[\frac{D_f}{\eta_y(t)}\right]^{m_y(t)}\right\} \tag{3-7}$$

如果性能退化为单调递增曲线，当 $y \geqslant D_f$ 时产品失效，那么可靠性与性能退化量分布的关系则为

$$R(t) = 1 - P(y \geqslant D_f) = 1 - \exp\left\{-\left[\frac{D_f}{\eta_y(t)}\right]^{m_y(t)}\right\} \tag{3-8}$$

为了利用式(3-5)～式(3-8)来评估产品在设计寿命 t 时的可靠性，必须知道 t 时刻性能退化量的分布参数。通常将分布参数作为时间的函数，通过建模

求解得到。一般假设产品的性能退化量服从威布尔分布或正态分布，如果性能退化量服从其他分布，其参数估计与建模分析流程类似。

2. 基于退化量分布的退化数据建模流程

依据上述基本思想，可得基于退化量分布的退化数据建模流程如下所述：

步骤 1 利用概率图检验或分布假设检验方法，对表 3-1 所示的各个测量时刻性能退化数据进行分布假设检验，选择退化数据的概率分布。一般情况下，性能退化数据服从正态分布或威布尔分布。利用极大似然估计、最小方差无偏估计等方法估计正态分布退化量各 t_j 时刻的均值 $\hat{\mu}_y(t_j)$、均方差 $\hat{\sigma}_y(t_j)$，或者威布尔分布退化量各 t_j 时刻的形状参数 $\hat{m}_y(t_j)$、尺度参数 $\hat{\eta}_y(t_j)$。

步骤 2 依据性能退化量样本均值 $(t_j,\hat{\mu}_y(t_j))$ 与样本均方差数据 $(t_j,\hat{\sigma}_y(t_j))$，或形状参数 $(t_j,\hat{m}_y(t_j))$ 与尺度参数数据 $(t_j,\hat{\eta}_y(t_j))$ 的退化趋势，选择适当的退化模型进行拟合：

$$\begin{aligned}\hat{\mu}_y &= \hat{\mu}_y(t,\Theta_\mu)\\ \hat{\sigma}_y &= \hat{\sigma}_y(t,\Theta_\sigma)\end{aligned} \tag{3-9}$$

或

$$\begin{aligned}\hat{m}_y &= \hat{m}_y(t,\Theta_m)\\ \hat{\eta}_y &= \hat{\eta}_y(t,\Theta_\eta)\end{aligned} \tag{3-10}$$

利用最小二乘法或非线性最小二乘法估计参数方程曲线的系数 $\hat{\Theta}_\mu$、$\hat{\Theta}_\sigma$ 或 $\hat{\Theta}_m$、$\hat{\Theta}_\eta$。

步骤 3 假设失效阈值为 D_f，根据求得的随时间变化的分布参数函数 $\hat{\mu}_y=\hat{\mu}_y(t,\hat{\Theta}_\mu)$、$\hat{\sigma}_y=\hat{\sigma}_y(t,\hat{\Theta}_\sigma)$，或 $\hat{m}_y=\hat{m}_y(t,\hat{\Theta}_m)$、$\hat{\eta}_y=\hat{\eta}_y(t,\hat{\Theta}_\eta)$，利用产品可靠性与性能退化量分布的关系对产品进行寿命评估或预测，如式(3-5)~式(3-8)所示。

3. 应用算例

本算例仍然采用表 3-2 所给出的 GaAs 激光器性能退化数据进行分析。

对不同时刻性能退化数据进行分布假设检验，如图 3-6、图 3-7 所示：不同时刻样本性能退化量基本服从正态分布，也服从威布尔分布；不同时刻所服从的威布尔分布形状参数 m 近似相等。

假设退化量服从正态分布，计算样本性能退化量在各个测量时刻的样本均值与样本均方差，如表 3-4 所示。根据表 3-4 所示性能退化量在不同测量时刻的样本均值与样本均方差，给出产品退化量的样本均值与样本均方差随时间变化的趋势，如图 3-8 所示。该产品性能退化量的样本均值与样本均方差都是时

间的线性函数，可以求出它们随时间变化的曲线方程为

$$\hat{\mu}_y(t) = 0.002043t + 0.009974 \tag{3-11}$$

$$\hat{\sigma}_y(t) = 0.000460t + 0.026083 \tag{3-12}$$

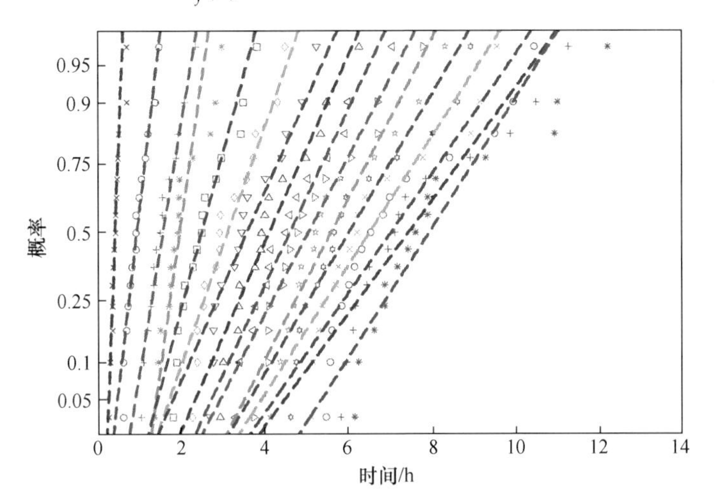

图 3-6　性能退化量正态分布假设检验图

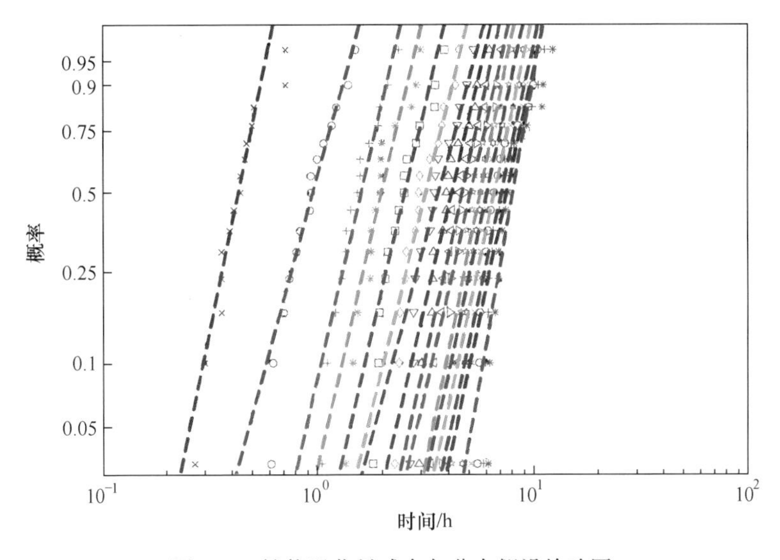

图 3-7　性能退化量威布尔分布假设检验图

将式(3-11)和式(3-12)代入式(3-6)，即得到产品性能退化量服从正态分布时，产品在给定时间 t 的可靠度函数

$$\hat{R}(t)=\Phi\left(\frac{D_{\mathrm{f}}-\hat{\mu}_y(t)}{\hat{\sigma}_y(t)}\right)=\Phi\left(\frac{D_{\mathrm{f}}-0.002043t-0.009974}{0.000460t+0.026083}\right) \tag{3-13}$$

同样取失效阈值 $D_{\mathrm{f}}=10$,可以描绘出性能退化量服从正态分布时的产品可靠度曲线,如图 3-10 所示。

表 3-4 性能退化量在不同测量时刻的样本均值与均方差估计

t_j/h	样本均值 $\hat{\mu}_y(t_j)$	样本均方差 $\hat{\sigma}_y(t_j)$
250	0.4460	0.1271
500	0.9613	0.2661
750	1.5680	0.3812
1000	2.0133	0.4994
1250	2.5860	0.6304
1500	3.1453	0.7099
1750	3.6320	0.8221
2000	4.1627	0.9688
2250	4.6620	1.0680
2500	5.1547	1.1810
2750	5.6300	1.2570
3000	6.1447	1.4053
3250	6.6393	1.5067
3500	7.1353	1.6646
3750	7.6013	1.7409
4000	8.1487	1.8696

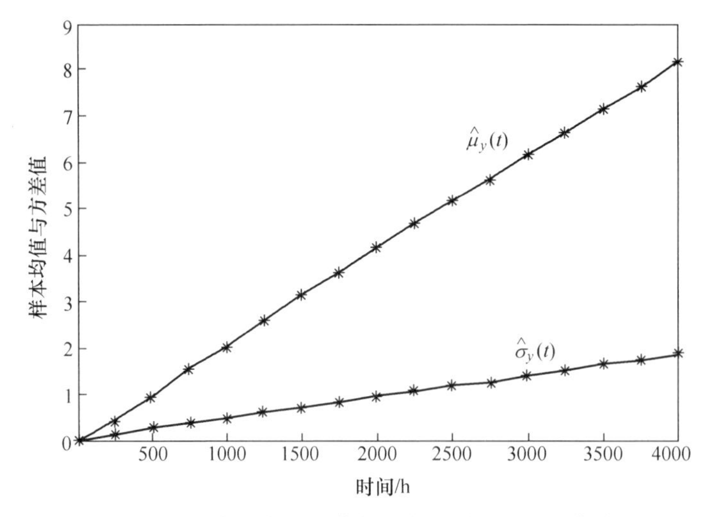

图 3-8 性能退化量均值与均方差随时间变化曲线

假设退化量服从威布尔分布，计算样本性能退化量在各个测量时刻的形状参数与尺度参数，结果如表 3-5 所示。根据表 3-5 所示产品性能退化量在不同测量时刻的形状参数与尺度参数，给出产品退化量的形状参数与尺度参数随时间变化的趋势，如图 3-9 所示，该产品性能退化量的尺度参数 $\hat{\eta}_y(t)$ 是时间的线性函数，形状参数 $\hat{m}_y(t)$ 基本保持恒定，因此可以求出尺度参数随时间变化的曲线方程和形状参数的近似值：

$$\hat{\eta}_y = 0.00223 \times t + 0.02013 \tag{3-14}$$

$$\hat{m}_y = \frac{1}{16}\sum_{i=1}^{16} \hat{m}_y(t_i) = 4.5022 \tag{3-15}$$

表 3-5　性能退化量在各个测量时刻的形状参数与尺度参数估计

t_j/h	尺度参数	形状参数
250	0.4928	3.7131
500	1.0603	3.9895
750	1.7158	4.4583
1000	2.2068	4.3176
1250	2.8311	4.4630
1500	3.4272	4.8312
1750	3.9585	4.8018
2000	4.5442	4.5923
2250	5.0838	4.6481
2500	5.6234	4.5877
2750	6.1335	4.6946
3000	6.7043	4.6259
3250	7.2414	4.6664
3500	7.7955	4.5325
3750	8.2950	4.5772
4000	8.8933	4.5362

将式(3-14)与式(3-15)代入式(3-8)，即得到产品性能退化量服从威布尔分布时，产品给定时间 t 的可靠度函数：

$$\hat{R}(t) = 1 - \exp\left[-\left(\frac{D_{\mathrm{f}}}{\hat{\eta}_y(t)}\right)^{\hat{m}_y(t)}\right] = 1 - \exp\left[-\left(\frac{D_{\mathrm{f}}}{0.00223 \times t + 0.02013}\right)^{4.5022}\right] \tag{3-16}$$

同样取失效阈值 $D_f=10$,描绘出产品性能退化量服从威布尔分布时的可靠度曲线,如图 3-10 所示。

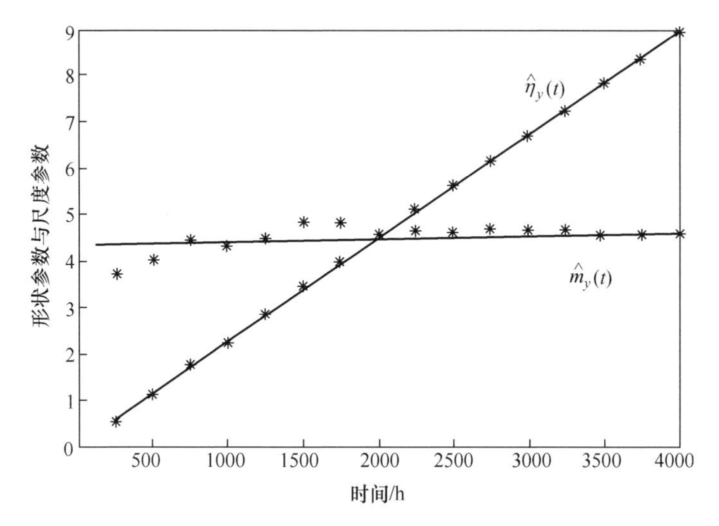

图 3-9 性能退化量形状参数与尺度参数随时间变化曲线

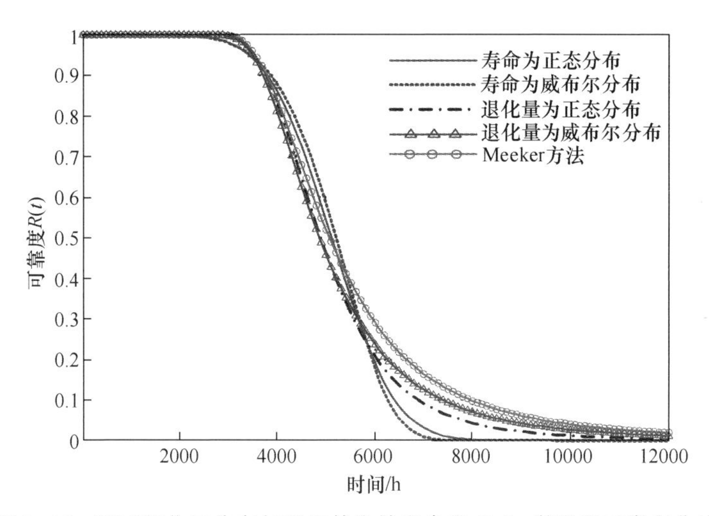

图 3-10 基于退化量分布与基于伪失效寿命的 GaAs 激光器可靠度曲线

为了与 3.1.2 节中基于伪失效寿命建模方法得到的结果进行比较,将本算例与 3.1.2 节得到的可靠度曲线,以及文献[5]中 Meeker 方法得到的可靠度曲线一并绘于图 3-10。通过对比分析可以看出,两种基于性能退化数据的建模分析方法得出的可靠性曲线与文献[5]所得到的可靠度曲线十分接近,从而验证了本章所给出的基于性能退化数据的建模分析方法的有效性和适用性。但是文献[5]采用了两步分析法,计算过程复杂,而本章介绍的两种方法利用退化数据的特点,通过分布假设检验选择适当分布,物理意义清晰,计算过程简单。

3.1.2 节和 3.1.3 节的 2 个应用算例还表明,利用产品的性能退化数据可以在产品不出现失效的情况下对产品的可靠性或寿命进行评估预测。该算例进行了 4000h 的试验,实际上,只要可以明显地推断出产品的性能退化趋势,就可以终止试验。因此,基于性能退化数据的性能试验方法可以节省试验时间、试验经费,通过短周期试验实现对可靠性和寿命的长期预测。

基于性能退化数据的可靠性评估所得到产品的可靠度与定义的失效阈值有关,失效阈值不同,得到产品的可靠度曲线也不一样。图 3-11 分别给出了 $D_f=5$、$D_f=10$、$D_f=15$ 时,利用本章给出的两种方法和文献[5]的方法所得到的可靠度曲线。可以看出,在不同的失效阈值下,产品的可靠度曲线存在较大的差别,因此在进行基于性能退化数据的可靠性评估时,需要根据工程经验和产品的功能特点仔细选择产品的失效阈值,以真实地反映产品的可靠性随时间的变化情况。

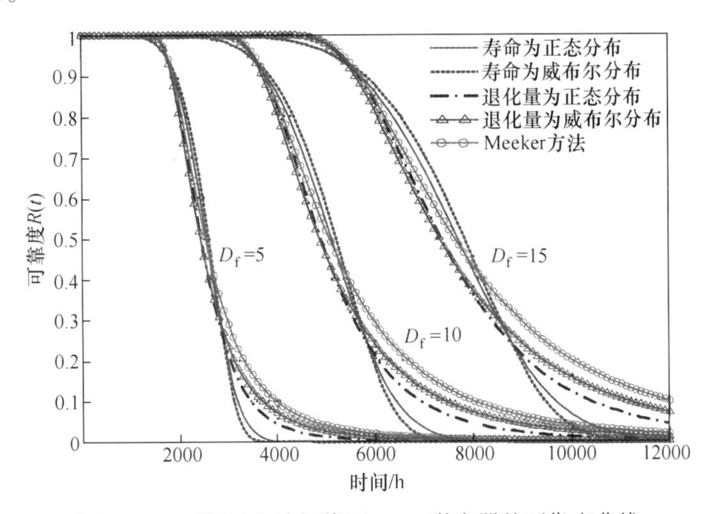

图 3-11　不同的失效阈值下 GaAs 激光器的可靠度曲线

3.2　单失效模式下恒定应力加速退化试验数据建模分析方法

在很多高可靠长寿命产品单失效模式场合下的性能退化过程中,产品性能退化量随时间的变化极其缓慢，在相当长的试验时间内，退化量的变化极其微小，甚至这种微小的变化还比不上测量误差，因而难以在可接受的试验时间内得到足够的性能退化数据，可能无法实现对产品可靠性的评估，因此需要考虑提高某些应力的水平，使产品的性能加速退化。

3.2.1 加速退化试验的数据结构

通过提高应力水平加速产品性能退化，搜集产品在高应力水平下的性能退化数据，并利用这些数据来估计产品可靠性，预测产品在使用应力下的失效时间，这种加速试验方法称为加速退化试验。加速退化试验克服了加速寿命试验仅记录产品失效时间，而忽略产品性能变化情况等不足，通过对加速退化数据的处理可以对高可靠长寿命产品的可靠性及寿命进行较好的评估和预测，弥补了加速寿命试验在无失效试验数据场合难以应用的缺点。

从一个产品总体中分别抽出 n_α 个受试样本，在不同的应力水平 $S_\alpha(\alpha=1, 2, \cdots, d)$ 下进行加速退化试验，在 $t_{1\alpha}, t_{2\alpha}, \cdots, \tau_{m_\alpha \alpha}$ 时刻对其进行性能退化量测试，共测 m_α 次，其性能退化量数据结构如表 3-6 所示，表中 $y_{ij\alpha}$ 为应力水平 S_α 下的第 i 个样本在时刻 $t_{j\alpha}$ 的性能退化量值。同一应力水平下的测试时间一般相同，不要求不同应力水平下的测试次数与时间一致，各应力水平下的试验样本数量也不要求相同。

表 3-6 加速退化试验数据结构

应力水平	样本编号	测量时间与性能退化量值			
		t_{11}	t_{21}	$\cdots$	$t_{m_1 1}$
S_1	1	y_{111}	y_{121}	$\cdots$	$y_{1m_1 1}$
	2	y_{211}	y_{221}	$\cdots$	$y_{2m_1 1}$
	$\vdots$	$\vdots$	$\vdots$	$\vdots$	$\vdots$
	n_1	$y_{n_1 11}$	$y_{n_1 21}$	$\cdots$	$y_{n_1 m_1 1}$
应力水平	样本编号	测量时间与性能退化量值			
		t_{12}	t_{22}	$\cdots$	$t_{m_2 2}$
S_2	1	y_{112}	y_{122}	$\cdots$	$y_{1m_2 2}$
	2	y_{212}	y_{222}	$\cdots$	$y_{2m_2 2}$
	$\vdots$	$\vdots$	$\vdots$	$\vdots$	$\vdots$
	n_2	$y_{n_2 12}$	$y_{n_2 22}$	$\cdots$	$y_{n_2 m_2 2}$
$\vdots$	$\vdots$	$\vdots$	$\vdots$	$\vdots$	$\vdots$

续表

应力水平	样本编号	测量时间与性能退化量值			
		t_{1d}	t_{2d}	…	$t_{m_d d}$
S_d	1	y_{11d}	y_{12d}	…	$y_{1m_d d}$
	2	y_{21d}	y_{22d}	…	$y_{2m_d d}$
	⋮	⋮	⋮	⋮	⋮
	n_d	$y_{n_d 1d}$	$y_{n_d 2d}$	…	$y_{n_d m_d d}$

图 3-12 给出了当产品的退化轨迹模型为随机截距线性模型与随机斜率线性模型时,两种不同退化机理作用下产品加速退化轨迹曲线的示意实例,每个实例均有三个应力水平,其量级的顺序为:应力水平 3>应力水平 2>应力水平 1。图 3-12 (a)所示为随机截距线性模型,不同量级应力水平下产品性能退化轨迹的形状相同,呈现出一种平移关系;图 3-12 (b)所示为随机斜率线性模型,不同量级应力水平下产品性能退化轨迹的形状相同,呈现出一种旋转关系。

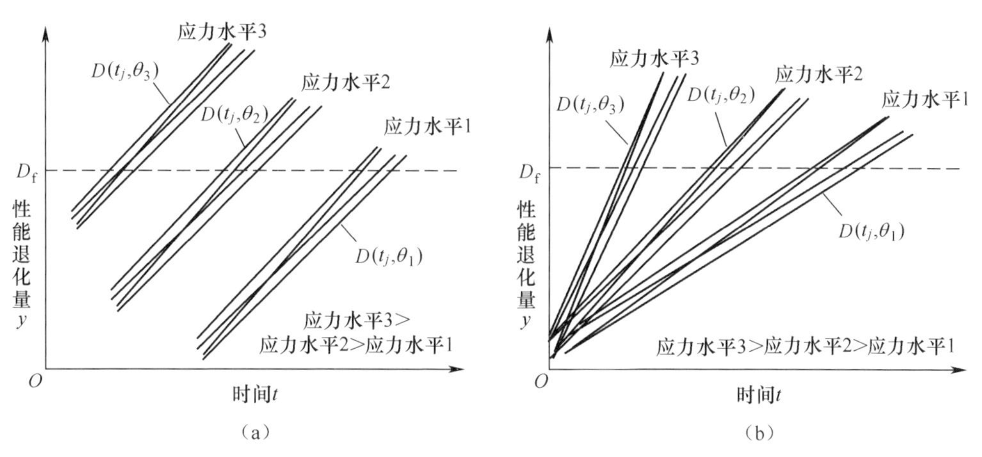

图 3-12　不同加速应力水平下的产品性能退化轨迹示意

(a)随机截距线性模型;(b)随机斜率线性模型。

针对表 3-6 所示的加速退化试验数据,给出两种建模分析方法:①基于伪失效寿命的加速退化数据建模分析方法,即利用样本退化轨迹得到各个应力下伪失效寿命时间,通过对其进行分布假设检验选择适当的寿命分布类型,然后再利用加速寿命试验的统计分析方法获得正常使用条件下的产品可靠性和寿命指标;②基于退化量分布的加速退化数据建模分析方法,即将产品退化量分布参数视为时间与应力的函数,求出各应力水平下各个测量时刻产品退化量分布参数,然后利用加速方程求出其与时间及应力的关系,再对正常使用应力条件下产品的可靠性和寿命指标进行评估预测。这两种方法与 3.1 节给出的两种退化数据建模分析方法相对应。

3.2.2 基于伪失效寿命的加速退化数据建模分析方法

1. 基本思想

与 3.1.2 节类似,假设在每一应力水平 S_i 下同一类产品样本的退化轨迹可以使用相同形式的曲线方程来进行描述;由于产品样本间的随机波动性,不同产品样本的退化曲线方程具有不同的方程系数。这种随机波动同时使得产品的性能退化量到达预先设置的失效阈值所需要的时间(即伪失效寿命)也具有某种程度的随机性,因此可以利用某种分布来描述。

由于产品样本处于不同的应力水平下,样本性能退化量达到失效阈值的时间随应力水平的增加而降低,样本间的随机波动性导致样本伪失效寿命的随机性,因此样本伪失效寿命的分布参数与应力水平相关,如图 3-13 所示。对于不同应力水平,伪失效寿命所服从的分布类型相同,不同的仅为分布参数,这些参数往往是应力的函数。针对这些参数建立加速方程,即可外推求出正常应力水平下产品伪失效寿命的分布参数,从而可以对产品进行可靠性和寿命评估预测。

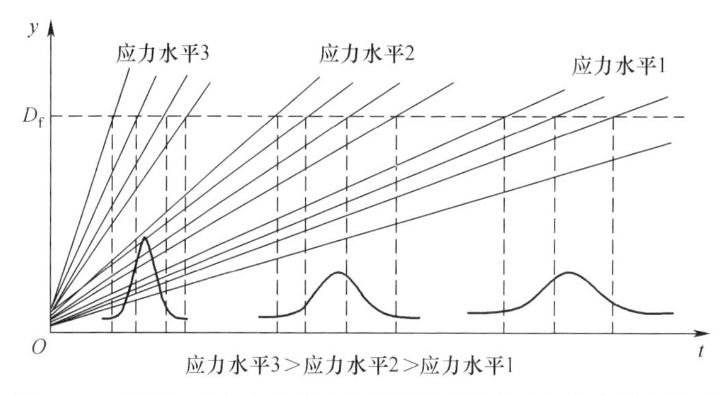

图 3-13 不同加速应力水平下产品性能退化轨迹与寿命分布关系

2. 基于伪失效寿命的加速退化试验数据建模流程

依据上述基本思想,可得基于伪失效寿命的加速退化数据建模流程如下所述:

步骤 1 对于表 3-6 所示的每个试验样本 i 的加速退化试验数据 $(t_j, y_{ij\alpha})$ $(i=1,2,\cdots,n_\alpha; j=1,2,\cdots,m_\alpha; \alpha=1,2,\cdots,d)$,根据性能退化曲线趋势,选择适当的退化轨迹模型,采用最小二乘法估计退化轨迹模型参数,得到不同应力水平下各个样本的退化轨迹方程,利用 3.1.2 节给出的求解伪失效寿命时间的方法,求出各个样本在退化阈值为 D_f 时的伪失效寿命时间($T_{1\alpha}$, $T_{2\alpha}$,…,$T_{n_\alpha\alpha}$)。

步骤 2 对所得到的不同应力水平 S_α 下样本伪失效寿命时间($T_{1\alpha}$,$T_{2\alpha}$, …, $T_{n_\alpha\alpha}$)进行分布假设检验,选择适当的分布类型,估计每一应力水平下样本失效寿命时间分布的分布参数。

步骤 3 利用加速寿命试验建模分析方法推导失效寿命总体参数与应力水平的关系。

步骤 4 利用外推法估计正常使用条件下产品总体参数,根据其估计值即可得到产品在正常使用条件下的各种可靠性指标。

3. 应用算例

表 3-7 为某碳膜电阻器在三组不同加速温度下进行退化试验阻值的退化百分比数据,假设该产品的失效阈值为阻值增加 5%(即 $D_f=5$),工作温度为 $T_0=50$℃。

表 3-7 某碳膜电阻器阻值加速退化试验数据(t 为测量时间)[5]

加速应力 T_α/℃	样本编号	初始阻值 /Ω	退化百分比/%			
			t=452h	t=1030h	t=4341h	t=8084h
83	1	217.97	0.28	0.32	0.38	0.62
	2	217.88	0.22	0.24	0.26	0.38
	3	224.67	0.41	0.46	0.54	0.81
	4	215.92	0.25	0.29	0.32	0.48
	5	219.88	0.25	0.26	0.42	0.57
	6	219.63	0.32	0.36	0.45	0.58
	7	218.27	0.36	0.41	0.52	0.70
	8	217.27	0.24	0.28	0.34	0.55
	9	219.98	0.33	0.40	0.44	0.85
133	10	218.05	0.40	0.47	0.72	1.05
	11	219.38	0.88	1.19	2.06	3.15
	12	218.35	0.53	0.64	0.99	1.60
	13	217.78	0.47	0.62	1.00	1.50
	14	218.28	0.57	0.75	1.26	2.03
	15	216.38	0.55	0.67	1.09	1.79
	16	217.65	0.78	0.96	1.48	2.27
	17	221.91	0.83	1.12	1.96	3.29
	18	218.47	0.64	0.80	1.23	1.84
	19	217.59	0.55	0.74	1.29	2.03

续表

加速应力 T_α/℃	样本编号	初始阻值/Ω	退化百分比/%			
			$t=452$h	$t=1030$h	$t=4341$h	$t=8084$h
173	20	216.31	0.87	1.29	2.62	4.44
	21	216.62	1.25	1.88	3.54	5.23
	22	221.98	2.64	3.78	7.01	11.12
	23	217.83	0.98	1.36	2.66	4.42
	24	217.30	1.62	2.34	3.82	6.14
	25	216.75	1.59	2.41	3.46	6.75
	26	220.39	2.29	2.24	6.30	8.34
	27	216.26	0.98	1.37	2.47	3.74
	28	217.86	1.04	1.54	2.77	4.16
	29	217.49	1.19	1.59	3.03	4.52

图3-14给出了该产品性能参数在不同加速应力水平下的实际退化轨迹，性能大致呈直线退化，因此选择式(1-10)作为性能退化模型，由表3-7所列出的数据对各个应力水平下每一个样本的退化模型参数进行估计。再根据退化轨迹模型外推求出各个应力水平下每个样本到达失效阈值的时间，即伪失效寿命，结果如表3-8所示。

表3-8 不同加速应力水平下碳膜电阻器的伪失效寿命数据

样本编号	83℃时伪失效寿命/h	样本编号	133℃时伪失效寿命/h	样本编号	173℃时伪失效寿命/h
1	113252.2784	11	14485.1685	21	7479.3254
2	246065.3327	12	33263.0319	22	2422.9526
3	93470.6605	13	34954.2627	23	9472.3286
4	172816.5706	14	24221.8692	24	6167.3156
5	110962.6993	15	28537.5555	25	5773.9452
6	143436.4853	16	22627.0316	26	3721.4971
7	109065.8462	17	13713.0435	27	11609.8388
8	125205.6697	18	28924.3903	28	10121.3427
9	75389.6550	19	23892.9264	29	9100.0307
10	55429.8803	20	9383.0653		

在得到各个应力水平下产品的伪失效寿命数据后，对其进行威布尔分布和正态分布假设检验，检验结果如图3-15所示。伪失效寿命时间在概率图上近

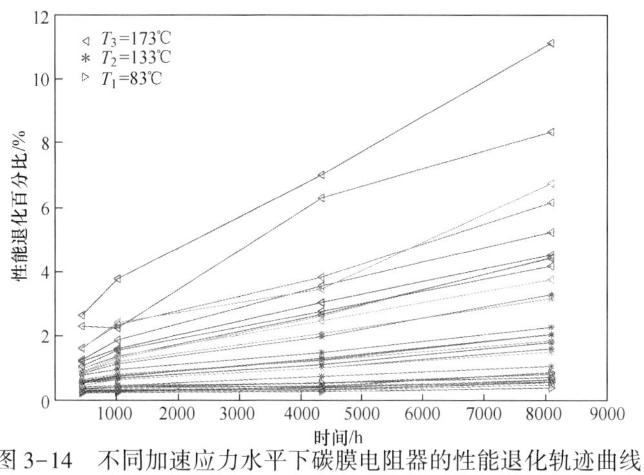

图 3-14　不同加速应力水平下碳膜电阻器的性能退化轨迹曲线

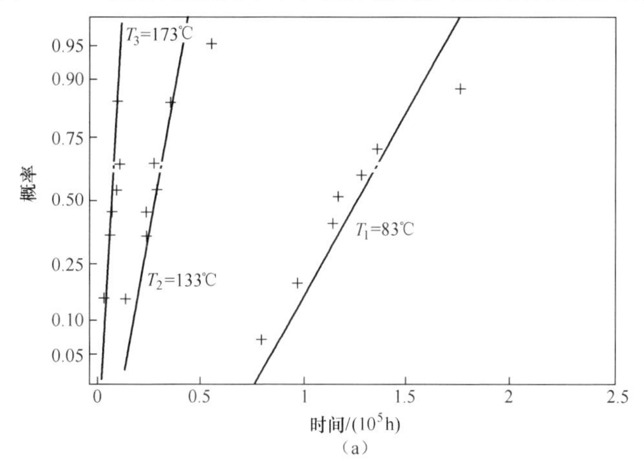

(a)

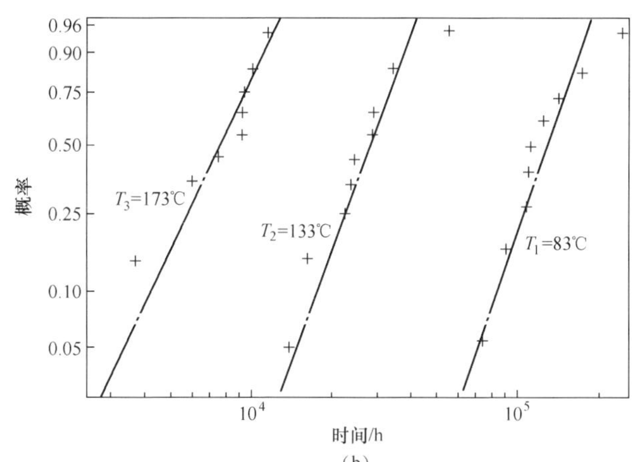

(b)

图 3-15　不同应力水平下伪失效寿命时间的分布检验

(a)正态分布概率图;(b)威布尔分布概率图。

似为直线,该试验所得伪失效寿命时间分布既可以认为其服从正态分布,又可以认为其服从威布尔分布。下面分别利用正态分布与威布尔分布寿命型产品的统计分析方法对所得到的伪失效寿命时间进行分析。

当伪失效寿命服从正态分布时,计算得到该正态分布参数估计值,如表 3-9 所示。均值与均方差估计值 $\hat{\mu}_i$ 和 $\hat{\sigma}_i$ 经过检验,比值基本一致,表明产品在加速退化过程中失效机理保持一致。采用阿伦尼乌斯模型进行加速模型拟合:

$$\hat{\mu}(T)=\exp(-2.2234+5009.51/T) \tag{3-17}$$

$$\hat{\sigma}(T)=\exp(-3.1371+4959.02/T) \tag{3-18}$$

于是利用加速模型外推出产品在正常使用条件下的分布参数为 $\hat{\mu}_0=5.8465\times10^5$, $\hat{\sigma}_0=2.0056\times10^5$。因此,产品在正常使用温度下在给定时间 t 的可靠度 $R(t)$ 的点估计为

$$\hat{R}(t)=1-\Phi\left(\frac{t-\hat{\mu}_0}{\hat{\sigma}_0}\right)=1-\Phi\left(\frac{t-5.8465\times10^5}{2.0056\times10^5}\right) \tag{3-19}$$

其可靠度曲线如图 3-16 中实线所示。

表 3-9　各应力水平下伪失效寿命正态分布参数估计值

参数	$T_1=83$℃	$T_2=133$℃	$T_3=173$℃
$\hat{\mu}_i$	132185.0220	28004.9160	7525.1642
$\hat{\sigma}_i$	51067.1154	11908.8284	2954.4924

当伪失效寿命服从威布尔分布时,计算得到该威布尔分布的参数估计值,如表 3-10 所示。

表 3-10　各应力水平下伪失效寿命威布尔分布参数估计值

参数	$T_1=83$℃	$T_2=133$℃	$T_3=173$℃
$\hat{m}_i$	2.4370	2.2725	2.6374
$\hat{\eta}_i$	150522.1677	32007.3223	8547.9133

表 3-10 中形状参数 m 估计值经过检验,符合恒等约束,表明产品在加速退化过程中失效机理保持一致。采用阿伦尼乌斯模型进行加速模型拟合:

$$\ln\eta=-2.101+5012.55/T \tag{3-20}$$

于是在正常使用温度下产品失效寿命分布参数为

$$\hat{m}_0=\frac{n_1m_1+n_2m_2+n_3m_3}{n_1+n_2+n_3}=2.4494 \tag{3-21}$$

$$\hat{\eta}_0 = \exp(\hat{a} + \hat{b}/T_0) = \exp\left(-2.101 + \frac{5012.55}{50 + 273.15}\right) = 6.6721 \times 10^5$$

(3-22)

因此,产品在正常使用温度下在给定时间 t 的可靠度 $R(t)$ 的点估计为

$$\hat{R}(t) = \exp\left[-\left(\frac{t}{\hat{\eta}_0}\right)^{\hat{m}_0}\right] = \exp\left[-\left(\frac{t}{6.6721 \times 10^5}\right)^{2.4494}\right] \quad (3-23)$$

其可靠度曲线如图 3-16 中虚线所示。

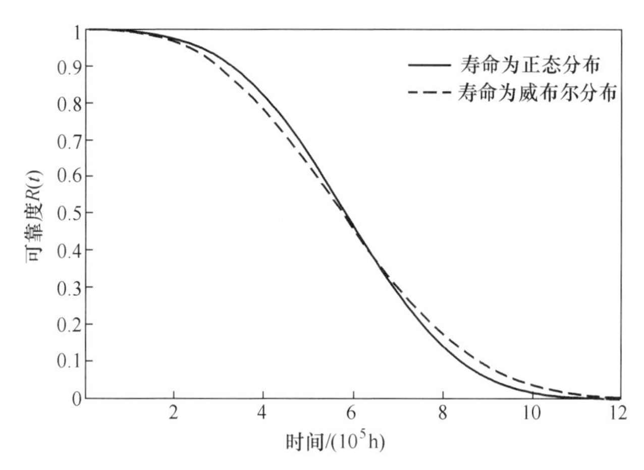

图 3-16　不同分布场合碳膜电阻器的可靠度曲线

从图 3-16 中两条曲线的对比可以看出,在碳膜电阻器寿命服从威布尔分布与正态分布时,可靠度曲线形状十分接近,这与前面所进行的分布假设结果(产品伪失效寿命既服从正态分布,又服从威布尔分布)相符合。

3.2.3　基于退化量分布的加速退化数据建模分析方法

1. 基本思想

与 3.1.3 节相似,假设在不同应力 $S_\alpha(\alpha=1,2,\cdots,d)$ 作用下,同一类产品样本的性能退化量所服从的分布形式在不同的测量时刻是相同的,分布参数随着时间不断变化,即产品性能退化量在不同测量时刻服从同一分布族,该分布族分布参数为时间变量、应力变量的函数。

由于不同产品性能之间具有某种差异性,不同产品的性能退化量随时间、应力的退化过程不相同,因此产品性能退化量之间的差异与时间、应力相关,即退化量分布参数既是应力水平的函数,又是试验时间的函数,如图 3-17 所示。通过对不同应力水平、不同测量时刻产品性能退化量所服从的分布参数进行分析,

可以找出其分布参数与时间及应力的关系,从而对产品在正常使用应力条件下的可靠性和寿命指标进行评估或者预测。

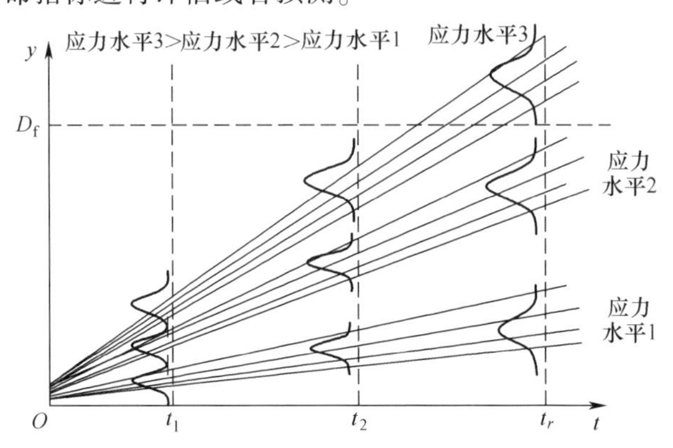

图 3-17　不同加速应力水平下性能退化量在不同时刻的分布示意图

2. 基于退化量分布的加速退化数据建模流程

依据上述基本思想,可得基于退化量分布的加速退化数据建模分析步骤如下所述:

步骤 1　利用图估法或其他分布假设检验方法,对表 3-6 所示的每个试验样本 i 的加速退化试验数据 $(t_j, y_{ij\alpha})(i=1,2,\cdots,n_\alpha; j=1,2,\cdots,m_\alpha; \alpha=1,2,\cdots,d)$ 进行分布假设检验,选择退化数据可能服从的分布。一般情况下,性能退化数据服从正态分布或威布尔分布。利用正态分布或威布尔分布的参数估计方法求出测量时刻 $t_1, t_2, \cdots, t_{m_\alpha}$ 分布参数的估计值。

步骤 2　依据求得的各个时刻性能退化量所服从分布参数估计,确定各分布参数随时间的变化趋势,选择适当的曲线模型,并求出各个应力水平下曲线模型系数。一般来说,样本均值、均方差或尺度参数、形状参数随时间为单调函数,且参数曲线模型系数与应力水平 S_α 相关。

步骤 3　根据求得的样本分布参数随时间变化的函数,选择加速模型类型,利用最小二乘法求出加速模型参数。

步骤 4　假定失效阈值为 D_f,利用上述得到的加速模型外推求出正常使用应力条件下,产品性能退化量的分布参数随时间变化的函数关系。

步骤 5　利用产品可靠性与性能退化量分布的关系可对产品进行寿命评估或预测。

3. 应用算例

对于 3.2.2 节中给出的碳膜电阻器加速退化试验数据表 3-7,利用基于性能退化量分布的加速退化数据建模分析方法来评估该产品在正常温度下的寿命。

对不同温度下，不同时刻性能退化数据进行分布假设检验，如图 3-18 所示。可以看出，不同时刻样本性能退化量既服从正态分布，也服从威布尔分布。

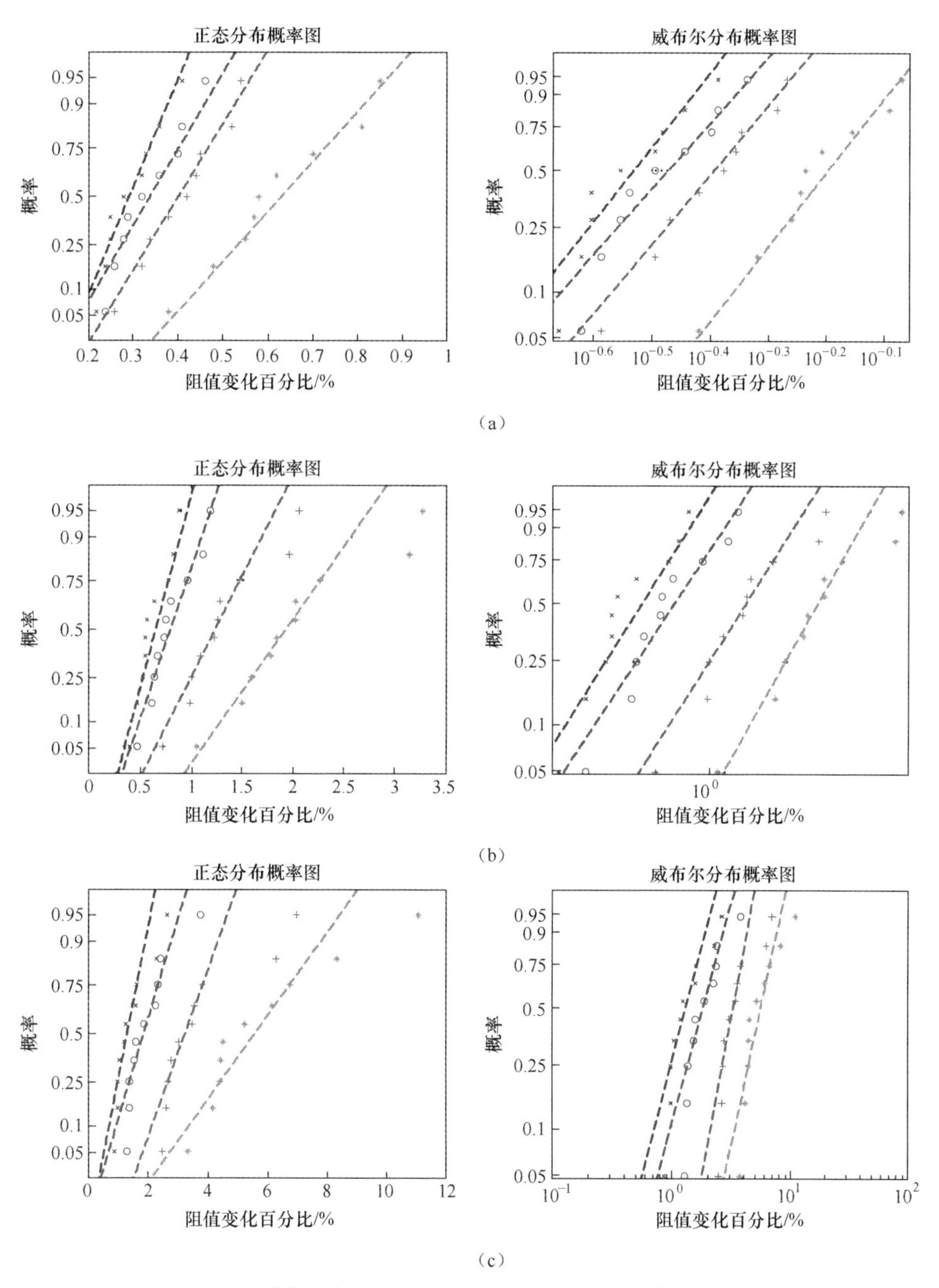

图 3-18　不同应力水平下不同测量时刻性能退化量分布假设检验图

(a) $T_1=83$℃；(b) $T_2=133$℃；(c) $T_3=173$℃。

当不同时刻退化量服从正态分布时，分别求出不同应力水平下、不同测量时刻产品的性能退化量的样本均值与样本均方差，图 3-19 所示为产品退化量的样本均值与样本均方差随时间变化的曲线。可以看出，该产品在不同应力下性能退化量的样本均值与样本均方差均为时间的线性函数，因此可以求出它们在不同应力水平下随时间变化的方程如表 3-11 所示。

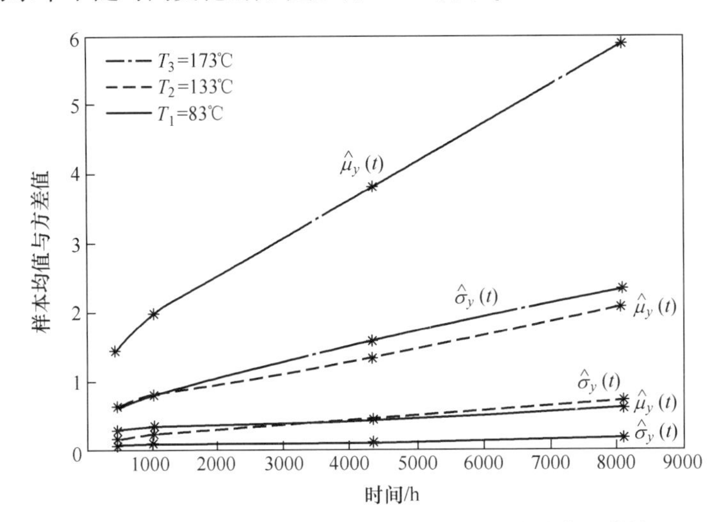

图 3-19 不同应力下性能退化量均值与样本均方差曲线

表 3-11 不同应力水平下性能退化量均值与样本均方差方程

参数	$T_1=83℃$	$T_2=133℃$	$T_3=173℃$
$\hat{\mu}_y(t)$	$0.0397\times10^{-3}t+0.2756$	$0.1826\times10^{-3}t+0.5600$	$0.5702\times10^{-3}t+1.2873$
$\hat{\sigma}_y(t)$	$0.0107\times10^{-3}t+0.0584$	$0.06875\times10^{-3}t+0.1390$	$0.225\times10^{-3}t+0.5321$

从图 3-19 和表 3-11 还可以发现，产品性能退化量均值与样本均方差方程系数随着应力水平的增加而增加，因而假设产品性能退化量均值与样本均方差方程系数与温度的关系满足阿伦尼乌斯加速模型，于是可以求得 $\hat{\mu}_y$ 和 $\hat{\sigma}_y$ 与时间、温度的关系为

$$\hat{\mu}_y(t,T)=\exp(2.9768-4.6786\times10^3/T)\times t+\exp(6.1273-2.6624\times10^3/T) \tag{3-24}$$

$$\hat{\sigma}_y(t,T)=\exp(3.6853-5.3898\times10^3/T)\times t+\exp(7.6433-3.7774\times10^3/T) \tag{3-25}$$

由式(3-24)与式(3-25)可以求出正常使用条件($T_0=(50+273.15)$K)下产品性能退化量均值 $\hat{\mu}_{y0}$ 和样本均方差 $\hat{\sigma}_{y0}$ 与时间的关系，即

$$\hat{\mu}_{y0}(t)=1.012\times10^{-5}\times t+0.1211 \tag{3-26}$$

$$\hat{\sigma}_{y0}(t)=2.275\times10^{-6}\times t+0.0175 \tag{3-27}$$

因此可得给定时间 t 时正常使用条件（$T_0=(50+273.15)$ K）下产品的可靠度函数

$$\hat{R}(t)=\Phi\left(\frac{D_f-\hat{\mu}_{y0}(t)}{\hat{\sigma}_{y0}(t)}\right)=\Phi\left(\frac{D_f-1.012\times10^{-5}\times t-0.1211}{2.275\times10^{-6}\times t+0.0175}\right) \tag{3-28}$$

当不同时刻退化量服从威布尔分布时，分别求出不同应力水平下、不同测量时刻产品的性能退化量的尺度参数与形状参数，图 3-20 所示为产品性能退化量的尺度参数与形状参数随时间变化的曲线。该产品在不同应力下性能退化量的尺度参数为时间的线性函数，形状参数基本不变，因此可以求出它们在不同应力水平下随时间变化的函数，如表 3-12 所示。

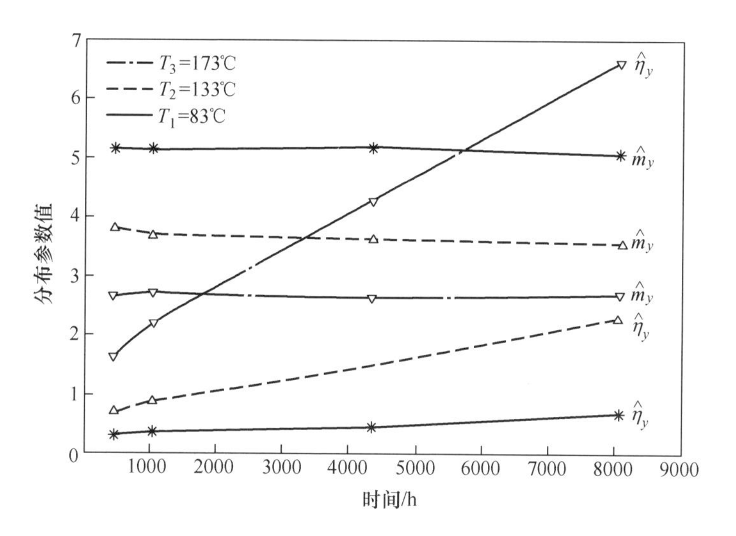

图 3-20 不同应力下性能退化量尺度参数与形状参数曲线

表 3-12 不同应力水平下性能退化量尺度参数与形状参数方程

参数	$T_1=83$℃	$T_2=133$℃	$T_3=173$℃
$\hat{\eta}_y(t)$	$0.0436\times10^{-3}t+0.2986$	$0.2051\times10^{-3}t+0.6136$	$0.6415\times10^{-3}t+1.4514$
$\hat{m}_y$	5.1324	3.7777	2.7311

从图 3-20 和表 3-12 可以发现，产品性能退化量尺度参数方程系数随着应力水平的增加而增加，形状参数随着应力水平的增加而减少。假设产品性能退化量尺度参数方程系数及形状参数与温度的关系满足阿伦尼乌斯加速模型，于

是可以求得 $\hat{\eta}_y$ 和 $\hat{m}_y$ 与时间、温度的关系为

$$\hat{\eta}_y(t,T) = \exp(3.2000 - 4.7211 \times 10^3/T) \times t + \exp(6.3909 - 2.7288 \times 10^3/T) \tag{3-29}$$

$$\hat{m}_y(T) = \exp(-1.4154 + 1.0938 \times 10^3/T) \tag{3-30}$$

由式(3-29)与式(3-30)可以求出正常使用条件($T_0=(50+273.15)$K)下产品性能退化量尺度参数 $\hat{\eta}_y$、形状参数 $\hat{m}_y$ 与时间的关系,即

$$\hat{\eta}_{y0}(t) = 1.0985 \times 10^{-5} \times t + 0.1283 \tag{3-31}$$

$$\hat{m}_{y0}(t) = \exp(-1.4154 + 1.0938 \times 10^3/T_0) = 7.1655 \tag{3-32}$$

因此可得给定时间 t 时,正常使用条件($T_0=(50+273.15)$K)下产品的可靠度函数:

$$\hat{R}(t) = 1 - \exp\left[-\left(\frac{D_{\mathrm{f}}}{\hat{\eta}_{y0}(t)}\right)^{\hat{m}_{y0}(t)}\right] = 1 - \exp\left[-\left(\frac{D_{\mathrm{f}}}{1.0985 \times 10^{-5} \times t + 0.1283}\right)^{7.1655}\right] \tag{3-33}$$

图3-21为利用本节的两种不同方法分别在正态分布及威布尔分布条件下得到的4条可靠度曲线,以及利用文献[6]的纳尔逊方法得到的可靠度曲线。由于纳尔逊采用了退化量为正态分布以及退化量分布的标准差是与时间和应力(温度)无关的常数的假设,因此纳尔逊方法估计得到的可靠度与实际情况差别较大,结果很不理想;而基于性能退化量分布的可靠性评估方法反映了性能退化量所服从分布的参数随时间与温度的变化,符合碳膜电阻器退化的实际情况,因而其结果相对基于伪失效寿命可靠性评估方法与纳尔逊方法得到的结果更为合理可信。

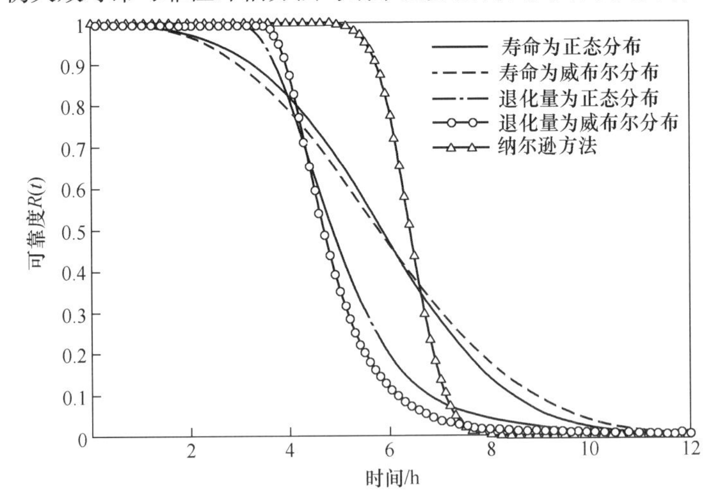

图3-21 不同评估方法得到的正常使用条件下碳膜电阻器可靠度曲线

3.3 单失效模式下循环应力加速退化试验建模分析方法

循环应力是装备在工程实际中经常会遇到的服役环境应力。例如,航天产品由于光照和阴影区交替带来的温度循环;武器装备在部署过程中存在白天-夜晚以及季节性的温度循环变化;发动机工作过程中承受循环载荷等[7]。由于缺乏循环应力下试验数据的处理方法,目前大部分的循环应力试验数据均近似为恒定应力来处理。但是,循环应力与恒定应力存在较大区别,这种近似处理方法会带来评估精度不高、试验结论不合理等情况。因此,本小节将重点研究机电产品单失效模式场合循环应力下加速退化试验数据的处理方法,提高循环应力下产品寿命和可靠性评估精度,为开展循环应力加速试验及可靠性评估提供理论支持。

3.3.1 循环应力加速退化试验剖面及参数

产品在工作过程中承受随时间周期性变化的应力(如温度、振动、电、力载荷等)称为循环应力。根据应力加载方式的不同,循环应力加速试验也可分为三角循环应力加速试验、矩形循环应力加速试验、梯形循环应力加速试验以及正弦循环应力加速试验,如图 3-22 所示,应力加载的方式主要以产品在实际工作中受到的应力剖面为依据。

(1) 三角循环应力加速试验。三角循环应力加速试验与序加试验的加载方式类似,如图 3-22(a)所示,在其一个周期内,可看出是由"序进—序降"应力加载方式组成,这种应力循环类型常见于航空发动机轮盘转速[8]。

(2) 矩形循环应力加速试验。矩形循环应力加速试验与步加试验加载方式类似,在其一个循环周期内,可以看成由不同应力水平步加试验的叠加循环,如图 3-22(b)所示。

(3) 梯形循环应力加速试验。梯形循环应力加速试验可看成是恒加试验和序加试验的组合,如图 3-22(c)所示,在其一个周期内,由"序进—恒定—序降—恒定"加载方式组成。

(4) 正弦循环应力加速试验。如图 3-22(d)所示,正弦循环应力加速试验的应力变化率不是常数,这种应力循环类型常见于简谐振动类试验。

在循环应力加速试验中,应力的快速变化会对组成产品的不同强度系数、热膨胀系数及抗疲劳能力的材料产生不同影响,从而加快产品性能劣化过程。对于大多数情况,循环应力比恒定应力加速效率更高。文献[9]中的试验结果表

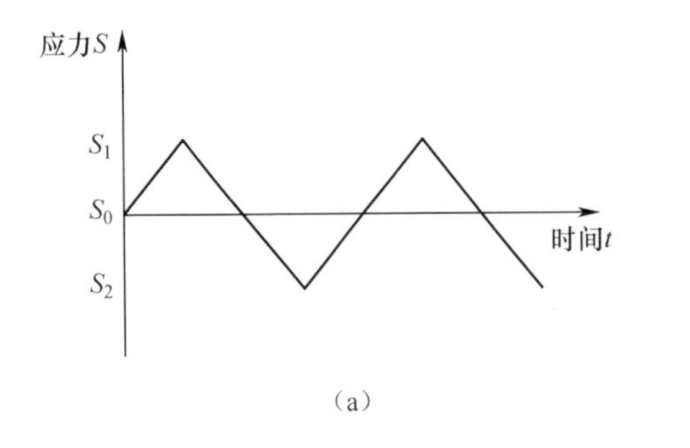

(a)

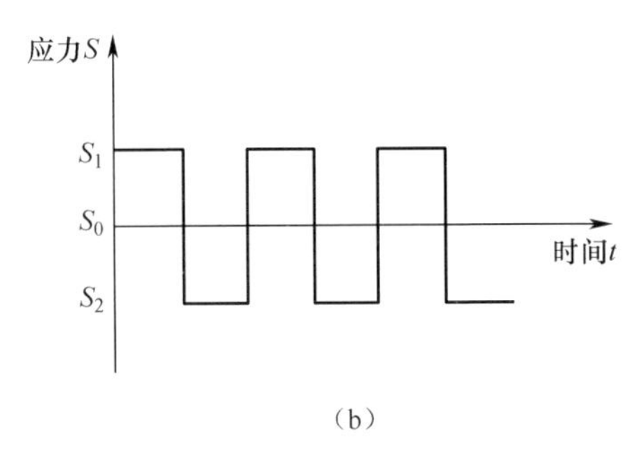

(b)

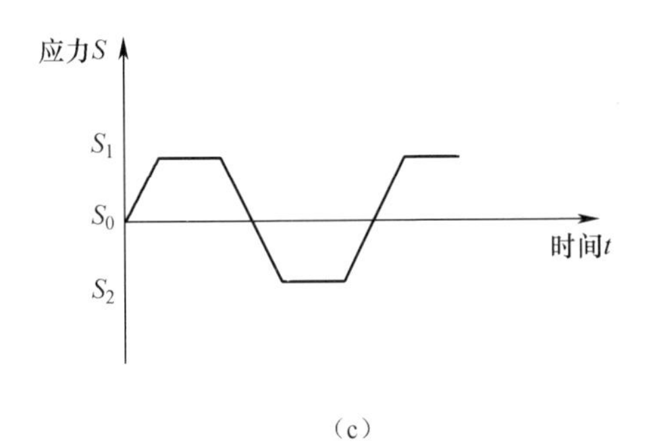

(c)

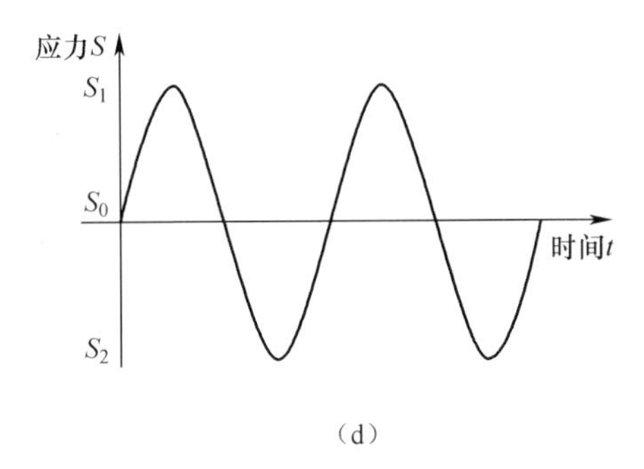

(d)

图 3-22 循环应力加载类型

(a)三角循环应力;(b)矩形循环应力;(c)梯形循环应力;(d)正弦循环应力。

明,产品在60℃下放置71h后的性能退化量,与温变率为5℃/min,最低、最高温度分别为-10℃、60℃时,开展3个温度循环具有类似的性能退化效果。因此,研究循环应力作用下产品的可靠性评估具有重要意义。但是,温度循环加速试验成功开展的前提是设计一个合理的试验剖面,主要包括应力范围 ΔS、应力变化速率 δS、应力保持时间 t_h 和循环次数 n。下面将对上述参数设置进行介绍。

(1) 应力范围。应力范围是指应力上限 S_{max} 与应力下限 S_{min} 的差值,原则上该值越大,试验效率越高。但是,上下应力差值越大,可能会诱发在正常应力范围内不会发生的失效机理。所以,应力范围的选择要根据产品自身特点和试验要求等具体情况而定,其原则为在保持产品失效机理一致性的前提下选择最大的应力范围。一般情况下,应力下限 S_{min} 要比产品正常工作应力 S_0 要大,应力上限 S_{max} 与产品可承受的最大应力之间要有一定的范围。

(2) 应力变化率。在循环应力加速退化试验中,较高的应力变化速率会加速产品的退化过程。但是,应力变化太快很容易造成产品失效机理改变。确定应力变化速率需要结合产品实际经历的环境剖面、相关的试验设备以及产品的失效机理等条件综合确定。

(3) 应力保持时间。产品在应力循环试验的上限应力和下限应力工作时,其应力保持时间与应力上限和应变速率均有关,当应力上限较高、应变速率较大时,保持时间应减小,以避免失效机理发生改变。

(4) 循环次数。循环次数的确定与试验剖面的其他参数及产品自身复杂程度有关,主要根据工程经验和实际运行情况确定。当试验剖面中应力变化率较大时,循环数可以适当减少,否则可能会激发潜在的失效机理,导致产品失效机理不一致。

3.3.2 循环应力加速退化试验数据等效折算建模

1. 基本假设

循环应力加速退化试验属于变应力试验,其应力是随试验时间周期性变化的,因此产品的退化过程将会呈现复杂变化情况。产品的性能退化指标在循环应力中是随应力变化而不断变化的。因此,目前对于循环应力加速退化试验数据的统计分析与建模,其最关键问题是如何将循环条件下退化数据折算为恒定应力条件下退化数据。下面将给出循环应力加速退化试验中数据的等效处理方法,推导变应力数据转化到恒定应力数据的数学公式。为了不失一般性,循环应力加速退化试验数据的等效处理过程需做如下假设。

(1) 循加退化试验中,产品的性能退化满足累积失效模型。即在循环应力加速退化试验中,产品的性能退化过程符合累积失效模型(CEM)[10]。产品的退化过程仅与已累积的退化量和当前应力水平有关,而与具体的累积过程无关。累积退化失效模型为

$$\tau(t)=\int_0^t \beta[S(u)]\,\mathrm{d}u \tag{3-34}$$

式中: $\tau(t)$ 为产品的累积退化量;$\beta(\cdot)$ 为产品性能退化速率与应力之间 $S(t)$ 的关系。

(2) 产品的性能退化速率与应力的关系满足逆幂律函数关系[11]:

$$\beta(S(t))=[S(t)/S_0]^{k_1} \tag{3-35}$$

式中:$S(t)$ 为随时间变化的应力;S_0 为产品在正常工作条件下的恒定应力;k_1 为已知的系数。

(3) 产品在变应力下的失效机理一致。在进行循环应力加速退化试验方案设计时,应注意应力量级大小、应力变化速率的选择,既要保证产品的加速退化效果,提高试验效率,又不能因应力量级过高或应力变化速率过大而改变产品的失效机理。

（4）产品在循环应力下的特征寿命 θ 与循环应力 $S(t)$ 之间满足如下加速方程：

$$\ln\theta = a + b \cdot \varphi[S(t)] \tag{3-36}$$

2. 模型建立

在实际工程应用中，梯形循环应力类型是最为常见的循环应力类型。因此，本章重点研究梯形循环应力下数据的折算处理方法。梯形循环应力剖面包含四个阶段：高应力水平保持阶段 $S(t_1)$、下降阶段 $S(t_2)$、上升阶段 $S(t_3)$、低应力水平保持阶段 $S(t_4)$，如图 3-23 所示。

在任意一个循环应力的周期内，应力 $S(t)$ 随时间的变化规律为

$$\begin{cases} S(t) = S_h \quad (t_0 \leqslant t < t_1) \\ S(t) = S_h - \dfrac{S_h - S_l}{t_2 - t_1}(t - t_1) \quad (t_1 \leqslant t < t_2) \\ S(t) = S_l \quad (t_2 \leqslant t < t_3) \\ S(t) = S_l + \dfrac{S_h - S_l}{t_4 - t_3}(t - t_3) \quad (t_3 \leqslant t < t_4) \end{cases} \tag{3-37}$$

式中：S_h 为循环应力试验中的最高应力水平；S_l 为最低应力水平。$t_h = t_1 - t_0$ 为最高应力 S_h 保持时间，$t_{hl} = t_2 - t_1$ 为最高应力水平下降到最低应力水平的时间，$t_{lh} = t_4 - t_3$ 为低应力水平上升到最高应力水平的时间，$t_l = t_3 - t_2$ 为低应力水平 S_l 的保持时间。应力变化速率为 $\mathrm{d}S/\mathrm{d}t = (S_h - S_l)/(t_2 - t_1)$，或者 $\mathrm{d}S/\mathrm{d}t = (S_h - S_l)/(t_4 - t_3)$。

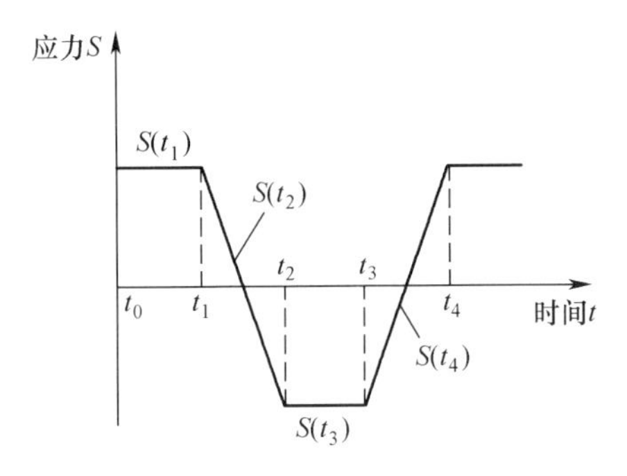

图 3-23　梯形循环应力加载示意图

在此基础上，根据基本假设中的假设（1）和假设（2），得到单次循环周期内产品的退化累积模型表达式为

$$
\begin{cases}
\beta[S(t)] = [S(t)/S_0]^{k_1} \\
\tau(t) = \int_{t_0}^{t_4} \beta[S(u)] \mathrm{d}u
\end{cases} \tag{3-38}
$$

式中:$\tau(t)$为一个循环周期内产品的累积退化量;$\beta(\cdot)$为产品退化速率与应力之间$S(t)$的关系。将式(3-37)代入式(3-38)中,可得

$$
\tau(t) = \int_{t_0}^{t_1}\left(\frac{S_h}{S_0}\right)^{k_1}\mathrm{d}t + \int_{t_1}^{t_2}\left(\frac{S_h}{S_0} - \frac{S_h - S_l}{S_0}\frac{t - t_1}{t_2 - t_1}\right)^{k_1}\mathrm{d}t + \int_{t_2}^{t_3}\left(\frac{S_l}{S_0}\right)^{k_1}\mathrm{d}t + \int_{t_3}^{t_4}
\left(\frac{S_l}{S_0} + \frac{S_h - S_l}{S_0}\frac{t - t_3}{t_4 - t_3}\right)^{k_1}\mathrm{d}t \tag{3-39}
$$

求解式(3-39)中等式右边各项,有

$$
\begin{cases}
\tau_1 = \int_{t_0}^{t_1}\left(\frac{S_h}{S_0}\right)^{k_1}\mathrm{d}u = \left(\frac{S_h}{S_0}\right)^{k_1} t_1 \\
\tau_2 = \int_{t_1}^{t_2}\left(\frac{S_h}{S_0} - \frac{S_h - S_l}{S_0}\frac{t - t_1}{t_2 - t_1}\right)^{k_1}\mathrm{d}u = \frac{S_0(t_2 - t_1)}{(k_1 + 1)(S_h - S_l)}\left[\left(\frac{S_h}{S_0}\right)^{k_1+1} - \left(\frac{S_l}{S_0}\right)^{k_1+1}\right] \\
\tau_3 = \int_{t_2}^{t_3}\left(\frac{S_l}{S_0}\right)^{k_1}\mathrm{d}t = \left(\frac{S_l}{S_0}\right)^{k_1}(t_3 - t_2) \\
\tau_4 = \int_{t_3}^{t_4}\left(\frac{S_l}{S_0} + \frac{S_h - S_l}{S_0}\frac{t - t_3}{t_4 - t_3}\right)^{k_1}\mathrm{d}t = \frac{S_0(t_4 - t_3)}{(k_1 + 1)(S_h - S_l)}\left[\left(\frac{S_h}{S_0}\right)^{k_1+1} - \left(\frac{S_l}{S_0}\right)^{k_1+1}\right]
\end{cases} \tag{3-40}
$$

将式(3-40)代入式(3-39)中,得到一个循环内累积退化量$\tau(t)$的表达式:

$$
\tau(t) = \tau_1 + \tau_2 + \tau_3 + \tau_4 \tag{3-41}
$$

因此,当得到产品在循环应力下的加速退化数据后,可以通过式(3-40)和式(3-41)进行等效折算,得到产品在一个周期内的累积退化量,建立产品性能退化与循环次数的数学关系,从而可以将循环应力下的退化数据折算为恒定应力下的退化数据,开展产品的可靠性评估。

3.3.3 循环应力加速退化试验数据分析方法

1. 基本思路

单失效模式场合循环应力加速退化试验数据分析方法基本思路为:首先通过循环应力加速退化试验获取样品退化量数据,其次利用3.3.2节的数据等效折算模型将退化量数据等效折算成恒定应力加速退化试验数据,再次基于3.2节的方法利用退化模型拟合这些数据获得试样的模型参数估计,然后结合试样的失效阈值计算产品在循环应力加速应力下的伪失效寿命,最后利用加速模型

将这些伪失效寿命数据外推至使用应力水平,开展可靠性评估。当样本量较小时可利用贝叶斯(Bayes)方法开展可靠性评估。

2. 循环应力加速退化试验数据分析步骤

1）获取样品退化量数据

首先确定循环应力加速试验剖面的主要参数,包括最高应力水平 S_{max}、最低应力水平 S_{min}、应力随时间的变化率、样品在最高/最低应力水平下的试验时间以及循环次数 n。其次,从同批次的产品中,随机选取 n 个试验样品开展循环应力加速退化试验。根据样品数量和试验设备情况,一般把这些产品平均分组,试验时间采用定时截尾方式,截止时间为 t_i,每组样品保持连续工作直到达到截止时间时停止。测试每个试验样本的性能退化量,测试 m_i 次,测试的时间节点为 $t_{iq}(q=1,2,\cdots,m_i)$,且 $t_{iq}<t_i$,测得退化量数据为 $y_{ij}(j=1,2,\cdots,n_i)$。

2）伪失效寿命估计

(1）建立试样性能退化轨迹模型。基于循环应力下退化数据的等效折算建模方法,将产品在循环应力下的退化数据 y_{ij},转化为恒定应下的退化数据 Y_{ij}。接着,基于产品的失效机理分析,建立产品性能退化轨迹模型。

(2）求解性能退化轨迹模型参数。通过转化为恒定应力下的性能退化数据 Y_{ij},结合建立的产品性能退化轨迹模型,利用极大似然法、最小二乘法及非线性回归等方法将试验退化数据和退化模型进行拟合,得到性能退化模型中未知参数的估计值。

(3）计算产品的伪失效寿命时间 τ_{ij}。基于建立的退化模型和失效阈值,计算产品退化轨迹首次到达失效阈值的时间 τ_{ij},采用合理的寿命分布,并进行寿命分布拟合优度假设检验。

3）可靠性评估

(1）计算产品正常工作应力下的伪失效时间 ξ_{ij}。通过加速模型外推得到所有产品在正常工作应力下的伪失效时间。

(2）建立试验样品的似然函数。将产品在正常应力下的伪失效时间视为完全样本的寿命时间,根据产品的寿命分布函数,得到基于样品信息和总体信息的似然函数。

(3）建立待估参数的后验分布。基于贝叶斯公式,融合待估参数的先验信息,得到待估参数的后验分布数学表达式。

(4）得到产品可靠性评估。基于吉布斯(Gibbs)抽样,解决待估参数后验分布多维积分计算难题,得到待估参数贝叶斯估计,最终得到产品可靠性评估。

3. 基于正常应力水平下伪失效数据的贝叶斯可靠性评估方法

本部分详细阐述指数寿命型场合的循环应力加速退化数据的贝叶斯可靠性

评估方法。根据 3.3.2 节提出的数据等效折算方法，得到产品的伪寿命数据。将这些寿命数据视为完全样本，且服从于指数分布。从而可以得到似然函数为

$$L(\lambda_i)=\prod_{i=1}^{n}\lambda_i\exp(-\lambda_i t) \tag{3-42}$$

式中：$\lambda_i=\lambda_0\exp\{b[\phi(S_0)-\phi(S_i)]\}=\lambda_0\theta^{\phi_i}$，$\phi_i=[\phi(S_0)-\phi(S_i)]/[\phi(S_0)-\phi(S_1)]$。$\theta$ 为产品的退化系数，在实际工程中 θ 的取值范围可以根据试验结果和工程经验获得。为计算方便，选取 $\pi(\theta)$ 为无信息先验分布：

$$\pi(\theta)\propto 1/\theta,\quad 1<k_1<\theta<k_2 \tag{3-43}$$

对于指数寿命分布待估参数 λ，其先验分布一般为伽马（Gamma）分布，其概率密度函数为

$$\pi(\lambda|\alpha,\beta)=\beta^{\alpha}\lambda^{\alpha-1}\exp(-\beta\lambda)/\Gamma(\alpha)\quad(\lambda>0,\alpha>0,\beta>0) \tag{3-44}$$

式中：α 和 β 为超参数。α 和 β 先验分布一般也选取伽马分布，$\alpha\sim\mathrm{Gamma}(\alpha_1,\beta_1)$，$\beta\sim\mathrm{Gamma}(\alpha_2,\beta_2)$，且 α 与 β 相互独立，则关于待估参数 λ 的先验密度函数为

$$\pi(\theta)\propto\int_0^c\int_0^l\frac{\beta^{\alpha}}{\Gamma(\alpha)}\lambda^{\alpha-1}\exp(-\beta\lambda)\,\mathrm{d}\alpha\mathrm{d}\beta \tag{3-45}$$

根据贝叶斯公式，参数 $(\lambda,\theta,\alpha,\beta)$ 的联合后验分布为

$$\pi(\lambda,\theta,\alpha,\beta|t_{ij})\propto\frac{\beta^{\alpha}}{\Gamma(\alpha)}\lambda^{n+\alpha-1}\theta^{n-1}\exp(-\lambda\beta-\lambda n) \tag{3-46}$$

因此，可分别得到待估参数 $(\lambda,\theta,\alpha,\beta)$ 的条件后验分布：

$$\begin{cases}\pi(\lambda|\theta,\alpha,\beta,t_{ij})\propto\lambda^{n+\alpha-1}\exp(-\lambda\beta-\lambda n)\\ \pi(\alpha|\lambda,\theta,\beta t_{ij})\propto\beta^{\alpha}\lambda^{n+\alpha-1}/\Gamma(\alpha)\\ \pi(\beta|\lambda,\theta,\alpha,t_{ij})\propto\beta^{\alpha}\exp(-\lambda\beta)\\ \pi(\theta|\lambda,\alpha,\beta,t_{ij})\propto\theta^{n-1}\exp(-\lambda n)\end{cases} \tag{3-47}$$

(λ,β) 的条件后验分布样本可以由舍选抽样法获取，而 (θ,α) 的满条件后验分布样本可以由伽马函数产生。

3.3.4 应用案例：某新型机电装备循环应力加速退化试验

某新型机电装备通过开展温度循环下的加速退化试验来进行可靠性评估。假设从该装备中随机抽取 n 个样品开展试验，得到伪失效寿命数据 $(t_1,t_2,\cdots,t_n)$，且 $t_i\sim\exp(\lambda)$。根据产品历史试验信息和专家经验，待估参数 λ 的先验分布为伽马分布，即 $\lambda\sim\mathrm{Gamma}(\alpha,\beta)$，并且 α 和 β 相互独立。待估参数 λ 的后验

分布为 $\lambda \mid \alpha,\beta,t_i \sim \text{Gamma}(\alpha_1,\beta_1)$，其中 $\alpha_1=\alpha+n,\beta_1=\beta+\sum_{i=1}^{n}t_i$。设置待估参数 λ 的值为 0.01，温度循环下装备的失效寿命数据从指数分布 exp(0.01)中随机生成，如表 3-13 所示。设置参数 α 和 β 的值分别为 2.5 和 150，则可得参数 α_1 的值为 12.5，β_1 的值为 1009.1。

表 3-13　温度循环下装备的失效寿命

样本标号	寿命时间/h	样本标号	寿命时间/h
1	137.6	6	117.0
2	82.3	7	8.8
3	53.2	8	41.8
4	118.1	9	173.2
5	83.1	10	43.8

此外，设置参数 α_1 的先验分布为 $\alpha_1 \sim \text{Gamma}(15,2)$，参数 β_1 的先验分布为 $\beta_1 \sim \text{Gamma}(100,10)$。利用式(3-47)得到的未知待估参数 λ、α_1 和 β_1 的满条件分布表达式，通过吉布斯抽样算法，经过 3000 次迭代后，得到参数(α_1,β_1)的边缘后验分布的仿真样本轨迹图和概率分布直方图，如图 3-24～图 3-26 所示。

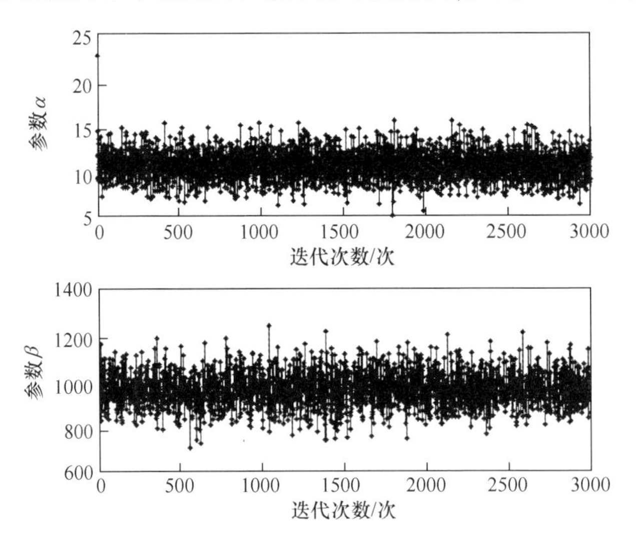

图 3-24　吉布斯抽样获得的待估参数样本轨迹

从图 3-24 所示仿真样本轨迹中可以看出，经过初始 100 步左右迭代后，参数(α_1,β_1)的生成样本已经收敛。因此，去除前 100 个仿真样本数据后，求得参数(α_1,β_1)的后验分布，如表 3-14 所示。表 3-14 中列出了吉布斯抽样产生的

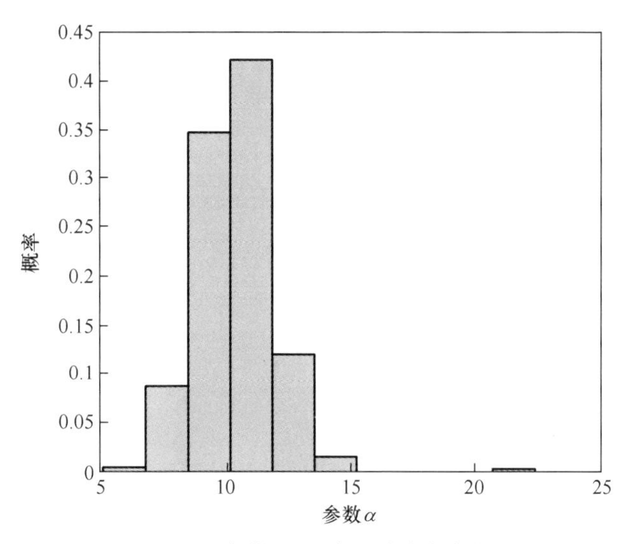

图 3-25　参数 α_1 边缘后验分布直方图

后验分布参数(α_1,β_1)的样本均值和方差。参数 α_1 的仿真设定值为 12.5,得到的仿真样本均值为 10.4998。参数 β_1 的仿真设置值为 1009.1,得到的仿真样本均值为 954.4363。表 3-15 所示为不同评估方法对比情况,从表中可知,贝叶斯方法更接近仿真设置值,进一步表明贝叶斯多源信息融合方法能有效提高小子样产品可靠性评估精度。

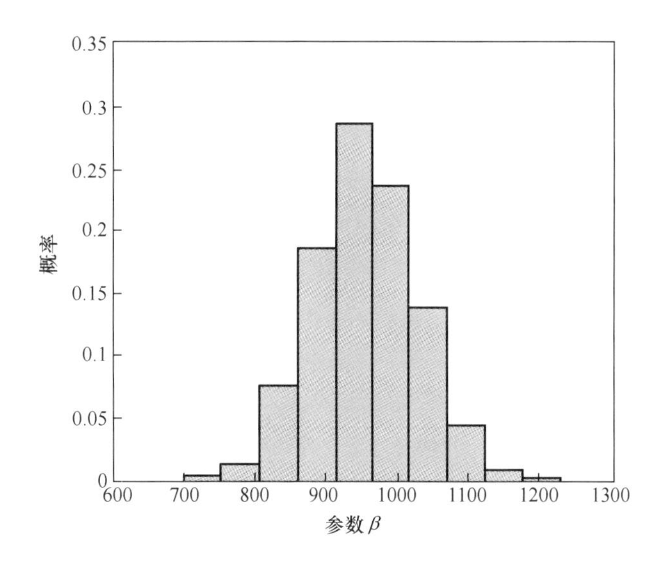

图 3-26　参数 β_1 边缘后验分布直方图

表 3-14　贝叶斯方法得到的模型参数估计结果

后验分布参数	均值	标准差	真值
α_1	10.4998	0.0113	12.5
β_1	954.4363	1.4752	1009.1

表 3-15　贝叶斯法与极大似然法估计结果对比

评估方法	待估参数(1/λ)
真值	100
贝叶斯法	91.9113
极大似然法	85.9067

利用表 3-15 中的模型参数估计结果,得到产品的可靠度函数,如图 3-27 所示。其中,圆圈连接曲线为通过贝叶斯多源信息融合方法得到的产品可靠度评估曲线,圆点连接曲线为通过极大似然方法得到的可靠度评估曲线,星号连接曲线表示设定值的可靠度曲线。从图 3-27 可以看出,本书建立的贝叶斯方法可以融合模型参数的先验信息,比极大似然法更接近设定结果,进一步验证了基于贝叶斯理论的可靠性评估方法能有效提升小子样产品的评估精度。

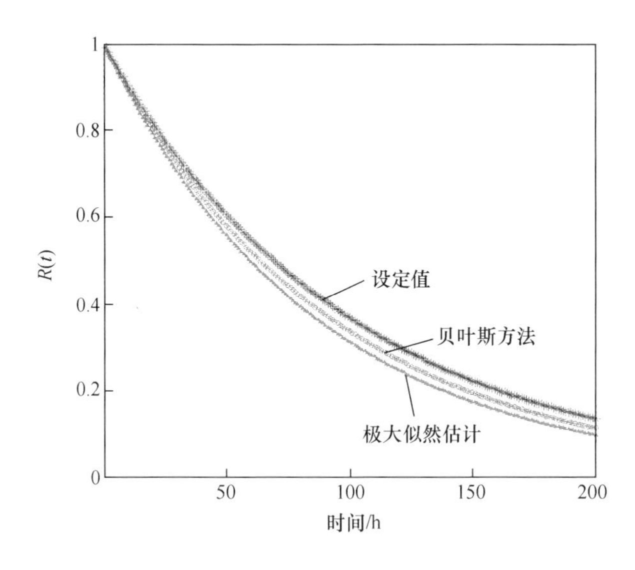

图 3-27　对比不同方法得到的可靠度评估曲线

参考文献

[1] 邓爱民．高可靠长寿命产品可靠性技术研究[D]. 长沙：国防科技大学，2006.

[2] 邓爱民，陈循，张春华，等．加速退化试验技术综述[J]. 兵工学报，2007，28(8)：1002-1007.

[3] 邓爱民，陈循，张春华，等．基于加速退化数据的可靠性评估[J]. 弹箭与制导学报，2006，26(2)：808-812.

[4] 邓爱民，陈循，张春华，等．基于性能退化数据的可靠性评估方法[J]. 宇航学报，2006，27(3)：546-552.

[5] MEEKER W Q, ESCOBAR L A. Statistical Methods for Reliability Data[M]. New York：John Wiley & Sons，1998.

[6] NELSON W. Accelerated Testing：Statistical Methods，Test Plans，and data Analysis[M]. New York：John Wiley & Sons，1990.

[7] 万伏彬．基于加速退化数据的空间脉管制冷机可靠性评估方法研究[D]. 长沙：国防科技大学，2019.

[8] 王卫国．轮盘低循环疲劳寿命预测模型和试验评估方法研究[D]. 南京：南京航空航天大学，2006.

[9] CUI H. Accelerated Temperature Cycle Test and Coffin-Manson Model for Electronic Packaging [C]// Proceedings of Annual Reliability and Maintainability Symposium，Alexandria，2005.

[10] NELSON W B. Accelerated life testing：step-stress models and data analysis[J]. IEEE Transactions on Reliability，1980，29(2)：103-108.

[11] SRIVASTAVA P W，MANISHA M. Triangular cyclic accelerated degradation zero-failure test plan[J]. International Journal of Quality & Reliability Management，2019，36(3)：358-377.

第4章　多失效模式加速寿命试验建模分析

产品在服役过程中往往具有多种失效模式,其失效一般是由这些多个失效模式相互竞争,即竞争失效的结果。竞争失效是产品的一种重要失效形式,竞争失效产品加速寿命试验的统计分析方法与单一失效场合有很大的差别,研究竞争失效场合加速寿命试验统计分析具有重要意义。根据各竞争失效模式之间是否存在相关性,竞争失效可以分为竞争失效独立场合和竞争失效相关场合。竞争失效独立场合加速寿命试验假设产品各竞争失效模式间彼此独立,不存在相关性,而竞争失效相关场合加速寿命试验则认为产品各竞争失效模式间并不完全独立,而是彼此存在一定的相关性。

失效独立场合加速寿命试验统计分析是失效相关场合加速试验统计分析的一个特例,也是其研究基础。威布尔分布是可靠性工程中常用的失效分布之一,三参数威布尔分布是威布尔分布一般形式,许多机电产品的失效分布都是三参数威布尔分布。两参数威布尔分布和指数分布都是其特殊形式。因此本章首先阐述竞争失效独立场合三参数威布尔分布加速寿命试验统计分析方法,然后介绍一种新的基于智能人工鱼群算法的参数估计方法,最后展示竞争失效相关场合加速寿命试验方法,为多失效模式加速寿命试验建模分析提供方法支撑。

4.1　竞争失效独立场合加速寿命试验统计分析方法

本节针对三参数威布尔分布的特点,建立竞争失效独立场合加速试验统计分析基本模型,研究竞争失效独立场合恒定应力、变应力和步进应力加速寿命试验建模分析方法。

4.1.1　基本模型

在进行加速寿命试验建模与分析之前,针对三参数威布尔分布竞争失效的特点和实际,在第1章加速试验常用模型的基础上给出多失效模式场合统计分析的基本模型。

1. 寿命分布模型

产品各失效模式下的潜在失效时间在各应力水平下均服从三参数威布尔分布。t 时间内,在应力水平 S_i 下第 m 个失效模式的失效概率、失效概率密度、可靠度和故障率函数分别记为 $F_{im}(t|\theta_{im})$、$f_{im}(t|\theta_{im})$、$R_{im}(t|\theta_{im})$ 和 $h_{im}(t|\theta_{im})$ $(i=1,2,\cdots,k;\ m=1,2,\cdots,p)$。$\theta_{im}$ 为第 m 个失效模式在应力水平 S_i 下的分布参数且

$$F_{im}(t) = 1 - \exp\left[-\mu_{im}\left(\frac{t-\gamma_{im}}{\eta_{im}}\right)^{\beta_{im}}\right] \tag{4-1}$$

$$R_{im}(t) = \exp\left[-\mu_{im}\left(\frac{t-\gamma_{im}}{\eta_{im}}\right)^{\beta_{im}}\right] \tag{4-2}$$

$$f_{im}(t) = \frac{\mu_{im}\beta_{im}}{\eta_{im}}\left(\frac{t-\gamma_{im}}{\eta_{im}}\right)^{\beta_{im}-1}\exp\left[-\mu_{im}\left(\frac{t-\gamma_{im}}{\eta_{im}}\right)^{\beta_{im}}\right] \tag{4-3}$$

$$h_{im}(t) = \frac{\mu_{im}\beta_{im}}{\eta_{im}}\left(\frac{t-\gamma_{im}}{\eta_{im}}\right)^{\beta_{im}-1} \tag{4-4}$$

式中:$\begin{cases}\mu_{im}=1 & (t>\gamma_{im})\\ \mu_{im}=0 & (t\leqslant\gamma_{im})\end{cases}$;$i=1,2,\cdots,k$;$m=1,2,\cdots,p$;$\beta_{im}$、$\gamma_{im}$、$\eta_{im}$ 分别为应力水平 S_i 下第 m 个失效模式的形状参数、位置参数和尺度参数[1]。

2. 加速因子模型

在应力水平 $S_1,S_2,\cdots,S_k$ 下,产品的每个失效模式的失效机理保持不变。三参数威布尔分布加速因子为

$$k_{i,j} = \frac{\eta_j}{\eta_i} \tag{4-5}$$

且分布参数需要满足以下约束:

(1) 在应力水平 $S_1,S_2,\cdots,S_k$ 下,每个失效分布的形状参数不变,即

$$\beta_{0m} = \beta_{1m} = \cdots = \beta_{km} = \beta_m \quad (m=1,2,\cdots,p) \tag{4-6}$$

(2) 尺度参数与位置参数之间的比值保持不变,即

$$\frac{\gamma_{im}}{\eta_{im}} = \frac{\gamma_{jm}}{\eta_{jm}} \quad (i,j=1,2,\cdots,k;m=1,2,\cdots,p) \tag{4-7}$$

3. 加速模型

加速寿命试验中,不同应力水平下的可靠性特征量(如平均寿命、特征寿命、失效率等)与加速应力存在特定的函数关系即加速模型,加速模型可根据敏感应力的类型(如温度、湿度或多应力综合),采用阿伦尼乌斯模型、逆幂率模型、艾林模型、多项式加速模型等,详见第1章。

对于三参数威布尔分布,其第 m 个失效模式特征寿命参数满足加速模型:

$$\ln(\eta_{im}+\gamma_{im})=a_m+b_m\varphi(S_i) \tag{4-8}$$

式中:a_m、b_m 为第 m 个失效模式加速模型中与应力无关的未知常数,$m=1,2,\cdots,p$;$\varphi(S_i)$为应力水平 S_i 的已知函数,对于常见的阿伦尼乌斯模型和逆幂律模型分别为 $\varphi(S_i)=1/S_i$ 和 $\varphi(S_i)=\ln S_i$。

由加速试验失效机理一致性的分布参数约束条件即式(4-6)和式(4-7),设 $\dfrac{\gamma_{im}}{\eta_{im}}=\dfrac{\gamma_{jm}}{\eta_{jm}}=\rho_m$,有

$$\ln\eta_{im}=a_m+b_m\varphi(S_i)-\ln(1+\rho_m) \tag{4-9}$$

$$\ln\gamma_{im}=a_m+b_m\varphi(S_i)-\ln(1+1/\rho_m) \tag{4-10}$$

令 $\lambda_m=a_m-\ln(1+\rho_m)$,$\delta_m=a_m-\ln(1+1/\rho_m)$,得到三参数威布尔分布尺度参数和位置参数的加速模型分别为

$$\ln\eta_{im}=\lambda_m+b_m\varphi(S_i) \tag{4-11}$$

$$\ln\gamma_{im}=\delta_m+b_m\varphi(S_i) \tag{4-12}$$

式中:λ_m、δ_m、b_m 均为和应力无关的未知常数。

由此可见,三参数威布尔分布加速寿命试验和其他寿命分布有很大的不同:和加速应力相关的分布参数有两个,分别为尺度参数和位置参数,且分别具有不同的加速模型参数,因此其统计分析相对其他分布要复杂。

4. 累积失效模型

产品任一失效模式的失效过程符合纳尔逊累积失效模型,各失效模式的寿命仅依赖于已累积的失效和当前应力,而与累积方式无关。

5. 竞争失效模型

产品失效仅由 p 个失效模式之一引起,各失效模式的潜在失效时间 $t_{ij}^{(1)}$,$t_{ij}^{(2)},\cdots,t_{ij}^{(p)}$ 相互独立。产品的失效时间 t_{ij}是 p 个失效模式的最小发生时间,即 t_{ij}是所有失效模式发生的时间以及截尾时间之间的最小值,$t_{ij}=\min(t_{ij}^{(1)},t_{ij}^{(2)},\cdots,t_{ij}^{(p)},t_{ic})$,其中 $t_{ij}^{(m)}(m=1,2,\cdots,p)$ 表示失效模式 m 的潜在失效时间,t_{ic}为应力水平 S_i 下的定时截尾时间。

4.1.2 恒定应力加速寿命试验统计分析

设产品具有 p 个失效模式,记为$\{1,2,\cdots,p\}$,产品的失效是由 p 个失效模式之一产生。现对产品进行恒定应力加速寿命试验,选择 k 个加速应力水平 S_1,$S_2,\cdots,S_k$,并满足 $S_0<S_1<S_2<\cdots<S_k$,其中 S_0 为使用应力水平。随机抽样 n_i 个样品在应力水平 S_i 下进行加速寿命试验,在试验截尾时间 t_{ic}内有 r_i 个样品失效,

其试验数据定义为

$$\boldsymbol{x}=\{x_{ij} \mid x_{ij}=(t_{ij},C_{ij}),i=1,2,\cdots,k;j=1,2,\cdots,n_i\} \tag{4-13}$$

式中：t_{ij}为 S_i 下样品 j 在失效或者截尾时的观测时间；$C_{ij}=(c_{ij}^{(1)},c_{ij}^{(2)},\cdots,c_{ij}^{(p)})$ 为 t_{ij}的失效模式标记符,用以标记导致产品失效所对应的失效模式。$\forall m\in\{1,2,\cdots,p\}$,若 t_{ij}为失效时间,且根据故障诊断发现产品失效由(或可能由)失效模式 m 引起,则 $c_{ij}^{(m)}=1$;若 t_{ij}为失效时间且不可能由失效模式 m 引起,或者 t_{ij}为截尾时间,则 $c_{ij}^{(m)}=0$。

竞争失效恒定应力加速寿命试验统计分析的任务是通过对上述试验数据的统计分析得到产品各失效模式分布参数和加速模型参数,估计产品在使用应力下的寿命。

在应力水平 S_i 下,t 时间内产品失效为失效模式 m 的概率为

$$\begin{aligned}F^{(im)}(t)&=P(T_{i1}>T_{im},T_{i2}>T_{im},\cdots,T_{i(m-1)}>T_{im},T_{im}\leqslant t,\\&\quad T_{i(m+1)}>T_{im},\cdots,T_{ip}>T_{im})\\&=\int_{T_{im}}^{\infty}\cdots\int_0^t\cdots\int_{T_{im}}^{\infty}\int_{T_{im}}^{\infty}f_i(T_{i1},T_{i2},\cdots,T_{ip})\mathrm{d}T_{i1}\mathrm{d}T_{i2}\cdots\mathrm{d}T_{im}\cdots\mathrm{d}T_{ip}\end{aligned} \tag{4-14}$$

式中：T_{im}为应力水平 S_i 下失效模式 m 的潜在失效时间变量；$f_i(T_{i1},T_{i2},\cdots,T_{ip})$ 为所有失效模式 1, 2,…, p 潜在失效时间变量 $T_{i1},T_{i2},\cdots,T_{ip}$的联合概率密度,对于各失效模式相互独立的情况有

$$f_i(T_{i1},T_{i2},\cdots,T_{ip})=f_{i1}(T_{i1})\cdot f_{i2}(T_{i2})\cdots f_{ip}(T_{ip}) \tag{4-15}$$

式中：$f_{im}(\cdot)$为应力水平 S_i 下第 m 个失效模式的失效概率密度函数,如式(4-3)。将式(4-15)代入式(4-14)得到

$$\begin{aligned}F^{(im)}(t)&=\int_{T_{im}}^{\infty}\cdots\int_0^t\cdots\int_{T_{im}}^{\infty}\int_{T_{im}}^{\infty}f_{i1}(T_{i1})\cdot f_{i2}(T_{i2})\cdots f_{i1}(T_{ip})\mathrm{d}T_{i1}\mathrm{d}T_{i2}\cdots\mathrm{d}T_{im}\cdots\mathrm{d}T_{ip}\\&=\int_0^t\Big[\prod_{v=1,v\neq m}^{p}\int_{T_{im}}^{\infty}f_{iv}(T_{iv})\mathrm{d}T_{iv}\Big]f_{im}(T_{im})\mathrm{d}T_{im}\\&=\int_0^t\Big[\prod_{v=1,v\neq m}^{p}R_{iv}(T_{im})\Big]f_{im}(T_{im})\mathrm{d}T_{im}\end{aligned} \tag{4-16}$$

式中：$R_{iv}(\cdot)$为应力水平 S_i 下第 v 个失效模式的可靠度函数,如式(4-2)。

将式(4-16)对时间 t 求导数,得到在应力水平 S_i 下,t 时间内产品失效为失效模式 m 的概率密度

$$f^{(im)}(t)=\frac{\mathrm{d}F^{(im)}(t)}{\mathrm{d}t}=\frac{\mathrm{d}\int_0^t\Big[\prod_{v=1,v\neq m}^{p}R_{iv}(T_{im})\Big]f_{im}(T_{im})\mathrm{d}T_{im}}{\mathrm{d}t}$$

$$= \prod_{v=1,v\neq m}^{p} R_{iv}(t) f_{im}(t) = h_{im}(t) \prod_{v=1}^{p} R_{iv}(t) \tag{4-17}$$

式中：$R_{iv}(t)$ 为应力水平 S_i 下，第 v 个失效模式 t 时间内的可靠度，如式(4-2)；$h_{im}(t)$ 为 t 时间内第 m 个失效模式的故障率，如式(4-4)。

由于失效模式不能完全确定，每个失效数据有可能是几种失效模式中的一种导致的，因此此时每个失效数据的似然函数为

$$L_{ij}(\boldsymbol{\theta} \mid x_{ij}) = \sum_{m=1}^{p} \left[c_{ij}^{(m)} h_{im}(t_{ij}) \cdot \prod_{v=1}^{p} R_{iv}(t_{ij}) \right] \tag{4-18}$$

S_i 应力水平下，截尾数据的似然函数为

$$\begin{aligned} L_{ij}(t_{ic}) &= P(T_{i1} > t_{ic}, T_{i2} > t_{ic}, \cdots, T_{ip} > t_{ic}) \\ &= \int_{t_{ic}}^{\infty} \cdots \int_{t_{ic}}^{\infty} \int_{t_{ic}}^{\infty} f_{i1}(T_{i1}) f_{i2}(T_{i2}) \cdots f_{i1}(T_{ip}) \mathrm{d}T_{i1} \mathrm{d}T_{i2} \cdots \mathrm{d}T_{ip} \\ &= \prod_{m=1}^{p} R_{im}(t_{ic}) \end{aligned} \tag{4-19}$$

式中：t_{ic}是 S_i 应力水平下的定时截尾时间，对于定数截尾，$t_{ic} = t_{ir_i}$。由此应力水平 S_i 下试验数据（包括截尾数据）的似然函数为

$$\begin{aligned} L_i &= \prod_{j=1}^{r_i} L_{ij}(x_{ij}) \cdot \prod_{j=r_i+1}^{n_i} \left[\prod_{m=1}^{p} R_{im}(t_{ic}) \right] \\ &= \prod_{j=1}^{r_i} \left\{ \sum_{m=1}^{p} \left[c_{ij}^{(m)} h_{im}(t_{ij}) \cdot \prod_{v=1}^{p} R_{iv}(t_{ij}) \right] \right\} \cdot \left[\prod_{m=1}^{p} R_{im}(t_{ic}) \right]^{n_i - r_i} \end{aligned} \tag{4-20}$$

所有试验数据的似然函数为

$$L = \prod_{i=1}^{k} L_i = \prod_{i=1}^{k} \left\{ \prod_{j=1}^{r_i} \left\{ \prod_{v=1}^{p} R_{iv}(t_{ij}) \cdot \sum_{m=1}^{p} \left[c_{ij}^{(m)} h_{im}(t_{ij}) \right] \right\} \times \left[\prod_{m=1}^{p} R_{im}(t_{ic}) \right]^{n_i - r_i} \right\} \tag{4-21}$$

对数似然函数为

$$\ln L = \sum_{i=1}^{k} \left\{ \sum_{j=1}^{r_i} \left\{ \sum_{v=1}^{p} \ln[R_{iv}(t_{ij})] + \ln \sum_{m=1}^{p} \left[c_{ij}^{(m)} h_{im}(t_{ij}) \right] \right\} + (n_i - r_i) \sum_{m=1}^{p} \ln[R_{im}(t_{ic})] \right\} \tag{4-22}$$

将三参数威布尔分布相关函数式(4-1)～式(4-4)代入得到

$$\begin{aligned} \ln L = \sum_{i=1}^{k} \Bigg\{ & \sum_{j=1}^{r_i} \left\{ \sum_{m=1}^{p} \left[-\left(\frac{t_{ij} - \gamma_{im}}{\eta_{im}} \right)^{\beta_{im}} \right] + \ln \sum_{m=1}^{p} \left[\frac{c_{ij}^{(m)} \beta_{im}}{\eta_{im}} \left(\frac{t_{ij} - \gamma_{im}}{\eta_{im}} \right)^{\beta_{im} - 1} \right] \right\} \\ & + (n_i - r_i) \sum_{m=1}^{p} \left[-\left(\frac{t_{ic} - \gamma_{im}}{\eta_{im}} \right)^{\beta_{im}} \right] \Bigg\} \end{aligned} \tag{4-23}$$

将式(4-6)、式(4-11)和式(4-12)代入式(4-23)得到求解各分布参数和加速模型参数的极大似然估计模型：

$$
\begin{aligned}
\ln L = \sum_{i=1}^{k}\Bigg\{\sum_{j=1}^{r_i}\Bigg\{\sum_{m=1}^{p}\Bigg[-\left(\frac{t_{ij}-\exp(\delta_m+b_m\varphi(S_i))}{\exp(\lambda_m+b_m\varphi(S_i))}\right)^{\beta_m}\Bigg] \\
+\ln\sum_{m=1}^{p}\Bigg[\frac{c_{ij}^{(m)}\beta_m}{\exp(\lambda_m+b_m\varphi(S_i))}\left(\frac{t_{ij}-\exp(\delta_m+b_m\varphi(S_i))}{\exp(\lambda_m+b_m\varphi(S_i))}\right)^{\beta_m-1}\Bigg]\Bigg\} \\
+(n_i-r_i)\sum_{m=1}^{p}\Bigg[-\left(\frac{t_{ic}-\exp(\delta_m+b_m\varphi(S_i))}{\exp(\lambda_m+b_m\varphi(S_i))}\right)^{\beta_m}\Bigg]\Bigg\}
\end{aligned}
\tag{4-24}
$$

式中：$\varphi(S_i)$为应力水平 S_i 的已知函数，即加速模型。

至此，建立了三参数威布尔分布竞争失效恒定应力加速寿命试验的极大似然估计模型。根据极大似然函数估计原理，求取使式(4-24)取得极大值对应的各个参数 $\hat{\lambda}_m$、$\hat{b}_m$、$\hat{\delta}_m$、$\hat{\beta}_m(m=1,2,\cdots,p)$，即为各分布参数和加速模型参数的极大似然估计值。求取式(4-24)极大值的方法很多，由于变量较多，一般采用最优化方法实现，常用的如遗传算法、粒子群算法、人工鱼群算法等。得到各参数的估计值后，通过加速方程可以得到使用应力 S_0 下的寿命分布参数：

$$
\begin{cases}
\hat{\beta}_{0m}=\hat{\beta}_{1m}=\cdots=\hat{\beta}_{km}=\hat{\beta}_m \\
\hat{\eta}_{0m}=\exp[\hat{\lambda}_m+\hat{b}_m\varphi(S_0)] \quad (m=1,2,\cdots,p) \\
\hat{\gamma}_{0m}=\exp[\hat{\delta}_m+\hat{b}_m\varphi(S_0)]
\end{cases}
\tag{4-25}
$$

最后得到各失效模式为三参数威布尔分布条件下产品使用应力下的可靠度函数和失效概率函数分别为

$$
R_0(t)=\prod_{m=1}^{p}R_{0m}(t)=\exp\left[-\sum_{m=1}^{p}\mu_{0m}\left(\frac{t-\hat{\gamma}_{0m}}{\hat{\eta}_{0m}}\right)^{\hat{\beta}_{0m}}\right] \tag{4-26}
$$

$$
F_0(t)=1-\prod_{m=1}^{p}R_{0m}(t)=1-\exp\left[-\sum_{m=1}^{p}\mu_{0m}\left(\frac{t-\hat{\gamma}_{0m}}{\hat{\eta}_{0m}}\right)^{\hat{\beta}_{0m}}\right] \tag{4-27}
$$

其中 $\mu_{0m}=\begin{cases}1 & (t>\hat{\gamma}_{0m}) \\ 0 & (t\leqslant\hat{\gamma}_{0m})\end{cases}$。

4.1.3 变应力加速寿命试验统计分析

设产品具有 p 个失效模式，记为$\{1,2,\cdots,p\}$，产品的失效是由 p 个失效模式之一产生。现对产品进行变应力加速寿命试验，设应力与时间的关系为 $S(t)$，

在加速寿命试验中 $S(t) > S_0$，S_0 为使用应力水平。随机抽样 n 个样品投入试验，在试验截尾时间 t_c 内有 r 个样品失效，则试验结束时未失效样品数，即截尾数 $n_c = n - r$。其试验数据为

$$\boldsymbol{x} = \{x_j \mid x_j = (t_j, C_j), j = 1, 2, \cdots, n\} \tag{4-28}$$

式中：t_j 为样品 j 在失效或者截尾时的观测时间；$C_j = (c_j^{(1)}, c_j^{(2)}, \cdots, c_j^{(p)})$ 为 t_j 的失效模式标记符，用以标记导致产品失效所对应的失效模式。$\forall m \in \{1, 2, \cdots, p\}$，若 t_j 为失效时间，且根据故障诊断发现产品失效由（或可能由）失效模式 m 引起，则 $c_j^{(m)} = 1$；若 t_j 为失效时间且不可能由失效模式 m 引起，或者 t_j 为截尾时间，则 $c_j^{(m)} = 0$。

变应力加速寿命试验统计分析的任务是通过对上述试验数据的分析，得到产品在使用应力水平下的寿命分布。其统计思路是根据纳尔逊累积失效模型，将变应力加速寿命试验数据转化为寿命试验数据，然后按照竞争失效寿命试验的统计方法进行分析[2]。

加速应力是时间的函数，记为 $S(t)$，于是三参数威布尔分布的尺度参数和位置参数也为时间的函数，分别记为 $\eta_m(t)$、$\gamma_m(t)$。在 $0 \sim t$ 时间内，将这段时间段划分为长度为无穷小 $\mathrm{d}t$ 的时间段，每个 $\mathrm{d}t$ 小段时间内的应力水平视为恒定，且第 i 个小段的应力水平为 $S(i \cdot \mathrm{d}t)$，失效模式 m 的位置参数和尺度参数 γ_{im}、η_{im} 满足式（4-11）和式（4-12）的加速模型，即有

$$\eta_{im} = \eta_m(i \cdot \mathrm{d}t) = \exp\{\lambda_m + b_m \varphi[S(i \cdot \mathrm{d}t)]\} \tag{4-29}$$

$$\gamma_{im} = \gamma_m(i \cdot \mathrm{d}t) = \exp\{\delta_m + b_m \varphi[S(i \cdot \mathrm{d}t)]\} \tag{4-30}$$

当 $i \to \infty$ 时

$$\eta_{\infty m} = \eta_m(t) = \exp\{\lambda_m + b_m \varphi[S(t)]\} \tag{4-31}$$

$$\gamma_{\infty m} = \gamma_m(t) = \exp\{\delta_m + b_m \varphi[S(t)]\} \tag{4-32}$$

设 Δ_{im} 为第 m 个失效模式从 $(i-1)$ 到 i 个无穷小 $\mathrm{d}t$ 的时间段应力水平的累积失效时间（$i \geqslant 1$），$\Delta_{0m} = 0$，根据累积失效原理有

$$F_{im}(\Delta_{im}) = F_{(i-1)m}(\Delta_{(i-1)m} + \mathrm{d}t) \tag{4-33}$$

根据式（4-1）有

$$\left[\frac{\Delta_{im} - \gamma_m(i \cdot \mathrm{d}t)}{\eta_m(i \cdot \mathrm{d}t)}\right]^{\beta_{im}} = \left\{\frac{\Delta_{(i-1)m} + \mathrm{d}t - \gamma_m[(i-1) \cdot \mathrm{d}t]}{\eta_m[(i-1) \cdot \mathrm{d}t]}\right\}^{\beta_{(i-1)m}} \tag{4-34}$$

由式（4-6）和式（4-7）得到

$$\Delta_{im} = \frac{\eta_m(i \cdot \mathrm{d}t)}{\eta_m[(i-1) \cdot \mathrm{d}t]}(\Delta_{(i-1)m} + \mathrm{d}t) = \sum_{l=1}^{i} \frac{\eta_m(i \cdot \mathrm{d}t)}{\eta_m[(l-1) \cdot \mathrm{d}t]}\mathrm{d}t \tag{4-35}$$

由此得到从 0 到 t 的失效累积时间为

$$\Delta_m(t)=\lim_{i\to\infty}\left\{\sum_{l=1}^{i}\frac{\eta_m(i\cdot \mathrm{d}t)}{\eta_m[(l-1)\cdot \mathrm{d}t]}\mathrm{d}t\right\}=\int_0^t\frac{\eta_m(t)}{\eta_m(\varsigma)}\mathrm{d}\varsigma=\eta_m(t)\int_0^t\frac{1}{\eta_m(\varsigma)}\mathrm{d}\varsigma \tag{4-36}$$

于是由式(4-1)~式(4-4)得到失效模式 m 在 t 时间的失效概率、可靠度、概率密度和故障率函数分别为

$$F_m(t)=1-\exp\left\{-\mu_m\left[\int_0^t\frac{1}{\eta_m(\varsigma)}\mathrm{d}\varsigma-\rho_m\right]^{\beta_m}\right\} \tag{4-37}$$

$$R_m(t)=\exp\left\{-\mu_m\left[\int_0^t\frac{1}{\eta_m(\varsigma)}\mathrm{d}\varsigma-\rho_m\right]^{\beta_m}\right\} \tag{4-38}$$

$$f_m(t)=\frac{\mu_m\beta_m}{\eta_m(t)}\left[\int_0^t\frac{1}{\eta_m(\varsigma)}\mathrm{d}\varsigma-\rho_m\right]^{\beta_m-1}\times\exp\left\{-\mu_m\left[\int_0^t\frac{1}{\eta_m(\varsigma)}\mathrm{d}\varsigma-\rho_m\right]^{\beta_m}\right\} \tag{4-39}$$

$$h_m(t)=\frac{\mu_m\beta_m}{\eta_m(t)}\left[\int_0^t\frac{1}{\eta_m(\varsigma)}\mathrm{d}\varsigma-\rho_m\right]^{\beta_m-1} \tag{4-40}$$

其中

$$\begin{cases}\mu_m=1 & \left(\int_0^t\frac{1}{\eta_m(\varsigma)}\mathrm{d}\varsigma>\rho_m\right)\\ \mu_m=0 & \left(\int_0^t\frac{1}{\eta_m(\varsigma)}\mathrm{d}\varsigma\leqslant\rho_m\right)\end{cases} \tag{4-41}$$

式中：$\rho_m=\dfrac{\gamma_m(t)}{\eta_m(t)}$，由式(4-7)知 $\dfrac{\gamma_m(t)}{\eta_m(t)}$ 不随加速应力改变而变化，也即与时间 t 无关，且有

$$\rho_m=\exp(\delta_m-\lambda_m) \tag{4-42}$$

因此，产品竞争失效情况下的可靠度函数和失效分布函数分别为

$$R(t)=R_1(t)\cdot R_2(t)\cdots R_p(t)=\exp\left\{-\sum_{m=1}^{p}\mu_m\left[\int_0^t\frac{1}{\eta_m(\varsigma)}\mathrm{d}\varsigma-\rho_m\right]^{\beta_m}\right\} \tag{4-43}$$

$$F(t)=1-R(t)=1-\exp\left\{-\sum_{m=1}^{p}\mu_m\left[\int_0^t\frac{1}{\eta_m(\varsigma)}\mathrm{d}\varsigma-\rho_m\right]^{\beta_m}\right\} \tag{4-44}$$

在 t 时间内产品失效为失效模式 m 的概率为

$$F^{(m)}(t)=P(T_1>T_m,T_2>T_m,\cdots,T_{m-1}>T_m,T_m\leqslant t,T_{m+1}>T_m,\cdots,T_p>T_m)$$

$$= \int_{T_m}^{\infty} \cdots \int_0^t \cdots \int_{T_m}^{\infty} \int_{T_m}^{\infty} f(T_1, T_2, \cdots, T_p) \mathrm{d}T_1 \mathrm{d}T_2 \cdots \mathrm{d}T_m \cdots \mathrm{d}T_p \tag{4-45}$$

式中：T_m 为失效模式 m 的潜在失效时间变量；$f(T_1, T_2, \cdots, T_p)$ 为所有失效模式 1，2，…，p 潜在失效时间变量 $T_1, T_2, \cdots, T_p$ 的联合概率密度，对于各失效模式相互独立的情况有

$$f(T_1, T_2, \cdots, T_p) = f_1(T_1) \cdot f_2(T_2) \cdots f_p(T_p) \tag{4-46}$$

式中：$f_m(\cdot)$ 为第 m 个失效模式的失效概率密度函数，如式(4-3)。将式(4-46)代入式(4-45)得到

$$\begin{aligned} F^{(m)}(t) &= \int_{T_m}^{\infty} \cdots \int_0^t \cdots \int_{T_m}^{\infty} \int_{T_m}^{\infty} \{f_1(T_1) \cdot f_2(T_2) \cdots f_1(T_p)\} \mathrm{d}T_1 \mathrm{d}T_2 \cdots \mathrm{d}T_m \cdots \mathrm{d}T_p \\ &= \int_0^t \left[\prod_{v=1, v \neq m}^{p} \int_{T_m}^{\infty} f_v(T_v) \mathrm{d}T_v \right] f_m(T_m) \mathrm{d}T_m \\ &= \int_0^t \left[\prod_{v=1, v \neq m}^{p} R_v(T_m) \right] f_m(T_m) \mathrm{d}T_m \end{aligned} \tag{4-47}$$

式中：$R_v(\cdot)$ 为第 v 个失效模式的可靠度函数，如式(4-2)。

将式(4-47)对时间 t 求导数，得到 t 时间内产品失效为失效模式 m 的概率密度：

$$\begin{aligned} f^{(m)}(t) = \frac{\mathrm{d}F^{(m)}(t)}{\mathrm{d}t} &= \frac{\mathrm{d}\int_0^t \left[\prod_{v=1, v \neq m}^{p} R_v(T_m) \right] f_m(T_m) \mathrm{d}T_m}{\mathrm{d}t} \\ &= \prod_{v=1, v \neq m}^{p} R_v(t) f_m(t) = h_m(t) \prod_{v=1}^{p} R_v(t) \end{aligned} \tag{4-48}$$

式中：$R_v(t)$ 为第 v 个失效模式 t 时间内的可靠度，如式(4-3)；$h_m(t)$ 为 t 时间内第 m 个失效模式的故障率函数，如式(4-4)。

由于失效模式不能完全确定，每个失效数据有可能是几种失效模式中的一种导致的，因此此时每个失效数据的似然函数为

$$L_j(\boldsymbol{\theta} \mid x_j) = \sum_{m=1}^{p} \left[c_j^{(m)} h_m(t_j) \cdot \prod_{v=1}^{p} R_v(t_j) \right] \tag{4-49}$$

截尾数据的似然函数为

$$\begin{aligned} L_j(t_c) &= P(T_1 > t_c, T_2 > t_c, \cdots, T_p > t_c) \\ &= \int_{t_c}^{\infty} \cdots \int_{t_c}^{\infty} \int_{t_c}^{\infty} f_1(T_1) f_2(T_2) \cdots f_1(T_p) \mathrm{d}T_1 \mathrm{d}T_2 \cdots \mathrm{d}T_p = \prod_{m=1}^{p} R_m(t_c) \end{aligned} \tag{4-50}$$

式中：t_c 为定时截尾时间，对于定数截尾，$t_c=t_r$。由此所有试验数据（包括截尾数据）的似然函数为

$$L=\prod_{j=1}^{r}L_j(x_j)\cdot\prod_{j=r+1}^{n}L_j(t_c)=\prod_{j=1}^{r}\left\{\sum_{m=1}^{p}\left[c_j^{(m)}h_m(t_j)\cdot\prod_{v=1}^{p}R_v(t_j)\right]\right\}\prod_{j=r+1}^{n}\left[\prod_{m=1}^{p}R_m(t_c)\right] \tag{4-51}$$

对数似然函数为

$$\ln L=\sum_{j=1}^{r}\left\{\sum_{v=1}^{p}\ln[R_v(t_j)]+\ln\sum_{m=1}^{p}[c_j^{(m)}h_m(t_j)]\right\}+\sum_{j=r+1}^{n}\sum_{m=1}^{p}\ln[R_m(t_c)] \tag{4-52}$$

将式(4-37)～式(4-40)代入得到

$$\ln L=\sum_{j=1}^{r}\left(\sum_{v=1}^{p}\left\{-\left[\int_0^{t_j}\frac{1}{\eta_m(\varsigma)}\mathrm{d}\varsigma-\rho_m\right]^{\beta_m}\right\}+\ln\sum_{m=1}^{p}\left\{\frac{c_j^{(m)}\beta_m}{\eta_m(t_j)}\left[\int_0^{t_j}\frac{1}{\eta_m(\varsigma)}\mathrm{d}\varsigma-\rho_m\right]^{\beta_m-1}\right\}\right)$$

$$+\sum_{j=r+1}^{n}\sum_{m=1}^{p}\left\{-\left[\int_0^{t_c}\frac{1}{\eta_m(\varsigma)}\mathrm{d}\varsigma-\rho_m\right]^{\beta_m}\right\} \tag{4-53}$$

至此，建立了三参数威布尔分布竞争失效变应力加速寿命试验的极大似然估计模型。根据极大似然函数估计原理，求取使式(4-53)取得极大值对应的各个参数 $\hat{\lambda}_m$、$\hat{b}_m$、$\hat{\delta}_m$、$\hat{\beta}_m(m=1,2,\cdots,p)$，即为各分布参数和加速模型参数的极大似然估计值。得到各参数的估计值后，通过加速方程可以得到使用应力 S_0（可以是恒定应力或变应力）下的寿命分布参数：

$$\begin{cases}\hat{\beta}_{0m}=\hat{\beta}_{1m}=\cdots=\hat{\beta}_{km}=\hat{\beta}_m\\ \hat{\eta}_{0m}=\exp[\hat{\lambda}_m+\hat{b}_m\varphi(S_0)]\\ \hat{\rho}_{0m}=\exp(\hat{\delta}_m-\hat{\lambda}_m)\end{cases} \tag{4-54}$$

将式(4-54)代入式(4-43)和式(4-44)得到各失效模式为三参数威布尔分布条件下产品使用应力下的各寿命分布函数。

4.1.4 步进应力加速寿命试验统计分析

步进应力加速寿命试验是变应力加速寿命试验的特殊情形，因此可根据变应力加速试验统计分析模型得到步进应力加速寿命试验统计分析模型。

设产品具有 p 个失效模式，记为 $\{1,2,\cdots,p\}$，产品的失效是由 p 个失效模式之一产生。现对产品进行步进应力加速寿命试验，选择 k 个加速应力水平 S_1，$S_2,\cdots,S_k$，并满足 $S_0<S_1<S_2<\cdots<S_k$，其中 S_0 为使用应力水平。随机抽样将 n 个

样品投入试验,每个应力水平下的试验持续时间分别为 $\tau_1,\tau_2,\cdots,\tau_k$(采用定时截尾方式或定数截方式),设在应力水平 S_i 下的失效数为 r_i,则试验结束时未失效样品数即截尾数 $n_c = n - \sum_{i=1}^{k} r_i$。其试验数据与式(4-28)相同。

根据变应力统计分析方法,步进加速寿命试验的应力随时间的关系为

$$S(t)=\begin{cases} S_1 & (0 < t \leqslant \tau_1) \\ S_2 & (\tau_1 < t \leqslant \tau_2) \\ \vdots & \\ S_i & (\tau_{i-1} < t \leqslant \tau_i) \\ \vdots & \\ S_k & (\tau_{k-1} < t \leqslant \tau_k) \end{cases} \tag{4-55}$$

对照前面变应力统计分析中式(4-53),对于第 j 个样品的失效时间 t_j 有

$$\int_0^{t_j} \frac{1}{\eta_m(\varsigma)}\mathrm{d}\varsigma = \begin{cases} \dfrac{t_j - \tau_0}{\eta_{1m}} & (0 < t_j \leqslant \tau) \\ \dfrac{\tau_1 - \tau_0}{\eta_{1m}} + \dfrac{t_j - \tau_1}{\eta_{2m}} & (\tau_1 < t_j \leqslant \tau_2) \\ \vdots & \\ \sum\limits_{l=1}^{i-1} \dfrac{\tau_l - \tau_{l-1}}{\eta_{lm}} + \dfrac{t_j - \tau_{i-1}}{\eta_{im}} & (\tau_{i-1} < t_j \leqslant \tau_i); \\ \vdots & \\ \sum\limits_{l=1}^{k-1} \dfrac{\tau_l - \tau_{l-1}}{\eta_{lm}} + \dfrac{t_j - \tau_{k-1}}{\eta_{km}} & (\tau_{k-1} < t_j \leqslant \tau_k) \end{cases} \tag{4-56}$$

式中:$\tau_0=0$;$\eta_{im}=\exp[\lambda_m+b_m\varphi(S_i)]$;$\lambda_m$、$b_m$ 均为加速模型中和应力无关的未知常数;$i=1,\cdots,k$;$m=1,2,\cdots,p$。

于是,对于在第 i 个应力水平下失效的 r_i 个样本而言,其对数似然函数由式(4-56)和式(4-53)得到:

$$\begin{aligned} \ln L_i = \sum_{\omega=1}^{r_i}\Bigg\{ & \sum_{v=1}^{p}\left[-\left(\sum_{l=1}^{i-1}\frac{\tau_l-\tau_{l-1}}{\eta_{lm}}+\frac{t_{iw}-\tau_{i-1}}{\eta_{im}}-\rho_m\right)^{\beta_m}\right] \\ & + \ln\sum_{m=1}^{p}\left[\frac{c_{iw}^{(m)}\beta_m}{\eta_{im}(t_{iw})}\left(\sum_{l=1}^{i-1}\frac{\tau_l-\tau_{l-1}}{\eta_{lm}}+\frac{t_{iw}-\tau_{i-1}}{\eta_{im}}-\rho_m\right)^{\beta_m-1}\right]\Bigg\} \end{aligned} \tag{4-57}$$

式中:t_{iw} 为在第 i 个应力水平下失效的第 w 个样本的失效时间;$c_{iw}^{(m)}$ 为 t_{iw} 的失效

模式标记符;$i=1,2,\cdots,k$;$w=1,2,\cdots,r_i$。对应式(4-28)有

$$\{t_{i1},t_{i2},\cdots,t_{ir_i}\} = \{t_j \mid \tau_{i-1} < t_j \leqslant \tau_i, j=1,2,\cdots,n\} \tag{4-58}$$

$$\{c_{i1}^{(m)},c_{i2}^{(m)},\cdots,c_{ir_i}^{(m)}\} = \{c_j^{(m)} \mid \tau_{i-1} < t_j \leqslant \tau_i, j=1,2,\cdots,n\} \tag{4-59}$$

于是所有失效数据的对数似然函数、截尾数据以及所有试验数据的对数似然函数分别为

$$\begin{aligned}\ln L_r = \sum_{i=1}^{k}\ln L_i = \sum_{i=1}^{k}\Bigg(\sum_{w=1}^{r_i}\Bigg\{\sum_{v=1}^{p}\Bigg[-\Bigg(\sum_{l=1}^{i-1}\frac{\tau_l-\tau_{l-1}}{\eta_{lm}}+\frac{t_{iw}-\tau_{i-1}}{\eta_{im}}-\rho_m\Bigg)^{\beta_m}\Bigg]\\ +\ln\sum_{m=1}^{p}\Bigg[\frac{c_{iw}^{(m)}\beta_m}{\eta_{im}(t_{iw})}\Bigg(\sum_{l=1}^{i-1}\frac{\tau_l-\tau_{l-1}}{\eta_{lm}}+\frac{t_{iw}-\tau_{i-1}}{\eta_{im}}-\rho_m\Bigg)^{\beta_m-1}\Bigg]\Bigg\}\Bigg)\end{aligned} \tag{4-60}$$

$$\ln L_c = \Bigg(n-\sum_{i=1}^{k}r_i\Bigg)\sum_{m=1}^{p}\Bigg[-\Bigg(\sum_{l=1}^{k-1}\frac{\tau_l-\tau_{l-1}}{\eta_{lm}}+\frac{t_c-\tau_{k-1}}{\eta_{km}}-\rho_m\Bigg)^{\beta_m}\Bigg] \tag{4-61}$$

$$\begin{aligned}\ln L &= \ln L_r + \ln L_c\\ &= \sum_{i=1}^{k}\Bigg(\sum_{w=1}^{r_i}\Bigg\{\sum_{v=1}^{p}\Bigg[-\Bigg(\sum_{l=1}^{i-1}\frac{\tau_l-\tau_{l-1}}{\eta_{lm}}+\frac{t_{iw}-\tau_{i-1}}{\eta_{im}}-\rho_m\Bigg)^{\beta_m}\Bigg]\\ &\quad +\ln\sum_{m=1}^{p}\Bigg[\frac{c_{iw}^{(m)}\beta_m}{\eta_{im}(t_{iw})}\Bigg(\sum_{l=1}^{i-1}\frac{\tau_l-\tau_{l-1}}{\eta_{lm}}+\frac{t_{iw}-\tau_{i-1}}{\eta_{im}}-\rho_m\Bigg)^{\beta_m-1}\Bigg]\Bigg\}\Bigg)\\ &\quad +\Big(n-\sum_{i=1}^{k}r_i\Big)\sum_{m=1}^{p}\Bigg[-\Bigg(\sum_{l=1}^{k-1}\frac{\tau_l-\tau_{l-1}}{\eta_{lm}}+\frac{t_c-\tau_{k-1}}{\eta_{km}}-\rho_m\Bigg)^{\beta_m}\Bigg]\end{aligned} \tag{4-62}$$

根据极大似然函数估计原理,求取使式(4-62)取得最大值对应的各个参数 $\hat{\lambda}_m$、$\hat{b}_m$、$\hat{\delta}_m$、$\hat{\beta}_m(m=1,2,\cdots,p)$,即为各分布参数和加速模型参数的极大似然估计值。得到各参数的估计值后,通过加速方程可以得到使用应力 S_0(可以是恒定应力或变应力)下的寿命分布参数,继而得到产品为三参数威布尔分布条件下产品使用应力下的各寿命分布函数。

4.2 基于人工鱼群算法的竞争失效加速试验统计分析参数求解方法

从 4.1.2 节~4.1.4 节的推导可以看出,要求解机电产品加速寿命试验的寿

命分布参数和加速模型参数，需要求解式(4-24)、式(4-53)和式(4-62)的极大值。从各式中可以看出，每个失效模式对应的未知参数为4个，对于含有p个竞争失效模式的产品则有$4p$个未知参数。采用一般的数值迭代方法如牛顿法或拟牛顿法求解极大似然方程组的方法，方程组的收敛性和稳定性对参数初始值具有很大的依赖性，初始值选取不当常常导致不收敛或收敛到局部极大(极小)值点，因此需要寻找新的求解方法来解决三参数威布尔分布竞争失效加速试验统计分析参数估计问题。本节介绍一种简单、适用、有效的方法——基于人工鱼群算法的极大似然估计方法来解决此问题，也为后续竞争失效相关场合加速试验统计分析中参数求解奠定基础。

人工鱼群算法(artificial fish-swarm algorithm，AFSA)是一种基于模拟鱼群行为的智能优化算法。在一片水域中，通过每个鱼类个体的自适应性行为，鱼类一般都能找到富含营养物质的地方并聚集成群。通过对鱼类生活习性的观察，可以将这些自适应性行为总结为三种典型的行为：觅食行为、聚群行为和追尾行为。人工鱼群算法就是通过模拟鱼群的这些行为实现在空间中寻求全局最优的一种新寻优算法。

4.2.1 相关定义

人工鱼个体的状态可表示为向量$\boldsymbol{X}=(x_1,x_2,\cdots,x_n)$，其中$x_1,x_2,\cdots,x_n$为人工鱼位置坐标，也即要寻优的变量。

人工鱼当前所在位置的食物浓度表示为$Y=F(X)$，其中$F(X)$为目标函数，如式(4-24)、式(4-53)或式(4-62)，目的是求得目标函数的极值及其对应的参数(即人工鱼状态)。

人工鱼个体之间的距离表示为$d_{i,j} = \| X_i - X_j \|$。

此外，N表示人工鱼群的规模(人工鱼群中人工鱼的数目)，Visual表示人工鱼的感知范围，δ表示拥挤度因子，Step表示人工鱼移动的步长，try_number表示觅食行为的尝试次数，num表示迭代次数，max_number表示最大迭代次数，n_f表示人工鱼视野范围内的伙伴数($d_{i,j}\leqslant$Visual)。

1. 人工鱼群行为

1) 觅食行为

设人工鱼当前状态为X_i，在其感知范围内(即$d_{i,j}\leqslant$ Visual)随机选择一个状态X_j。如果$Y_i<Y_j$，则向该方向前进一步；反之，再重新随机选择状态X_j，判断是否满足前进条件。反复几次后，如果仍不满足前进条件，则随机移动一步。觅食行为的移动规则为

$$
\begin{cases}
X_{i+1} = X_i + \text{Step} \cdot \dfrac{X_j - X_i}{\| X_j - X_i \|} & (Y_j > Y_i) \\
X_{i+1} = X_i + \text{Step} & (Y_j \leqslant Y_i)
\end{cases}
\tag{4-63}
$$

2）聚群行为

设人工鱼当前状态为 X_i,探索当前感知范围内的人工鱼伙伴数目 n_f 及中心位置 X_c。如果 $Y_c/n_f>\delta Y_i(0<\delta<1)$,表明伙伴中心位置具有较高的食物浓度,并且不太拥挤,则朝着伙伴的中心位置方向前进一步,否则执行觅食行为。聚群行为的移动规则为

$$
\begin{cases}
X_{i+1} = X_i + \text{Step} \cdot \dfrac{X_c - X_i}{\| X_c - X_i \|} & (Y_c/n_f > \delta Y_i, \text{且 } Y_c \neq Y_i, n_f \geqslant 1) \\
\text{同式}(4-63) & (Y_c/n_f \leqslant \delta Y_i, \text{或 } Y_c = Y_i, \text{或 } n_f = 0)
\end{cases}
\tag{4-64}
$$

3）追尾行为

设人工鱼当前状态为 X_i,探索当前感知范围内的伙伴中最优的状态 X_{max}。如果 X_{max} 的邻域内伙伴满足 $Y_{max}/n_f>\delta Y_i$,表明伙伴 X_{max} 的位置有较高的食物浓度并且其周围不太拥挤,则朝伙伴 X_{max} 的方向前进一步,否则执行觅食行为。追尾行为的移动规则为

$$
\begin{cases}
X_{i+1} = X_i + \text{Step} \cdot \dfrac{X_{max} - X_i}{\| X_{max} - X_i \|} & (Y_{max}/n_f > \delta Y_i, \text{且 } Y_{max} \neq Y_i, n_f \geqslant 1) \\
\text{同式}(4-63) & (Y_{max}/n_f \leqslant \delta Y_i, \text{或 } Y_{max} = Y_i, \text{或 } n_f = 0)
\end{cases}
\tag{4-65}
$$

2. 人工鱼群寻优策略

人工鱼群在水体中进行觅食、聚群和追尾行为,采用一定的策略不断靠近最大食物浓度点,其寻优策略包括以下几点:

1）行为评价

根据所要解决问题的性质(极大值问题或极小值问题),对人工鱼当前位置的食物浓度进行评价,选择一种行为。对于求极大值的问题,可以采用试探法,即分别模拟执行觅食、聚群、追尾等行为,然后评价行动后的值,选择其中的食物浓度最大者来实际执行。默认行为方式为觅食行为。

2）公告板

公告板用来记录最优人工鱼个体的状态,包括位置坐标值及对应的食物浓度值。各人工鱼个体在寻优过程中,每次行动完毕就比较自身位置的食物浓度值与公告板上记录的历史最优食物浓度值,如果自身状态优于公告板状态,就将

公告板的状态改写为自身状态,这样公告板记录下的始终是运算过程中的最优状态。

3)终止条件

算法的终止条件可以根据问题的性质或要求而定,如通常的方法是判断连续多次所得值的均方差小于允许的误差,或判断聚集于某个区域的人工鱼的数目达到某个比率,或连续多次所获取的值均不能超过已寻到的极值,或限制最大迭代次数等方法。若满足终止条件,则结束迭代,输出公告板的最优记录;否则,继续迭代。

4.2.2 参数估计流程

参数估计流程为:

(1) 设置 N、Visual、Step、δ、try_number 及 max_number 等人工鱼群算法参数,各参数根据求解问题的复杂性以及计算精度要求、运算量来合理选择。例如,对于极大值问题,N 越大,跳出局部极值的能力越强,收敛速度也越快,但是计算量越大,因此,在满足稳定收敛的前提下,应尽可能减少 N。

(2) 确定求解参数的可行域,在可行域内随机产生第 num= 0 代人工鱼群的群体,规模为 N。

(3) 计算初始鱼群各人工鱼个体当前位置目标函数值 Y,并比较大小,取最大值者记入公告板,将此鱼对应的参数值赋给公告板。

(4) 各人工鱼分别模拟觅食行为、追尾行为和聚群行为。选择目标函数值 Y 较大的行为实际执行。默认行为方式为觅食行为。

(5) 各人工鱼每行动一次后,对比自身的目标函数值 Y 与公告板上记录的最大目标函数值 Y,如果优于公告板记录,则以自身状态(包括参数估计值和目标函数值)取代原记录。

(6) 人工鱼群算法终止条件判断。判断迭代次数 num 是否到达最大迭代次数 max_number,若已达到,则输出计算结果(即公告板记录),否则转入步骤(4)。

(7) 根据需要,多次重复进行步骤(1)~(6),取目标函数值最大者作为最终结果。

从上述的步骤可以看出,采用人工鱼群算法来进行优化估计,对数据及分布参数本身的要求不高,计算过程中只需要计算目标函数值,避免了繁琐的求导计算,减少了计算量。较小的 try_number(试探次数)、随机步长的使用、拥挤度因子的引入、聚群行为以及追尾行为使得人工鱼群算法具有良好的克服局部极值、取得全局极值的能力,能够保证收敛到满意的解域,避免了传统优化估计方法求解优化方程组初值敏感、收敛域小、多解、局部解和无解的问题,这给多参数的优化估计带来极大的便利。

4.2.3 基于人工鱼群算法的三参数威布尔分布参数估计

本节以三参数威布尔分布参数极大似然估计为例,说明人工鱼群算法的流程以及估计效果和特点。

三参数威布尔分布的极大似然估计精度较高,但一般要求解联立的3个超越方程,一般是通过数值迭代的求解方法,如牛顿法或拟牛顿法求解,但是在求解过程中,由于三参数威布尔分布可能不满足通常的正则条件,导致有时极大似然估计不存在或有多个解,并且方程组的收敛性和稳定性对参数初始值具有很大的依赖性,初始值选取不当常常导致不收敛或收敛到局部极大(极小)值点。针对这一问题,目前主要有两类解决方法:①采用降阶的思想,将三元超越方程组降为二元方程组或一元方程,通过一定方法先求得一个或两个参数然后再求其他参数。这类方法不同程度地简化了极大似然估计法的求解问题,但是仍然要求解超越方程组,因此依然可能存在初始值敏感、收敛域小等问题。②采用优化思想,通过一些优化算法如遗传算法求得极大似然函数值,进而确定分布参数,如可将遗传算法应用于三参数威布尔分布的参数估计,取得较好效果。人工鱼群算法属于后一类方法。

设样本数据为 $t_1 \leqslant t_2 \leqslant \cdots \leqslant t_r$,则三参数威布尔分布数据对应似然函数为

$$L = \prod_{i=1}^{r} \frac{\beta}{\eta} [(t_i - \gamma)/\eta]^{\beta-1} \exp(-[(t_i - \gamma)/\eta]^{\beta}) \tag{4-66}$$

对数似然函数为

$$\ln L = r(\ln \beta - \beta \ln \eta) + (\beta - 1)\sum_{i=1}^{r} \ln(t_i - \gamma) - \sum_{i=1}^{r} [(t_i - \gamma)/\eta]^{\beta} \tag{4-67}$$

根据极大似然估计法的思想,使式(4-67)取最大值的 η、β、γ 即为产品三参数威布尔分布的参数估计,参数估计问题便转化为求式(4-67)最大值对应的最优 η、β、γ 的问题。为求解式(4-67)的最大值,实现三参数威布尔分布参数的极大似然估计,此处采用前面介绍的人工鱼群算法。

1. 相关参数定义

人工鱼 i 为向量

$$\boldsymbol{X}_i = \{\eta_i, \beta_i, \gamma_i\} \quad (i = 1, 2, \cdots, N) \tag{4-68}$$

式中:N 为人工鱼群的规模;η、β、γ 为待估计的三参数威布尔分布的尺度参数、

形状参数和位置参数,也即要寻求的最优变量。

人工鱼 i 当前位置的食物浓度取为试验数据的对数似然函数值为

$$Y_i = r(\ln \beta_i - \beta_i \ln \eta_i) + (\beta_i - 1)\sum_{l=1}^{r} \ln(t_l - \gamma_i) - \sum_{l=1}^{r} [(t_l - \gamma_i)/\eta_i]^{\beta_i} \tag{4-69}$$

人工鱼 X_w、X_q 之间的距离定义为

$$d_{w,q} = \| X_w - X_q \| = \sqrt{[(\eta_w - \eta_q)^2 + (\beta_w - \beta_q)^2 + (\gamma_w - \gamma_q)^2} \tag{4-70}$$

2. 参数设置

利用文献[3],在某部件的寿命试验中,共有 71 个寿命数据,如表 4-1 所示。

表 4-1　某部件寿命试验数据

3956.42	4004.18	4019.61	4355.05	4355.4	4376.01	4391.79	4487.68	4487.68
4736.67	4736.67	4939.85	4963.62	5220.19	5353.41	5372.72	5418.04	5444.11
5603.17	5698.10	5764.17	5843.52	6175.14	6197.41	6249.69	6279.76	6279.76
6572.74	6740.48	6887.65	7183.09	7209.00	7209.00	7209.00	7209.00	7366.40
7581.64	7581.64	7581.64	7645.59	8246.00	8599.70	8713.97	8936.34	9044.22
9197.45	9511.73	9754.47	9967.45	10136.31	10172.88	10172.88	10308.04	10395.00
10609.23	10609.23	10788.97	10879.97	10971.75	11594.41	11990.59	12237.71	12400.31
12400.31	12550.01	13198.73	13947.78	15557.12	17646.12	19848.23	23199.07	

首先设置人工鱼群算法参数和可行域。算法参数的选择要综合考虑收敛精度和计算效率,选择合理的算法参数能够保证在运算时对数似然函数值跳出局部最优达到全局最优,保证足够的收敛精度。参数设置如表 4-2 和表 4-3 所示。表 4-3 中 $\boldsymbol{t}$ 表示寿命数据向量,取值如表 4-1 所示。

表 4-2　计算参数设置

变量	try_number	N	max_number	δ	Step	Visual
变量值	10	100	100	0.618	200	800

表 4-3　可行域设置

参数	η	β	γ
可行域	$(0, \max(\boldsymbol{t}))$	$(0,10)$	$(0, \min(\boldsymbol{t}))$

3. 估计结果分析

利用人工鱼群算法进行参数求解，共求解了10次，图4-1所示为每次计算的收敛过程，结果如表4-4所示。取似然函数值最大的结果作为最终结果，将所得结果与矩估计法(MEM)、最小二乘法(LSE)、遗传算法(GA)的估计结果比较(本书方法以外的估计结果取自文献[3-4])，结果如表4-5所示。为直观表示各估计结果，图4-2画出了估计出的三参数威布尔分布函数与样本数据的经验分布曲线。

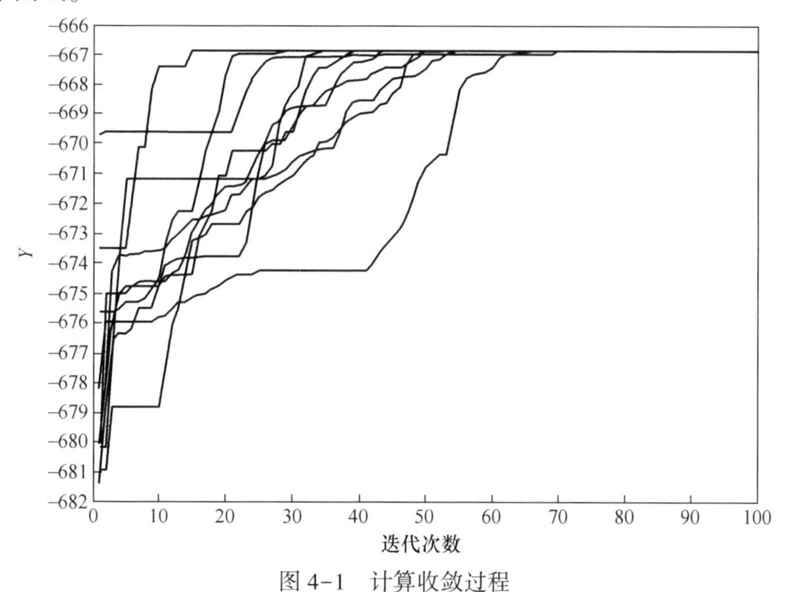

图4-1　计算收敛过程

表4-4　估计结果

计算次序	收敛前迭代次数	η	β	γ	$(\ln L)_{\max}$
1	91	4635.002	1.1222	3942.1808	-666.84408
2	73	4635.9149	1.1222	3942.1415	-666.84409
3	67	4636.1383	1.1222	3942.1149	-666.84409
4	92	4631.9139	1.1221	3942.1229	-666.84410
5	84	4633.9502	1.1219	3942.1278	-666.84409
6	96	4632.2516	1.1230	3942.0481	-666.84413
7	95	**4635.5920**	**1.1225**	**3942.0943**	**-666.84408**
8	63	4634.1982	1.1222	3942.2695	-666.84409
9	79	4635.3657	1.1220	3942.4624	-666.84411
10	72	4634.0164	1.1214	3942.4503	-666.84412

表 4-5　结果比较

方法	η	β	γ	$(\ln L)_{\max}$
矩估计(MEM)	5208.145	1.287	3578.953	-668.9543
最小二乘估计(LSE)	4943.265	1.1416	3821.236	-667.7240
遗传算法(GA)	4088.8	1.0428	3907.7	-668.0120
人工鱼群算法(AFSA)	4638.923	1.1225	3942.0385	-666.8441

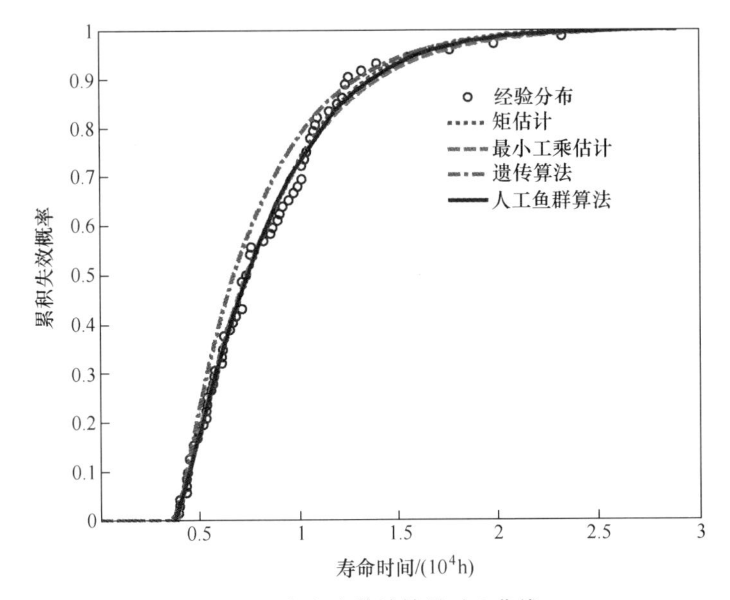

图 4-2　各方法估计结果对比曲线

从实例的求解过程和估计结果可以得到如下结论：

(1) 采用本方法估计参数，对输入数据的要求不高，需要的输入量只有试验数据、待估计参数的可行域以及算法参数。可行域的设置根据试验数据和产品寿命分布的工程实际选择，算法参数的选择可根据需要的精度选择，各参数有较大的容许范围，避免了传统牛顿法类方法求解极大似然方程组初始值敏感、难以选择的问题。

(2) 在计算的过程中发现，经过一定次数的迭代后，结果会收敛到一个满意的解域，但是一般很难收敛到一个十分精确的解。这是人工鱼群算法的特点决定的，鱼群在寻优的过程中具有一定的随机性（主要在初始化鱼群和随机游动时），导致每次的最优解会在一个小范围内波动，因此只能得到一个范围很小的解域。因此在求解的过程中一般要多次计算，然后取平均值或者取估计均方差最小者作为最后的估计结果。

(3) 从表 4-5 结果可以看出,虽然每种方法的各个参数估计结果差异很大,但是表中的均方差都很小,表明结果对试验数据的分布吻合得很好。因为三参数威布尔分布本身具有的优越的拟合特性,因此在评价三参数威布尔分布参数估计好坏时,不能仅看单个参数,而应该从整体分布来考查。

(4) 从图 4-2 中的曲线可以看出,这几种方法参数估计的结果都比较理想,都可作为所得试验数据的寿命分布参数。从表 4-5 的估计结果对比可以看出,上述 4 种估计方法中,本书方法估计得到的对数似然函数值为最大,说明估计效果最好,同时证明了采用人工鱼群算法估计三参数威布尔分布参数不仅简单,避免了复杂计算和初值问题,方便工程上应用,而且估计效果更好。

4.2.4 应用案例:某电机绝缘部件与某机电产品恒定与步进应力 ALT

1. 恒定应力加速寿命试验统计分析实例

某 H 类电动机绝缘部件进行以温度为加速应力的恒定应力加速试验[5],该部件有三种失效模式:匝间失效(T)、相间失效(P)和槽间失效(G),编号分别为 $m=1,2,3$。四个加速温度水平 $S_1=190$℃(463.16K)、$S_2=220$℃(493.16K)、$S_3=240$℃(513.16K)和 $S_4=260$℃(533.16K)。每个应力水平下有 10 只电机进行试验,试验中每个失效发生在绝缘部件,表现为 T、P、G 中的一种失效模式,每个失效的部分被电隔离而不再发生失效,而电机保持运转直到观测到下一个失效,通过这种方式得到每个失效模式的失效时间,各应力水平下失效时间如表 4-6所示(注:带"+"表示是截尾数据,带框表示是最小失效时间,也即产品竞争失效时的时间,单位为小时)。在实际使用中,最先发生的失效就将导致电机的失效,即竞争失效模式,因此每个电机绝缘系统的失效时间是三个失效模式中的最小时间。表 4-7 是得到的竞争失效试验数据,表中 t_{ij}、C、C_{ij}分别为失效时间、失效原因和失效模式标记(见式(4-13))。现对上述数据统计分析来预测该绝缘系统在 $S_0=180$℃(453.16K)下的寿命分布。

表 4-6 各失效模式试验数据

190℃			220℃		
T	P	G	T	P	G
7228	10511	10511+	1764	2436	2436
7228	11855	11855+	2436	2436	2490
7228	11855	11855+	2436	2436	2436

续表

190℃			220℃		
T	P	G	T	P	G
$\boxed{8448}$	11855	11855+	$\boxed{2436}$	2772+	2772
$\boxed{9167}$	12191+	12191+	$\boxed{2436}$	$\boxed{2436+}$	$\boxed{2436}$
$\boxed{9167}$	12191+	12191+	$\boxed{2436}$	4116+	4116+
$\boxed{9167}$	12191+	12191+	$\boxed{3108}$	4116+	4116+
$\boxed{9167}$	12191+	12191+	$\boxed{3108}$	4116+	4116+
$\boxed{10511}$	12191+	12191+	$\boxed{3108}$	$\boxed{3108}$	3108+
$\boxed{10511}$	12191+	12191+	$\boxed{3108}$	4116+	4116+
240℃			260℃		
T	P	G	T	P	G
$\boxed{1175}$	1175+	$\boxed{1175}$	1632+	1632+	$\boxed{600}$
1881+	1881+	$\boxed{1175}$	1632+	1632+	$\boxed{744}$
$\boxed{1521}$	1881+	1881+	1632+	1632+	$\boxed{744}$
$\boxed{1569}$	1761	1761+	1632+	1632+	$\boxed{744}$
$\boxed{1617}$	1881+	1881+	1632+	1632+	$\boxed{912}$
$\boxed{1665}$	1881+	1881+	$\boxed{1128}$	1128+	$\boxed{1128}$
$\boxed{1665}$	1881+	1881+	1512	1512+	$\boxed{1320}$
$\boxed{1713}$	1881+	1881+	$\boxed{1464}$	1632+	1632+
$\boxed{1761}$	1881+	1881+	$\boxed{1608}$	1608+	$\boxed{1608}$
$\boxed{1953}$	1953+	1953+	$\boxed{1896}$	$\boxed{1896}$	$\boxed{1896}$

表 4-7　竞争失效试验数据

190℃			220℃			240℃			260℃		
t_{1j}/h	C	C_{1j}	t_{2j}/h	C	C_{2j}	t_{3j}/h	C	C_{3j}	t_{4j}/h	C	C_{4j}
7228	T	(1,0,0)	1764	T	(1,0,0)	1175	T,G	(1,0,1)	600	G	(0,0,1)
7228	T	(1,0,0)	2436	T,P	(1,1,0)	1175	G	(0,0,1)	744	G	(0,0,1)

续表

190℃			220℃			240℃			260℃		
t_{1j}/h	C	C_{1j}	t_{2j}/h	C	C_{2j}	t_{3j}/h	C	C_{3j}	t_{4j}/h	C	C_{4j}
7228	T	(1,0,0)	2436	T,P,G	(1,1,1)	1521	T	(1,0,0)	744	G	(0,0,1)
8448	T	(1,0,0)	3780	T,G	(1,0,1)	1569	T	(1,0,0)	744	G	(0,0,1)
9167	T	(1,0,0)	2436	T	(1,0,0)	1617	T	(1,0,0)	912	G	(0,0,1)
9167	T	(1,0,0)	2436	T,G	(1,0,1)	1665	T	(1,0,0)	1128	T,G	(1,0,1)
9167	T	(1,0,0)	2436	T	(1,0,0)	1665	T	(1,0,0)	1320	G	(0,0,1)
9167	T	(1,0,0)	3108	T	(1,0,0)	1713	T	(1,0,0)	1464	T	(1,0,0)
10511	T	(1,0,0)	3108	T,P	(1,1,0)	1761	T	(1,0,0)	1608	T,G	(1,0,1)
10511	T	(1,0,0)	3108	T	(1, 0, 0)	1953	T	(1, 0,0)	1896	T,P,G	(1, 1, 1)

以该加速试验为例,说明三参数威布尔分布竞争失效独立场合加速寿命试验统计分析方法以及人工鱼群算法的应用。

由于三参数威布尔分布具有良好的数据拟合性能,这里假定各失效模式服从三参数威布尔分布。设在 S_i应力下,各失效模式可靠度函数为如式(4-2)所示,失效模式 m 尺度参数 η_{im} 和位置参数 γ_{im} 分别满足阿伦尼乌斯加速模型: $\ln \eta_{im} = \lambda_m + 1000b_m/S$, $\ln\gamma_{im} = \delta_m + 1000b_m/S_i$, β_m 为形状参数, $m=1, 2, 3$ 分别对应匝间失效(T)、相间失效(P)和槽间失效(G)。采用人工鱼群算法求取使式(4-24)取最大值对应的参数,即为要求的产品加速寿命试验参数,结果如表 4-8 所示。

表 4-8 估计结果

λ_1	b_1	δ_1	β_1	λ_2	b_2	δ_2
-5. 7451	6. 5865	-6. 0128	2. 2717	-7. 4825	6. 6544	-4. 9718

β_2	λ_3	b_3	δ_3	β_3	$\max(\ln L)$
5. 0607	-8. 4431	8. 6526	-9. 8319	0. 6309	-320. 0754

由此可以得到各失效模式在各应力水平 $S_0 \sim S_4$ 下的失效分布参数,分别如表 4-9 所示。将表 4-9 中分布参数代入式(4-2)、式(4-27),可以得到产品各失效模式失效分布以及产品在各失效模式联合作用下各应力水平下的失效分布,其累积失效分布曲线分别如图 4-3 和图 4-4 所示(图中曲线 1 表示竞争失效情况下产品失效分布函数,曲线 2、曲线 3、曲线 4 分别表示 T 失效、P 失效和 G 失效三个失效模式的潜在失效分布函数)。

根据上述结果可以得到以下结论:

表 4-9　各失效模式分布在不同应力水平下的参数

参数	应力水平				
	180	190	220	240	260
η_{i1}	6565. 581	4797. 167	2019. 68	1200. 104	741. 5077
β_1	2. 2717				
γ_{i1}	5023. 694	3670. 581	1545. 371	918. 2671	567. 3691
η_{i2}	1341. 99	977. 3662	407. 836	241. 0424	148. 196
β_2	5. 0607				
γ_{i2}	16524. 54	12034. 75	5021. 87	2968. 065	1824. 805
η_{i3}	42223. 76	27958. 78	8973. 617	4528. 906	2406. 021
β_3	0. 6309				
γ_{i3}	10529. 52	6972. 198	2237. 788	1129. 392	599. 9994

（1）由于采用了三参数威布尔分布描述各失效模式的寿命分布，各失效模式存在失效概率为 0 的最小寿命，因此在竞争失效情况下产品的失效分布分为四个不同区间。以 180℃下的产品竞争失效分布时为例（图 4-3）。当 $t \in [0, 5023.6940]$ 时，产品各失效模式潜在失效概率恒为 0，此时产品竞争失效概率为 0；当 $t \in (5023.6940, 10529.5156]$ 时，产品寿命分布为失效模式 1，即 T 失效的寿命分布；当 $t \in (10529.5156, 16524.5273]$ 时，产品寿命分布为 T 失效与 G 失效的寿命分布的综合；当 $t \in (16524.5373, \infty)$ 时，产品寿命分布为 T 失效、P 失效和 G 失效寿命分布的综合。由此可知产品 180℃竞争失效情况下的最小寿命为 5023. 6940h。其他应力水平下产品的寿命分布与此类似。

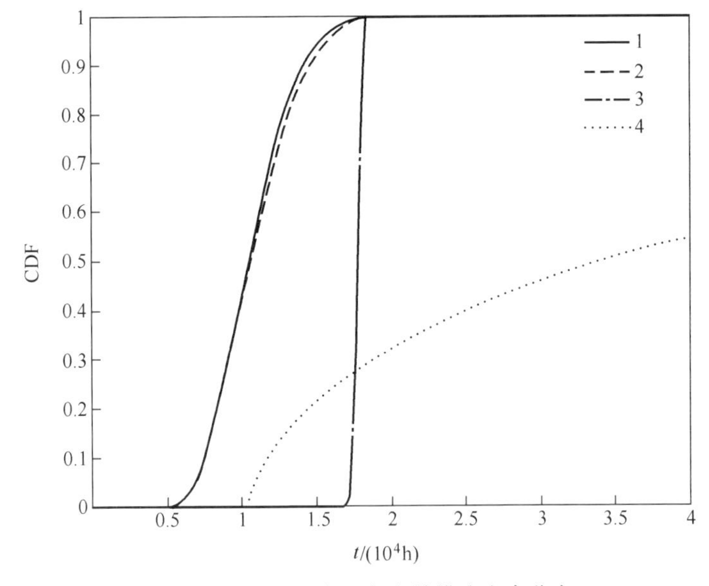

图 4-3　180℃下产品各失效模式寿命分布

（2）从表 4-7 中可以看出，在产品竞争失效条件下，前三个加速应力水平下的失效数据几乎全是 T 失效数据，而 P 失效的完整数据没有，只有几个可能的非确定数据，第四个加速应力下产品的失效以 G 失效数据为主。这些特点也可以从图 4-4 中说明。首先在前 2 个加速应力水平下，在产品竞争失效时间点（即 t_{1j}、t_{2j}，且 $j=1,\ 2,\ \cdots,\ 10$），T 失效的失效概率相对其他失效模式要大（图 4-4（a）、（b）），因此产品竞争失效以 T 失效为主。在加速应力水平 S_3 和 S_4 下，在时间 1000h 内，G 失效的失效概率较 T 失效和 P 失效的概率都大（图 4-4（c）、（d）），因此这段时间内，产品以 G 模式失效的较多。在各个加速应力水平下，P 失效的最小寿命都很大，当时间达到 P 失效的最小寿命时，T 失效和 G 失效的失效概率已经很大，产品失效原因中属于 P 失效的很少，所以估计结果中 P 失效模式各应力水平下的累积失效分布很窄，类似阶跃函数（图 4-3 和图 4-4）。

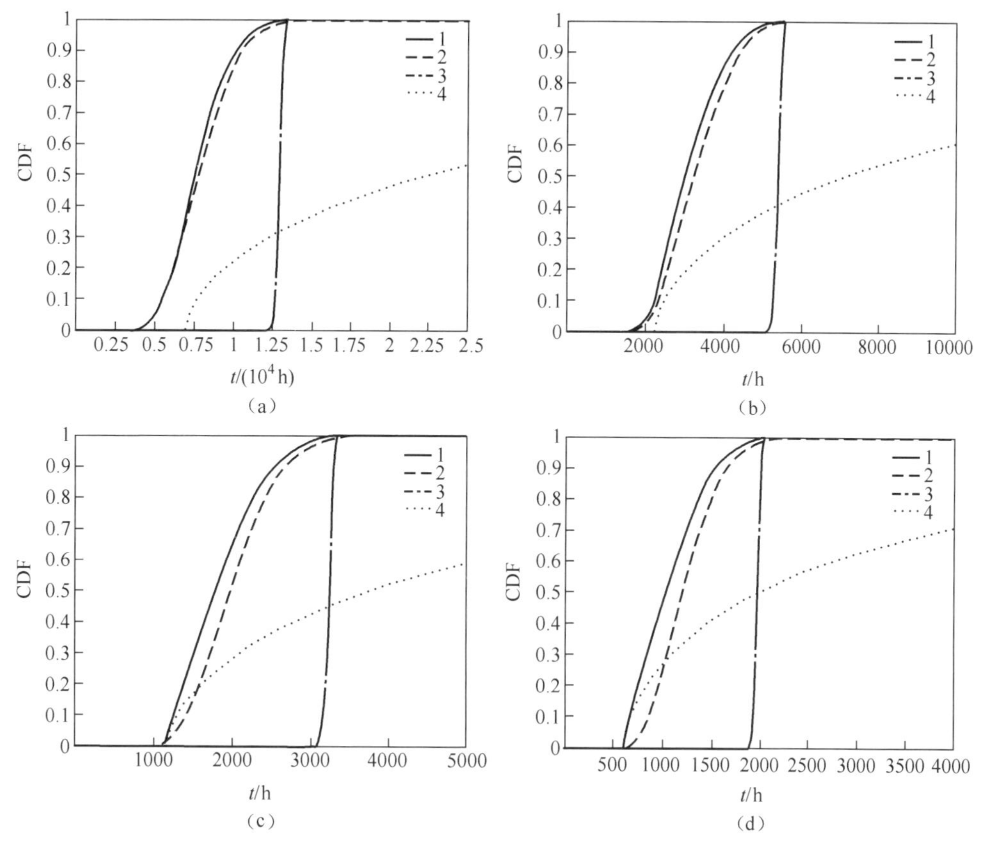

图 4-4　加速应力下产品各失效模式寿命分布

（a）S_1 应力下失效分布；（b）S_2 应力下失效分布；（c）S_3 应力下失效分布；（d）S_4 应力下失效分布。

(3) 根据表 4-8 的估计参数结果和式(4-27)可以得到该产品竞争失效以及各单独失效模式寿命与温度应力之间的关系。如图 4-5 所示分别表示产品竞争失效任务可靠度下的寿命与温度的关系(图中“10%”表示任务可靠度为 0.1 时的寿命分布,“50%”表示任务可靠度为 0.5 时的寿命分布,“90%”表示任务可靠度为 0.9 时的寿命分布)。图 4-6 所示为各失效模式平均寿命与温度之间的关系。由图 4-5、图 4-6 易知,产品竞争失效时 180℃下的中位寿命和平均

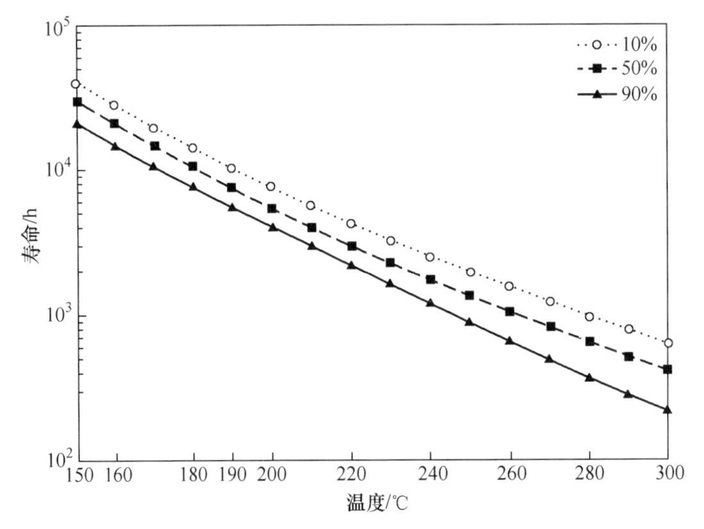

图 4-5 任务可靠度下寿命与温度的关系

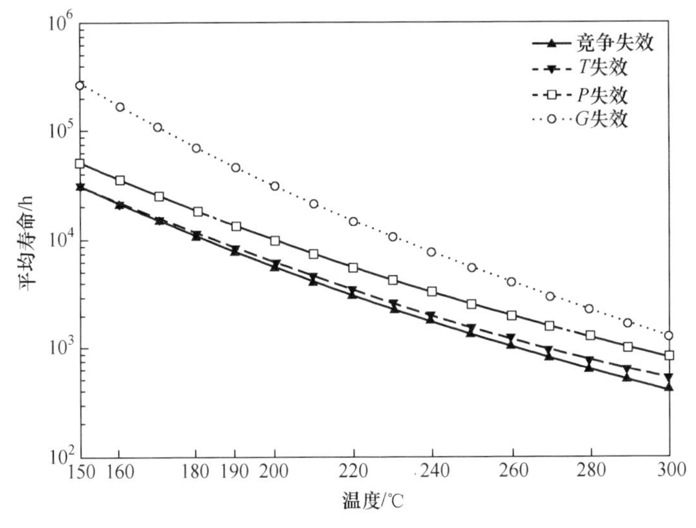

图 4-6 各失效模式平均寿命与温度的关系

寿命分别为 10568、10680，各失效模式 180℃下的平均寿命分别为 10839、17758、70223。文献[5]中估计结果(产品竞争失效时的中位寿命为 11600)与此处估计结果基本一致。

2. 步进应力加速寿命试验统计分析实例

假设某机电产品存在两种失效模式，两种失效模式下的寿命分布均为三参数威布尔分布，对该产品进行步进应力加速寿命试验。加速应力分别为 40℃、70℃、100℃，各应力持续时间分别为 1000h、1250h、1400h。产品各失效模式的加速模型为逆幂律模型，加速模型为 $\ln\eta_m = \lambda_m + b_m \ln S$，$\ln\gamma_m = \delta_m + b_m \ln S$，式中 λ_m、δ_m、b_m 均为和应力无关的未知常数，$m=1,2$。整个模型的未知参数为 $\boldsymbol{\theta}_m = (\lambda_m, b_m, \delta_m, \beta_m)$，其中 $m=1,2$。参数真值取值如下：$\lambda_1=15$，$b_1=-2$，$\delta_1=12$，$\beta_1=2$，$\lambda_2=13$，$b_2=-1.5$，$\delta_2=10$，$\beta_2=3$。

采用蒙特卡罗(Monte Carlo)仿真方法产生试验数据(见附录 1)。按照上述三参数威布尔分布竞争失效步进应力加速寿命试验统计分析方法和模型对仿真数据进行分析，各参数的估计结果如表 4-10 所示。从表 4-10 中各参数的估计结果可以看出，各参数估计值与真值十分接近，表明本书模型具有很好的估计效果。

表 4-10　步进应力加速寿命试验估计结果

参数	λ_1	b_1	δ_1	β_1	λ_2	b_2	δ_2	β_2	$(\ln L)_{\max}$
真值	15	-2	12	2	13	-1.5	10	3	-730.894
估计值	14.2547	-1.8434	12.4834	1.4013	12.8728	-1.483	10.2882	2.7005	-728.11

4.3 竞争失效相关的 Copula 模型

4.3.1 竞争失效场合加速试验基本模型

加速试验的进行必须以失效或退化过程满足加速性为基本前提。加速性是指在加速试验中，理想的失效或退化应该随着应力水平的提高而具有一个规律性的过程，即受试产品在短时间高应力作用下表现出的特性与产品在长时间低应力作用下表现出的特性是一致的。失效或退化过程的加速性是加速试验的前提，其判断原则包括：

1. 失效或退化机理的一致性

失效或退化机理的一致性指在不同的应力水平下产品的失效或退化机理保持不变。只有在失效或退化机理的一致性前提下才能进行不同应力水平下产品寿命或性能退化信息的折算与综合，利用高应力水平下的寿命或性能退化数据外推正常使用条件下的寿命或性能退化特征。通常情况下，失效或退化机理的一致性可以通过试验设计保证。

2. 失效或退化加速过程的规律性

加速失效或退化过程的规律性指产品寿命特征量或性能退化量与应力之间存在一个确定的函数关系，即加速模型的存在性。在大部分场合，加速模型都是未知的，但是客观存在。在某种意义上讲，加速退化试验的主要任务就是建立加速模型的数学描述。

3. 失效或退化的分布模型的同一性

这里的分布模型的同一性指寿命或性能数据在不同应力下的分布具有相同的分布形式，或者通过性能数据得到的不同应力水平下产品的伪失效寿命服从同一形式的分布。失效分布模型的同一性已经被大量试验数据所证实。

为此加速试验统计分析有以下几条基本假设：

(1) 产品寿命分布同族性假设，即假设在所有加速应力水平($S_0<S_1<S_2<\cdots<S_k$)和正常使用应力水平 S_0 下，产品各失效模式的寿命或伪寿命服从同一分布函数族。常见的寿命分布形式有正态分布、指数分布、两参数威布尔分布、三参数威布尔分布、对数正态分布及其他寿命分布形式。

(2) 加速模型假设，即假设在加速试验中，不同应力水平下的寿命特征量或性能退化量与应力水平满足特定的加速模型。常用的加速模型包括：阿伦尼乌斯模型、逆幂率模型、艾林模型、多项式加速模型等。

(3) 失效或退化机理一致性假设，即假设在加速试验过程中，各失效模式的失效机理保持不变。

加速试验失效机理一致性的前提条件是加速因子与可靠度无关，因此各失效模式寿命分布在各加速应力水平之间的分布参数需要满足一定约束，常见寿命分布形式的参数约束见表 4-11。

表 4-11 常见寿命分布下的加速因子及分布参数约束

寿命分布类型	加速因子表达式	分布参数约束
指数分布	$k_{ij}=\lambda_i/\lambda_j$	无
正态分布	$k_{ij}=\mu_j/\mu_i=\sigma_j/\sigma_i$	$\mu_j/\mu_i=\sigma_j/\sigma_i$
对数正态分布	$k_{ij}=\exp(\mu_j-\mu_i)$	$\sigma_j=\sigma_i$
威布尔分布	$k_{ij}=\eta_j/\eta_i$	$\beta_i=\beta_j$
三参数威布尔分布	$k_{ij}=\gamma_j/\gamma_i=\eta_j/\eta_i$	$\beta_i=\beta_j$ 且 $\gamma_j/\gamma_i=\eta_j/\eta_i$

除此之外，对于特定的加速试验类型，加速试验的统计分析还进行了其他的相关假设。如对于步进(步降)应力加速试验和变应力加速试验，在上述基本假

设的基础上,还增加一个假设:

(4) 累积失效模型假设,即产品任一失效模式失效或退化过程符合纳尔逊累积失效模型。即各失效模式的寿命或性能退化量仅依赖于已累积的失效或退化和当前应力,而与累积方式无关。

对于竞争失效加速统计分析还应包括以下 2 个假设:

(1) 串联系统模型假设,即认为产品的失效是一个由各失效模式组成的串联系统,产品的失效由各竞争失效模式之一产生,其寿命为各失效模式潜在失效时间的最小值。

(2) 竞争失效模式相关性假设,即假设产品各失效模式潜在失效时间在统计上是相互独立或者相关的,对于相关的情况,一般假设相关性与加速应力无关。

根据上述假设,基于 1.3.2 节内容,竞争失效场合加速试验描述为:产品共有 p 种失效模式,编号分别为 $1,2,\cdots,p$。产品失效仅由 p 个失效模式之一引起,产品失效时间 T 是 p 种失效模式发生的最小时间,即 $T=\min(T_1,T_2,\cdots,T_p)$,其中 $T_m(m=1,2,\cdots,p)$ 表示失效模式 m 的潜在失效时间。

当各竞争失效模式潜在失效时间 $T_1,T_2,\cdots,T_p$ 独立时,产品在竞争失效情况下的可靠度函数 $R(t)$ 可表示为

$$\begin{aligned}R(t)&=P\{T>t\}=P\{T_1>t,T_2>t,\cdots,T_p>t\}\\&=P\{T_1>t\}P(T_2>t\}\cdots P\{T_p>t\}\\&=R_1(t)R_2(t)\cdots R_p(t)\end{aligned}\tag{4-71}$$

失效分布函数为

$$F(t)=1-R(t)=1-R_1(t)R_2(t)\cdots R_p(t)\tag{4-72}$$

式中:$R_m(t)$ 为失效模式 $m(m=1,2,\cdots,p)$ 的可靠度函数。

当各竞争失效模式潜在失效时间 $T_1,T_2,\cdots,T_p$ 不独立时,产品在竞争失效情况下的寿命分布为

$$F(t)=1-R(t)=1-P(T_1>t,T_2>t,\cdots,T_p>t)\tag{4-73}$$

在各竞争失效模式存在相关性时,式(4-72)不再成立,而必须借助其他方法来研究各失效模式边缘分布与竞争失效联合分布之间的关系并建立相互之间的联系,运用 Copula 理论解决上述问题成为最好选择。

4.3.2 Copula 函数定义与性质

"Copula"一词的意思为"交换、连接",是一个拉丁单词。Copula 函数能把多维随机变量 $X_1,X_2,\cdots,X_n$ 的联合分布函数 $H(x_1,x_2,\cdots,x_n)$ 与各变量的边缘分布函数 $F_1(x_1),F_2(x_2),\cdots,F_n(x_n)$ 连接起来。

n 维 Copula 函数是满足下面条件的一个函数：

(1) $C: \boldsymbol{I}^n \to \boldsymbol{I}$，即 n 维 Copula 函数是一个从 $\boldsymbol{I}^n$ 到 $\boldsymbol{I}$ 的映射，$\boldsymbol{I}$ 为单位区间 $[0,1]$；

(2) 对于 $\boldsymbol{I}^n$ 中的 $\boldsymbol{u}$，如果 $\boldsymbol{u}$ 有至少一个变量为 0，则 $C(\boldsymbol{u})=0$；当除 u_k 外，$\boldsymbol{u}$ 中的其余变量全为 1 时，$C(\boldsymbol{u})=u_k$。

(3) 对 $\boldsymbol{I}^n$ 中的 $\boldsymbol{a}$、$\boldsymbol{b}$，$\boldsymbol{a} \leqslant \boldsymbol{b}$ 满足 $V_C([\boldsymbol{a},\boldsymbol{b}]) \geqslant 0$，其中

$$V_C([\boldsymbol{a},\boldsymbol{b}]) = \Delta_{\boldsymbol{a}}^{\boldsymbol{b}} C(\boldsymbol{t}) = \Delta_{a_n}^{b_n}\Delta_{a_{n-1}}^{b_{n-1}}\cdots\Delta_{a_2}^{b_2}\Delta_{a_1}^{b_1} C(\boldsymbol{t}) \tag{4-74}$$

$$\Delta_{a_k}^{b_k} C(\boldsymbol{t}) = C(t_1,\cdots,t_{k-1},b_k,t_{k+1},\cdots,t_n) - C(t_1,\cdots,t_{k-1},a_k,t_{k+1},\cdots,t_n) \tag{4-75}$$

特别地，当 $n=2$ 时，若 $a_1 \leqslant b_1$，$a_2 \leqslant b_2$，则要求

$$\begin{aligned} V_C([\boldsymbol{a},\boldsymbol{b}]) &= \Delta_{\boldsymbol{a}}^{\boldsymbol{b}} C(\boldsymbol{t}) = \Delta_{a_2}^{b_2}\Delta_{a_1}^{b_1} C(\boldsymbol{t}) = \Delta_{a_2}^{b_2}[C(b_1,t_2) - C(a_1,t_2)] \\ &= [C(b_1,b_2) - C(a_1,b_2)] - [C(b_1,a_2) - C(a_1,a_2)] \\ &= C(b_1,b_2) - C(a_1,b_2) - C(b_1,a_2) + C(a_1,a_2) \geqslant 0 \end{aligned} \tag{4-76}$$

(Sklar 定理) 设随机变量 $X_1,X_2,\cdots,X_n$ 的边缘分布函数为 $F_1(x_1)$，$F_2(x_2)$，$\cdots$，$F_n(x_n)$，联合分布函数为 $H(x_1,x_2,\cdots,x_n)$，则存在 n 维 Copula 函数 C，使得对于所有 $\boldsymbol{x} \in \mathbf{R}^n$，有

$$H(x_1,x_2,\cdots,x_n) = C(F_1(x_1),F_2(x_2),\cdots,F_n(x_n)) \tag{4-77}$$

如果 $F_1,F_2,\cdots,F_n$ 是连续的，则 C 是唯一的，否则，C 在 $\mathrm{Ran}F_1 \times \mathrm{Ran}F_2 \times \cdots \times \mathrm{Ran}F_n$（$\mathrm{Ran}F$ 表示函数 F 的值域）上是唯一的。如果 $F_1,F_2,\cdots,F_n$ 是分布函数，则 $C(F_1(x_1),F_2(x_2),\cdots,F_n(x_n))$ 是一个联合分布函数，且其边缘分布函数为 $F_1,F_2,\cdots,F_n$。

根据 Sklar 定理，可进一步定义失效分布 Copula 和可靠度 Copula：

设 $X_1,X_2,\cdots,X_n$ 为随机变量，其失效分布函数分别为 $F_1,F_2,\cdots,F_n$。F_1^{-1}，F_2^{-1}，$\cdots$，F_n^{-1} 为各失效分布函数的(伪)逆函数，$H(x_1,x_2,\cdots,x_n)$ 为各变量的联合失效分布，于是对 $\boldsymbol{I}^n$ 中的 $\boldsymbol{u}$ 有

$$C(u_1,u_2,\cdots,u_n) = H(F_1^{-1}(u_1),F_2^{-1}(u_2),\cdots,F_n^{-1}(u_n)) \tag{4-78}$$

式中：$F_i^{-1}(u_i)$ 为第 i 个失效分布函数 $F_i(x_i)$ 的逆函数，$u_i = F_i(x_i)$。

根据联合失效分布定义，有

$$H(x_1,x_2,\cdots,x_n) = P[X_1 < x_1,X_2 < x_2,\cdots,X_n < x_n] \tag{4-79}$$

所以有

$$\begin{aligned} H(x_1,x_2,\cdots,x_n) &= C(F_1(x_1),F_2(x_2),\cdots,F_n(x_n)) \\ &= P[X_1 < x_1,X_2 < x_2,\cdots,X_n < x_n] \end{aligned} \tag{4-80}$$

此时的 C 称为失效分布 Copula。

与上面类似,设 $X_1,X_2,\cdots,X_n$ 为随机变量,其可靠度函数分别为 $R_1(x_1)$,$R_2(x_2),\cdots,R_n(x_n)$,$S(x_1,x_2,\cdots,x_n)$ 为各变量的可靠联合分布,

$$S(x_1,x_2,\cdots,x_n)=P[X_1>x_1,X_2>x_2,\cdots,X_n>x_n] \tag{4-81}$$

则同样存在一个 n 维 Copula 函数 $\hat{C}$ 满足

$$S(x_1,x_2,\cdots,x_n)=\hat{C}(R_1(x_1),R_2(x_2),\cdots,R_n(x_n)) \tag{4-82}$$

于是有

$$\hat{C}(u_1,u_2,\cdots,u_n)=S(R_1^{-1}(u_1),R_2^{-1}(u_2),\cdots,R_n^{-1}(u_n)) \tag{4-83}$$

式中:$R_i^{-1}(u_i)$ 为第 i 个变量的可靠度函数 $R_i(x_i)$ 的逆函数,$u_i=R_i(x_i)$。此时的 $\hat{C}$ 称为可靠度 Copula。

$$\begin{aligned}\hat{C}(R_1(x_1),R_2(x_2),\cdots,R_n(x_n))&=P[X_1>x_1,X_2>x_2,\cdots,X_n>x_n]\\&=P[\bigcap_{i=1}^{n}X_i>x_i]=1-P[\bigcup_{i=1}^{n}X_i\leqslant x_i]=1-\sum_{i=1}^{n}F_i(x_i)\\&\quad+\sum_{1\leqslant i<j\leqslant n}C(F_i(x_i),F_j(x_j),\cdots)-\sum_{1\leqslant i<j<h\leqslant n}C(F_i(x_i),F_j(x_j),\\&\quad F_h(x_h),\cdots)+\cdots+(-1)^nC(F_1(x_1),F_2(x_2),\cdots,F_n(x_n))\end{aligned} \tag{4-84}$$

式中:$C(F_i(x_i),F_j(x_j),F_h(x_h),\cdots)$ 表示 $C(F_1(x_1),F_2(x_2),\cdots,F_n(x_n))$ 中除 $F_i(x_i),F_j(x_j),F_h(x_h)$ 外,其余变量全为 1。

同理有

$$\begin{aligned}C(F_1(x_1),F_2(x_2),\cdots,F_n(x_n))&=1-\sum_{i=1}^{n}R_i+\sum_{1\leqslant i<j\leqslant n}\hat{C}(R_i,R_j,\cdots)\\&\quad-\sum_{1\leqslant i<j<h\leqslant n}\hat{C}(R_i,R_j,R_h,\cdots)+\cdots+(-1)^n\hat{C}(R_1,R_2,\cdots,R_n)\end{aligned} \tag{4-85}$$

式中:$\hat{C}(R_i,R_j,R_h,\cdots)$ 表示 $\hat{C}(R_1,R_2,\cdots,R_n)$ 中除 R_i,R_j,R_h 外,其余变量全为 1。

特别地,对于 2 变量的情况,有

$$S(x_1,x_2)=\hat{C}(R_1(x_1),R_2(x_2))=1-F_1(x_1)-F_2(x_2)+C(F_1(x_1),F_2(x_2)) \tag{4-86}$$

$$H(x_1,x_2)=C(F_1(x_1),F_2(x_2))=1-R_1(x_1)-R_2(x_2)+\hat{C}(R_1(x_1),R_2(x_2)) \tag{4-87}$$

对于 3 变量的情况有

$$S(x_1,x_2,x_3)=\hat{C}(R_1(x_1),R_2(x_2),R_3(x_3))$$

$$
\begin{aligned}
&= 1 - F_1(x_1) - F_2(x_2) - F_3(x_3) + C(F_1(x_1), F_2(x_2), 1) \\
&\quad + C(F_1(x_1), 1, F_3(x_3)) + C(1, F_2(x_2), F_3(x_3)) - C(F_1(x_1), \\
&\quad F_2(x_2), F_3(x_3))
\end{aligned} \tag{4-88}
$$

$$
\begin{aligned}
H(x_1, x_2, x_3) &= C(F_1(x_1), F_2(x_2), F_3(x_3)) \\
&= 1 - R_1(x_1) - R_2(x_2) - R_3(x_3) + \hat{C}(R_1(x_1), R_2(x_2), 1) \\
&\quad + \hat{C}(R_1(x_1), 1, R_3(x_3)) + \hat{C}(1, R_2(x_2), R_3(x_3)) - \hat{C}(R_1(x_1), \\
&\quad R_2(x_2), R_3(x_3))
\end{aligned} \tag{4-89}
$$

设$f(x_1, x_2, \cdots, x_n)$为$X_1, X_2, \cdots, X_n$的联合分布概率密度函数,则

$$
\begin{aligned}
f(x_1, x_2, \cdots, x_n) &= \frac{\partial^n H(x_1, x_2, \cdots, x_n)}{\partial x_1 \partial x_2 \cdots \partial x_n} = \frac{\partial^n C(F_1(x_1), F_2(x_2), \cdots, F_n(x_n))}{\partial F_1(x_1) \partial F_2(x_2) \cdots \partial F_n(x_n)} \prod_{i=1}^{n} f_i(x_i) \\
&= c(x_1, x_2, \cdots, x_n) \prod_{i=1}^{n} f_i(x_i)
\end{aligned} \tag{4-90}
$$

式中

$$
c(x_1, x_2, \cdots, x_n) = \frac{\partial^n C(F_1(x_1), F_2(x_2), \cdots, F_n(x_n))}{\partial F_1(x_1) \partial F_2(x_2) \cdots \partial F_n(x_n)} \tag{4-91}
$$

为 Copula 概率密度函数。

4.3.3 Copula 模型选择与构造

Sklar 定理保证了 Copula 函数的存在性,但在应用 Copula 理论和方法解决相关性问题时,需要研究如何构造如式(4-80)和式(4-82)的多维 Copula 函数 $C(u_1, u_2, \cdots, u_n)$ 和 $\hat{C}(u_1, u_2, \cdots, u_n)$,相关的研究很多,目前仍没有高效统一的方法。总体来说,Copula 模型的构造主要有两个方面的内容:一个是选择合理的 Copula 模型;另一个是构造能够正确描述多个随机变量相关结构的多维 Copula 模型。

1. Copula 模型选择

Copula 模型有很多种,常用的 Copula 模型主要有高斯 Copula、t-Copula、Clayton Copula, Gumbel-Hougaard Copula 和 Frank Copula 等[6]。合理有效的 Copula 模型能够准确描述变量之间的相关性,在实际应用时,需根据试验数据的情况选择合适的 Copula 函数来描述数据之间的相关关系。

一般来说有两种方式选择 Copula 模型。一种是根据变量边缘分布的形式来选择 Copula 模型,这主要是源于部分分布形式与一些 Copula 模型存在对应的关系。如对于两个失效模式寿命分布均为正态分布的竞争失效的情况,其联合分布一般可选为二元正态分布,即为二维高斯 Copula;又如各失效模式可靠度为指数分布或威布尔分布时,其可靠度 Copula 可选择为 Gumbel-Hougaard Copula。

另外一种方式是通过判断各失效模式潜在失效时间的相关关系如正相关、负相关、上尾相关、下尾相关、对称相关等,选择相对应的能描述这些相关关系的模型,如 Gumbel Copula 函数对变量在分布上尾处的变化十分敏感,可用于描述具有上尾相关特性的变量之间的相关关系;Clayton Copula 函数对变量在分布下尾处的变化十分敏感,可用于描述具有下尾相关特性的变量之间的相关关系;Gumbel Copula 函数和 Clayton Copula 函数只能描述变量间的非负相关关系,而 Frank Copula 函数还可以描述变量间的负相关关系,具有对称性等。

选择对应一种或几种模型后,然后利用数据对备选的 Copula 模型进行拟合优度检验,选择最合适的模型。

2. 多维 Copula 模型构造

根据式(4-80)和式(4-82)的统计分析模型,当竞争失效模式大于 2 时,失效数据的相关结构要利用多维 Copula 模型来描述,但是多维 Copula 模型的构造相对复杂。目前的多维 Copula 模型构造方法主要有以下几种:可交换 Archimedean Copula (exchangeable Archimedean Copulas,EAC)、嵌套 Archimedean Copula (nested Archimedean Copula, NAC)、分层 Archimedean Copula (hierarchical Archimedean Copula,HAC)、成对 Copula 模型构造法(pair-Copula construction,PCC)等。前面三种构造方法针对应用最为广泛和研究最多的 Archimedean Copula,参数少,应用简单,但是在构造 Copula 模型的过程中存在部分变量之间的相关性可交换的情况,无法完全描述变量两两之间的关系,因此对于变量两两之间相关性均不同的情形难以适用。

NAC 和 HAC 方法在构造的过程中对每一层的 Copula 模型参数和相关度有很严格的要求,限制了应用。而 PCC 是基于两两变量之间的 Copula 或条件 Copula,因此能够适用变量两两之间相关性均不同的情形,并且变量两两之间的 Copula 可以是不同类型的 Copula,这些特点使得 PCC 方法相对上述方法适用性更好,但是在应用 PCC 构造方法时,在分解的过程中,有 $n!$ 种分解形式,不同的分解形式得到的结果一般不同,如何选择最佳分解方式成为难题,这给实际应用过程带来不便。另外,该构造方法应用于加速寿命试验统计时需要对 n 维概率密度进行 n 重积分,在实现上非常复杂,难以适合工程应用。

4.3.4 Copula 模型构造方法

1. 方法流程与证明

结合上述几种方法的特点,针对加速寿命试验统计分析的实际要求,本节提出一种新的易于工程应用的多维 Archimedean Copula 构造方法[7]。其构造流程如下:

（1）设 Archimedean Copula 函数的生成函数及其逆函数分别为 $\varphi(\cdot|\theta)$，$\varphi^{-1}(\cdot|\theta)$，$\varphi(\cdot|\theta)$ 是从 $[0,1]$ 到 $[0,\infty]$ 连续严格单调减函数，满足 $\varphi(0)=\infty$，$\varphi(1)=0$，$\varphi^{-1}(0)=1$，$\varphi^{-1}(\infty)=0$。构造 $u_1,u_2,\cdots,u_n$ 两两变量之间的 Copula 模型 $C_2(u_i,u_j|\theta_{ij})=\varphi^{-1}[\varphi(u_i|\theta_{ij})+\varphi(u_j|\theta_{ij})|\theta_{ij}]$，$\theta_{ij}$ 是变量 u_i,u_j 之间 Copula 模型参数，$\theta_{ij}=\theta_{ji}$，$i\neq j$，$i=1,2,\cdots,n$；$j=1,2,\cdots,n$。

（2）将 $C_2(u_i,u_j|\theta_{ij})$ 模型扩展成 n 维可交换 Copula，其可交换 Copula 形式为

$$C_{n,\mathrm{ex}}(u_1,u_2,\cdots,u_p|\theta)=\varphi^{-1}\left[\sum_{i=1}^{p}\varphi(u_i|\theta)|\theta\right] \tag{4-92}$$

（3）将式(4-92)中的生成函数 $\varphi(\cdot|\theta)$ 及其逆函数 $\varphi^{-1}(\cdot|\theta)$ 中的参数 θ 分别用 $\theta_{k,n}=\prod_{j=1,j\neq k}^{n}\theta_{kj}^{\delta(u_k)\delta(u_j)}$ 和 $\theta_n=\prod_{i=1}^{n-1}\prod_{j=i+1}^{n}\theta_{ij}^{\delta(u_i)\delta(u_j)}$ 代替，其中示性函数 $\delta(u)=\begin{cases}0 & (u=1)\\ 1 & (0\leqslant u<1)\end{cases}$，$\theta_{k,n}$ 表示所有与变量 u_k 相关的 2 维 Copula 函数参数的乘积，θ_n 表示所有 2 维 Copula 函数参数的乘积。这里要求 $\theta_{k,n},\theta_n\in\mathrm{Ran}\theta$，即要求 $\theta_{k,n},\theta_n$ 满足生成函数及其逆函数构造 n 维 Copula 函数的条件。替换后得到新构造的 Copula 函数为

$$\begin{aligned}C_{n,\mathrm{new}}(u_1,u_2,\cdots,u_p)&=\varphi^{-1}\left[\sum_{k=1}^{p}\varphi(u_k|\theta_{k,n})|\theta_n\right]\\&=\varphi^{-1}\left\{\sum_{k=1}^{p}\varphi\left[u_k\left|\prod_{j=1,j\neq k}^{n}\theta_{kj}^{\delta(u_k)\delta(u_j)}\right.\right]\left|\prod_{i=1}^{n-1}\prod_{j=i+1}^{n}\theta_{ij}^{\delta(u_i)\delta(u_j)}\right.\right\}\end{aligned} \tag{4-93}$$

下面证明式(4-93)所构造的函数为 Copula 函数。

首先，文献[6]已经证明可交换 Archimedean Copula（式(4-92)）在 θ 取值范围内是 n 维 Copula 函数，即满足 n 维 Copula 的定义。对式(4-93)进行变换，令式中的 $\theta=\theta_n=\prod_{i=1}^{n-1}\prod_{j=i+1}^{n}\theta_{ij}^{\delta(u_i)\delta(u_j)}$，$\theta_n\in\mathrm{Ran}\theta$，则可构成 Copula 如下：

$$C_{n,\mathrm{ex}}(u_1,u_2,\cdots,u_n|\theta_n)=\varphi^{-1}\left[\sum_{i=1}^{p}\varphi(u_i|\theta_n)|\theta_n\right] \tag{4-94}$$

式(4-94)中令

$$u_k=\varphi^{-1}[\varphi(u'_k|\theta_{k,n})|\theta_n] \tag{4-95}$$

易知 $u'_k=\varphi^{-1}[\varphi(u_k|\theta_n)|\theta_{k,n}]$，$\theta_{k,n},\theta_n\in\mathrm{Ran}\theta$。由于 $\varphi(\cdot|\theta)$ 是从 $[0,1]$ 到 $[0,\infty]$ 连续严格单调减函数，易知当 $u_k\in[0,1]$，$u'_k\in[0,1]$ 且是单调的。将式(4-95)代入式(4-94)，则有

$$C_{n,\mathrm{ex}}(u_1,u_2,\cdots,u_n|\theta_n)=\varphi^{-1}\left[\sum_{k=1}^{p}\varphi(u_k|\theta_n)|\theta_n\right]$$

$$= \varphi^{-1}\left\{ \sum_{i=1}^{p} \varphi[[\varphi^{-1}(\varphi(u_k' | \theta_{k,n}) | \theta_n)] | \theta_n] | \theta_n \right\}$$

$$= \varphi^{-1}\left[\sum_{i=1}^{p} \varphi(u_k' | \theta_{k,n}) | \theta_n \right] \tag{4-96}$$

对照式(4-93)即得到

$$C_{n,\text{ex}}(u_1, u_2, \cdots, u_n | \theta_n) = \varphi^{-1}\left[\sum_{k=1}^{p} \varphi(u_k' | \theta_{k,n}) | \theta_n \right] = C_{n,\text{new}}(u_1', u_2', \cdots, u_n') \tag{4-97}$$

即

$$C_{n,\text{new}}(u_1', u_2', \cdots, u_n') = C_{n,\text{ex}}(u_1, u_2, \cdots, u_n | \theta_n) \tag{4-98}$$

式中：$C_{n,\text{ex}}(u_1, u_2, \cdots, u_n | \theta_n)$ 为参数为 $\theta_n \in \text{Ran}\theta$ 的可交换 Archimedean Copula；$C_{n,\text{new}}(u_1', u_2', \cdots, u_n')$ 为新构造的函数。下面利用式(4-98)证明 $C_{n,\text{new}}(u_1', u_2', \cdots, u_n')$ 为关于 $u_1', u_2', \cdots, u_n'$ 的 n 维 Copula 函数。

证明：

(1) 对于 $u_k' \in [0,1]$，其中 $k=1,2,\cdots,n$，即 $\boldsymbol{u}' \in \boldsymbol{I}^n$，由式(4-93)及生成函数性质知 $u'_k \in [0,1]$ 相对 $u_k \in [0,1]$ 是单调且一一对应的，故 $\boldsymbol{u} \in \boldsymbol{I}^n$，由式(4-98) $C_{n,\text{ex}}(u_1, u_2, \cdots, u_n | \theta_n)$ 是 n 维 Copula，因此 $C_{n,\text{ex}}(u_1, u_2, \cdots, u_n | \theta_n) \in \boldsymbol{I}$。

由式(4-98)有 $C_{n,\text{new}}(u_1', u_2', \cdots, u_n') = C_{n,\text{ex}}(u_1, u_2, \cdots, u_n | \theta_n) \in \boldsymbol{I}$，因此 $C_{n,\text{new}}(u_1, u_2, \cdots, u_n')$ 是一个从 $\boldsymbol{I}^n$ 到 $\boldsymbol{I}$ 的映射。

(2) 当 $\boldsymbol{u}' = (u_1', u_2', \cdots, u_n')$ 中的一个变量为 $u_k' = 0$，根据生成函数的性质知

$$\varphi(0) = \infty, \quad \varphi(1) = 0, \quad \varphi^{-1}(0) = 1, \quad \varphi^{-1}(\infty) = 0 \tag{4-99}$$

则

$$u_k = \varphi^{-1}[\varphi(u_k' | \theta_{k,n}) | \theta_n] = \varphi^{-1}(\infty | \theta_n) = 0 \tag{4-100}$$

由于 $C_{n,\text{ex}}(u_1, u_2, \cdots, u_n | \theta_n)$ 是 n 维 Copula 函数，根据 Copula 定义，当 $\boldsymbol{u} = (u_1, u_2, \cdots, u_n)$ 中至少有一个为 0 时，$C_{n,\text{ex}}(\boldsymbol{u} | \theta_n) = 0$，即得到 $C_{n,\text{ex}}(u_1, u_2, \cdots, u_n | \theta_n) = 0$。又根据式(4-98)有

$$C_{n,\text{new}}(u_1', u_2', \cdots, u_n') = C_{n,\text{ex}}(u_1, u_2, \cdots, u_n | \theta_n) = 0 \tag{4-101}$$

即 $C_{n,\text{new}}(\boldsymbol{u}') = C_{n,\text{new}}(u_1', u_2', \cdots, u_n') = 0$。

当除 u_k' 外，$\boldsymbol{u}'$ 中的其余变量全为 1 时，由示性函数 $\begin{cases} \delta(u) = 0 & (u = 1) \\ \delta(u) = 1 & (0 \leqslant u < 1) \end{cases}$，除 $\delta(u_k') = 1$ 外，其余示性函数值均为 0，因此 $\theta_{k,n} = \prod_{j=1, j\neq k}^{n} \theta_{kj}^{\delta(u_k)\delta(u_j)} = 1, \theta_n = \prod_{i=1}^{n-1} \prod_{j=i+1}^{n} \theta_{ij}^{\delta(u_i)\delta(u_j)} = 1$。则有

$$C_{n,\mathrm{new}}(u_1',u_2',\cdots,u_n') = \varphi^{-1}\left[\sum_{k=1}^{p}\varphi(u_k'\mid\theta_{k,n})\mid\theta_n\right] = \varphi^{-1}\left[\sum_{k=1}^{p}\varphi(u_k'\mid\theta_{k,n})\mid\theta_n\right]$$

$$= \varphi^{-1}\left[\varphi(u_k'\mid\theta_{k,n}) + \sum_{j=1,j\neq k}^{p}\varphi(1\mid\theta_{j,n})\mid\theta_n\right]$$

$$= \varphi^{-1}[\varphi(u_k'\mid 1)\mid 1] = u_k' \tag{4-102}$$

(3) 设 $\boldsymbol{I}^n$ 中的 $\boldsymbol{a}'$、$\boldsymbol{b}'$,$\boldsymbol{a}' \leqslant \boldsymbol{b}'$, 有

$$V_{C_{n,\mathrm{new}}}([\boldsymbol{a}',\boldsymbol{b}']) = \Delta_{\mathrm{a}'}^{\mathrm{b}'} C_{n,\mathrm{new}}(\boldsymbol{t}') = \Delta_{a_n'}^{b_n'}\Delta_{a_{n-1}'}^{b_{n-1}'}\cdots\Delta_{a_2'}^{b_2'}\Delta_{a_1'}^{b_1'} C_{n,\mathrm{new}}(\boldsymbol{t}') \tag{4-103}$$

由式(4-98)有

$$C_{n,\mathrm{new}}(\boldsymbol{t}') = C_{n,\mathrm{ex}}(\boldsymbol{t}) \tag{4-104}$$

式中 $\boldsymbol{t}' = (t_1',t_2',\cdots,t_n')$,$\boldsymbol{t} = (t_1,t_2,\cdots,t_n)$,$t_k = \varphi^{-1}[\varphi(t_k'\mid\theta_{k,n})\mid\theta_n]$($k = 1,2,\cdots,n$)。则

$$V_{C_{n,\mathrm{new}}}([\boldsymbol{a}',\boldsymbol{b}']) = \Delta_{a_n'}^{b_n'}\Delta_{a_{n-1}'}^{b_{n-1}'}\cdots\Delta_{a_2'}^{b_2'}\Delta_{a_1'}^{b_1'} C_{n,\mathrm{ex}}(\boldsymbol{t}) \tag{4-105}$$

由于 $C_{n,\mathrm{ex}}$ 是一个 n 维 Copula 函数,因此对 $\boldsymbol{I}^n$ 中的 $\boldsymbol{a}'$、$\boldsymbol{b}'$, $\boldsymbol{a}' \leqslant \boldsymbol{b}'$ 满足 $V_{C_{n,\mathrm{ex}}}([\boldsymbol{a},\boldsymbol{b}]) \geqslant 0$, 即

$$V_{C_{n,\mathrm{ex}}}([\boldsymbol{a}',\boldsymbol{b}']) = \Delta_{\boldsymbol{a}'}^{\boldsymbol{b}'} C_{n,\mathrm{ex}}(\boldsymbol{t}) = \Delta_{a_n'}^{b_n'}\Delta_{a_{n-1}'}^{b_{n-1}'}\cdots\Delta_{a_2'}^{b_2'}\Delta_{a_1'}^{b_1'} C_{n,\mathrm{ex}}(\boldsymbol{t}) \geqslant 0 \tag{4-106}$$

因此由式(4-105)得

$$V_{C_{n,\mathrm{new}}}([\boldsymbol{a}',\boldsymbol{b}']) = \Delta_{a_n'}^{b_n'}\Delta_{a_{n-1}'}^{b_{n-1}'}\cdots\Delta_{a_2'}^{b_2'}\Delta_{a_1'}^{b_1'} C_{n,\mathrm{ex}}(\boldsymbol{t}) = V_{C_{n,\mathrm{ex}}}([\boldsymbol{a}',\boldsymbol{b}']) \geqslant 0 \tag{4-107}$$

即 $V_{C_{n,\mathrm{new}}}([\boldsymbol{a}',\boldsymbol{b}']) \geqslant 0$。证毕。

至此本节对 4.3.2 节中 Copula 定义的(1)~(3)条件进行了逐一验证,证明了新构造的 n 维 Copula 符合定义,是一个新的 Copula 函数,因此本节提出的新的构造方法是正确可行的。

从上面的证明过程可以给出新的构造方法的条件:

(1) 两两变量之间的 Copula 模型属于同一类型,如每两个变量之间的 Copula 都是 Clayton Copula;

(2) n 维可交换 Copula 存在;

(3) $\theta_n,\theta_{n,k} \in \mathrm{Ran}\theta$, 即各两两相关 Copula 的参数的乘积仍然在对应生成函数参数 θ 定义域内,换句话说 θ 定义域必须包含 θ_n、$\theta_{n,k}$。

对于上述条件,文献[6]中的表 4.1(参见附录 2)中列举的单参数 Archimedean Copula 绝大部分满足此条件,但是从上述证明条件 2 的过程可以看出,当除 u_k' 外,$\boldsymbol{u}'$ 中的其余变量全为 1 时,由于示性函数 $\delta(u)$ 的关系,$\theta_n = \theta_{n,k} = 1$, 因此要求生成函数参数 θ 定义域内包含 1 的 Archimedean Copula 才可采用本节提出的构造方法,否则条件 2 的证明不成立。因此对于附录 2 中列举的单

参数 Archimedean Copula 中只有#11 和 #18 不满足,其余都满足,由此可见本节所提的构造方法具有很大的应用范围。

2. 构造实例与分析

下面以构造多维 Gumbel-Hougaard Copula 为例说明本节新方法的构造流程。

首先构造两个变量之间的 Copula 模型 $C_2(u_i,u_j \mid \theta_{ij})$, Gumbel-Hougaard Copula 函数的生产函数及其逆函数分别为

$$\varphi(u)=(-\ln u)^{\theta} \quad (\theta \geqslant 1) \tag{4-108}$$

$$\varphi^{-1}(u)=\exp(-u^{1/\theta}) \tag{4-109}$$

据此得到 $u_1,u_2,\cdots,u_n$ 中每两个变量之间的 Copula 模型以及 n 维可交换 Gumbel-Hougaard Copula 为

$$C_{2,\mathrm{pair}}(u_i,u_j \mid \theta_{ij})=\exp\{-[(-\ln u_i)^{\theta_{ij}}+(-\ln u_j)^{\theta_{ij}}]^{1/\theta_{ij}}\} \tag{4-110}$$

$$C_{n,\mathrm{ex}}(u_1,u_2,\cdots,u_n \mid \theta)=\varphi^{-1}\left[\sum_{i=1}^{p}\varphi(u_i \mid \theta) \mid \theta\right]=\exp\left\{-\left[\sum_{i=1}^{n}(-\ln u_i)^{\theta}\right]^{1/\theta}\right\} \tag{4-111}$$

式中: θ_{ij} 为变量 u_i、u_j 之间 Copula 模型的参数, $\theta_{ij}\geqslant 1$ 且 $\theta_{ij}=\theta_{ji}$, $i\neq j$, $i=1,2,\cdots,n$; $j=1,2,\cdots,n$。

将生成函数 $\varphi(\cdot \mid \theta)$ 及其逆函数 $\varphi^{-1}(\cdot \mid \theta)$ 中的参数 θ 分别用 $\theta_{k,n}=\prod_{j=1,j\neq k}^{n}\theta_{kj}^{\delta(u_k)\delta(u_j)}$ 和 θ_n 代替,显然满足 $\theta_{k,n},\theta_n\geqslant 1$ 并代入式(4-111)得到

$$C_{n,\mathrm{GH}}(u_1,u_2,\cdots,u_n)=\exp\left\{-\left[\sum_{i=1}^{n}(-\ln u_k)^{\theta_{k,n}}\right]^{1/\theta_n}\right\} \tag{4-112}$$

式中: $\theta_{k,n}=\prod_{j=1,j\neq k}^{n}\theta_{kj}^{\delta(u_k)\delta(u_j)}$; $\theta_n=\prod_{i=1}^{n-1}\prod_{j=i+1}^{n}\theta_{ij}^{\delta(u_i)\delta(u_j)}$。

同理可得在满足 $\theta_{k,n},\theta_n\in \mathrm{Ran}\theta$($\theta$ 为生成函数的参数)的条件下, n 维 Clayton Copula 和 Frank Copula 模型分别如式(4-113)和式(4-114)所示,其余的 Archimedean Copula 同样可采用上述方法构造。

$$C_{n,\mathrm{Clayton}}(u_1,u_2,\cdots,u_n)=\left[1-n+\sum_{k=1}^{n}u_k^{-\prod_{j=1,j\neq k}^{n}\theta_{kj}^{\delta(u_k)\delta(u_j)}}\right]^{-1/\prod_{i=1}^{n-1}\prod_{j=i+1}^{n-i}\theta_{ij}^{\delta(u_i)\delta(u_j)}} \tag{4-113}$$

$$C_{n,\mathrm{Frank}}(u_1,u_2,\cdots,u_n)=-\frac{1}{\prod_{i=1}^{n-1}\prod_{j=i+1}^{n}\theta_{ij}^{\delta(u_i)\delta(u_j)}}\ln\left\{1+\left[\exp\left(-\prod_{i=1}^{n-1}\prod_{j=i+1}^{n}\theta_{ij}^{\delta(u_i)\delta(u_j)}\right)-1\right]\right.$$

$$\times \prod_{k=1}^{n}\left[\frac{\exp\left(-\prod_{j=1,j\neq k}^{n}\theta_{kj}^{\delta(u_k)\delta(u_j)}u_k\right)-1}{\left[\exp\left(-\prod_{j=1,j\neq k}^{n}\theta_{kj}^{\delta(u_k)\delta(u_j)}\right)-1\right]^{n}}\right]\Bigg\} \tag{4-114}$$

以 4 维 Gumbel-Hougaard Copula$C(u_1,u_2,u_3,u_4)$ 为例具体说明新方法的特点。

$n=4$ 时，由式(4-112)得

$$\begin{aligned}C(u_1,u_2,u_3,u_4) = \exp\Big\{-\Big[&(-\ln u_1)^{\theta_{12}^{\delta(u_1)\delta(u_2)}\theta_{13}^{\delta(u_1)\delta(u_3)}\theta_{14}^{\delta(u_1)\delta(u_4)}} \\ &+(-\ln u_2)^{\theta_{12}^{\delta(u_1)\delta(u_2)}\theta_{23}^{\delta(u_2)\delta(u_3)}\theta_{24}^{\delta(u_2)\delta(u_4)}}+(-\ln u_3)^{\theta_{13}^{\delta(u_1)\delta(u_3)}\theta_{23}^{\delta(u_2)\delta(u_3)}\theta_{34}^{\delta(u_3)\delta(u_4)}} \\ &+(-\ln u_4)^{\theta_{14}^{\delta(u_1)\delta(u_4)}\theta_{24}^{\delta(u_2)\delta(u_4)}\theta_{34}^{\delta(u_3)\delta(u_4)}}\Big]^{1/(\theta_{12}^{\delta(u_1)\delta(u_2)}\theta_{13}^{\delta(u_1)\delta(u_3)}\theta_{14}^{\delta(u_1)\delta(u_4)}\theta_{23}^{\delta(u_2)\delta(u_3)}\theta_{24}^{\delta(u_2)\delta(u_4)}\theta_{34}^{\delta(u_3)\delta(u_4)})}\Big\}\end{aligned} \tag{4-115}$$

当 $u_1,u_2,u_3,u_4 \in (0,1)$ 时

$$\begin{aligned}C_4(u_1,u_2,u_3,u_4) = \exp\{-[&(-\ln u_1)^{\theta_{12}\theta_{13}\theta_{14}}+(-\ln u_2)^{\theta_{12}\theta_{23}\theta_{24}}+(-\ln u_3)^{\theta_{13}\theta_{23}\theta_{34}} \\ &+(-\ln u_4)^{\theta_{14}\theta_{24}\theta_{34}}]^{1/(\theta_{12}\theta_{13}\theta_{14}\theta_{23}\theta_{24}\theta_{34})}\}\end{aligned} \tag{4-116}$$

当 u_1、u_2、u_3、u_4 中只有一个为 1 时(如 $u_4=1$)，则

$$\begin{aligned}C_4(u_1,u_2,u_3,1) &= \exp\{-[(-\ln u_1)^{\theta_{12}\theta_{13}}+(-\ln u_2)^{\theta_{12}\theta_{23}}+(-\ln u_3)^{\theta_{13}\theta_{23}}]^{1/\theta_{12}\theta_{13}\theta_{23}}\} \\ &= C_3(u_1,u_2,u_3)\end{aligned} \tag{4-117}$$

此时为 u_1、u_2、u_3 的 3 维 Copula 模型。

当 u_1、u_2、u_3、u_4 中只有 2 个为 1 时(如 $u_2=u_4=1$)，则

$$\begin{aligned}C_4(u_1,1,u_3,1) &= \exp\{-[(-\ln u_1)^{\theta_{13}}+(-\ln u_3)^{\theta_{13}}]^{1/\theta_{13}}\} \\ &= C_2(u_1,u_3)\end{aligned} \tag{4-118}$$

此时为 u_1、u_3 的 2 维 Copula 模型，同理可以得到如式(4-110)的其他 2 维 Copula 模型。

当 u_1、u_2、u_3、u_4 中只有 1 个不为 1，其余都为 1 时(如 $u_1=u_2=u_4=1$)，则

$$C_4(1,1,u_3,1) = \exp\{-[(-\ln u_3)^{1}]^{1/1}\} = u_3 \tag{4-119}$$

通过上述流程和构造实例可以得到新的构造方法的特点：该方法综合了可交换 Copula 构造方法和 PCC 构造方法的特点，构造简单，避免了复杂的条件概率密度计算和多重积分，同时又能很好地描述各变量之间的相关关系。不仅可以表述 n 个变量的相关关系，而且可以简单方便地表示出更低层的不同变量组合之间的相关关系。上例中的 4 维 Copula 模型可以很简单方便地表述出三个变量不同组合之间的不同的相关关系以及两个变量之间不同的相关关系。但是该构造方法只能用于所有变量之间的 Copula 模型是同一类模型，如都是 Gumbel-Hougaard Copula。当 n 维变量中存在两变量之间的 Copula 有不同类型

时,或者构造时存在 $\theta_{k,n},\theta_n \notin \mathrm{Ran}\theta$($\theta$ 为对应的生成函数的参数),不能用该方法构造 n 维Copula模型,但是仍然可将该方法用于底层 Copula 的构造,然后利用部分嵌套或分层 Copula 构造方法构造 n 维 Copula 模型。

4.4 竞争失效相关场合寿命试验统计分析方法

在产品加速寿命试验中,竞争失效独立的假设并不总是成立,而是可能存在相关性。本节在 4.1 节研究的基础上,以 Copula 函数为工具建立竞争失效各失效模式边缘分布与产品竞争失效联合分布的相关关系,研究竞争失效相关场合下的加速寿命试验统计分析方法。首先从寿命试验统计分析入手,研究基于 Copula 模型的竞争失效寿命试验统计分析方法,在此基础上开展竞争失效相关加速寿命试验统计分析方法,分别建立恒定应力加速寿命试验和步进应力加速寿命试验参数估计的极大似然模型。

本节研究竞争失效相关场合寿命试验统计分析方法,为下一节竞争失效相关场合加速寿命试验统计分析方法的研究奠定基础。

4.4.1 问题描述和基本模型

设产品具有 p 个失效模式,记为 $\{1,2,\cdots,p\}$,随机抽样 n 个样品进行寿命试验,在试验截尾时间 t_c 内有 r 个样品失效,其试验数据为

$$\boldsymbol{x} = \{x_j \mid x_j = (t_j, C_j), j = 1,2,\cdots,n\} \tag{4-120}$$

式中:t_j 为样品 j 在失效或者截尾时的观测时间,$j = 1,2,\cdots,n$;$C_j = (c_j^{(1)}, c_j^{(2)},\cdots,c_j^{(p)})$ 为 t_j 的失效模式标记符,用以标记导致产品失效所对应的失效模式。$\forall m \in \{1,2,\cdots,p\}$,若 t_j) 为失效时间,且根据故障诊断发现产品失效由(或可能由)失效模式 m 引起,则 $c_j^{(m)} = 1$;若 t_j 为失效时间且不可能由失效模式 m 引起,或者 t_j 为截尾时间,则 $c_j^{(m)} = 0$。根据失效数据的特点可以将试验数据分为以下三类:

(1) 完整数据点。产品的失效时间 t_j 已知且对应的失效模式唯一确定,此时 $\sum\limits_{m=1}^{p} c_j^{(m)} = 1$。

(2) 失效模式未确定数据点。产品失效时间已知,但是导致产品失效的失效模式未确定,此时 $1 < \sum\limits_{m=1}^{p} c_j^{(m)} \leqslant p$。

(3) 截尾数据点。产品失效时间未知,仅得到试验截尾时间,此时 $\sum\limits_{m=1}^{p} c_j^{(m)} = 0$。

在试验数据 $\boldsymbol{x}$ 中,对于任意的 $j=1,2,\cdots,n$, 若 x_j 均为完整数据点,则称试验数据 $\boldsymbol{x}$ 为完整数据,否则为非完整数据。非完整数据是竞争失效场合最为一般的数据形式,而完整数据是非完整数据的特例。

竞争失效相关寿命试验统计分析基本模型假设如下:

(1) 寿命分布模型。产品各失效模式潜在失效时间的分布类型已知,分布参数未知。设 t 时间内,第 m 个失效模式的失效概率、失效概率密度、可靠度和故障率函数分别记为: $F_m(t|\boldsymbol{\theta}_m)$、$f_m(t|\boldsymbol{\theta}_m)$、$R_m(t|\boldsymbol{\theta}_m)$ 和 $h_m(t|\boldsymbol{\theta}_m)$ $(m=1,2,\cdots,p)$。$\boldsymbol{\theta}_m$ 为第 m 个失效模式潜在失效时间的分布参数。

(2) 竞争失效模型。产品的失效仅由 p 个失效模式之一引起,失效时间 t_j 是 p 个失效模式的最小发生时间,即 t_j 是所有失效模式潜在发生时间以及试验截尾时间之间的最小值, $t_j=\min(t_j^{(1)},t_j^{(2)},\cdots,t_j^{(p)},t_c)$, 其中 $t_j^{(m)}(m=1,2,\cdots,p)$ 表示失效模式 m 的潜在失效时间, t_c 为寿命试验定时截尾时间。

(3) Copula 模型。产品各失效模式的潜在失效时间 $t_j^{(1)},t_j^{(2)},\cdots,t_j^{(p)}$ 不完全独立,其相关性通过 Copula 函数描述,其失效 Copula 函数及可靠度 Copula 函数分别为 $C_p(F_1(t_j^{(1)}),F_2(t_j^{(2)}),\cdots,F_p(t_j^{(p)})\,|\,\boldsymbol{\theta}_C)$、$\hat{C}_p(R_1(t_j^{(1)}),R_2(t_j^{(2)}),\cdots,R_p(t_j^{(p)})\,|\,\boldsymbol{\theta}_C)$, 其中 $\boldsymbol{\theta}_C$ 为 Copula 函数的参数。

基于上述基本假设,产品在竞争失效情况下的寿命分布为

$$\begin{aligned}F(t)&=1-R(t)=1-P(T_1>t,T_2>t,\cdots,T_p>t)\\&=1-\hat{C}_p(R_1(t|\boldsymbol{\theta}_1),R_2(t|\boldsymbol{\theta}_2),\cdots,R_p(t|\boldsymbol{\theta}_p)\,|\,\boldsymbol{\theta}_C)\end{aligned}\tag{4-121}$$

式中: $\boldsymbol{\theta}_m$ 为各失效模式潜在失效时间的边缘分布参数, $m=1,2,\cdots,p$; $\boldsymbol{\theta}_C$ 为可靠度 Copula 函数参数。

由此只要得到参数 $\boldsymbol{\theta}_m$、$\boldsymbol{\theta}_C$ 的估计值 $\hat{\boldsymbol{\theta}}_m$、$\hat{\boldsymbol{\theta}}_C$, 就可通过上式得到产品的寿命分布,评估产品可靠性水平。

4.4.2 统计分析模型

首先考虑最基本的竞争失效模型,即只有 2 个失效模式竞争的情形。设产品的两个失效模式分别为模式 1 和模式 2,其潜在失效时间变量分别为 T_1、T_2,根据竞争失效的定义,在 t 时间内产品失效为失效模式 1 的概率为

$$\begin{aligned}F^{(1)}(t)&=P(T_2>T_1,T_1\leqslant t)=\int_0^t\int_{T_1}^{\infty}f_i(T_1,T_2)\,\mathrm{d}T_2\mathrm{d}T_1\\&=\int_0^t\int_{T_1}^{\infty}\frac{\partial^2C_2(F_1(T_1),F_2(T_2))}{\partial F_2(T_2)\partial F_1(T_1)}f_1(T_1)f_2(T_2)\,\mathrm{d}T_2\mathrm{d}T_1\end{aligned}$$

$$= \int_0^t \left[\frac{\partial^2 C_2(F_1(T_1), F_2(T_2))}{\partial F_1(T_1)} f_1(T_1) \big|_{T_2=\infty} - \frac{\partial C_2(F_1(T_1), F_2(T_2))}{\partial F_1(T_1)} f_1(T_1) \big|_{T_2=T_1} \right] \mathrm{d}T_1 \quad (4-122)$$

式中：$f(\cdot)$ 为联合失效概率密度，如式(4-90)；$C_2(F_1(T_1), F_2(T_2))$ 为 T_1、T_2 失效分布的 Copula 函数。于是

$$f^{(1)}(t) = \frac{\mathrm{d}F^{(1)}(t)}{\mathrm{d}t} = \left[\frac{\partial C_2(F_1(t), 1)}{\partial F_1(t)} f_1(t) - \frac{\partial C_2(F_1(t), F_2(t))}{\partial F_1(t)} f_1(t) \right]$$

$$= f_1(t) \left[1 - \frac{\partial C_2(F_1(t), F_2(t))}{\partial F_1(t)} \right] \quad (4-123)$$

同理有

$$F^{(2)}(t) = P(T_1 > T_2, T_2 \leqslant t)$$

$$= \int_0^t \left[\frac{\partial^2 C_2(F_1(T_1), F_2(T_2))}{\partial F_2(T_2)} f_2(T_2) \big|_{T_1=\infty} - \frac{\partial C_2(F_1(T_1), F_2(T_2))}{\partial F_2(T_2)} f_2(T_2) \big|_{T_1=T_2} \right] \mathrm{d}T_2 \quad (4-124)$$

$$f_2(t) = f_2(t) \left[1 - \frac{\partial C_2(F_1(t), F_2(t))}{\partial F_2(t)} \right] \quad (4-125)$$

则第 j 个失效数据 x_j（式(4-120)）的似然函数为

$$L_j(\boldsymbol{\theta}_m, \boldsymbol{\theta}_C | x_j) = c_j^{(1)} \cdot f^{(1)}(t_j) + c_j^{(2)} \cdot f^{(2)}(t_j)$$

$$= c_j^{(1)} \cdot f_1(t_j) \left[1 - \frac{\partial C_2(F_1(t_j), F_2(t_j))}{\partial F_1(t_j)} \right] + c_j^{(2)} \cdot f_2(t_j) \left[1 - \frac{\partial C_2(F_1(t_j), F_2(t_j))}{\partial F_2(t_j)} \right] \quad (4-126)$$

定义函数 $\varphi_m(t) = 1 - \dfrac{\partial C_2(F_1(t), F_2(t))}{\partial F_m(t)}$，其中($m = 1,2$)，联合式(4-87)得到

$$\varphi_m(t) = 1 - \frac{\partial C_2(F_1(t), F_2(t))}{\partial F_m(t)} = 1 - \frac{\partial [1 - R_1(t) - R_2(t) + \hat{C}_2(R_1(t), R_2(t))]}{\partial F_m(t)}$$

$$= \frac{\partial \hat{C}_2(R_1(t), R_2(t))}{\partial R_m(t)} \quad (4-127)$$

式中：$\hat{C}_2(R_1(\cdot), R_2(\cdot))$ 为失效模式 1 和 2 的可靠度 Copula 函数。则式(4-126)变为

$$L_j(\boldsymbol{\theta}_m,\boldsymbol{\theta}_C|x_j)=\sum_{m=1}^{2}[c_j^{(m)}f_m(t_j)\varphi_m(t_j)] \tag{4-128}$$

截尾数据的似然函数为

$$L_j(\boldsymbol{\theta}_m,\boldsymbol{\theta}_C|\boldsymbol{t}_c)=P(T_1>t_c,T_2>t_c)=\hat{C}_2(R_1(t_c),R_2(t_c)) \tag{4-129}$$

式中：t_c 为定时截尾时间，对于定数截尾，$t_c=t_r$。

综合式（4-128）和式（4-129）得到所有试验数据的似然函数为

$$\begin{aligned}L(\boldsymbol{\theta}_m,\boldsymbol{\theta}_C|\boldsymbol{x})&=\prod_{j=1}^{r}L_j(\boldsymbol{\theta}_m,\boldsymbol{\theta}_C|x_j)\cdot\prod_{j=r+1}^{n}L_j(\boldsymbol{\theta}_m,\boldsymbol{\theta}_C|t_c)\\&=\prod_{j=1}^{r}\left\{\sum_{m=1}^{2}\left[c_j^{(m)}f_m(t_j)\varphi_m(t_j)\right]\right\}\prod_{j=r+1}^{n}\hat{C}_2(R_1(t_c),R_2(t_c))\end{aligned} \tag{4-130}$$

对于失效模式大于 2 的情况采用上述类似的分析方法，在 t 时间内产品失效为失效模式 m 的概率为

$$\begin{aligned}F^{(m)}(t)&=P(T_1>T_m,T_2>T_m,\cdots,T_{m-1}>T_m,T_m\leqslant t,T_{m+1}>T_m,\cdots,T_p>T_m)\\&=P(\min(T_1,T_2,\cdots,T_{m-1},T_{m+1}\cdots,T_p)>T_m,T_m\leqslant t)\end{aligned} \tag{4-131}$$

令 $T_{\bar{m}}=\min(T_1,T_2,\cdots,T_{m-1},T_{m+1}\cdots,T_p)$，则

$$\begin{aligned}R_{\bar{m}}(t)&=P(T_{\bar{m}}>t)=P(\min(T_1,T_2,\cdots,T_{m-1},T_{m+1}\cdots,T_p)>t)\\&=P(T_1>t,T_2>t,\cdots,T_{m-1}>t,T_{m+1}>t,\cdots,T_p>t)\\&=\hat{C}_p(R_1(t),R_2(t),\cdots,R_{m-1}(t),1,R_{m+1}(t),\cdots,R_p(t))\end{aligned} \tag{4-132}$$

$$F_{\bar{m}}(t)=1-R_{\bar{m}}(t)=1-\hat{C}_p(R_1(t),R_2(t),\cdots,R_{m-1}(t),1,R_{m+1}(t),\cdots,R_p(t)) \tag{4-133}$$

$$f_{\bar{m}}(t)=\frac{\mathrm{d}F_{\bar{m}(t)}}{\mathrm{d}t}=\sum_{d=1,d\neq m}^{p}\frac{\partial\hat{C}_p(R_1(t),R_2(t),\cdots,R_{m-1}(t),1,R_{m+1}(t),\cdots,R_p(t))}{\partial R_d(t)}f_d(t) \tag{4-134}$$

式中：$R_{\bar{m}}(t)$、$F_{\bar{m}}(t)$、$f_{\bar{m}}(t)$ 分别为变量 $T_{\bar{m}}$ 在时间 t 的可靠度函数、失效分布函数以及概率密度函数；$\hat{C}_p(R_1(t),R_2(t),\cdots,R_{m-1}(t),1,R_{m+1}(t),\cdots,R_p(t))$ 为第 m 个变量为 1 时的 p 维可靠度 Copula 函数。

这样可将 $p(p>2)$ 个失效模式的情况等效到 2 个失效模式的情况，两个失效模式分别为失效模式 $\bar{m}$ 与失效模式 m，其对应的失效 Copula 函数和可靠度 Copula 函数为 $C(F_{\bar{m}}(T_{\bar{m}}),F_m(T_m))$ 和 $\hat{C}(R_{\bar{m}}(t),R_m(t))$，它们与所有失效模式间的可靠度 Copula $\hat{C}_p(R_1(t),R_2(t),\cdots,R_p(t))$ 存在以下关系：

$$\hat{C}(R_{\bar{m}}(t),R_m(t))=P(T_{\bar{m}}>t,T_m>t)$$

$$= P(\min(T_1, T_2, \cdots, T_{m-1}, T_{m+1}, \cdots, T_p) > t, T_m > t)$$
$$= P(T_1 > t, T_2 > t, \cdots, T_{m-1} > t, T_{m+1} > t, \cdots, T_p > t, T_m > t)$$
$$= \hat{C}_p(R_1(t), R_2(t), \cdots, R_p(t)) \tag{4-135}$$

由式(4-87)可得

$$C(F_{\bar{m}}(T_{\bar{m}}), F_m(T_m)) = 1 - R_{\bar{m}}(t) - R_m(t) + \hat{C}(R_{\bar{m}}(t), R_m(t))$$
$$= 1 - R_{\bar{m}}(t) - R_m(t) + \hat{C}_p(R_1(t), R_2(t), \cdots, R_p(t)) \tag{4-136}$$

则由式(4-123)或式(4-125),可得在 t 时间内产品失效为失效模式 m 的概率密度函数为

$$f^{(m)}(t) = f_m(t)\left[1 - \frac{\partial C(F_{\bar{m}}(t), F_m(t))}{\partial F_m(t)}\right] = f_m(t)\varphi_m(t) \tag{4-137}$$

这里 $\varphi_m(t)$ 定义与式(4-127)相似,$\varphi_m(t) = \dfrac{\partial \hat{C}(R_{\bar{m}}(t), R_m(t))}{\partial R_m(t)}$,由式(4-135)有

$$\varphi_m(t) = \frac{\partial \hat{C}(R_{\bar{m}}(t), R_m(t))}{\partial R_m(t)} = \frac{\partial \hat{C}_p(R_1(t), R_2(t), \cdots, R_p(t))}{\partial R_m(t)} \tag{4-138}$$

则第 j 个失效数据的似然函数为

$$L_j(\boldsymbol{\theta}_m, \boldsymbol{\theta}_C | x_j) = c_j^{(1)} \cdot f_1(t_j)\varphi_1(t_j) + \cdots + c_j^{(p)} \cdot f_p(t_j)\varphi_p(t_j)$$
$$= \sum_{m=1}^{p} [c_j^{(m)} f_m(t_j)\varphi_m(t_j)] \tag{4-139}$$

其中 $\varphi_m(t_j)$ 如式(4-138)所示。

截尾数据的似然函数为

$$L_{ij}(\boldsymbol{\theta}_m, \boldsymbol{\theta}_C | t_c) = P(T_1 > t_c, T_2 > t_c, \cdots, T_p > t_c) = \hat{C}_p(R_1(t_c), R_2(t_c), \cdots, R_p(t_c)) \tag{4-140}$$

式中:t_c 为定时截尾时间,对于定数截尾,$t_c = t_r$;$\hat{C}_p(R_1(\cdot), R_2(\cdot), \cdots, R_p(\cdot))$ 为 p 维可靠度 Copula 函数。

由此所有试验数据的对数似然函数为

$$\ln L(\boldsymbol{\theta}_m, \boldsymbol{\theta}_C | \boldsymbol{x}) = \sum_{j=1}^{r} \ln \sum_{m=1}^{p} [c_j^{(m)} f_m(t_j)\varphi_m(t_j)] +$$
$$(n - r)\ln \hat{C}_p(R_1(t_c), R_2(t_c), \cdots, R_p(t_c)) \tag{4-141}$$

对比式(4-127)与式(4-138)、式(4-131)与式(4-141),易知 $p=2$ 与 $p>2$ 的情形是统一的,其对数似然函数都可表示为式(4-141)的形式。

对各失效模式相互独立的情况,其 Copula 为乘积 Copula(记为Ⅱ Copula)[6],即

$$\hat{C}_p(R_1(t_j^{(1)}),R_2(t_j^{(2)}),\cdots,R_p(t_j^{(p)}))=\prod_{m=1}^{p}R_m(t_j^{(m)}) \tag{4-142}$$

于是

$$\varphi_m(t)=\frac{\partial\hat{C}_p(R_1(t),R_2(t),\cdots,R_p(t))}{\partial R_m(t)}=\frac{\partial\prod_{m=1}^{p}R_m(t)}{\partial R_m(t)}=\prod_{l=1,l\neq m}^{p}R_l(t) \tag{4-143}$$

将式(4-143)代入式(4-141)可得到竞争失效独立情况下的加速寿命试验统计分析模型:

$$\begin{aligned}\ln L(\boldsymbol{\theta}_m|\boldsymbol{x})&=\sum_{j=1}^{r}\ln\sum_{m=1}^{p}\left[c_j^{(m)}f_m(t_j)\prod_{l=1,l\neq m}^{p}R_l(t)\right]+(n-r)\ln\prod_{m=1}^{p}R_m(t_c)\\&=\sum_{j=1}^{r}\ln\sum_{m=1}^{p}\left[c_j^{(m)}h_m(t_j)\prod_{l=1}^{p}R_l(t_j)\right]+(n-r)\prod_{m=1}^{p}\ln R_m(t_c)\end{aligned} \tag{4-144}$$

式中:$h_m(t)=f_m(t)/R_m(t)$,是失效模式 m 的故障率函数。

通过求取使得式(4-141)取极大值对应的参数 $\boldsymbol{\theta}_m$、$\boldsymbol{\theta}_C(m=1,2,\cdots,p)$,得到产品各失效模式的分布参数以及 Copula 函数参数估计值 $\hat{\boldsymbol{\theta}}_m$、$\hat{\boldsymbol{\theta}}_C$,将其代入式(4-121)即可以得到产品竞争失效相关场合寿命分布函数。

4.4.3 应用案例:某机电产品寿命试验

假定某产品存在两种失效模式,对该产品进行寿命试验以评估其寿命和可靠性水平。产品各失效模式的失效分布均为威布尔分布,即 $t_j^{(m)}\sim$ Weibull(η_m,β_m),η_m 为产品失效模式 m 特征寿命,β_m 为形状参数($m=1,2$)。现设参数真值为 $\eta_1=1800,\beta_1=2;\eta_2=1500,\beta_2=4$。

为分析对比,采用如式(4-141)所得统计分析模型,分别对 8 种典型竞争失效情况进行仿真分析。仿真参数如表 4-12 所示,表中 n 为样本量,P_c 为试验中截尾样本在试验样本中的比例,P_m 为失效模式未确定的失效样本数在试验样本中的比例,GH 表示 Gumbel-Hougaard Copula 模型,Ⅱ为乘积 Copula 模型,τ 为两失效模式间的Kendall秩相关系数,当失效模式相互独立时 $\tau=0$。

针对表中几种情况,利用蒙特卡罗方法产生完全失效试验数据,相关数据的仿真方法参考文献[8-9],每组参数随机产生 500 组数据,采用人工鱼群算法求

取对数似然函数极大值,并将对应的分布参数作为估计结果,取 500 次仿真结果的平均值作为最终估计结果,数据估计结果如表 4-13 所示。

表 4-12 仿真模型和参数

Cases	仿真参数					估计中采用的 Copula 模型
	n	P_c	P_m	仿真数据 Copula 模型	τ	
1	50	0	0	GH	0.8	GH
2	50	0	0.2	GH	0.8	GH
			0.4			
3	50	0.2	0	GH	0.8	GH
		0.4				
4	10	0	0	GH	0.8	GH
	20					
5	50	0	0	Ⅱ	0	Ⅱ
6	50	0	0	GH	0.8	Ⅱ
7	50	0	0	GH	0.8	Clayton
8	50	0	0	Clayton	0.8	Clayton

表 4-13 参数估计结果相对偏差

Cases	ε_{η_1}	ε_{β_1}	ε_{η_2}	ε_{β_2}	ε_{τ}	ε_{T_0}
1	1.31%	2.89%	0.05%	4.68%	0.07%	0.67%
2	2.38%	7.02%	0.16%	6.28%	0.94%	1.67%
	3.60%	5.70%	0.18%	6.10%	1.01%	1.77%
3	2.05%	5.37%	0.44%	2.67%	0.41%	1.65%
	2.09%	6.71%	1.78%	9.97%	5.24%	2.14%
4	6.95%	20.90%	0.59%	17.22%	4.78%	4.39%
	7.00%	9.45%	0.33%	8.85%	1.65%	2.92%
5	0.32%	4.51%	0.06%	3.25%	—	1.32%
6	39.13%	22.50%	13.53%	64.90%	—	2.58%
7	14.37%	6.87%	4.62%	33.05%	28.07%	2.06%
8	6.98%	2.67%	0.55%	7.70%	-4.82%	1.48%

为比较估计结果的好坏,表中列出相对估计偏差 $\varepsilon=|\hat{\boldsymbol{\theta}}-\boldsymbol{\theta}|/\boldsymbol{\theta}\times 100\%$,$\boldsymbol{\theta}=\{\eta_1,\beta_1,\eta_2,\beta_2,\tau,T_0\}$,$T_0$ 为平均寿命,$\hat{\boldsymbol{\theta}}$ 为 $\boldsymbol{\theta}$ 的估计值。为直观表示估计结果

与真值之间的一致性，图 4-7～图 4-12 列出了表 4-12 所示各种实例情形的估计结果与真值的累积失效函数曲线（CDF）对比，图中"True"表示仿真真值对应结果，"MLE"表示为估计参数对应结果。

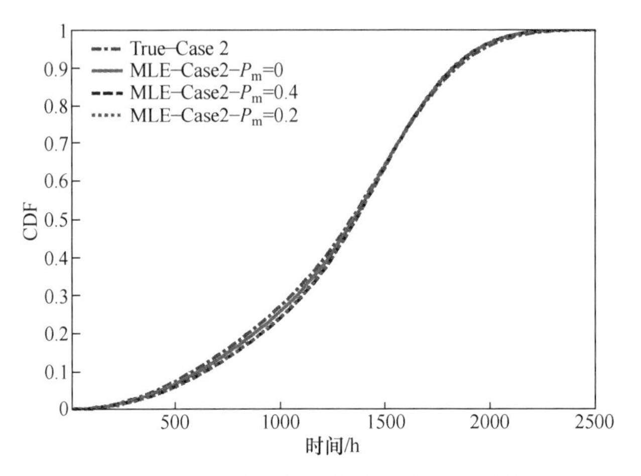

图 4-7　不同 P_m 与真值对应的 CDF 曲线

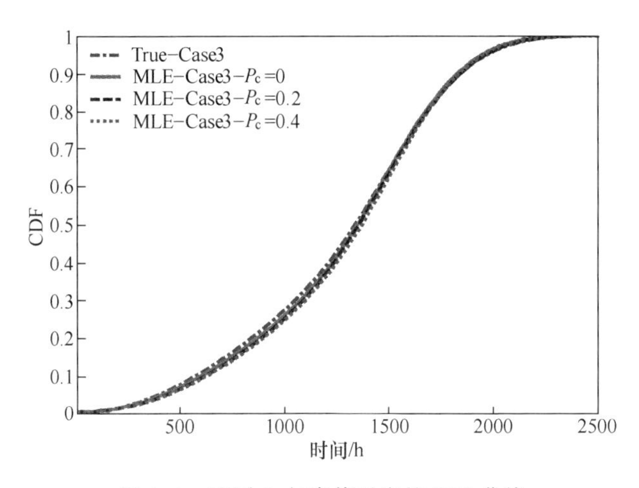

图 4-8　不同 P_c 与真值对应的 CDF 曲线

从统计分析结果可以得到以下结论：

(1) 从表 4-13 和 CDF 曲线图可以看出，通过本书模型得到的估计结果无论是竞争失效相关（Case 1～Case 4，Case 8）还是失效独立（Case 5），都与真值非常接近，估计精度很高。在竞争失效相关统计分析中，对于完整数据（Case 1、Case 4 和 Case 8）和非完整数据（Case 2 和 Case 3）的估计也都得到了较为准确的结果。由此可见，本书模型对于竞争失效寿命试验统计分析具有很好的适用

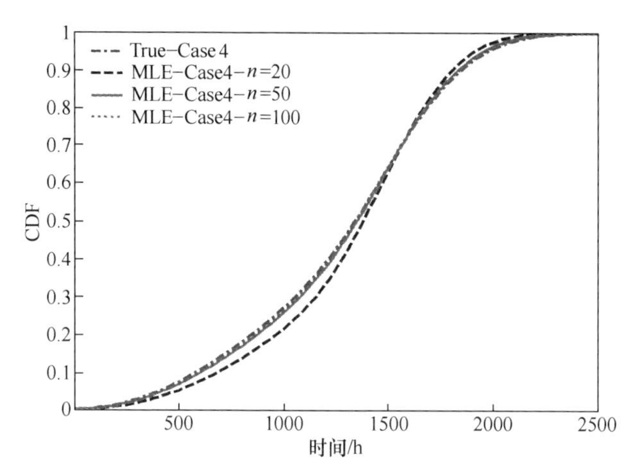

图 4-9　不同 n 与真值对应的 CDF 曲线

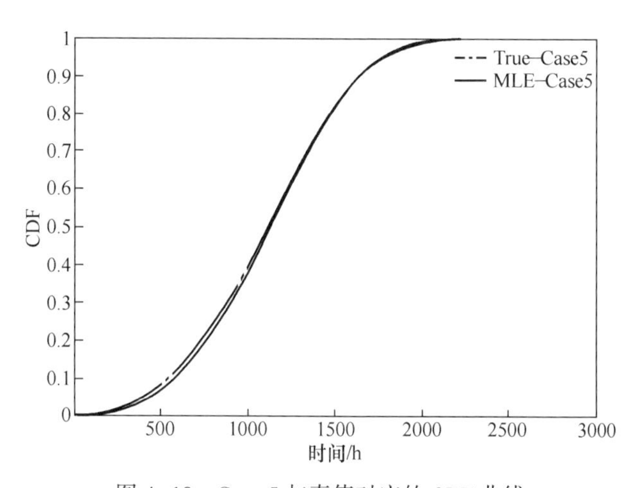

图 4-10　Case 5 与真值对应的 CDF 曲线

性。同时,从 Case 1～Case 4 的结果对比可以看出,随着信息量的增大(如样本量增加、截尾比例降低、失效模式未确定比例降低),统计误差减少,表明了方法具有良好的渐近性。

(2) 从 Case 1～Case 4 的结果对比和图 4-7～图 4-9 可以看出,试验中的样本量、截尾比例和失效模式未确定比例对本书模型估计精度均有影响,其中样本量的影响最大(Case 4),其次是截尾比例(Case 3),失效模式未确定比例影响较小(Case 2),因此在竞争失效寿命统计分析中,应确保充足的失效信息(样本量、失效数据和失效模式),才能得到更为准确的估计结果。

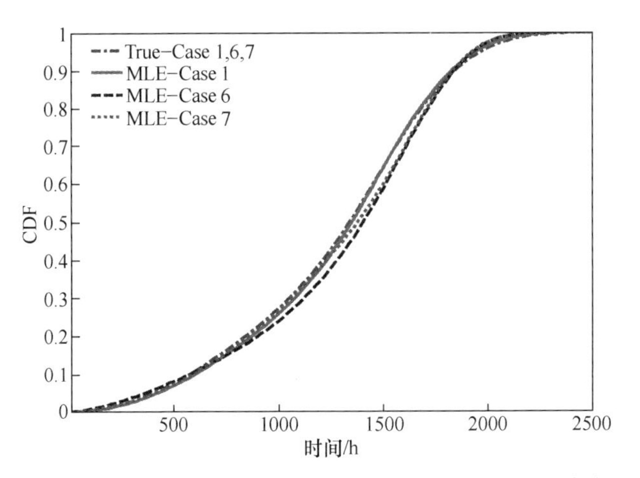

图 4-11　Case 1、Case 6 和 Case 7 与真值对应的 CDF 曲线

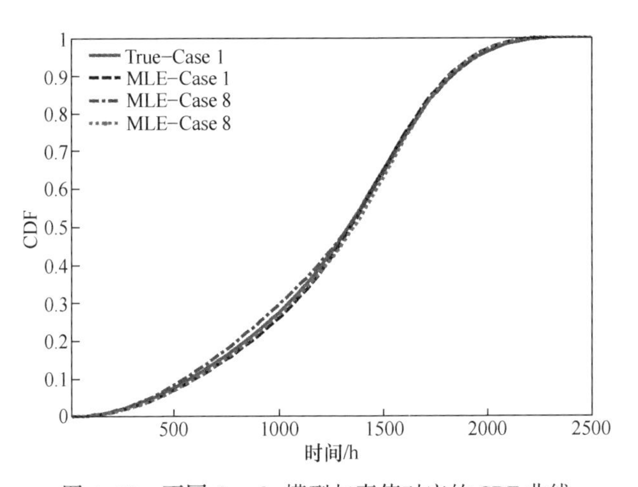

图 4-12　不同 Copula 模型与真值对应的 CDF 曲线

(3) 从 Case 6 的结果(表 4-13 和图 4-11)可以看出,对于各失效模型相关的场合,如果采用失效相互独立的假设,所得到的结果和真值会有很大的偏差,对比 Case 1 的估计结果,其相对偏差相差 10 倍之多,因此在产品寿命评估中要充分考虑到各失效模式之间的相关性,采用正确的统计分析方法,才能避免出现较大的估计偏差。

(4) 在 Case 1 和 Case 8 中,虽然两失效模式的边缘分布和秩相关系数相同,但是相关结构即 Copula 模型不同,产品的寿命分布也会存在差异

(图 4-12),因此仅依靠边缘分布和相关系数无法准确确定失效联合分布,必须通过一定的方法建立二者之间的相关结构,而 Copula 模型正是连接边缘分布和联合分布的工具,这同时也说明进行失效相关加速寿命统计分析时,选择合适的 Copula 模型很重要,如 Case 7 的情况在统计分析时选择了错误的 Copula 模型(Case 6 实际上也可以看作是选择了错误的 Copula 模型的情况),得到的结果自然会出现很大误差。

4.5 竞争失效相关场合加速寿命试验统计分析方法

本节在竞争失效相关场合寿命试验统计分析方法基础上,研究竞争失效相关场合加速寿命试验统计分析方法,分别研究恒定应力、步进应力和变应力加速寿命试验建模分析方法。

4.5.1 恒定应力加速寿命试验统计分析

竞争失效相关场合恒定应力加速寿命试验统计分析问题描述与 4.1.2 节类似,试验数据如式(4-13),其基本模型假设如下:

(1) 寿命分布模型。产品各失效模式可能属于不同类型分布族,如正态分布、指数分布、威布尔分布等,但是每一失效模式在各应力水平下的潜在失效时间服从同一分布族,即分布类型不变,改变的只有分布参数,t 时间内,在应力水平 S_i 下第 m 个失效模式的失效概率、失效概率密度、可靠度和故障率函数分别记为 $F_{im}(t|\boldsymbol{\theta}_{im})$、$f_{im}(t|\boldsymbol{\theta}_{im})$、$R_{im}(t|\boldsymbol{\theta}_{im})$ 和 $h_{im}(t|\boldsymbol{\theta}_{im})$($i=1,2,\cdots,k$;$m=1,2,\cdots,p$)。$\boldsymbol{\theta}_{im}$ 为第 m 个失效模式在应力水平 S_i 下的分布参数。

(2) 加速因子模型。在应力水平 $S_1,S_2,\cdots,S_k$ 下,产品的每个失效模式的失效机理保持不变,其必要条件是各失效模式潜在失效分布参数满足一定的约束,如对于威布尔分布,其约束为形状参数在各应力水平下保持不变。

(3) 加速模型。可靠性特征量(如平均寿命、特征寿命、失效率等)与加速应力存在固定的函数关系即加速模型,加速模型可根据敏感应力的类型(如温度、湿度或多应力综合),采用阿伦尼乌斯模型、逆幂率模型、艾林模型、多项式加速模型等模型进行拟合:$\boldsymbol{\theta}_{im}=\Phi_m(S_i|\boldsymbol{\theta}_{\Phi m})$,$\Phi_m(\cdot)$ 为已知函数,$\boldsymbol{\theta}_{\Phi m}$ 为失效模式 m 的加速模型参数。

(4) 竞争失效模型。产品的失效时间 t_{ij} 是 p 个失效模式的最小发生时间,即 t_{ij} 是所有失效模式发生的时间以及截尾时间之间的最小值,$t_{ij}=\min(t_{ij}^{(1)},t_{ij}^{(2)},\cdots,t_{ij}^{(p)},t_{ic})$,其中 $t_{ij}^{(m)}$($m=1,2,\cdots,p$)表示失效模式 m 的潜在失效时间,

t_{ic} 为应力水平 S_i 下的定时截尾时间。

(5) Copula 模型。产品失效仅由 p 个失效模式之一引起,各失效模式的潜在失效时间 $t_{ij}^{(1)}, t_{ij}^{(2)}, \cdots, t_{ij}^{(p)}$ 不完全独立,其相关性通过 Copula 函数描述,其失效 Copula 函数及可靠度 Copula 函数分别为 $C_p(F_{i1}(t_{ij}^{(1)}), F_{i2}(t_{ij}^{(2)}), \cdots, F_{ip}(t_{ij}^{(p)}) | \boldsymbol{\theta}_C)$、$\hat{C}_p(R_{i1}(t_{ij}^{(1)}), R_{i2}(t_{ij}^{(2)}), \cdots, R_{ip}(t_{ij}^{(p)}) | \boldsymbol{\theta}_C)$, Copula 函数的参数 $\boldsymbol{\theta}_C$ 与加速应力水平无关。

对于 Copula 函数的参数 $\boldsymbol{\theta}_C$ 与加速应力水平无关的假定,可以理解为产品各失效模式潜在失效时间之间的相关性不变,这在工程实践中是大量存在的。各失效模式之间产生相关的原因是产品在工作过程中存在很大的耦合关系,如相互配合的尺寸、相关的运动参数、相同的工作环境以及共同完成某项功能等,这种耦合关系使得各失效模式的寿命模型或者功能函数中有了共同的或相关的随机变量,从而产生了失效相关的情况。在加速试验中,只要这些共同的或相关的随机变量的分布都不随加速应力变化,则失效模式间的相关性不会变化。

例如,对轴承来讲,影响各单元寿命的主要因素有结构尺寸、载荷、旋转速度、材料性能参数和工作条件(如润滑和冷却),各单元寿命模型中的结构尺寸、载荷、旋转速度是耦合在一起的,因此其失效是相关的,但是对于以载荷为加速应力的轴承加速寿命试验来讲,当载荷加大时,这些耦合因素如结构尺寸、旋转速度的分布并不会因载荷而改变,因此其相关关系也不会改变或者可以认为不会改变。

基于上述基本模型假设,产品在应力水平 S_i 下的竞争失效寿命分布为

$$\begin{aligned} F_i(t) &= 1 - R_i(t) = 1 - P(T_{i1} > t, T_{i2} > t, \cdots, T_{ip} > t) \\ &= 1 - \hat{C}_p(R_{i1}(t|\boldsymbol{\theta}_{i1}), R_{i2}(t|\boldsymbol{\theta}_{i2}), \cdots, R_{ip}(t|\boldsymbol{\theta}_{ip}) | \boldsymbol{\theta}_{\mathrm{c}}) \end{aligned} \tag{4-145}$$

式中: $\boldsymbol{\theta}_{im} = \boldsymbol{\Phi}_m(S_i | \boldsymbol{\theta}_{\Phi m})$, 即加速模型; $i = 0, 1, \cdots, k$; $m = 1, 2, \cdots, p$。

由此只要得到参数 $\boldsymbol{\theta}_{\Phi m}$、$\boldsymbol{\theta}_C$ 的估计值 $\hat{\boldsymbol{\theta}}_{\Phi m}$、$\hat{\boldsymbol{\theta}}_C$, 就可通过式(4-145)外推到产品在各应力水平下的寿命分布。

由式(4-139),在竞争失效相关场合加速寿命试验中, S_i 应力水平下,第 j 个失效数据的似然函数为

$$\begin{aligned} L_{ij}(\boldsymbol{\theta}_{\Phi m}, \boldsymbol{\theta}_C | x_{ij}) &= c_{ij}^{(1)} \cdot f_{i1}(t_{ij}) \varphi_{i,1}(t_{ij}) + c_{ij}^{(2)} \cdot f_{i2}(t_{ij}) \varphi_{i,2}(t_{ij}) + \cdots \\ &\quad + c_{ij}^{(p)} \cdot f_{ip}(t_{ij}) \varphi_{i,p}(t_{ij}) \\ &= \sum_{m=1}^{p} [c_{ij}^{(m)} f_{im}(t_{ij}) \varphi_{i,m}(t_{ij})] \end{aligned} \tag{4-146}$$

式中

$$\varphi_{i,m}(t)=\frac{\partial\hat{C}(R_{i\overline{m}}(t),R_{im}(t))}{\partial R_{im}(t)}=\frac{\partial\hat{C}_p(R_{i1}(t),R_{i2}(t),\cdots,R_{ip}(t))}{\partial R_{im}(t)} \tag{4-147}$$

由式(4-140)，S_i 应力水平下,截尾数据的似然函数为

$$\begin{aligned}L_{ij}(\boldsymbol{\theta}_{\Phi m},\boldsymbol{\theta}_C|t_{ic})&=P(T_{i1}>t_{ic},T_{i2}>t_{ic},\cdots,T_{ip}>t_{ic})\\&=\hat{C}_p(R_{i1}(t_{ic}),R_{i2}(t_{ic}),\cdots,R_{ip}(t_{ic}))\end{aligned} \tag{4-148}$$

式中：t_{ic} 为 S_i 应力水平下的定时截尾时间,对于定数截尾，$t_{ic}=t_{ir_i}$；$\hat{C}_p(R_{i1}(\cdot),R_{i2}(\cdot),\cdots,R_{ip}(\cdot))$ 为 p 维可靠度 Copula 函数。

由此所有试验数据的对数似然函数为

$$\begin{aligned}\ln L(\boldsymbol{\theta}_{\Phi m},\boldsymbol{\theta}_C|\boldsymbol{x})=&\sum_{i=1}^{k}\Big\{\sum_{j=1}^{r_i}\ln\sum_{m=1}^{p}[c_{ij}^{(m)}f_{im}(t_{ij})\varphi_{i,m}(t_{ij})]\\&+(n_r-r_i)\ln\hat{C}_p(R_{i1}(t_{ic}),R_{i2}(t_{ic}),\cdots,R_{ip}(t_{ic}))\Big\}\end{aligned} \tag{4-149}$$

对各失效模式相互独立的情况,其 Copula 为乘积 Copula[6],即

$$\hat{C}_p(R_{i1}(t_{ij}^{(1)}),R_{i2}(t_{ij}^{(2)}),\cdots,R_{ip}(t_{ij}^{(p)}))=\prod_{m=1}^{p}R_{im}(t_{ij}^{(m)}) \tag{4-150}$$

于是

$$\varphi_{i,m}(t)=\frac{\partial\hat{C}_p(R_{i1}(t),R_{i2}(t),\cdots,R_{ip}(t))}{\partial R_{im}(t)}=\frac{\partial\prod_{m=1}^{p}R_{im}(t)}{\partial R_{im}(t)}=\prod_{l=1,l\neq m}^{p}R_{il}(t) \tag{4-151}$$

将式(4-151)代入式(4-149)可得到竞争失效独立情况下的加速寿命试验统计分析模型：

$$\begin{aligned}\ln L(\boldsymbol{\theta}_{\Phi m}|\boldsymbol{x}&=\sum_{i=1}^{k}\Big\{\sum_{j=1}^{r_i}\ln\sum_{m=1}^{p}\Big[c_{ij}^{(m)}f_{im}(t_{ij})\prod_{l=1,l\neq m}^{p}R_{il}(t_{ij})\Big]+(n_i-r_i)\ln\prod_{m=1}^{p}R_{im}(t_{ic})\Big\}\\&=\sum_{i=1}^{k}\Big\{\sum_{j=1}^{r_i}\ln\sum_{m=1}^{p}\Big[c_{ij}^{(m)}h_{im}(t_{ij})\prod_{l=1}^{p}R_{il}(t_{ij})\Big]+(n_i-r_i)\sum_{m=1}^{p}\ln R_{im}(t_{ic})\Big\}\\&=\sum_{i=1}^{k}\Big(\sum_{j=1}^{r_i}\Big\{\sum_{v=1}^{p}\ln[R_{iv}(t_{ij})]+\ln\sum_{m=1}^{p}[c_{ij}^{(m)}h_{im}(t_{ij})]\Big\}\\&\quad+(n_i-r_i)\sum_{m=1}^{p}\ln[R_{im}(t_{ic})]\Big)\end{aligned} \tag{4-152}$$

式中：$h_{im}(t)=f_{im}(t)/R_{im}(t)$ 为失效模式 m 在 S_i 应力水平下的故障率函数。对比式(4-22)和式(4-152)可以发现二者完全一致。

通过求取使得式(4-149)取极大值对应的参数$\boldsymbol{\theta}_{\Phi m}$、$\boldsymbol{\theta}_C(m=1,2,\cdots,p)$，得到产品各失效模式的加速模型参数、各失效模式分布参数以及 Copula 函数参数估计值$\hat{\boldsymbol{\theta}}_{\Phi m}$、$\hat{\boldsymbol{\theta}}_C$，继而可以利用式(4-145)外推到产品在其他应力水平下(如S_0)的产品寿命分布。

4.5.2 步进应力加速寿命试验统计分析

步进应力加速寿命试验和步降应力加速试验统计分析方法相同,本节以步进应力加速试验为例研究这一类加速寿命试验统计分析方法。

步进应力加速寿命试验问题可以描述为:设产品具有p个失效模式,记为$\{1,2,\cdots,p\}$,产品的失效是由p个失效模式之一产生。现对产品进行步进应力加速寿命试验,选择k个加速应力水平$S_1,S_2,\cdots,S_k$，并满足$S_0<S_1<S_2<\cdots<S_k$，其中S_0为使用应力水平。随机抽样n个样品投入试验,每个应力水平下的试验持续时间分别为$\tau_1,\tau_2,\cdots,\tau_k$(采用定时截尾方式或定数截尾方式),设在应力水平$S_i$下的失效数为$r_i$,则试验结束时截尾数$n_c=n-\sum_{i=1}^{k}r_i$。其试验数据与式(4-13)类似:

$$\boldsymbol{x}=\{x_{ij}|x_{ij}=(t_{ij},C_{ij}),i=1,2,\cdots,k;j=1,2,\cdots,n_i\} \tag{4-153}$$

式中:t_{ij}为S_i下样品j在失效或者截尾时的观测时间,且t_{ij}满足$\tau_{i-1}<t_{ij}\leqslant\tau_i(\tau_0=0)$。$C_{ij}=(c_{ij}^{(1)},c_{ij}^{(2)},\cdots,c_{ij}^{(p)})$为$t_{ij}$的失效模式标记符,用以标记导致产品失效所对应的失效模式。$\forall m\in\{1,2,\cdots,p\}$，若$t_{ij}$为失效时间,且根据故障诊断发现产品失效由(或可能由)失效模式m引起,则$c_{ij}^{(m)}=1$;若t_{ij}为失效时间且不可能由失效模式m引起,或者t_{ij}为截尾时间,则$c_{ij}^{(m)}=0$。

竞争失效相关步进应力加速寿命试验统计分析基本模型需要在恒定应力情况下增加一个累积失效模型,即各失效模式的寿命仅依赖于已累积的失效和当前应力,而与累积方式无关。

步进应力加速试验的统计思路是根据纳尔逊累积失效模型,将步进试验数据转化为恒定应力试验数据,然后按照恒定应力加速试验的统计方法进行分析。

首先以累积失效模型为基础,分析步进应力加速寿命试验各失效模式的失效分布函数。如图 4-13(a)所示为步进应力加速寿命试验载荷与时间的关系。设失效模式$m(m=1,2,\cdots,p)$在恒加试验S_i应力下的累积失效分布函数为$F_{im}(t)$(图 4-13(b)),而在步进试验中,失效模式m的累积失效分布函数为$F_m(t)$(图 4-13(c))。根据累积失效模型有:

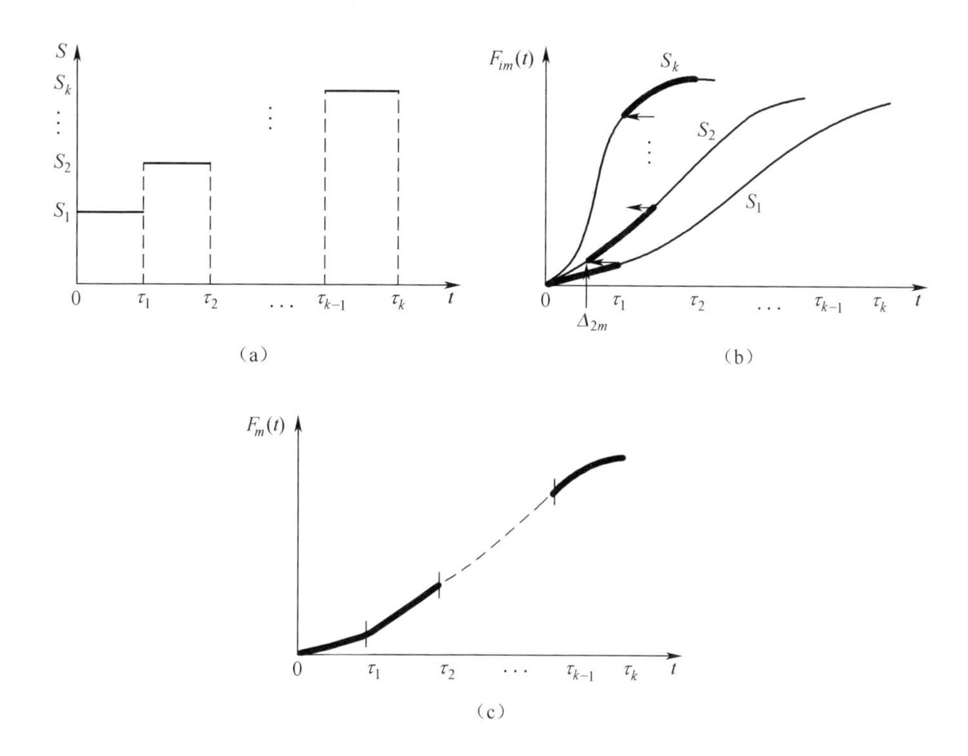

图 4-13　步进试验的累积失效分布函数分析

（1）$0 \leqslant t \leqslant \tau_1$，失效模式 m 在应力 S_1 的作用下，$F_m(t) = F_{1m}(t)$。

（2）$\tau_1 < t \leqslant \tau_2$，初始的累积失效概率为 $F_{1m}(\tau_1)$，根据纳尔逊累积失效模型，设 $F_{1m}(\tau_1)$ 与在 S_2 下作用 Δ_{2m} 时间产生的累积失效概率相当，如图 4-13(b)所示。即

$$F_{1m}(\tau_1) = F_{2m}(\Delta_{2m}) \tag{4-154}$$

此时，$F_m(t) = F_{2m}(\Delta_{2m} + t - \tau_1)$。

（3）$\tau_2 < t \leqslant \tau_3$，初始的累积失效概率为 $F_{2m}(\Delta_{2m} + \tau_2 - \tau_1)$，同样根据累积失效模型，设 $F_{2m}(\Delta_{2m} + \tau_2 - \tau_1)$ 与在 S_3 下作用 Δ_{3m} 时间产生的累积失效概率相当，即

$$F_{2m}(\Delta_{2m} + \tau_2 - \tau_1) = F_{3m}(\Delta_{3m}) \tag{4-155}$$

此时，$F_m(t) = F_{3m}(\Delta_{3m} + t - \tau_2)$。

（4）$S_4, S_5, \cdots, S_k$ 的分析依此类推。

上述分析可归纳为

$$F_m(t)=\begin{cases}F_{1m}(t),\tau_0\leqslant t\leqslant\tau_1;\tau_0=0,\Delta_{1m}=0\\F_{2m}(\Delta_{2m}+t-\tau_1),\tau_1<t\leqslant\tau_2;F_{1m}(\tau_1)=F_{2m}(\Delta_{2m})\\F_{3m}(\Delta_{3m}+t-\tau_2),\tau_2<t\leqslant\tau_3;F_{2m}(\Delta_{2m}+\tau_2-\tau_1)=F_{3m}(\Delta_{3m})\\\vdots\\F_{im}(\Delta_{im}+t-\tau_{i-1}),\tau_{i-1}<t\leqslant\tau_i;F_{(i-1)m}(\Delta_{(i-1)m}+\tau_{i-1}-\tau_{i-2})=F_{im}(\Delta_{im})\\\vdots\\F_{km}(\Delta_{km}+t-\tau_{k-1}),\tau_{k-1}<t\leqslant\tau_k;F_{(k-1)m}(\Delta_{(k-1)m}+\tau_{k-1}-\tau_{k-2})=F_{km}(\Delta_{km})\end{cases}\tag{4-156}$$

在试验时间 t 内,失效模式 $m(m=1,2,\cdots,p)$ 在恒定应力加速试验 S_i 应力下的累积失效函数为 $F_{im}(t)$,而在步进应力加速试验条件下,其累积失效概率为 $F_{im}(\Delta_{im}+t-\tau_{i-1})$,$\tau_{i-1}<t\leqslant\tau_i$,$\Delta_{im}$ 满足条件 $F_{(i-1)m}(\Delta_{(i-1)m}+\tau_{i-1}-\tau_{i-2})=F_{im}(\Delta_{im})$。由此知,转换为恒定应力加速试验后的步进应力加速寿命试验的寿命数据为

$$\boldsymbol{x}^*=\{x_{ij}^*\mid x_{ij}^*=(t_{ij}^*,C_{ij}),t_{ij}^*=\Delta_{im}+t_{ij}-\tau_{i-1},i=1,2,\cdots,k;j=1,2,\cdots,n_i\}\tag{4-157}$$

将数据代入到前恒定应力加速寿命试验统计分析模型,可得到步进应力加速寿命失效样品试验数据的极大似然模型。

S_i 应力水平下,第 j 个失效数据的似然函数为

$$\begin{aligned}L_{ij}(\boldsymbol{\theta}_{\Phi m},\boldsymbol{\theta}_C\mid x_{ij})&=c_{ij}^{(1)}\cdot f_{i1}(t_{ij}^*)\varphi_{i,1}(t_{ij}^*)+c_{ij}^{(2)}\cdot f_{i2}(t_{ij}^*)\varphi_{i,2}(t_{ij}^*)+\cdots\\&\quad+c_{ij}^{(p)}\cdot f_{ip}(t_{ij}^*)\varphi_{i,p}(t_{ij}^*)\\&=\sum_{m=1}^{p}[c_{ij}^{(m)}f_{im}(t_{ij}^*)\varphi_{i,m}(t_{ij}^*)]\\&=\sum_{m=1}^{p}[c_{ij}^{(m)}f_{im}(\Delta_{im}+t_{ij}-\tau_{i-1})\varphi_{i,m}(\Delta_{im}+t_{ij}-\tau_{i-1})]\end{aligned}\tag{4-158}$$

其中 $\varphi_i(m,t_{ij})$ 如式(4-147)所示。

对于完整步进应力加速寿命试验来讲,截尾只出现在最高应力水平,因此截尾数据的似然函数为

$$\begin{aligned}L_{kj}(\boldsymbol{\theta}_{\Phi m},\boldsymbol{\theta}_C\mid t_c)&=P(T_{k1}>t_c,T_{k2}>t_c,\cdots,T_{kp}>t_c)\\&=\hat{C}_p(R_{k1}(\Delta_{k1}+t_c-\tau_{k-1}),R_{k2}(\Delta_{k2}+t_c-\tau_{k-1}),\\&\quad\cdots,R_{kp}(\Delta_{kp}+t_c-\tau_{k-1}))\end{aligned}\tag{4-159}$$

式中:t_c 为步进应力加速寿命试验的定时截尾时间,一般来说,$t_c=\tau_k$,对于定数

截尾，$t_c = t_{r_k}$，$\hat{C}_p(R_{i1}(\cdot), R_{i2}(\cdot), \cdots, R_{ip}(\cdot))$为 p 维可靠度 Copula 函数。

由此所有试验数据的对数似然函数为

$$
\begin{aligned}
\ln L(\boldsymbol{\theta}_{\Phi m}, \boldsymbol{\theta}_C | \boldsymbol{x}) = & \sum_{i=1}^{k} \left\{ \sum_{j=1}^{r_i} \ln \sum_{m=1}^{p} \left[c_{ij}^{(m)} f_{im}(\Delta_{im} + t_{ij} - \tau_{i-1}) \varphi_{i,m}(\Delta_{im} + t_{ij} - \tau_{i-1}) \right] \right\} \\
& + \left(n - \sum_{i=1}^{k} r_i \right) \ln \hat{C}_p(R_{k1}(\Delta_{k1} + t_c - \tau_{k-1}), R_{k2}(\Delta_{k2} + t_c - \tau_{k-1}), \\
& \cdots, R_{kp}(\Delta_{kp} + t_c - \tau_{k-1})) \qquad (4-160)
\end{aligned}
$$

对各失效模式相互独立的情况有

$$
\begin{aligned}
\ln L(\boldsymbol{\theta}_{\Phi m} | \boldsymbol{x}) = & \sum_{i=1}^{k} \left\{ \sum_{j=1}^{r_i} \left\{ \sum_{v=1}^{p} \ln[R_{iv}(\Delta_{iv} + t_{ij} - \tau_{i-1})] + \ln \sum_{m=1}^{p} \left[c_{ij}^{(m)} h_{im}(\Delta_{im} + t_{ij} - \tau_{i-1}) \right] \right\} \right. \\
& \left. + \left(n - \sum_{i=1}^{k} r_i \right) \sum_{m=1}^{p} \ln R_{km}(\Delta_{km} + t_c - \tau_{k-1}) \right\} \qquad (4-161)
\end{aligned}
$$

式中：$h_{im}(t) = f_{im}(t)/R_{im}(t)$ 为失效模式 m 在 S_i 应力水平下的故障率函数。

通过求取使得式(4-160)取最大值对应的参数 $\boldsymbol{\theta}_{\Phi m}$、$\boldsymbol{\theta}_C(m = 1, 2, \cdots, p)$，得到产品各失效模式的加速模型参数、各失效模式分布参数以及 Copula 函数参数估计值 $\hat{\boldsymbol{\theta}}_{\Phi m}$、$\hat{\boldsymbol{\theta}}_C$，继而可以利用式(4-145)外推到产品在其他应力水平下(包括 S_0)的产品寿命分布。

4.5.3 应用案例：某机电产品恒定应力加速寿命试验

考虑到恒定应力加速寿命试验是步进应力加速寿命试验的基础，本节针对恒定应力加速寿命试验统计分析方法给出应用案例。

假定某机电产品存在两种失效模式，对该产品进行以温度为加速应力的恒定应力加速试验。共三个应力水平，分别为 $S_1 = 60℃$、$S_2 = 130℃$、$S_3 = 210℃$，使用应力 $S_0 = 20℃$。产品各失效模式的失效分布均符合威布尔分布，即 $t_{ij}^{(m)} \sim \text{Weibull}(\eta_{im}, \beta_m)$，$\eta_{im}$ 为产品失效模式 m 在应力水平 S_i 下的特征寿命，满足阿伦尼乌斯加速模型：$\ln\eta_{im} = a_m + b_m/S_i$，$a_m$，$b_m$ 为加速模型参数，β_m 为形状参数，在各应力水平下保持不变，$m = 1, 2$。现设参数真值为 $a_1 = 3$、$b_1 = 1500$、$\beta_1 = 2$；$a_2 = 4$、$b_2 = 1100$、$\beta_2 = 4$。为分析对比，采用本书所得统计分析模型，分别对以下几种竞争失效情况进行仿真分析：

Case 1：各两失效模式独立即，$\tau = 0$；

Case 2：两失效模式间的 Kendall 秩相关系数 $\tau = 0.8$，各失效模式间的可靠度 Copula 模型为单参数 Gumbel-Hougaard Copula 模型，采用竞争失效相关统计模型进行估计；

Case 3：两失效模式间的 Kendall 秩相关系数 $\tau=0.8$，两失效模式间的可靠度 Copula 模型与 Case 2 相同，但是采用失效独立分统计分析方法进行估计；

Case 4：两失效模式间的 Kendall 秩相关系数 $\tau=0.8$，各失效模式间的可靠度 Copula 模型为 Clayton Copula 模型，在估计时按照 Clayton Copula 模型估计；

Case 5：两失效模式间的可靠度 Copula 模型是 Case 2 的情况，但是在估计时按照 Clayton Copula 模型估计；

Case 6：两失效模式间的 Kendall 秩相关系数 $\tau=-0.8$，各失效模式间的可靠度 Copula 模型为 Frank Copula 模型，在估计时按照 Frank Copula 模型估计。

针对上述几种情况，利用蒙特卡罗方法产生完全失效试验数据，每个应力水平下的失效数据为 30 个，相关数据的仿真方法参考文献[9]，每组参数随机产生 500 组数据，采用人工鱼群算法求取对数似然函数极大值，并将对应的分布参数作为估计结果，取 500 次仿真结果的平均值作为最终估计结果。

统计分析结果如表 4-14～表 4-19 所示。为比较估计结果的好坏，表中列出相对估计偏差 $\varepsilon=|\hat{\boldsymbol{\theta}}-\boldsymbol{\theta}|/\boldsymbol{\theta}\times 100\%$，$\boldsymbol{\theta}=\{a_1,b_1,\beta_1,a_2,b_2,\beta_2,\tau,T_0\}$，$\hat{\boldsymbol{\theta}}$ 为 $\boldsymbol{\theta}$ 的估计值。同时为直观表示估计结果与仿真真值之间的吻合程度，图 4-14(a)～(f)分别绘制了 Case 1～Case 6 在估计参数与参数真值下的使用应力下产品累积失效概率随时间 t 的分布曲线（图中“True”表示仿真真值对应结果，“MLE”表示估计参数对应结果）。

表 4-14　Case 1 估计结果

参数	a_1	b_1	β_1	a_2	b_2	β_2	T_0
$\boldsymbol{\theta}$	3	1500	2	4	1100	4	1821.8169
$\hat{\boldsymbol{\theta}}$	3.0008	1500.3451	2.053	4.0192	1091.3465	4.144	1823.3204
ε	0.027%	0.023%	2.650%	0.480%	0.787%	3.600%	0.083%

表 4-15　Case 2 估计结果

参数	a_1	b_1	β_1	a_2	b_2	β_2	τ	T_0
$\boldsymbol{\theta}$	3	1500	2	4	1100	4	0.8	2055.3171
$\hat{\boldsymbol{\theta}}$	2.9304	1527.1232	2.0448	4.0004	1099.4634	4.2568	0.7903	2061.5732
ε	2.321%	1.808%	2.242%	0.010%	0.049%	6.420%	1.215%	0.304%

表 4-16 Case 3 估计结果

参数	a_1	b_1	β_1	a_2	b_2	β_2	τ	T_0
$\boldsymbol{\theta}$	3	1500	2	4	1100	4	0. 8	2055. 3171
$\hat{\boldsymbol{\theta}}$	2. 50451	1748. 2411	1. 77467	4. 5603	953. 7243	7. 3845	—	2098. 7049
ε	16. 516%	16. 549%	11. 267%	14. 006%	13. 298%	84. 614%	—	2. 111%

表 4-17 Case 4 估计结果

参数	a_1	b_1	β_1	a_2	b_2	β_2	τ	T_0
$\boldsymbol{\theta}$	3	1500	2	4	1100	4	0. 8	2026. 7471
$\hat{\boldsymbol{\theta}}$	2. 9066	1548. 0815	2. 0189	4. 0078	1101. 3205	4. 3019	0. 7460	2055. 7796
ε	-3. 113%	3. 205%	0. 945%	0. 194%	0. 120%	7. 546%	6. 754%	1. 432%

表 4-18 Case 5 估计结果

参数	a_1	b_1	β_1	a_2	b_2	β_2	τ	T_0
$\boldsymbol{\theta}$	3	1500	2	4	1100	4	0. 8	2055. 3171
$\hat{\boldsymbol{\theta}}$	2. 7523	1635. 9515	1. 9002	4. 181	1083. 0072	5. 8975	0. 4228	2232. 7220
ε	8. 257%	9. 063%	4. 990%	4. 525%	1. 545%	47. 438%	47. 150%	8. 632%

表 4-19 Case 6 估计结果

参数	a_1	b_1	β_1	a_2	b_2	β_2	τ	T_0
$\boldsymbol{\theta}$	3	1500	2	4	1100	4	-0. 8	1649. 5360
$\hat{\boldsymbol{\theta}}$	3. 0264	1486. 8420	2. 0783	3. 9736	1106. 3830	4. 2565	-0. 8308	1665. 0183
ε	0. 881%	0. 877%	3. 914%	0. 661%	0. 580%	6. 412%	3. 844%	0. 939%

从统计分析结果可以得到以下结论:

(1) 通过本书模型得到的估计结果无论是失效独立(Case 1)还是失效相关(Case 2、Case 4 和 Case 6),都与真值非常接近,使用应力下的平均寿命偏差在2%以内。从图 4-14 中对应的分布曲线的对比也可以看出,本书模型方法对于竞争失效相关(独立是相关的特殊情况)场合加速寿命试验具有很高的精度。

(2) 从 Case 3 的结果可以看出,对于各失效模型相关的场合,如果采用失效相互独立的假设,所得到的结果和真值会有很大的偏差,对比 Case 2 的估计结果,其相对偏差相差 10 倍之多。从图 4-14(c)的分布曲线明显看出误差很大,因此在产品寿命评估中要充分考虑到各失效模式之间的相关性,采用正确的统计分析方法,才能避免出现较大的估计偏差。

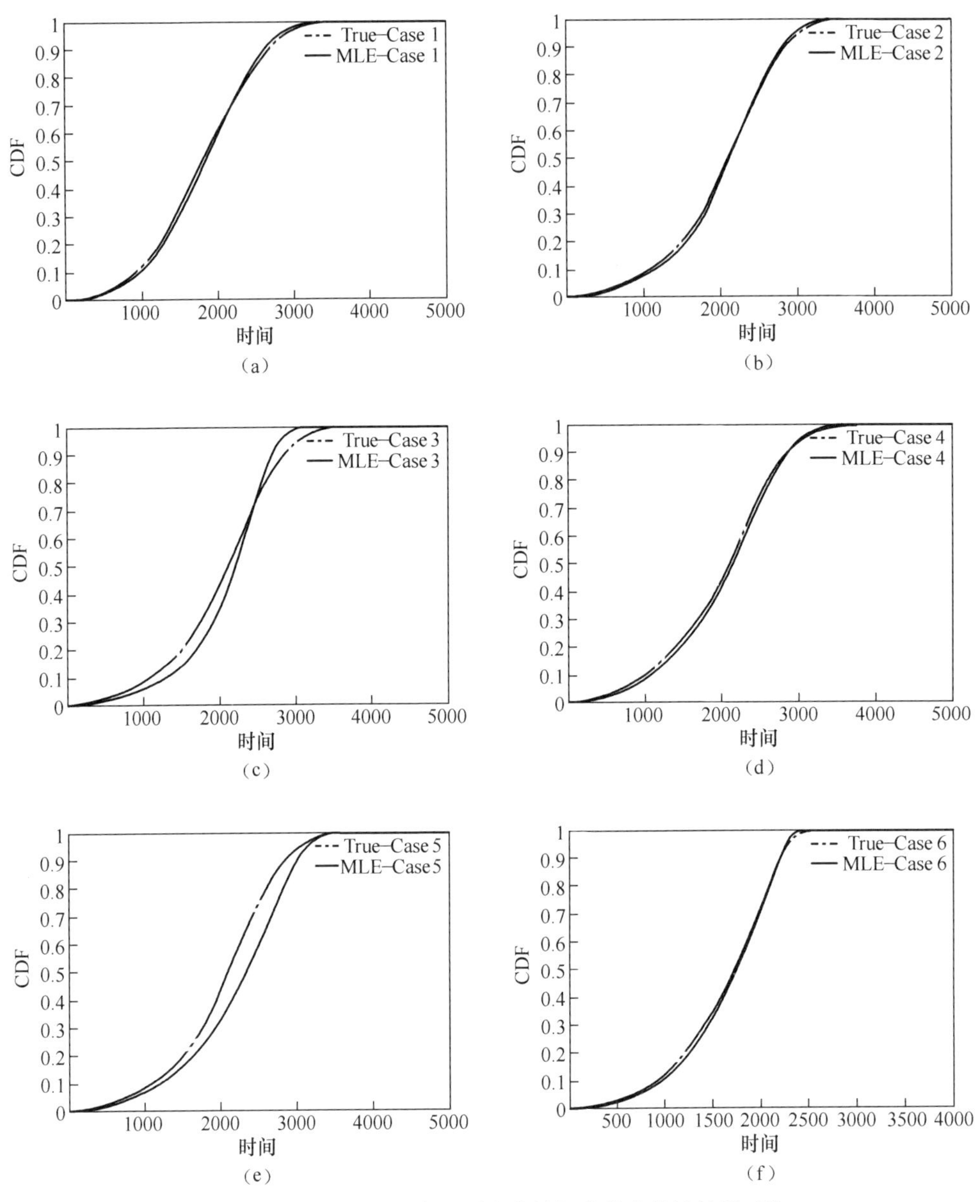

图 4-14　使用应力下产品累积失效概率分布估计结果对比

(a)Case1;(b)Case2;(c)Case3;(d)Case4;(e)Case5;(f)Case6。

(3) 在 Case 2 和 Case 4 中,虽然两失效模式的边缘分布和秩相关系数相同,但是相关结构即 Copula 模型不同,产品的寿命分布也会存在差异,因此仅依靠边缘分布和相关系数无法确定失效联合分布,必须通过一定的方法建立二者之间的相关结构,而 Copula 模型正是连接边缘分布和联合分布的工具。这同时也说明进行失效相关加速寿命统计分析时,选择合适的 Copula 模型很重要,如 Case 5 的情况在统计分析时选择了错误的 Copula 模型(Case 3 实际上也可以看作是选择了错误的 Copula 模型的情况),得到的结果会出现很大误差。

(4) 对比 Case 1、Case 2、Case 4 和 Case 6 的结果和图 4-15 可以看出,对于正相关的情况,失效相关情况(Case 2 和 Case 4)的平均寿命相对失效独立情况(Case 1)要大,对于负相关的情况,失效相关情况(Case 6)的平均寿命相对失效独立情况(Case 1)要小。从图 4-15 看,正相关时产品失效概率曲线在失效独立时曲线的下方,而负相关时则在独立曲线的上方。

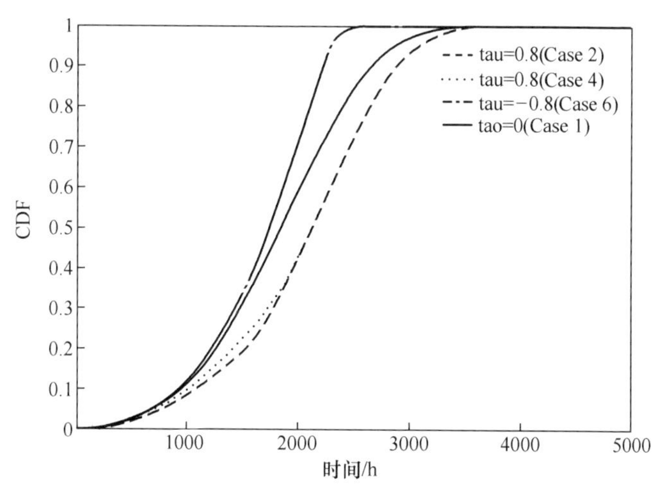

图 4-15 不同相关结构场合,S_0下产品累积失效分布对比

参考文献

[1] 张详坡. 基于加速试验的轴承寿命预测理论与方法研究[D]. 长沙:国防科技大学,2013.

[2] 张详坡,尚建忠,陈循,等. 三参数威布尔分布竞争失效场合变应力加速寿命试验统计分析[J]. 机械工程学报,2014,14:42-49.

[3] 严晓东,马翔,郑荣跃,等. 三参数威布尔分布参数估计方法比较[J]. 宁波大学学报(理工版),2005,18(3):301-305.

[4] 方华元,胡昌华,曹小平,等. 含约束条件遗传算法在三参数威布尔分布参数估计中的应用[J]. 战术导弹技术,2006(6):32-35,44.

[5] NELSON W. Accelerated Testing: Statistical Models, Test Plans and Data Analysis[M]. New

York: John Wiley & Sons, 1990.

[6] NELSEN R B. An introduction to copulas (2 edn) [M]. New York: Springer, 2006.

[7] ZHANG X P, SHANG J Z, CHEN X, et al. Statistical Inference of Accelerated Life Testing With Dependent Competing Failures Based on Copula Theory [J]. IEEE Transactions on Reliability, 2014, 63(3): 764-780.

[8] ZHANG X P, SHANG J Z, CHEN X, et al. Lifetime assessment method for products with dependent competing failures based on copula theory [J]. Proceedings of the Institution of Mechanical Engineers, Part C: Journal of Mechanical Engineering Science, 2014, 228(9): 1622-1633.

[9] WU F, VALDEZ E A. Simulating Exchangeable multivariate Archimedean copulas and its applications[J]. Communications in Statistics - Simulation and Computation, 2007, 36(5): 1019-1034.

第 5 章　多失效模式加速退化试验建模分析

对于退化型失效产品而言，利用加速试验开展可靠性与寿命评估与预测时，同样会面临多失效模式竞争失效场合的建模分析问题。对应于第 3 章单失效模式加速退化试验建模分析，本章提出多失效模式竞争失效场合加速退化试验建模分析方法。

首先提出多失效模式独立竞争失效场合的加速退化试验建模分析方法，包括恒定应力和步进应力两种情况。然后将第 3 章中基于退化量分布与基于伪失效寿命的加速退化数据建模分析方法与 Copula 理论和方法相结合，研究并建立竞争失效相关场合加速退化试验统计分析方法，用于解决退化型失效场合高可靠长寿命产品可靠性与寿命评估与预测问题。

5.1　多失效模式独立竞争失效场合恒定应力加速退化试验建模分析方法

5.1.1　问题描述和建模分析基本思路

设某产品共有 M 种失效模式，编号分别为 $1,2,\cdots,M$。其中包括 M_{H} 种突发型失效模式（编号为 $1,2,\cdots,M_{\mathrm{H}}$）和 M_{S} 种退化型失效模式（编号为 $M_{\mathrm{H}}+1,M_{\mathrm{H}}+2,\cdots,M$）。现对该产品进行恒定应力加速试验，以评估产品在正常应力水平 S_0 下的使用寿命。试验的 E 个加速应力水平为 $S_i(i=1,2,\cdots,E)$，在 S_i 下抽样选择 n_i 个样品进行试验。

1. 试验数据

产品的恒加试验数据包含两部分：退化数据和失效数据。

1）退化数据

退化数据用以记录退化型失效模式的退化量测量值，记为 $\boldsymbol{y}=\{\boldsymbol{y}^{(M_{\mathrm{H}}+1)},\boldsymbol{y}^{(M_{\mathrm{H}}+2)},\cdots,\boldsymbol{y}^{(M)}\}$。其中 $\boldsymbol{y}^{(d)}(d=M_{\mathrm{H}}+1,M_{\mathrm{H}}+2,\cdots,M)$ 为退化型失效模式 d 的退化数据。

$$\boldsymbol{y}^{(d)}=\{y_{ij}^{(d)}(t_{i,k})\mid i=1,2,\cdots,E;j=1,2,\cdots,n_i;k=1,2,\cdots,K_i\} \quad (5-1)$$

其中,在 S_i 应力下共检测 K_i 次,$t_{i,k}$为第 k 次测量时间,$y_{ij}^{(d)}(t_{i,k})$ 为 S_i 应力下样品 j 的退化型失效模式 d 退化量 $D_{ij}^{(d)}(t)$ 在 $t_{i,k}$时刻的测量值[1]。

2) 失效数据

失效数据用以记录试验中产品的失效时间和对应的失效模式,可表示为

$$\boldsymbol{x}=\{x_{ij}\mid x_{ij}=(t_{ij},z_{ij}),i=1,2,\cdots,E;j=1,2,\cdots,n_i\} \quad (5-2)$$

由于产品失效模式可能较多甚至突发型失效与退化型失效并存,因此其失效数据较为复杂,下面作进一步分析。

(1) 失效数据构成。任一数据点 $x_{ij}(x_{ij}\in\boldsymbol{x})$ 主要由 t_{ij}和 z_{ij}两部分构成。

t_{ij}为 S_i 下样品 j 在失效或者截尾时的观测时间。即 t_{ij}是所有失效模式发生的时间以及截尾时间之间的最小值,$t_{ij}=\min(t_{ij}^{(1)},t_{ij}^{(2)},\cdots,t_{ij}^{(M)},\tau_i)$,其中 $t_{ij}^{(d)}$ 表示失效模式 d 的发生时间 $d=1,2,\cdots,M,\tau_i$ 为试验截尾时间。

对于突发型失效模式,$t_{ij}^{(d)}$ 由相应的故障诊断手段检测得到。若为连续检测,可获得 $t_{ij}^{(d)}$ 的确切时间;若为区间检测,则可在检测时间区间内进行插值作为 $t_{ij}^{(d)}$ 的近似时间。设在 $(t_{i,k-1},t_{i,k}]$ 时间内有 $l_{i,k}$ 个样品由失效模式 d 导致失效,$t_{i,k-1}$、$t_{i,k}$ 分别是第 $k-1$ 次和第 k 次的检测时间。则采用等时间间隔方式插值可得到 $(t_{i,k-1},t_{i,k}]$ 内第 $h(h\leqslant l_{i,k})$ 个失效时间为 $t_{ih}^{(d)}=t_{i,k-1}+h\cdot(t_{i,k}-t_{i,k-1})/(l_{i,k}+1)$。

对于退化型失效模式,$t_{ij}^{(d)}$ 则为伪失效寿命时间,首先由退化数据得到理论退化轨迹 $D_{ij}^{(d)}(t)$ 的参数估计值,然后根据失效阈值求出,具体步骤详见5.1.3节。

$z_{ij}=(z_{ij}^{(1)},z_{ij}^{(2)},\cdots,z_{ij}^{(M)})$ 为 t_{ij} 的失效模式标记符,用以标记导致产品失效所对应的失效模式。$\forall d\in\{1,2,\cdots,M\}$,若 t_{ij} 为失效时间,且根据故障诊断发现产品失效由(或可能由)失效模式 d 引起,则 $z_{ij}^{(d)}=1$;若 t_{ij} 为失效时间且不可能由失效模式 d 引起,或者 t_{ij} 为截尾时间,则 $z_{ij}^{(d)}=0$。

(2) 失效数据分类。对于任一数据点 $x_{ij}(x_{ij}\in\boldsymbol{x})$,可作以下分类:

① 完整数据点:产品的失效时间已知且对应的失效模式唯一确定。

② 失效模式未确定数据点:产品失效时间已知,但由于缺乏故障诊断手段或者故障诊断代价高昂,难以确定导致产品失效的失效模式。

③ 截尾数据点:产品失效时间未知,仅得到试验截尾时间。

令 $\Omega_{ij}=\sum_{d=1}^{M}z_{ij}^{(d)}$。由 z_{ij} 的定义,可根据 Ω_{ij} 的取值判断数据点的类型。当 $\Omega_{ij}=1$ 时,x_{ij} 为完整数据点;当 $\Omega_{ij}\in(1,M]$ 时,x_{ij} 为失效模式未确定数据点;

当 $\Omega_{ij}=0$ 时，x_{ij} 为截尾数据点。

在试验数据 $\boldsymbol{x}$ 中，对于任意的 $i=1,2,\cdots,E$ 和 $j=1,2,\cdots,n_i$，若 x_{ij} 均为完整数据点，则称试验数据 $\boldsymbol{x}$ 为完整数据，否则为非完整数据。非完整数据是产品竞争失效场合最为一般的数据形式，而完整数据是非完整数据的特例。

由于退化型失效模式的退化量在试验中是必须要测量的，所以退化型失效模式导致产品失效是很明确的，不存在失效模式不确定的情形。因此失效模式无法确定的情形主要限于突发型失效模式。为方便后续数据处理，在 $z_{ij}=(z_{ij}^{(1)},z_{ij}^{(2)},\cdots,z_{ij}^{(M)})$ 中仅保留 $d=1,2,\cdots,M_{\mathrm{H}}$ 的数据，得到突发型失效模式标记符 $z_{\mathrm{H}ij}=(z_{ij}^{(1)},z_{ij}^{(2)},\cdots,z_{ij}^{(M_{\mathrm{H}})})$。则突发型失效模式数据为

$$\boldsymbol{x}_{\mathrm{H}}=\{x_{\mathrm{H}ij}|x_{\mathrm{H}ij}=(t_{ij},z_{\mathrm{H}ij}),i=1,2,\cdots,E;j=1,2,n_i\} \tag{5-3}$$

同样地，令 $\Omega_{\mathrm{H}ij}=\sum_{d=1}^{M_{\mathrm{H}}}z_{\mathrm{H}ij}^{(d)}$。当 $\Omega_{\mathrm{H}ij}=1$ 时，x_{Hij} 为突发型完整数据点，即由突发型失效模式导致产品失效且其对应的失效模式唯一确定；当 $\Omega_{\mathrm{H}ij}\in(1,M_{\mathrm{H}}]$ 时，$x_{\mathrm{H}ij}$ 为突发型失效模式未确定数据点，即由突发型失效模式导致产品失效但其对应的失效模式无法确定；当 $\Omega_{\mathrm{H}ij}=0$ 时，$x_{\mathrm{H}ij}$ 为突发型截尾数据点，即 t_{ij} 时刻所有的突发型失效模式均未失效。

3）试验数据示例

假设某产品的失效模式包括两种突发型失效模式（编号分别为 1 和 2）和一种退化型失效模式（编号为 3，其失效阈值为 $D_{\mathrm{f}}^{(3)}=5.0$）。

例 1　S_1 应力下样品 5#于 350 小时时突然发生故障，通过故障诊断确定样品故障由失效模式 2 引起，则 $x_{15}=(t_{15},z_{15})$，其中 $t_{15}=350\mathrm{h}$，$z_{15}=(0,1,0)$。由于 $\Omega_{15}=1$，因此可判断 x_{15} 为完整数据点。突发型失效模式数据为 $x_{\mathrm{H}15}=(t_{15},z_{\mathrm{H}15})$，其中 $t_{15}=350\mathrm{h}$，$z_{\mathrm{H}15}=(0,1)$。

例 2　S_1 应力下样品 8#在试验至 480 小时时并无突发型失效发生，但通过对退化数据进行拟合分析，理论退化轨迹 $D_{18}^{(3)}(480)$ 刚好达到失效阈值 $D_{\mathrm{f}}^{(3)}=5.0$，即退化型失效模式 3 已发生导致样品失效。则 $x_{18}=(t_{18},z_{18})$，其中 $t_{18}=480\mathrm{h}$，$z_{18}=(0,0,1)$。由于 $\Omega_{18}=1$，因此可判断 x_{18} 为完整数据点。突发型失效模式数据为 $x_{\mathrm{H}18}=(t_{18},z_{\mathrm{H}18})$，其中 $t_{18}=480\mathrm{h}$，$z_{\mathrm{H}18}=(0,0)$。

例 3　S_2 应力下样品 3#在 280h 时突然发生故障，但仅能排除退化型失效模式 3（$D_{23}^{(3)}(280)$ 未达到失效阈值），而无法确定究竟是失效模式 1 还是失效模式 2 导致故障。则 $x_{23}=(t_{23},z_{23})$，其中 $t_{23}=280\mathrm{h}$，$z_{23}=(1,1,0)$。由于 $\Omega_{23}=2\in(1,3]$，因此可判断 x_{23} 为失效模式未确定数据点。突发型失效模式数据为 $x_{\mathrm{H}23}=(t_{23},z_{\mathrm{H}23})$，其中 $t_{23}=280\mathrm{h}$，$z_{\mathrm{H}23}=(1,1)$。

例 4 S_3 应力下样品 6#在 200h 停止试验时没有发生故障，则 $x_{36}=(t_{36},z_{36})$，其中 $t_{36}=200\text{h}$，$z_{36}=(0,0,0)$。由于 $\Omega_{36}=0$，因此可判断 x_{36} 为截尾数据点。突发型失效模式数据为 $x_{\text{H36}}=(t_{36},z_{\text{H36}})$，其中 $t_{36}=200\text{h}$，$z_{\text{H36}}=(0,0)$。

由此可见，产品加速试验最一般的情形为突发型失效模式与退化型失效模式并存，且数据为非完整数据。统计分析的关键问题是研究多种失效模式竞争情形下存在非完整数据时的分析方法。

2. 模型假设

(1) 竞争失效模型。产品的失效是且仅是由失效模式 $1,2,\cdots,M$ 之一引起，并且各失效模式的发生时间是统计独立的。产品失效时间 t_{ij} 是 M 种失效模式发生的最小时间，即 $t_{ij}=\min(t_{ij}^{(1)},t_{ij}^{(2)},\cdots,t_{ij}^{(M)})$，其中 $t_{ij}^{(d)}$ 表示失效模式 d 发生的时间，$d=1,2,\cdots,M$。

(2) 各失效模式的寿命模型。任一失效模式 $d(d=1,2,\cdots,M)$ 的失效时间服从某一特定的分布，如指数、威布尔、对数正态等。

(3) 退化型失效模式的退化模型。设 S_i 应力下样品 j 退化型失效模式 d 的理论退化轨迹 $D_{ij}^{(d)}(t)$ 可采用线性、对数线性、复合指数等模型来进行拟合。

(4) 加速模型。任一失效模式 $d(d=1,2,\cdots,M)$ 的加速模型可根据敏感应力类型（如温度、湿度或多应力综合），选用阿伦尼乌斯模型、逆幂率模型、艾林模型、多项式加速模型等模型进行拟合。

3. 统计分析基本思路

产品恒加试验统计分析的基本思路是：依据产品各失效模式统计独立的假设，将试验数据和模型分别按失效模式进行分离并进行统计分析，然后按照竞争失效模型进行综合得到产品的可靠性特征量，如图 5-1 所示。

需要特别指出的是，由于突发型失效模式可能存在产品故障所对应的失效模式无法确定的情形（即失效模式未确定数据点），使得各种突发型失效模式之间的数据存在一定的耦合，因此将所有的突发型失效模式作为一个整体进行统计分析。而每一种退化型失效模式的退化数据均是独立的，可以分别对各种退化型失效模式进行统计分析。

产品恒加试验统计分析主要步骤如下：

步骤 1 对加速试验数据和模型按失效模式进行分离。从失效数据 $\boldsymbol{x}$ 中分离出所有突发型失效模式数据 $\boldsymbol{x}_{\text{H}}$，其对应的模型参数为 $\boldsymbol{\theta}=\{\boldsymbol{\theta}^{(1)},\boldsymbol{\theta}^{(2)},\cdots,\boldsymbol{\theta}^{(M_{\text{H}})}\}$；从退化数据 $\boldsymbol{y}$ 中分离出每一种退化型失效模式的退化数据 $\boldsymbol{y}^{(d)}$，$d=M_{\text{H}}+1,M_{\text{H}}+2,\cdots,M$，其对应的模型参数为 $\boldsymbol{\psi}^{(d)}$，$d=M_{\text{H}}+1,M_{\text{H}}+2,\cdots,M$。

步骤 2 利用 $\boldsymbol{x}_{\text{H}}$ 对所有突发型失效模式（模型参数为 $\boldsymbol{\theta}=\{\boldsymbol{\theta}^{(1)},\boldsymbol{\theta}^{(2)},\cdots,$

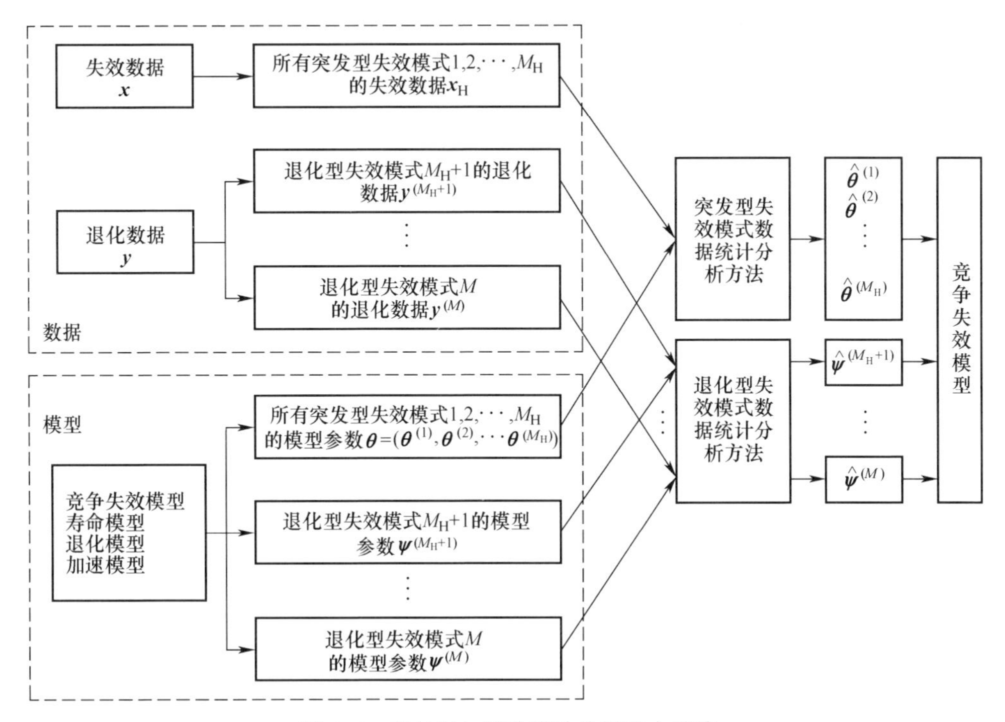

图 5-1　产品恒加试验统计分析基本思路

$\boldsymbol{\theta}^{(M_H)}\}$)进行统计,得到参数估计 $\hat{\boldsymbol{\theta}}$。具体的突发型失效模式统计分析方法详见 5.1.2 节。

步骤 3　对于退化型失效模式 $M_H+1,M_H+2,\cdots,M$,逐个利用退化型失效模式 $d(d=M_H+1,M_H+2\cdots,M)$ 的退化数据 $\boldsymbol{y}^{(d)}$,对该失效模式(模型参数为 $\boldsymbol{\psi}^{(d)}$)进行统计,得到参数估计 $\hat{\boldsymbol{\psi}}^{(d)}$。具体的退化型失效模式统计分析方法详见 5.1.3 节。

步骤 4　根据竞争失效模型,得到产品正常应力下的可靠性特征量估计值,可靠度估计表示为

$$\hat{R}(t)=\prod_{d=1}^{M_H}\hat{R}^{(d)}(t;\hat{\boldsymbol{\theta}}^{(d)})\cdot\prod_{d=M_H+1}^{M}\hat{R}^{(d)}(t;\hat{\boldsymbol{\psi}}^{(d)})\tag{5-4}$$

5.1.2　恒加试验突发型失效模式统计分析

失效数据的统计分析方法主要有图估计法(graphical method)、最小二乘估计(least square estimation, LSE)、最佳线性无偏估计(best linear unbiased estimation, BLUE)、简单线性无偏估计(good linear unbiased estimation, GLUE)

和极大似然估计(maximum likelihood estimation, MLE)等。由于产品加速试验普遍存在试验截尾、失效模式不确定等情形,因此突发型失效模式数据通常是非完整数据。图估计法、LSE、BLUE 和 GLUE 无法对非完整数据进行有效分析,相比而言,MLE 不仅适用于完整数据,同时适用于非完整数据,因此主要选择 MLE 对产品加速试验突发型失效模式数据进行统计分析。

本节首先采用目前常用的基于直接极大化算法的 MLE 对突发型失效模式数据进行统计分析,然后针对数据的非完整性,引入期望最大化(expectation maximum,EM)算法进行 MLE 求解,并通过蒙特卡罗仿真对这两种算法进行对比。最后分析基于 EM 算法的 MLE 统计分析的几点重要性质。

1. 基于直接极大化算法的极大似然估计

设突发型失效模式 $d(d=1,2,\cdots,M_{\mathrm{H}})$ 在 S_i 应力下的可靠度函数、失效概率密度函数和危害率函数分别为 $R_i^{(d)}(t)$、$f_i^{(d)}(t)$ 和 $h_i^{(d)}(t)$。

对于某一突发型失效模式数据点 $x_{\mathrm{H}ij}(x_{\mathrm{H}ij}\in\boldsymbol{x}_{\mathrm{H}})$,其似然函数为 $L_{ij}(\boldsymbol{\theta}|x_{\mathrm{H}ij})$

$$L_{ij}(\boldsymbol{\theta}|x_{\mathrm{H}ij})=\left[L_{ij}^{(\mathrm{CP})}(\boldsymbol{\theta}|x_{\mathrm{H}ij})\right]^{I(\sum_{d=1}^{M_{\mathrm{H}}}z_{\mathrm{H}ij}{}^{(d)}=1)}\cdot\left[L_{ij}^{(\mathrm{MK})}(\boldsymbol{\theta}|x_{\mathrm{H}ij})\right]^{I(1<\sum_{d=1}^{M_{\mathrm{H}}}z_{\mathrm{H}ij}{}^{(d)}\leqslant M_{\mathrm{H}})}\cdot\left[L_{ij}^{(\mathrm{CS})}(\boldsymbol{\theta}|x_{\mathrm{H}ij})\right]^{I(\sum_{d=1}^{M_{\mathrm{H}}}z_{\mathrm{H}ij}{}^{(d)}=0)}\tag{5-5}$$

式中:$\boldsymbol{\theta}=\{\boldsymbol{\theta}^{(1)},\boldsymbol{\theta}^{(2)},\cdots,\boldsymbol{\theta}^{(M_{\mathrm{H}})}\}$ 为模型未知参数;$I(Ex)$ 为标记函数,Ex 为表达式,当 Ex 成立时,$I(Ex)=1$,否则 $I(Ex)=0$;$L_{ij}^{(\mathrm{CP})}$、$L_{ij}^{((\mathrm{MK})}$ 和 $L_{ij}^{(\mathrm{CS})}$ 分别为突发型完整数据点、失效模式未确定数据点和截尾数据点对应的似然函数。

$$\begin{aligned}L_{ij}^{(\mathrm{CP})}(\boldsymbol{\theta}|x_{\mathrm{H}ij})&=\left[f_i^{(1)}(t_{ij})\cdot\prod_{\substack{v=1\\v\neq1}}^{M_{\mathrm{H}}}R_i^{(v)}(t_{ij})\right]^{z_{\mathrm{H}ij}{}^{(1)}}\times\cdots\\&\quad\times\left[f_i^{(M_{\mathrm{H}})}(t_{ij})\cdot\prod_{\substack{v=1\\v\neq M_{\mathrm{H}}}}^{M_{\mathrm{H}}}R_i^{(v)}(t_{ij})\right]^{z_{\mathrm{H}ij}{}^{(M_{\mathrm{H}})}}\\&=\left[h_i^{(1)}(t_{ij})\cdot\prod_{v=1}^{M_{\mathrm{H}}}R_i^{(v)}(t_{ij})\right]^{z_{\mathrm{H}ij}{}^{(1)}}\times\cdots\\&\quad\times\left[h_i^{(M_{\mathrm{H}})}(t_{ij})\cdot\prod_{v=1}^{M_{\mathrm{H}}}R_i^{(v)}(t_{ij})\right]^{z_{\mathrm{H}ij}{}^{(M_{\mathrm{H}})}}\\&=\prod_{d=1}^{M_{\mathrm{H}}}\left[h_i^{(d)}(t_{ij})\cdot\prod_{v=1}^{M_{\mathrm{H}}}R_i^{(v)}(t_{ij})\right]^{z_{\mathrm{H}ij}{}^{(d)}}\end{aligned}\tag{5-6}$$

$$L_{ij}^{(\mathrm{MK})}(\boldsymbol{\theta}|x_{\mathrm{H}ij})=z_{\mathrm{H}ij}{}^{(1)}\cdot f_i^{(1)}(t_{ij})\cdot\prod_{\substack{v=1\\v\neq1}}^{M_{\mathrm{H}}}R_i^{(v)}(t_{ij})+\cdots$$

$$+ z_{\mathrm{H}ij}{}^{(M_\mathrm{H})} \cdot f_i^{(M_\mathrm{H})}(t_{ij}) \cdot \prod_{\substack{v=1 \\ v \neq M_\mathrm{H}}}^{M_\mathrm{H}} R_i^{(v)}(t_{ij})$$

$$= z_{\mathrm{H}ij}{}^{(1)} \cdot h_i^{(1)}(t_{ij}) \cdot \prod_{v=1}^{M_\mathrm{H}} R_i^{(v)}(t_{ij}) + \cdots$$

$$+ z_{\mathrm{H}ij}{}^{(M_\mathrm{H})} \cdot h_i^{(M_\mathrm{H})}(t_{ij}) \cdot \prod_{v=1}^{M_\mathrm{H}} R_i^{(v)}(t_{ij})$$

$$= \sum_{d=1}^{M_\mathrm{H}} \left[z_{\mathrm{H}ij}{}^{(d)} h_i^{(d)}(t_{ij}) \cdot \prod_{v=1}^{M_\mathrm{H}} R_i^{(v)}(t_{ij}) \right] \tag{5-7}$$

$$L_{ij}^{(\mathrm{CS})}(\boldsymbol{\theta} | x_{\mathrm{H}ij}) = [R_i^{(1)}(t_{ij}) \times \cdots \times R_i^{(M_\mathrm{H})}(t_{ij})] = \prod_{d=1}^{M_\mathrm{H}} R_i^{(d)}(t_{ij}) \tag{5-8}$$

于是,产品恒加试验突发型失效模式数据 $\boldsymbol{x}_\mathrm{H}$ 的似然函数为

$$L(\boldsymbol{\theta} | \boldsymbol{x}_\mathrm{H}) = \prod_{i=1}^{E} \prod_{j=1}^{n_i} L_{ij}(\boldsymbol{\theta} | x_{\mathrm{H}ij}) \tag{5-9}$$

对未知参数 $\boldsymbol{\theta}$ 进行极大似然估计时,由于似然函数 L 形式复杂,因此通常无法获得解析解,目前常用牛顿-拉普森算法等数值解法对对数似然函数 $\ln L(\boldsymbol{\theta} | \boldsymbol{x}_\mathrm{H})$ 进行直接极大化,获得参数估计 $\hat{\boldsymbol{\theta}}$:

$$\hat{\boldsymbol{\theta}} = \arg \max_{\Theta} [\ln L(\boldsymbol{\theta} | \boldsymbol{x}_\mathrm{H})] \tag{5-10}$$

式中:$\boldsymbol{\Theta}$ 为参数空间。此处称为直接极大化算法,以与后面阐述的 EM 算法作区分。直接极大化算法应用到产品加速试验突发型失效模式数据的统计分析时,会遇到两个主要的困难:①对初始值很敏感,容易陷入不稳定的数值解;②在突发型失效模式众多的情况下,由于优化参数过多难以得到正确的优化结果。通过采用 EM 算法代替直接极大化算法进行极大似然估计,这些问题将得以很好解决。

2. 基于 EM 算法的极大似然估计

EM 算法最初由 Dempster 等提出并在数据统计中得到了推广和应用。EM 算法由期望步(E-step)和极大步(M-step)构成,主要用于缺失数据的参数估计,它通过假想隐含变量的存在,极大简化了似然函数方程,从而解决了方程求解问题。本节针对产品恒加试验突发型失效模式的非完整数据统计分析问题,通过引入 EM 算法,提出了基于 EM 算法的 MLE 分析方法。

对于数据点 $x_{\mathrm{H}ij} = (t_{ij}, z_{\mathrm{H}ij})$,无论它是何种数据类型,假想我们已经确切知道产品失效所对应的失效模式,从而得到相应的突发型完整数据点 $x_{\mathrm{H}ij}^* = (t_{ij}, u_{\mathrm{H}ij})$。$u_{\mathrm{H}ij}$ 为 t_{ij} 客观上对应的突发型失效模式标记符,若失效是由突发型失效

模式 $Y(Y \in \{1,\cdots,M_{\mathrm{H}}\})$ 引起的,则 $u_{\mathrm{H}ij}{}^{(Y)}=1$ 且 $u_{\mathrm{H}ij}{}^{(d)}=0(d=1,2,\cdots,M_{\mathrm{H}}$ 且 $d \neq Y)$。在失效模式未确定及截尾的情况下,$u_{\mathrm{H}ij}$ 无法由观测值 $z_{\mathrm{H}ij}$ 进行确定,是个假想的隐含变量。

1) 期望步

给定实际观测数据 $\boldsymbol{t}=\{t_{ij}|i=1,2,\cdots,E;j=1,2,\cdots,n_i\}$、假想的突发型完整数据 $\boldsymbol{x}_{\mathrm{H}}^*=\{x_{\mathrm{H}ij}^*|i=1,2,\cdots,E;j=1,2,\cdots,n_i\}$ 和 s 步参数估计 $\boldsymbol{\theta}_s$,计算 $\boldsymbol{x}_{\mathrm{H}}^*$ 对数似然函数 $\ln L^{(\mathrm{CP})}(\boldsymbol{\theta}|\boldsymbol{x}_{\mathrm{H}}^*)$ 的期望:

$$Q(\boldsymbol{\theta}|\boldsymbol{\theta}_s)=E[\ln L^{(\mathrm{CP})}(\boldsymbol{\theta}|\boldsymbol{x}_{\mathrm{H}}^*)|\boldsymbol{t},\boldsymbol{\theta}_s] \tag{5-11}$$

根据式(5-6)求 $\ln L_{ij}^{(\mathrm{CP})}(\boldsymbol{\theta}|x_{\mathrm{H}ij}^*)$,可得

$$\begin{aligned}\ln L_{ij}^{(\mathrm{CP})}(\boldsymbol{\theta}|x_{\mathrm{H}ij}{}^*)&=\ln\left[\prod_{d=1}^{M_{\mathrm{H}}}\left[h_i^{(d)}(t_{ij})\cdot\prod_{v=1}^{M_{\mathrm{H}}}R_i^{(v)}(t_{ij})\right]^{u_{\mathrm{H}ij}{}^{(d)}}\right]\\&=\sum_{d=1}^{M_{\mathrm{H}}}[u_{\mathrm{H}ij}{}^{(d)}\cdot\ln h_i^{(d)}(t_{ij})]+\sum_{d=1}^{M_{\mathrm{H}}}u_{\mathrm{H}ij}{}^{(d)}\cdot\sum_{v=1}^{M_{\mathrm{H}}}[\ln R_i^{(v)}(t_{ij})]\\&=\sum_{d=1}^{M_{\mathrm{H}}}[u_{\mathrm{H}ij}{}^{(d)}\cdot\ln h_i^{(d)}(t_{ij})]+\sum_{v=1}^{M_{\mathrm{H}}}[\ln R_i^{(v)}(t_{ij})]\\&=\sum_{d=1}^{M_{\mathrm{H}}}[u_{\mathrm{H}ij}{}^{(d)}\cdot\ln h_i^{(d)}(t_{ij})+\ln R_i^{(d)}(t_{ij})]\end{aligned} \tag{5-12}$$

从而

$$\begin{aligned}\ln L^{(\mathrm{CP})}(\boldsymbol{\theta}|\boldsymbol{x}_{\mathrm{H}}^*)&=\sum_{i=1}^{E}\sum_{j=1}^{n_i}\ln L_{ij}^{(\mathrm{CP})}(\boldsymbol{\theta}|x_{\mathrm{H}_{ij}}^*)\\&=\sum_{i=1}^{E}\sum_{j=1}^{n_i}\sum_{d=1}^{M_{\mathrm{H}}}[u_{\mathrm{H}ij}^{(d)}\cdot\ln h_i^{(d)}(t_{ij})+\ln R_i^{(d)}(t_{ij})]\end{aligned} \tag{5-13}$$

将式(5-13)代入式(5-11)得

$$\begin{aligned}Q(\boldsymbol{\theta}|\boldsymbol{\theta}_s)&=E[\ln L^{(\mathrm{CP})}(\boldsymbol{\theta}|\boldsymbol{x}_{\mathrm{H}}^*)|\boldsymbol{t},\boldsymbol{\theta}_s]\\&=\sum_{i=1}^{E}\sum_{j=1}^{n_i}\sum_{d=1}^{M_{\mathrm{H}}}[E(u_{\mathrm{H}ij}{}^{(d)}|t_{ij},\boldsymbol{\theta}_s)\cdot\ln h_i^{(d)}(t_{ij})+\ln R_i^{(d)}(t_{ij})]\\&=\sum_{d=1}^{M_{\mathrm{H}}}Q_d(\boldsymbol{\theta}^{(d)}|\boldsymbol{\theta}_s)\end{aligned} \tag{5-14}$$

式中

$$Q_d(\boldsymbol{\theta}^{(d)}|\boldsymbol{\theta}_s)=\sum_{i=1}^{E}\sum_{j=1}^{n_i}[E(u_{\mathrm{H}ij}{}^{(d)}|t_{ij},\boldsymbol{\theta}_s)\cdot\ln h_i^{(d)}(t_{ij})+\ln R_i^{(d)}(t_{ij})] \tag{5-15}$$

由式(5-14)可看出,求 $Q_d(\boldsymbol{\theta}^{(d)}|\boldsymbol{\theta}_s)$ 的关键在于计算 $E(u_{\mathrm{H}ij}{}^{(d)}|t_{ij},\boldsymbol{\theta}_s)$ 的

取值。

（1）对于突发型完整数据点，$u_{\mathrm{H}ij}^{(d)}=z_{\mathrm{H}ij}^{(d)}$，因此 $E(u_{\mathrm{H}ij}{}^{(d)}|t_{ij},\boldsymbol{\theta}_s)=z_{\mathrm{H}ij}^{(d)}$。

（2）对于突发型截尾数据点，$u_{\mathrm{H}ij}^{(d)}=z_{\mathrm{H}ij}^{(d)}=0$，因此 $E(u_{\mathrm{H}ij}{}^{(d)}|t_{ij},\boldsymbol{\theta}_s)=0$。

（3）对于突发型失效模式未确定数据点，设不引起产品失效的失效模式有 l_0 个，而有可能引起产品失效的失效模式有 l_1 个，$l_0+l_1=M_{\mathrm{H}}$。编号的集合分别为 $V=\{v_1,v_2,\cdots,v_{l_0}\}$ 和 $W=\{w_1,w_2,\cdots,w_{l_1}\}$，$V\cup W=\{1,2,\cdots,M_{\mathrm{H}}\}$。

$\forall d\in V$，有 $u_{\mathrm{H}ij}^{(d)}=z_{\mathrm{H}ij}^{(d)}=0$，因此 $E(u_{\mathrm{H}ij}^{(d)}|t_{ij},\boldsymbol{\theta}_s)=0$；

$\forall d\in W$，$z_{\mathrm{H}ij}^{(d)}=1$，但 $u_{\mathrm{H}ij}^{(d)}$ 可能取 1 也可能取 0，因此 $u_{\mathrm{H}ij}^{(d)}$ 服从伯努利分布（Bernoulli distribution），其期望值

$$E(u_{\mathrm{H}ij}^{(d)}|t_{ij},\boldsymbol{\theta}_s)=\frac{h_i^{(d)}(t_{ij},\boldsymbol{\theta}_s)}{\sum\limits_{v\in W}h_i^{(v)}(t_{ij},\boldsymbol{\theta}_s)}=\frac{h_i^{(d)}(t_{ij},\boldsymbol{\theta}_s)}{\sum\limits_{v=1}^{M_{\mathrm{H}}}z_{\mathrm{H}ij}{}^{(v)}h_i^{(v)}(t_{ij},\boldsymbol{\theta}_s)} \tag{5-16}$$

综合（1）、（2）、（3）三种情况可得

$$E(u_{\mathrm{H}ij}^{(d)}|t_{ij},\boldsymbol{\theta}_s)=\begin{cases}0 & \left(\sum\limits_{v=1}^{M_{\mathrm{H}}}z_{\mathrm{H}ij}{}^{(v)}=0\right)\\ \dfrac{z_{\mathrm{H}ij}{}^{(d)}\cdot h_i^{(d)}(t_{ij},\boldsymbol{\theta}_s)}{\sum\limits_{v=1}^{M_{\mathrm{H}}}z_{\mathrm{H}ij}{}^{(v)}h_i^{(v)}(t_{ij},\boldsymbol{\theta}_s)} & (\text{其他})\end{cases} \tag{5-17}$$

2）极大步

对期望值 $Q(\boldsymbol{\theta}|\boldsymbol{\theta}_s)$ 进行最大化，即找到一个 $s+1$ 步的参数 $\boldsymbol{\theta}_{s+1}$，满足

$$\boldsymbol{\theta}_{s+1}=\arg\max_{\boldsymbol{\Theta}}Q(\boldsymbol{\theta}|\boldsymbol{\theta}_s) \tag{5-18}$$

由式（5-14）可知，可将对 $Q(\boldsymbol{\theta}|\boldsymbol{\theta}_s)$ 极大化转化为对 $Q_d(\boldsymbol{\theta}^{(d)}|\boldsymbol{\theta}_s)$ 极大化，即

$$\boldsymbol{\theta}_{s+1}^{(d)}=\arg\max_{\boldsymbol{\Theta}^{(d)}}Q(\boldsymbol{\theta}^{(d)}|\boldsymbol{\theta}_s) \tag{5-19}$$

式中：$\boldsymbol{\theta}_{s+1}^{(d)}$ 和 $\boldsymbol{\Theta}^{(d)}$ 分别为突发型失效模式 d 的 s+1 步参数估计和参数空间。

这样，当 $|\boldsymbol{\theta}_{s+1}^{(d)}-\boldsymbol{\theta}_s^{(d)}|<\varepsilon$（$\varepsilon$ 为一设定的相对小的值，如 10^{-5}）时，算法停止，参数估计值 $\hat{\boldsymbol{\theta}}^{(d)}=\boldsymbol{\theta}_{s+1}^{(d)}$，$d=1,2,\cdots,M_{\mathrm{H}}$。

3. 两种算法对比分析

EM 算法最初由 Dempster 等提出并在数据统计中得到了推广和应用。EM 算法由期望步和极大步构成，主要用于缺失数据的参数估计，它通过假想隐含变量的存在，极大简化了似然函数方程，从而解决了方程求解问题。本节针对产品恒加试验突发型失效模式的非完整数据统计分析问题，通过引入 EM 算法，提出了基于 EM 算法的 MLE 分析方法。

首先从理论上进行对比分析。由上述两种算法的推导过程可以看出,直接极大化算法须对全体参数 $\boldsymbol{\theta}=(\boldsymbol{\theta}^{(1)},\boldsymbol{\theta}^{(2)},\cdots,\boldsymbol{\theta}^{(M_{\mathrm{H}})})$ 进行优化;而在 EM 算法中,优化算法的对象仅为每一种突发型失效模式 $d(d=1,2,\cdots,M_{\mathrm{H}})$ 的参数 $\boldsymbol{\theta}^{(d)}$,优化过程的未知参数大为减少,因此其稳定性比直接极大化算法要好,统计精度也更高。

下面通过蒙特卡罗仿真对 EM 算法和直接极大化算法进行对比分析。

1) 仿真方案

假设某产品存在 $d=1,2$ 两种突发型失效模式,对该产品进行以温度为加速应力的恒定应力加速试验。这两种失效模式的寿命模型为威布尔分布,则产品在 S_i 应力下的可靠度函数为

$$R_i(t)=R_i^{(1)}(t)\cdot R_i^{(2)}(t)=\prod_{d=1}^{2}\exp[-(t/\boldsymbol{\eta}_i^{(d)})^{m^{(d)}}] \tag{5-20}$$

产品各失效模式的加速模型为阿伦尼乌斯模型

$$\ln\boldsymbol{\eta}_i^{(d)}=\boldsymbol{\gamma}_0^{(d)}+\boldsymbol{\gamma}_1^{(d)}/S_i \tag{5-21}$$

采用蒙特卡罗仿真方法产生试验数据,仿真方案如下:

应力水平数 $E=4$;正常应力 $S_0=20℃(293\mathrm{K})$,加速应力分别为 $S_1=60℃(333\mathrm{K})$、$S_2=130℃(403\mathrm{K})$、$S_3=210℃(483\mathrm{K})$ 和 $S_4=300℃(573\mathrm{K})$。失效模型和加速模型中未知参数 $\boldsymbol{\theta}=(\boldsymbol{\theta}^{(1)},\boldsymbol{\theta}^{(2)})$,其中 $\boldsymbol{\theta}^{(d)}=(\gamma_0^{(d)},\gamma_1^{(d)},m^{(d)})$,$d=1,2$。现设参数真值为 $\gamma_0^{(1)}=3$、$\gamma_1^{(1)}=1500$、$m^{(1)}=2$;$\gamma_0^{(2)}=4$、$\gamma_1^{(2)}=1100$、$m^{(2)}=4$。

为模拟突发型失效模式数据的一般情形,仿真数据中包含突发型完整数据点、失效模式未确定数据点和截尾数据点。样本量 $n_i(i=1,2,\cdots,4)$ 均为10;截尾比例 ρ_{CS},即截尾数据在所有样本中的比例,取值20%;失效模式未确定比例 ρ_{MK},即失效模式未确定的样本在所有失效样本中的比例,取值30%;仿真次数 $N_{\mathrm{MC}}=200$。

2) 对比分析

根据仿真方案得出仿真数据,在不同的初始值情况下分别利用 EM 算法和直接极大化算法进行极大似然估计,得出正常应力水平下可靠度统计结果。统计结果采用 σ_{TB} 作为评价标准,σ_{TB} 即为可靠度分别取 0.1、0.3、0.5、0.7、0.9 的可靠寿命绝对误差之和的 N_{MC} 次均值。

$$\sigma_{\mathrm{TB}}=\underset{N_{\mathrm{MC}}}{\mathrm{mean}}\left[\sum_{p\in\{0.1,0.3,0.5,0.7,0.9\}}|\hat{t}_p-t_p|\right] \tag{5-22}$$

式中:$\hat{t}_p$ 和 t_p 分别为正常应力水平下可靠度为 p 的可靠寿命估计值和真值。σ_{TB} 越大,说明可靠度估计值与真值误差越大,反之则越小。

同时，给出平均寿命的 N_{MC} 次均值 T_{AL}：

$$T_{\mathrm{AL}} = \underset{N_{\mathrm{MC}}}{\mathrm{mean}}\left[\int_0^{\infty} tf(t,\hat{\boldsymbol{\theta}})\,\mathrm{d}t\right] \tag{5-23}$$

式中：$f(t,\hat{\boldsymbol{\theta}})$ 为参数为估计值的失效概率密度函数。平均寿命真值为 1828.2h。

EM 算法和直接极大化算法采用的初始值为 $(\gamma_0^{(1)},\gamma_1^{(1)},m^{(1)},\gamma_0^{(2)},\gamma_1^{(2)},m^{(2)})|_0=(1,1,1,1,1,m^{(2)}|_0)$。这里仅讨论 $m^{(2)}$ 取不同初始值对上述两种算法的影响，其余参数初始值均取值为 1。$m^{(2)}$ 的初始值 $m^{(2)}|_0$ 为 1、1.5、2、2.5、3、3.5、4、4.5、5 共 9 个取值。

仿真数据统计结果如图 5-2 所示，可以看出：

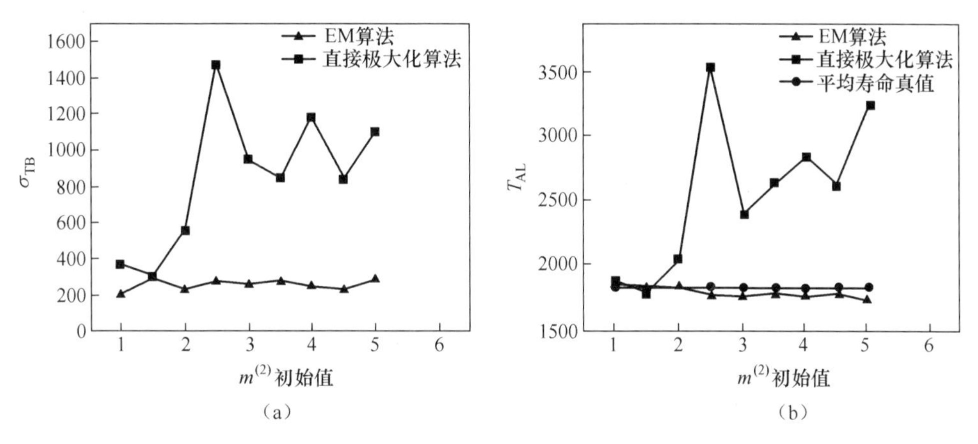

图 5-2　EM 算法和直接极大化算法的统计结果对比

(a)统计误差；(b)平均寿命

(1) 与直接极大化算法相比，采用 EM 算法进行 MLE 的统计误差 σ_{TB} 相对更小，平均寿命 T_{AL} 更加接近真值，说明统计精度更高。

(2) 当 $m^{(2)}|_0$ 取不同初始值时，直接极大化算法的统计误差 σ_{TB} 和平均寿命 T_{AL} 波动较大，表明对初始值比较敏感，而 EM 算法对初始值相对不敏感，鲁棒性更好。

总之，在对产品突发型失效模式数据进行 MLE 时，采用 EM 算法比传统的直接极大化算法统计精度更高，鲁棒性更好，具有更加优良的统计性质。因此推荐采用基于 EM 算法的 MLE 对产品加速试验突发型失效模式数据进行统计分析。

4. 基于 EM 算法的极大似然估计统计性质分析

通过仿真分析研究基于 EM 算法的 MLE 统计性质。假设某产品存在 $d=1,2,3$ 三种突发型失效模式,对该产品进行以温度为加速应力的恒加试验。各失效模式寿命均服从威布尔分布,加速模型为阿伦尼乌斯模型。

1) 仿真方案

采用蒙特卡罗仿真方法产生试验数据,仿真方案如下:应力水平数 $E=4$;正常应力 $S_0=20℃$,加速应力分别为 $S_1=60℃$、$S_2=130℃$、$S_3=210℃$ 和 $S_4=300℃$。寿命模型和加速模型中未知参数 $\boldsymbol{\theta}=(\boldsymbol{\theta}^{(1)},\boldsymbol{\theta}^{(2)},\boldsymbol{\theta}^{(3)})$,其中 $\boldsymbol{\theta}^{(d)}=(\gamma_0^{(d)},\gamma_1^{(d)},m^{(d)})$,$d=1,2,3$。设其真值为 $\gamma_0^{(1)}=4$、$\gamma_1^{(1)}=2200$、$m^{(1)}=2$;$\gamma_0^{(2)}=5$、$\gamma_1^{(2)}=1600$、$m^{(2)}=5$;$\gamma_0^{(3)}=6$、$\gamma_1^{(3)}=1000$、$m^{(3)}=20$。

可能会影响基于 EM 算法的 MLE 统计精度的主要因素有样本量规模 n_i(即每个加速应力下的样本量)、截尾比例 ρ_{CS} 和失效模式未确定比例 ρ_{MK}。对 n_i、ρ_{CS} 和 ρ_{MK} 进行不同的取值以分析统计性质,其中 $n_i=\{20,100\}$;$\rho_{\mathrm{CS}}=\{0\%,30\%,100\%\}$;$\rho_{\mathrm{MK}}=\{0\%,50\%,100\%\}$;蒙特卡罗仿真次数 $N_{\mathrm{MC}}=200$。

2) 性质分析

根据仿真方案得出仿真数据,分别利用基于 EM 算法的 MLE 和单一威布尔的 MLE(即忽略多失效模式竞争,而把数据当作单一失效模式进行处理)进行统计。统计结果仍采用式(5-22)的 σ_{TB} 和式(5-23)的 T_{AL} 作为评价标准,如表 5-1所示。

表 5-1 基于 EM 算法的 MLE 统计性质分析

影响统计精度的主要因素			统计精度			
样本量 n_i	截尾比例 ρ_{CS}	失效模式未确定比例 ρ_{MK}	基于 EM 算法的 MLE		单一威布尔的 MLE	
			σ_{TB}	T_{AL}/h	σ_{TB}	T_{AL}/h
20	0%	0%	249.8	11815	1097.0	13486
	0%	50%	271.8	11791	1120.5	13491
	0%	100%	330.1	11705	1071.9	13428
	10%	0%	452.7	11646	1044.1	13392
	10%	50%	325.7	11759	1022.9	13378
	10%	100%	573.8	11640	1051.7	13406
	30%	0%	639.9	11312	1110.2	13464
	30%	50%	758.4	11342	1106.6	13453
	30%	100%	883.8	11235	1045.5	13378

续表

影响统计精度的主要因素			统计精度			
100	0%	0%	88.4	11865	1019.4	13420
	0%	50%	96.7	11812	1021.3	13424
	0%	100%	120.0	11769	1025.5	13437
	10%	0%	100.2	11873	978.9	13384
	10%	50%	116.0	11835	999.6	13414
	10%	100%	163.4	11731	981.0	13389
	30%	0%	325.7	11620	948.6	13374
	30%	50%	402.3	11580	980.8	13413
	30%	100%	492.0	11473	985.9	13419

对表 5-1 的统计结果进行分析,可以看出:

(1) 与单一威布尔的 MLE 相比,基于 EM 算法的 MLE 所得的统计结果误差更小,平均寿命更接近于真值,即统计精度更高。这表明在竞争失效场合,若等同于单一失效模式进行统计,尽管处理过程简单但误差相对较大。

(2) 基于 EM 算法的 MLE 对完整数据($\rho_{CS}=0,\rho_{MK}=0$)和非完整数据均得到了较为准确的统计结果,适用于产品加速试验突发型失效模式的统计分析。同时,随着信息量的增大(如样本量增加、截尾比例降低、失效模式未确定比例降低),统计误差减少,表明了方法具有良好的渐近性。

(3) 样本量 n_i 和截尾比例 ρ_{CS} 对基于 EM 算法的 MLE 统计精度的影响较大,而失效模式未确定比例 ρ_{MK} 的影响相对较小。因此,采用 EM 算法进行 MLE 时,应确保适度充足的样本量和截尾比例,这样才能对模型进行准确辨识。

5.1.3 恒加试验退化型失效模式统计分析

对于退化数据,常用的统计分析方法主要有两种:一种是伪失效寿命极大似然估计(MLE);另一种是最小二乘估计(LSE)。本节在这些研究的基础上,研究产品恒加试验退化型失效模式的伪失效寿命 MLE 和 LSE 方法,然后通过蒙特卡罗仿真对这两种方法进行对比分析。

1. 伪失效寿命极大似然估计

伪失效寿命 MLE 的基本思路为:采用具有相同形式的曲线方程来描述各个样本退化型失效模式 $d(d=M_{\mathrm{H}}+1,M_{\mathrm{H}}+2,\cdots,M)$ 的退化轨迹,退化量到达预先设置的失效阈值的时间即为该样本退化型失效模式 d 的伪失效寿命时间。对各加速应力下的所有伪失效寿命时间进行 MLE,即可获得正常应力下退化型失效模式 d 的可靠性特征量估计。其实质为将退化数据统计问题转化为失效数据统计问题。

伪失效寿命 MLE 的主要步骤如下:

步骤 1 对于 S_i 应力下的样品 j,退化型失效模式 $d(d=M_{\mathrm{H}}+1,M_{\mathrm{H}}+2,\cdots,M)$ 的退化数据为 $\boldsymbol{y}^{(d)}=\{y_{ij}^{(d)}(t_{i,k})\}$。根据物理化学分析或性能退化趋势,选择适当的理论退化轨迹模型 $D_{ij}^{(d)}(t;\boldsymbol{\varphi}_{ij}^{(d)})$,其中 $\boldsymbol{\varphi}_{ij}^{(d)}$ 为模型参数。

步骤 2 利用最小二乘法,得到 $D_{ij}^{(d)}(t;\boldsymbol{\varphi}_{ij}^{(d)})$ 的参数估计值 $\hat{\boldsymbol{\varphi}}_{ij}^{(d)}$。

$$\mathrm{SSE}_{ij}^{(d)}(\boldsymbol{\varphi}_{ij}^{(d)})=\sum_{k=1}^{K_i}[y_{ij}^{(d)}(t_{i,k})-D_{ij}^{(d)}(t_{i,k};\boldsymbol{\varphi}_{ij}^{(d)})]^2 \tag{5-24}$$

$$\hat{\boldsymbol{\varphi}}_{ij}^{(d)}=\arg\min_{\boldsymbol{\Phi}^{(d)}}\mathrm{SSE}_{ij}^{(d)}(\boldsymbol{\varphi}_{ij}^{(d)}) \tag{5-25}$$

步骤 3 设退化型失效模式 d 的失效阈值为 $D_{\mathrm{f}}^{(d)}$,则可通过求取 $D_{ij}^{(d)}(t,\hat{\boldsymbol{\varphi}}_{ij}^{(d)})$ 的反函数获得伪失效寿命时间:

$$t_{ij}^{(d)}=(D_{ij}^{(d)}(t;\hat{\boldsymbol{\varphi}}_{ij}^{(d)}))^{-1}(D_{\mathrm{f}}^{(d)}) \tag{5-26}$$

步骤 4 对所得到的伪失效寿命时间 $\boldsymbol{t}^{(d)}=\{t_{ij}^{(d)}|i=1,2,\cdots,E;j=1,2,\cdots,n_i\}$,$d=M_{\mathrm{H}}+1,M_{\mathrm{H}}+2,\cdots,M$,选择适当的寿命模型和加速模型(模型未知参数为 $\boldsymbol{\psi}^{(d)}$)。例如寿命模型、加速模型分别为威布尔模型(Weibull($\boldsymbol{\eta}_i^{(d)},m^{(d)}$)和阿伦尼乌斯模型($\ln\boldsymbol{\eta}_i^{(d)}=\gamma_0^{(d)}+\gamma_1^{(d)}/S_i$),则 $\boldsymbol{\psi}^{(d)}=(\gamma_0^{(d)},\gamma_1^{(d)},m^{(d)})$。

$\boldsymbol{t}^{(d)}$ 可看作是完整数据,其似然函数为

$$\begin{aligned}L^{(d)}(\boldsymbol{\psi}^{(d)}|\boldsymbol{t}^{(d)})&=\prod_{i=1}^{E}\prod_{j=1}^{n_i}L_{ij}^{(d)}(\boldsymbol{\psi}^{(d)}|t_{ij}^{(d)})\\&=\prod_{i=1}^{E}\prod_{j=1}^{n_i}[h_i^{(d)}(t_{ij}^{(d)})\cdot R_i^{(d)}(t_{ij}^{(d)})]\end{aligned} \tag{5-27}$$

采用数值解法对对数似然函数进行极大化,获得参数估计值 $\hat{\boldsymbol{\psi}}^{(d)}$:

$$\hat{\boldsymbol{\psi}}^{(d)}=\arg\max_{\boldsymbol{\psi}^{(d)}}[\ln L^{(d)}(\boldsymbol{\psi}^{(d)}|\boldsymbol{t}^{(d)})] \tag{5-28}$$

根据参数估计值 $\hat{\boldsymbol{\psi}}^{(d)}$ 可以很容易得到正常应力下的可靠性特征量,如可靠度函数、p 分位可靠寿命、平均寿命等。

2. 最小二乘估计

最小二乘估计(LSE)的基本思路为:对退化型失效模式 d 建立相应的退化模型和加速模型,得到各加速应力 S_i 下退化型失效模式 d 的理论退化轨迹期望。通过使退化量测量值与理论退化轨迹期望的误差平方和最小化,得出模型

的估计值。

最小二乘估计的主要步骤如下：

步骤 1 对于 S_i 应力下 n_i 个样本退化型失效模式 d 的理论退化轨迹期望 $D_i^{(d)}(t;\boldsymbol{\varphi}_i^{(d)})$，可采用模型式(1-10)~式(1-14)中的一种进行描述。并结合加速模型得到模型 $D_i^{(d)}(t;\boldsymbol{\psi}^{(d)})$。例如，$D_i^{(d)}(t;\boldsymbol{\varphi}_i^{(d)})$ 选择式(1-10)形式的模型，其参数 $\boldsymbol{\varphi}_i^{(d)}=(\alpha^{(d)},\beta_i^{(d)})$，并假设 $\alpha^{(d)}$ 为常量，$\beta_i^{(d)}$ 与 S_i 应力相关；加速模型为 $\ln\eta_i^{(d)}=\gamma_0^{(d)}+\gamma_1^{(d)}\cdot\varphi(S_i)$。又因为失效阈值 $D_{\mathrm{f}}^{(d)}=\alpha^{(d)}+\beta_i^{(d)}\cdot\eta_i^{(d)}$，从而 $\beta_i^{(d)}=(D_{\mathrm{f}}^{(d)}-\alpha^{(d)})/\eta_i^{(d)}=(D_{\mathrm{f}}^{(d)}-\alpha^{(d)})/\exp(\gamma_0^{(d)}+\gamma_1^{(d)}\cdot\varphi(S_i))$，这样就得到结合后的模型 $D_i^{(d)}(t;\boldsymbol{\psi}^{(d)})$，参数 $\boldsymbol{\psi}^{(d)}=(\gamma_0^{(d)},\gamma_1^{(d)},\alpha^{(d)})$。

步骤 2 利用最小二乘法，通过最小化误差平方和得到模型估计值 $\hat{\boldsymbol{\psi}}^{(d)}$。

$$\mathrm{SSE}^{(d)}(\boldsymbol{\psi}^{(d)})=\sum_{i=1}^{E}\sum_{j=1}^{n_i}\sum_{k=1}^{K_i}[y_{ij}^{(d)}(t_{i,k})-D_i^{(d)}(t_{i,k};\boldsymbol{\psi}^{(d)})]^2 \tag{5-29}$$

$$\hat{\boldsymbol{\psi}}^{(d)}=\arg\min_{\boldsymbol{\psi}^{(d)}}\mathrm{SSE}^{(d)}(\boldsymbol{\psi}^{(d)}) \tag{5-30}$$

根据参数估计值 $\boldsymbol{\psi}^{(d)}$，可以得到正常应力下失效模式 d 的理论退化轨迹期望 $D_0^{(d)}(t;\hat{\boldsymbol{\psi}}^{(d)})$，以及正常应力下的平均寿命。例如，$\hat{\eta}_0^{(d)}=\exp[\hat{\gamma}_0^{(d)}+\hat{\gamma}_1^{(d)}\cdot\varphi(S_0)]$。

但由于 LSE 方法不能完全求出寿命模型中所有参数的估计值(例如若寿命模型为威布尔分布，难以得到形状参数 $m^{(d)}$ 的估计值)，因此无法估计其可靠度函数 $R^{(d)}(t)$，从而也无法通过竞争失效模型向上综合得出产品的可靠度函数。

3. 两种方法对比分析

在加速试验退化型失效模式的统计分析中，可能会影响统计精度的三个主要因素为样本量、截尾时间和检测次数。下面通过蒙特卡罗仿真，分析这三个主要因素对伪失效寿命 MLE 和 LSE 统计精度的影响，并作对比。

设对某产品进行恒加试验，应力水平数 $E=4$；正常应力 $S_0=20℃$，加速应力分别为 $S_1=60℃$、$S_2=130℃$、$S_3=210℃$ 和 $S_4=300℃$。某退化型失效模式 d，其理论退化轨迹为 $D_{ij}^{(d)}(t)=\alpha_{ij}^{(d)}+\beta_{ij}^{(d)}\cdot t$；退化量观测值 $y_{ij}^{(d)}(t_{i,k})=D_{ij}^{(d)}(t_{i,k})+\varepsilon_{ij}^{(d)}(t_{i,k})$，其中，$\varepsilon_{ij}^{(d)}$ 为测量误差，相互独立且服从正态分布 $\varepsilon_{ij}^{(d)}\sim N(0,\sigma_\varepsilon^{(d)2})$。寿命模型为威布尔分布，即伪失效寿命时间 $t_{ij}^{(d)}\sim\mathrm{Weibull}(\eta_i^{(d)},m^{(d)})$；加速模型为 $\ln\eta_i^{(d)}=\gamma_0^{(d)}+\gamma_1^{(d)}/S_i$。现设其真值为 $\gamma_0^{(d)}=3.5$、$\gamma_1^{(d)}=1900$、$m^{(d)}=4$、$\alpha_{ij}^{(d)}=1$；失效阈值 $D_{\mathrm{f}}^{(d)}=0.5$；测量误差参数 $\sigma_\varepsilon^{(d)}=0.01$。

设样本量为 $n_i,i=1,2,\cdots,4$，截尾时间 $\{\tau_1,\tau_2,\tau_3,\tau_4\}=\{650\mathrm{h},250\mathrm{h},$

100h, 50h} · δ,δ 为截尾时间系数;各加速应力下退化量的检测次数为 n_{test}。

采用失效模式 d 在正常应力 S_0 下的对数平均寿命 $\ln\eta_0^{(d)}$(真值为 9.9846)的均方误差(mean square error, MSE)作为统计精度的评价标准,$\text{MSE}[\ln\hat{\eta}_0^{(d)}]=E[(\ln\hat{\eta}_0^{(d)}-\ln\eta_0^{(d)})^2]$。$\text{MSE}[\ln\hat{\eta}_0^{(d)}]$越小统计精度越高,反之精度越低。

表 5-2 所示为样本量、截尾时间和检测次数取不同值时,分别采用伪失效寿命 MLE 和 LSE 方法计算得到的均方误差 $\text{MSE}[\ln\hat{\eta}_0^{(d)}]$(仿真次数 $N_{\text{MC}}=200$)。

表 5-2 样本量、截尾时间和检测次数对伪失效寿命 MLE 和 LSE 统计精度的影响

影响统计精度的主要因素			统计精度($\text{MSE}[\ln\hat{\eta}_0^{(d)}]$)	
样本量 n_i	截尾时间系数 δ	检测次数 n_{test}	伪失效寿命 MLE	LSE
5	5	5	0.0291	0.0897
10			0.0147	0.0616
50			0.0028	0.0488
100			0.0014	0.0448
500			0.0003	0.0410
10	0.1	5	2.2383	3.1131
	0.5		0.4978	0.4148
	1		0.2477	0.2088
	5		0.0130	0.0697
	10		0.0097	0.0846
10	5	2	0.0154	0.0765
		5	0.0142	0.0690
		20	0.0115	0.0673
		50	0.0108	0.0633
		200	0.0099	0.0577

从表 5-2 的对比分析结果可以看出:

(1) 无论是伪失效寿命 MLE 还是 LSE,样本量、截尾时间和检测次数对统计精度均产生一定的影响。样本量越大、截尾时间越长、检测次数越多,统计精度越高,反之则精度越低。

(2) 与 LSE 相比,伪失效寿命 MLE 在截尾时间较短时($\delta=0.5$, 1),统计精

度稍低但相差不大;其余情形统计精度则比 LSE 要高。总体而言伪失效寿命 MLE 统计性质更加优良。

此外,考虑到伪失效寿命 MLE 可以求出全部可靠性特征量,如可靠度函数、p 分位寿命、平均寿命等。而 LSE 仅能求出平均寿命,难以实现可靠度向上综合。因此推荐采用伪失效寿命 MLE 对产品加速试验退化型失效模式进行统计分析。

5.1.4 应用案例:某电机绝缘部件与某机电产品恒定应力 ADT

1. 案例一

案例一来自文献[2-3],属于存在多种突发型失效模式的竞争失效场合。

文献[2-3]对某电动机绝缘部件进行恒定应力加速试验,以评估其寿命。该部件有三种失效模式,均为突发型失效模式:匝间失效(T)、相间失效(P)和槽间失效(G),编号分别为 $d=1,2,3$。产品的正常应力水平为 $S_0=50℃$ (323K),选取四个加速温度水平 $S_1=180℃$ (453K)、$S_2=190℃$ (463K)、$S_3=220℃$ (493K)和 $S_4=240℃$ (513K)。在 S_i 应力下各失效模式均服从指数分布,加速模型为阿伦尼乌斯模型。其试验数据如表 5-3 所示。

表 5-3 某电动机绝缘部件试验数据

$S_1=453\text{K}$			$S_2=463\text{K}$			$S_3=493\text{K}$			$S_4=513\text{K}$		
t_{1j}/h	C①	SID②	t_{2j}/h	C	SID	t_{3j}/h	C	SID	t_{4j}/h	C	SID
5606.08	T	+③	1628.81	G	G	344.12	P	T,P	557.44	G	G
4905.09	T	T	1097.66	T	T,G	761.85	P	P	156.90	P	P
2871.94	P	P	630.04	P	P	1562.75	T	+	906.52	P	+
2762.97	G	G	1520.88	G	G	276.99	G	G	61.12	T	T,G
3413.80	T	T	708.52	P	T,P,G	482.24	T	T,G	773.39	T	T
6321.76	T	+	205.97	P	P	213.33	T	T	148.80	G	G
4847.39	T	T,P	185.66	T	T	1434.37	T	T,P	41.20	T	T,P
2690.28	T	T	434.29	T	T,P	1486.62	T	+	787.63	T	T
38.99	P	P	1938.73	P	+	1355.49	T	T,P,G	224.25	G	G
2358.23	P	T,P,G	3093.82	T	+	1374.04	P	P	405.33	G	G,P
3755.40	G	G	1171.88	G	T,P,G	725.54	T	T	1071.67	G	+
4898.85	P	P	1108.75	G	T,G	917.98	G	G	407.20	T	T
3900.23	T	T,P,G	27.53	T	T	2970.29	G	+	306.00	G	G
1196.49	T	T	1428.32	T	T	609.91	T	T	422.78	T	T
6000.69	G	+	263.79	P	P	89.88	T	T	178.59	T	T,P

续表

$S_1=453\text{K}$			$S_2=463\text{K}$			$S_3=493\text{K}$			$S_4=513\text{K}$		
1645.16	G	P, G	1113.61	T	T, P	741.62	T	T, P, G	588.50	T	T, P, G
4021.57	G	G	965.01	G	G	706.02	G	P, G	301.62	P	P
2643.69	T	T	49.13	P	P, G	347.21	T	T	14.83	T	T
4760.03	T	T	350.66	T	T	238.58	P	P, G	1315.00	G	+
1621.55	T	T, G	2026.74	P	+	1001.36	G	G	90.07	T	T

①C——样品失效原因；

②SID——"Scenario of Imcoplete Data"的缩写，非完整数据情形；

③+——截尾数据点。

为验证方法对非完整数据的有效性，将原始的完整数据作部分改造，成为非完整数据，见表 5-3 中的非完整数据情形（存在失效模式未确定数据点和截尾数据点）。

按基于 EM 算法的 MLE 分别对原始完整数据和改造后的非完整数据进行统计，并求出其平均寿命，结果与文献[3]对完整数据的计算结果非常相近（见表 5-4），表明基于 EM 算法的 MLE 无论是对完整数据还是非完整数据均是有效的。而采用单一指数 MLE 得出的平均寿命偏差较大，这与 5.1.2 节的分析结果相吻合。

表 5-4　某电动机绝缘系统恒定应力加速试验统计分析结果

数据	平均寿命/h		
	基于 EM 算法的 MLE	文献[3]方法	单一指数 MLE
原始完整数据	6.7592×10^5	6.3013×10^5	8.4414×10^5
非完整数据	6.0176×10^5	—	8.6096×10^5

2. 案例二

案例二为仿真算例，设某机电产品的失效模式为突发型失效模式和退化型失效模式各一种，分别编号为 $d=1,2$，属于突发型和退化型失效模式并存的场合。

对该产品进行恒加试验，应力水平数 $E=4$；正常应力 $S_0=20℃$，加速应力分别为 $S_1=60℃$、$S_2=130℃$、$S_3=210℃$和 $S_4=300℃$。$n_i=10$，$i=1,2,3,4$。截尾时间$\{\tau_1,\tau_2,\tau_3,\tau_4\}=\{6500\text{h},2500\text{h},1000\text{h},500\text{h}\}$）。突发型失效模式（$d=1$）的寿命模型为威布尔模型，$t_{ij}^{(1)}\sim\text{Weibull}(\eta_i^{(1)},m^{(1)})$；加速模型为阿伦尼乌斯模型，$\ln\eta_i^{(1)}=\gamma_0^{(1)}+\gamma_1^{(1)}/S_i$。模型参数 $\boldsymbol{\theta}=\{\boldsymbol{\theta}^{(1)}\}$，其中 $\boldsymbol{\theta}^{(1)}=(\gamma_0^{(1)},\gamma_1^{(1)},m^{(1)})$。设 $\gamma_0^{(1)}=3$、$\gamma_1^{(1)}=2100$、$m^{(1)}=2$。退化型失效模式（$d=2$）的仿真方案与 5.1.3 节

中仿真方案相同,每个应力下均采用等时间间隔检测,检测次数均为 5。

退化数据 $\boldsymbol{y}$ 如图 5-3 所示,失效数据 $\boldsymbol{x}$ 如表 5-5 所示。

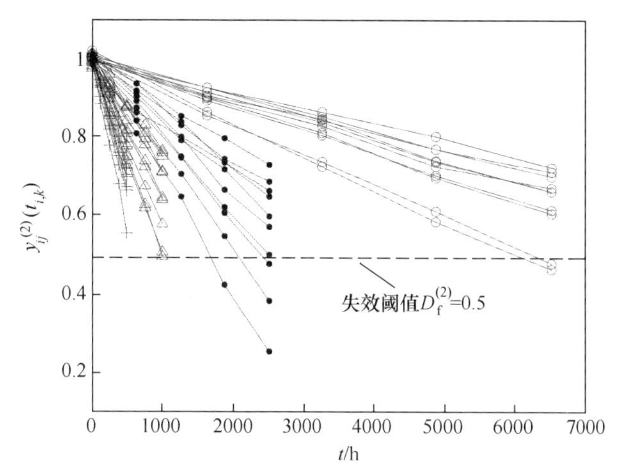

图 5-3　案例二恒加试验退化数据

表 5-5　案例二恒加试验失效数据

$S_1=60℃$				$S_2=130℃$				$S_3=210℃$				$S_4=300℃$			
t_{1j}/h	C①	z_{1j}②	z_{H1j}③	t_{2j}/h	C	z_{2j}	z_{H2j}	t_{3j}/h	C	z_{3j}	z_{H3j}	t_{4j}/h	C	z_{4j}	z_{H4j}
6500. 0	+④	(0,0)	0	1367. 7	1	(1,0)	1	460. 8	1	(1,0)	1	500. 0	+	(0,0)	0
5943. 5	2	(0,1)	0	2084. 9	1	(1,0)	1	1000. 0	+	(0,0)	0	500. 0	+	(0,0)	0
6500. 0	+	(0,0)	0	2435. 8	1	(1,0)	1	988. 3	2	(0,1)	0	500. 0	+	(0,0)	0
6500. 0	+	(0,0)	0	1422. 5	1	(1,0)	1	1000. 0	+	(0,0)	0	315. 7	1	(1,0)	1
5208. 6	1	(1,0)	1	2410. 2	1	(1,0)	1	504. 8	1	(1,0)	1	500. 0	+	(0,0)	0
6500. 0	+	(0,0)	0	2500. 0	+	(0,0)	0	1000. 0	+	(0,0)	0	432. 0	1	(1,0)	1
6226. 8	2	(0,1)	0	2500. 0	+	(0,0)	0	1000. 0	+	(0,0)	0	500. 0	+	(0,0)	0
6500. 0	+	(0,0)	0	234. 8	1	(1,0)	1	994. 7	2	(0,1)	0	457. 6	1	(1,0)	1
5078. 4	1	(1,0)	1	2058. 7	2	(0,1)	0	1000. 0	+	(0,0)	0	500. 0	+	(0,0)	0
1426. 8	1	(1,0)	1	2500. 0	+	(0,0)	0	1000. 0	+	(0,0)	0	285. 8	1	(1,0)	1

①C——失效原因;

②z_{ij}——失效模式标记符;

③z_{Hij}——突发型失效模式标记符;

④+——截尾数据点。

从失效数据 $\boldsymbol{x}=\{x_{ij}=(t_{ij},z_{ij})\}$ 分离出突发型失效模式数据 $\boldsymbol{x}_{\mathrm{H}}=\{x_{\mathrm{H}ij}=(t_{ij},z_{\mathrm{H}ij})\}$ (见表 5-5),并按 5.1.2 节的方法进行统计分析,得到突发型失效模式的模型参数估计值 $\hat{\boldsymbol{\theta}}^{(1)}=(\hat{\gamma}_0^{(1)},\hat{\gamma}_1^{(1)},\hat{m}^{(1)})$。

按 5.1.3 节的伪失效寿命 MLE 方法对退化数据 $\boldsymbol{y}=\{\boldsymbol{y}^{(2)}\}$ 进行统计分析,首先求出每一个样本的伪失效寿命时间 $t_{ij}^{(2)}$。然后对全体伪失效寿命时间 $\boldsymbol{t}^{(2)}=\{t_{ij}^{(2)}\}$ (见表 5-6)进行 MLE 得到退化型失效模式的模型参数估计值 $\hat{\boldsymbol{\psi}}^{(2)}=(\hat{\gamma}_0^{(2)},\hat{\gamma}_1^{(2)},\hat{m}^{(2)})$。

表 5-6 案例二恒加试验退化数据的伪失效寿命时间

伪失效寿命时间 $t^{(2)}$	$t_{1j}^{(2)}$/h	10800.2, 5943.5, 8342.5, 8202.0, 9479.3, 9512.6, 6226.8, 11070.9, 9597.4, 11838.5
	$t_{2j}^{(2)}$/h	3859.6, 2403.1, 3686.2, 2949.1, 4518.6, 3488.4, 2504.1, 1674.5, 2058.7, 3145.0
	$t_{3j}^{(2)}$/h	1956.5, 1403.9, 988.3, 2161.9, 1698.6, 1171.4, 2014.9, 994.7, 1401.0, 1763.1
	$t_{4j}^{(2)}$/h	1104.3, 738.9, 569.3, 1139.8, 872.8, 1262.7, 829.8, 743.5, 934.7,828.1

统计分析结果见表 5-7。从表 5-7 的分析结果可以看出,无论是突发型失效模式还是退化型失效模式,其参数估计值均与参数真值接近,表明了方法的有效性。

表 5-7 案例二恒加试验统计分析结果

参数	突发型失效模式($d=1$)			退化型失效模式($d=2$)		
	$\gamma_0^{(1)}$	$\gamma_1^{(1)}$	$m^{(1)}$	$\gamma_0^{(2)}$	$\gamma_1^{(2)}$	$m^{(2)}$
参数真值	3	2100	2	3.5	1900	4
统计结果	3.1423	2.0012×10^3	2.0481	3.6910	1.8168×10^3	4.6651

5.2 多失效模式独立竞争失效场合步进应力加速退化试验建模分析方法

步进试验是另一种比较常用的加速试验类型,与恒加试验相比,它不仅可以减少试验样品数量,而且节省试验时间,总体效率更高。本节在产品恒加试验统计分析的基础上,研究产品多失效模式独立竞争失效场合步进试验的统计分析方法。

5.2.1 问题描述和统计分析基本思路

设某产品共有 M 种失效模式,编号分别为 $1,2,\cdots,M$。其中包括 M_{H} 种突发型失效模式(编号为 $1,2,\cdots,M_{\mathrm{H}}$)和 M_{S} 种退化型失效模式(编号为 $M_{\mathrm{H}}+1$, $M_{\mathrm{H}}+2,\cdots,M$)。现对该产品进行步进应力加速试验,以评估产品在正常应力水平 S_0 下的寿命。试验的 E 个加速应力水平为 $S_1<S_2<\cdots<S_E$。将 n 个样品投入试验,采用定时截尾方式(截尾时间分别为 $\tau_1,\tau_2,\cdots,\tau_E$,对应的失效数为 r_1, $r_2,\cdots,r_E$)或定数截尾方式(截尾失效数分别为 $r_1,r_2,\cdots,r_E$,对应的截尾时间为 $\tau_1,\tau_2,\cdots,\tau_E$),则试验结束时截尾数 $w=n-\sum\limits_{i=1}^{E}r_i$。令 n_i 为进入 S_i 应力下试验的样品数,则 $n_1=n,n_i=n_{i-1}-r_{i-1}(i\geqslant 2)$。

1. 试验数据

1) 退化数据

退化数据为 $\boldsymbol{y}=\{\boldsymbol{y}^{(M_{\mathrm{H}}+1)},\boldsymbol{y}^{(M_{\mathrm{H}}+2)},\cdots,\boldsymbol{y}^{(M)}\}$ 其中 $\boldsymbol{y}^{(d)},d=\{M_{\mathrm{H}}+1,M_{\mathrm{H}}+2,\cdots,M\}$ 为退化型失效模式 d 的退化数据

$$\boldsymbol{y}^{(d)}=\{y_{ij}^{(d)}(t_{i,k})\,|\,i=1,2,\cdots,E;j=1,2,\cdots,n_i;k=1,2,\cdots,K_i\} \quad (5-31)$$

其中,在 S_i 应力下共检测 K_i 次,$t_{i,k}$为第 k 次测量时间,$y_{ij}^{(d)}(t_{i,k})$ 为 S_i 应力下样品 j 的退化型失效模式 d 退化量 $D_{ij}^{(d)}(t)$ 在 $t_{i,k}$时刻的测量值。

2) 失效数据

失效数据表示为

$$\begin{aligned}\boldsymbol{x}=\{x_{ij}\,|\,x_{ij}=(t_{ij},z_{ij}),i=1,2,\cdots,E;j=1,2,\cdots,r_i(\text{当 } i=1,2,\cdots,E-1),\\ j=1,2,\cdots,r_E+w,(\text{当 } i=E)\}\end{aligned} \quad (5-32)$$

其中,当 $i=1,2,\cdots,E-1,t_{ij}$ 为 S_i 下样品 j 的失效时间,$t_{ij}=\min(t_{ij}^{(1)},t_{ij}^{(2)},\cdots,t_{ij}^{(M)})$,且 t_{ij}满足 $t_{i-1}<t_{ij}\leqslant\tau_i(\tau_0=0)$,其中 $t_{ij}^{(d)},d=1,2,\cdots,M$ 表示失效模式 d 发生的时间。若 $i=E,t_{Ej}$ 为 S_E 下样品 j 失效或者截尾时的观测时间。即 $t_{Ej}=\min(t_{Ej}^{(1)},t_{Ej}^{(2)},\cdots,t_{Ej}^{(M)},\tau_E)$。$z_{ij}=(z_{ij}^{(1)},z_{ij}^{(2)},\cdots,z_{ij}^{(M)})$ 为 t_{ij}的失效模式标记符,其定义详见 5.1.1 节。

同样地,为方便后续数据处理,在 $z_{ij}=(z_{ij}^{(1)},z_{ij}^{(2)},\cdots,z_{ij}^{(M)})$ 中仅保留 $d=1,2,\cdots,M_{\mathrm{H}}$ 的数据,得到突发型失效模式标记符 $z_{\mathrm{H}ij}=(z_{ij}^{(1)},z_{ij}^{(2)},\cdots,z_{ij}^{(M_{\mathrm{H}})})$。突发型失效模式数据为

$$\begin{aligned}\boldsymbol{x}_{\mathrm{H}}=\{x_{\mathrm{H}ij}\,|\,x_{\mathrm{H}ij}=(t_{ij},z_{\mathrm{H}ij}),j=1,2,\cdots,r_i(\text{当 } i=1,2,\cdots,E-1),\\ j=1,2,\cdots,r_E+w,(\text{当 } i=E)\}\end{aligned} \quad (5-33)$$

2. 模型假设

步进应力加速试验的竞争失效模型和加速模型假设,与 5.1.1 节中的假设(1)

和(4)相同;寿命模型和退化模型详见 1.3 节。

3. 统计分析基本思路

产品步进加速试验统计分析的基本思路是:根据累积失效模型,将步进试验数据等效为恒加试验数据,再按 5.1 节恒加数据的分析方法进行统计分析。

产品步进应力加速试验统计分析的主要步骤如下:

步骤 1 从失效数据 $\boldsymbol{x}$ 中分离出所有突发型失效模式数据 $\boldsymbol{x}_{\mathrm{H}}$,其对应的模型参数为 $\boldsymbol{\theta}=\{\boldsymbol{\theta}^{(1)},\boldsymbol{\theta}^{(2)},\cdots,\boldsymbol{\theta}^{(M_{\mathrm{H}})}\}$;从退化数据 $\boldsymbol{y}$ 中分离出每一种退化型失效模式的退化数据 $\boldsymbol{y}^{(d)}$,$d=M_{\mathrm{H}}+1,M_{\mathrm{H}}+2,\cdots,M$,其对应的模型参数为 $\boldsymbol{\psi}^{(d)}$,$d=M_{\mathrm{H}}+1,M_{\mathrm{H}}+2,\cdots,M$。

步骤 2 根据累积失效模型,建立步进试验与恒加试验的寿命模型等价关系。在此基础上,采用基于 EM 算法的 MLE 方法,利用 $\boldsymbol{x}_{\mathrm{H}}$ 对所有突发型失效模式(模型参数为 $\boldsymbol{\theta}=\{\boldsymbol{\theta}^{(1)},\boldsymbol{\theta}^{(2)},\cdots,\boldsymbol{\theta}^{(M_{\mathrm{H}})}\}$)进行统计,得到参数估计 $\hat{\boldsymbol{\theta}}$。具体的突发型失效模式统计分析方法详见 5.2.2 节。

步骤 3 根据累积失效模型,建立步进试验与恒加试验的退化模型等价关系。在此基础上,采用伪失效寿命 MLE 方法,利用退化数据 $\boldsymbol{y}^{(d)}$,$d=M_{\mathrm{H}}+1,M_{\mathrm{H}}+2,\cdots,M$ 对退化型失效模式 d(模型参数为 $\boldsymbol{\psi}^{(d)}$)进行统计,得到参数估计 $\hat{\boldsymbol{\psi}}^{(d)}$。具体退化型失效模式统计分析方法详见 5.2.3 节。

步骤 4 根据竞争失效模型,得到产品在正常应力下的可靠性特征量估计值。

5.2.2 步进试验突发型失效模式统计分析

对于数据点 $x_{\mathrm{H}ij}=(t_{ij},z_{\mathrm{H}ij})$,相应的突发型完整数据点 $x_{\mathrm{H}ij}^{*}=(t_{ij},u_{\mathrm{H}ij})$。下面采用基于 EM 算法的 MLE 对步进试验突发型失效模式进行统计分析。

1. 期望步

给定实际观测数据 $\boldsymbol{t}=\{t_{ij}|i=1,2,\cdots,E;j=1,2,\cdots,r_i(\text{当}i=1,2,\cdots,E-1),j=1,2,\cdots,r_E+w,(\text{当}i=E)\}$、假想的突发型完整数据 $\boldsymbol{x}_{\mathrm{H}}^{*}=\{x_{\mathrm{H}ij}^{*}|i=1,2,\cdots,E;j=1,2,\cdots,r_i(\text{当}i=1,2,\cdots,E-1),j=1,2,\cdots,r_E+w,(\text{当}i=E)\}$ 和 s 步参数估计 $\boldsymbol{\theta}_s$,计算 $\boldsymbol{x}_{\mathrm{H}}^{*}$ 对数似然函数 $\ln L^{(\mathrm{CP})}(\boldsymbol{\theta}|\boldsymbol{x}_{\mathrm{H}}^{*})$ 的期望:

$$Q(\boldsymbol{\theta}|\boldsymbol{\theta}_s)=E[\ln L^{(\mathrm{CP})}(\boldsymbol{\theta}|\boldsymbol{x}_{\mathrm{H}}^{*})|\boldsymbol{t},\boldsymbol{\theta}_s] \tag{5-34}$$

由于 $x_{\mathrm{H}ij}^{*}$ 的对数似然函数:

$$\ln L_{ij}^{(\mathrm{CP})}(\boldsymbol{\theta}|x_{\mathrm{H}ij}^{*})=\ln\left[\prod_{d=1}^{M_{\mathrm{H}}}\left[h^{(d)}(t_{ij})\cdot\prod_{v=1}^{M_{\mathrm{H}}}R^{(v)}(t_{ij})\right]^{u_{\mathrm{H}ij}{}^{(d)}}\right]$$

$$= \sum_{d=1}^{M_{\mathrm{H}}} [u_{\mathrm{H}ij}^{(d)} \cdot \ln h^{(d)}(t_{ij}) + \ln R^{(d)}(t_{ij})] \tag{5-35}$$

设产品失效模式 $d(d=1,2,\cdots,M)$ 在恒加试验 S_i 应力下的累积失效函数、可靠度函数、危害度函数分别为 $F_i^{(d)}(t)$、$R_i^{(d)}(t)$ 和 $h_i^{(d)}(t)$，而在步进试验过程中则分别为 $F^{(d)}(t)$、$R^{(d)}(t)$ 和 $h^{(d)}(t)$。由 1.3.4 节到 $F^{(d)}(t)$ 与 $F_i^{(d)}(t)$ 之间的等价关系，同理 $h^{(d)}(t)$ 与 $h_i^{(d)}(t)$、$R^{(d)}(t)$ 与 $R_i^{(d)}(t)$ 也有类似的等价关系，代入式(5-35)得

$$\ln L_{ij}^{(\mathrm{CP})}(\boldsymbol{\theta} | x_{\mathrm{H}ij}^{*}) = \sum_{d=1}^{M_{\mathrm{H}}} [u_{\mathrm{H}ij}^{(d)} \cdot \ln h_i^{(d)}(C_i^{(d)} + t_{ij} - \tau_{i-1}) + \ln R_i^{(d)}(C_i^{(d)} + t_{ij} - \tau_{i-1})] \tag{5-36}$$

从而

$$\begin{aligned} \ln L^{(\mathrm{CP})}(\boldsymbol{\theta} | \boldsymbol{x}_{\mathrm{H}}^{*}) &= \sum_{i=1}^{E} \sum_{j=1}^{n_i} \ln L_{ij}^{(\mathrm{CP})}(\boldsymbol{\theta} | x_{\mathrm{H}ij}^{*}) \\ &= \sum_{i=1}^{E} \sum_{j=1}^{n_i} \sum_{d=1}^{M_{\mathrm{H}}} [u_{\mathrm{H}ij}^{(d)} \cdot \ln h_i^{(d)}(C_i^{(d)} + t_{ij} - \tau_{i-1}) + \\ &\quad \ln R_i^{(d)}(C_i^{(d)} + t_{ij} - \tau_{i-1})] \end{aligned} \tag{5-37}$$

将式(5-37)代入式(5-34)得

$$\begin{aligned} Q(\boldsymbol{\theta} | \boldsymbol{\theta}_s) &= E[\ln L^{(\mathrm{CP})}(\boldsymbol{\theta} | \boldsymbol{x}_{\mathrm{H}}^{*}) | \boldsymbol{t}, \boldsymbol{\theta}_s] \\ &= \sum_{i=1}^{E} \sum_{j=1}^{n_i} \sum_{d=1}^{M_{\mathrm{H}}} [E(u_{\mathrm{H}ij}^{(d)} | t_{ij}, \boldsymbol{\theta}_s) \cdot \ln h_i^{(d)}(C_i^{(d)} + t_{ij} \\ &\quad - \tau_{i-1}) + \ln R_i^{(d)}(C_i^{(d)} + t_{ij} - \tau_{i-1})] \\ &= \sum_{d=1}^{M_{\mathrm{H}}} Q_d(\boldsymbol{\theta}^{(d)} | \boldsymbol{\theta}_s) \end{aligned} \tag{5-38}$$

其中

$$\begin{aligned} Q_d(\boldsymbol{\theta}^{(d)} | \boldsymbol{\theta}_s) = \sum_{i=1}^{E} \sum_{j=1}^{n_i} [E(u_{\mathrm{H}ij}^{(d)} | t_{ij}, \boldsymbol{\theta}_s) \cdot \ln h_i^{(d)}(C_i^{(d)} + t_{ij} - \tau_{i-1}) + \\ \ln R_i^{(d)}(C_i^{(d)} + t_{ij} - \tau_{i-1})] \end{aligned} \tag{5-39}$$

借鉴 5.1.2 节恒加试验中 $E(u_{\mathrm{H}ij}^{(d)} | t_{ij}, \boldsymbol{\theta}_s)$ 的分析，得出步进试验 $E(u_{\mathrm{H}ij}^{(d)} | t_{ij}, \boldsymbol{\theta}_s)$ 的表达式

$$E(u_{\mathrm{H}ij}^{(d)} | t_{ij}, \boldsymbol{\theta}_s) = \begin{cases} 0 & \left(\sum_{v=1}^{M_{\mathrm{H}}} z_{\mathrm{H}ij}^{(v)} = 0 \right) \\ \dfrac{z_{\mathrm{H}ij}^{(d)} \cdot h^{(d)}(t_{ij}, \boldsymbol{\theta}_s)}{\sum_{v=1}^{M_{\mathrm{H}}} z_{\mathrm{H}ij}^{(v)} h^{(v)}(t_{ij}, \boldsymbol{\theta}_s)} & (\text{其他}) \end{cases} \tag{5-40}$$

将 $h^{(d)}(t)$ 与 $h_i^{(d)}(t)$ 的等价关系代入式(5-40)，可得

$$E(u_{\mathrm{H}ij}^{(d)}|t_{ij},\boldsymbol{\theta}_s)=\begin{cases}0 & \left(\sum\limits_{v=1}^{M_{\mathrm{H}}} z_{\mathrm{H}ij}^{(v)}=0\right)\\ \dfrac{z_{\mathrm{H}ij}^{(d)}\cdot h_i^{(d)}(C_i^{(d)}+t_{ij}-\tau_{i-1},\boldsymbol{\theta}_s)}{\sum\limits_{v=1}^{M_{\mathrm{H}}} z_{\mathrm{H}ij}^{(v)} h_i^{(v)}(C_i^{(d)}+t_{ij}-\tau_{i-1},\boldsymbol{\theta}_s)} & (\text{其他})\end{cases} \tag{5-41}$$

2. 极大步

最大化期望值 $Q(\boldsymbol{\theta}|\boldsymbol{\theta}_s)$，即找到一个 $s+1$ 步的参数 $\boldsymbol{\theta}_{s+1}$，满足

$$\boldsymbol{\theta}_{s+1}=\arg\max_{\boldsymbol{\Theta}} Q(\boldsymbol{\Theta}|\boldsymbol{\theta}_s) \tag{5-42}$$

将对 $Q(\boldsymbol{\theta}|\boldsymbol{\theta}_s)$ 的最大化转化为对 $Q_d(\boldsymbol{\theta}^{(d)}|\boldsymbol{\theta}_s)$ 的极大化，即

$$\boldsymbol{\theta}_{s+1}^{(d)}=\arg\max_{\boldsymbol{\Theta}^{(d)}} Q(\boldsymbol{\theta}^{(d)}|\boldsymbol{\theta}_s) \tag{5-43}$$

当 $\boldsymbol{\theta}_{s+1}^{(d)}$ 收敛时，可得到参数估计值 $\hat{\boldsymbol{\theta}}^{(d)}=\boldsymbol{\theta}_{s+1}^{(d)}, d=1,2,\cdots,M_{\mathrm{H}}$。

5.2.3 步进试验退化型失效模式统计分析

采用伪失效寿命 MLE 对步进试验退化型失效模式进行统计分析。

将步进试验退化模型式(1-21)写为

$$D_j^{(d)}(t)=\begin{cases}D_{1j}^{(d)}(t;\boldsymbol{\varphi}_{1j}^{(d)})=D_{1j}^{(d)}(t;\boldsymbol{\varphi}'^{(d)}_{1j}) & (\tau_0\leqslant t\leqslant\tau_1)\\ D_{2j}^{(d)}(w_2^{(d)}+t-\tau_1;\boldsymbol{\varphi}_{2j}^{(d)})=D_{2j}^{(d)}(t;\boldsymbol{\varphi}'^{(d)}_{2j}) & (\tau_1<t\leqslant\tau_2)\\ D_{3j}^{(d)}(w_3^{(d)}+t-\tau_2;\boldsymbol{\varphi}_{3j}^{(d)})=D_{3j}^{(d)}(t;\boldsymbol{\varphi}'^{(d)}_{3j}) & (\tau_2<t\leqslant\tau_3)\\ \vdots & \\ D_{ij}^{(d)}(w_i^{(d)}+t-\tau_{i-1};\boldsymbol{\varphi}_{ij}^{(d)})=D_{ij}^{(d)}(t;\boldsymbol{\varphi}'^{(d)}_{ij}) & (\tau_{i-1}<t\leqslant\tau_i)\\ \vdots & \\ D_{Ej}^{(d)}(w_E^{(d)}+t-\tau_{E-1};\boldsymbol{\varphi}_{Ej}^{(d)})=D_{Ej}^{(d)}(t;\boldsymbol{\varphi}'^{(d)}_{Ej}) & (\tau_{Ei-1}<t\leqslant\tau_E)\end{cases} \tag{5-44}$$

其中，$\boldsymbol{\varphi}'^{(d)}_{ij}=\boldsymbol{\varphi}'^{(d)}_{ij}(\boldsymbol{\varphi}_{ij}^{(d)},w_i^{(d)}-\tau_{i-1})$。

若 $D_{ij}^{(d)}(w_i^{(d)}+t-\tau_{i-1};\boldsymbol{\varphi}_{ij}^{(d)})$ 为式(1-10)~式(1-14)形式的线性模型(或可变换为线性模型)，则 $D_{ij}^{(d)}(t;\boldsymbol{\varphi}'^{(d)}_{ij})$ 也为线性模型。

例如，$D_{ij}^{(d)}(w_i^{(d)}+t-\tau_{i-1};\boldsymbol{\varphi}_{ij}^{(d)})=\alpha_{ij}^{(d)}+\beta_{ij}^{(d)}\cdot(w_i^{(d)}+t-\tau_{i-1}),\boldsymbol{\varphi}_{ij}^{(d)}=(\alpha_{ij}^{(d)},\beta_{ij}^{(d)})$。则

$$D_j^{(d)}(t)=D_{ij}^{(d)}(w_i^{(d)}+t-\tau_{i-1};\boldsymbol{\varphi}_{ij}^{(d)})=\alpha_{ij}^{(d)}+\beta_{ij}^{(d)}\cdot(w_i^{(d)}+t-\tau_{i-1})$$

$$= \alpha_{ij}^{(d)} + \beta_{ij}^{(d)} \cdot (w_i^{(d)} - \tau_{i-1}) + \beta_{ij}^{(d)} \cdot t = D_{ij}^{(d)}(t;\boldsymbol{\varphi}'^{(d)}_{ij}) \quad (\tau_{i-1} < t \leqslant \tau_i) \tag{5-45}$$

其中，$\boldsymbol{\varphi}'^{(d)}_{ij} = (\alpha'^{(d)}_{ij}, \beta'^{(d)}_{ij}) = (\alpha_{ij}^{(d)} + \beta_{ij}^{(d)} \cdot (w_i^{(d)} - \tau_{i-1}), \beta_{ij}^{(d)})$。

步进试验退化型失效模式数据的伪失效寿命 MLE 主要步骤如下：

步骤1~步骤3 与5.1.3节的步骤1~步骤3类似，只是理论退化轨迹如式(5-44)所示，而非 $D_{ij}^{(d)}(t;\boldsymbol{\varphi}_{ij}^{(d)})$。通过这三个步骤获得步进试验的伪失效寿命时间 $\boldsymbol{t}^{(d)} = \{t_{ij}^{(d)} | i = 1,2,\cdots,E; j = 1,2,\cdots,n_i\}, d = M_{\mathrm{H}} + 1, M_{\mathrm{H}} + 2, \cdots, M$。

步骤4 对所得到的伪失效寿命时间 $\boldsymbol{t}^{(d)}$，通过假设检验选择适当的寿命模型和加速模型(模型未知参数为 $\boldsymbol{\psi}^{(d)}$)，根据步进试验累积失效分布的分析，$\boldsymbol{t}^{(d)}$ 的似然函数可写为

$$\begin{aligned} L^{(d)}(\boldsymbol{\psi}^{(d)} | \boldsymbol{t}^{(d)}) &= \prod_{i=1}^{E} \prod_{j=1}^{n_i} L_{ij}^{(d)}(\boldsymbol{\psi}^{(d)} | C_i^{(d)} + t_{ij}^{(d)} - \tau_{i-1}) \\ &= \prod_{i=1}^{E} \prod_{j=1}^{n_i} [h_i^{(d)}(C_i^{(d)} + t_{ij}^{(d)} - \tau_{i-1}) \cdot R_i^{(d)}(C_i^{(d)} + t_{ij}^{(d)} - \tau_{i-1})] \end{aligned} \tag{5-46}$$

采用数值解法对对数似然函数进行极大化，获得参数估计值 $\hat{\boldsymbol{\psi}}^{(d)}$：

$$\hat{\boldsymbol{\psi}}^{(d)} = \arg \max_{\boldsymbol{\psi}^{(d)}} [\ln L^{(d)}(\boldsymbol{\psi}^{(d)} | \boldsymbol{t}^{(d)})] \tag{5-47}$$

根据参数估计值 $\hat{\boldsymbol{\psi}}^{(d)}$，容易求出正常应力下的可靠性特征量，如可靠度函数、p 分位可靠寿命、平均寿命等。

5.2.4 应用案例：某机电产品步进应力加速退化试验

1. 案例一

案例一为仿真算例，属于存在多种突发型失效模式的竞争失效场合。

设某机电产品主要存在两种突发型失效模式，且寿命模型均服从威布尔分布。现对该产品抽样进行以温度为加速应力的步进应力加速试验，样本量 $n = 30$，应力水平数 $E = 4$；正常应力 $S_0 = 20$℃，加速应力分别为 $S_1 = 60$℃、$S_2 = 130$℃、$S_3 = 210$℃和 $S_4 = 300$℃。试验采用定时截尾方式，截尾时间分别为 $\tau_1 = 3600\mathrm{h}$，$\tau_2 = 4300\mathrm{h}$，$\tau_3 = 4600\mathrm{h}$，$\tau_4 = 4800\mathrm{h}$。整个模型的未知参数为 $\boldsymbol{\theta}^{(d)} = (\gamma_0^{(d)}, \gamma_1^{(d)}, m^{(d)})$，$d = 1,2$。采用蒙特卡罗仿真方法产生数据，参数真值取值如下：$\gamma_0^{(1)} = 3$，$\gamma_1^{(1)} = 2100$，$m^{(1)} = 2$；$\gamma_0^{(2)} = 3.5$，$\gamma_1^{(2)} = 1900$，$m^{(2)} = 4$。

表5-8所示为由仿真方案所产生的数据，其中截尾数据为6个，占全部数据的20%(6/30)；失效模式未确定数据为5个，占所有已失效数据的20.8%(5/24)。

表 5-8　案例一步进试验失效数据

$S_1=60℃;r_1=3$		$S_2=130℃;r_2=6$		$S_3=210℃;r_3=8$		$S_4=300℃;r_4=7;w=6$	
t_{1j}/ h	C[1]	t_{2j}/h	C	t_{3j}/h	C	t_{4j}/h	C
1571. 1	1	3608. 2	1	4390. 3	2	4626. 6	2
2644. 0	1,2	3817. 1	1,2	4403. 5	1	4642. 4	2
2875. 1	1	3882. 5	1	4420. 6	1,2	4682. 3	1
		3962. 6	2	4427. 1	1	4699. 2	1,2
		4144. 1	1	4435. 1	2	4710. 1	1
		4230. 0	2	4442. 9	2	4737. 2	1,2
				4467. 4	1	4745. 1	2
				4492. 7	2	4800. 0	+[2]
						4800. 0	+
						4800. 0	+
						4800. 0	+
						4800. 0	+
						4800. 0	+

①C——失效原因;

②+——截尾数据点。

采用基于 EM 算法的极大似然估计方法对步进试验数据进行分析,分析结果如表 5-9 所示,参数估计值与真值接近,说明方法是有效可行的。

表 5-9　案例一步进试验统计分析结果

参数	突发型失效模式($d=1$)			突发型失效模式($d=2$)		
	$\gamma_0^{(1)}$	$\gamma_1^{(1)}$	$m^{(1)}$	$\gamma_0^{(2)}$	$\gamma_1^{(2)}$	$m^{(2)}$
参数真值	3	2100	2	3. 5	1900	4
统计结果	3. 4242	1.9578×10^3	1. 9697	3. 6757	1.8108×10^3	4. 2162

2. 案例二

案例二属于突发型和退化型失效模式并存的竞争失效场合。

本案例为仿真算例,参数真值与 5. 2. 4 节案例一相同。所不同的是将突发型失效模式($d=2$)变为退化型失效模式,理论退化轨迹为 $D_{ij}^{(2)}(t)=\alpha_{ij}'^{(2)}+\beta_{ij}'^{(2)}\cdot t$;退化量 $D_{ij}^{(2)}(t)$ 的观测值 $y_{ij}^{(2)}(t_{i,k})=D_{ij}^{(2)}(t_{i,k})+\varepsilon_{ij}^{(2)}(t_{i,k})$,其中,$\varepsilon_{ij}^{(2)}$ 为测量误差,相互独立且服从正态分布 $\varepsilon_{ij}^{(2)}\sim N(0,\sigma_{\varepsilon}^{(2)2})$。退化模型参数 $\boldsymbol{\varphi}_{ij}'^{(2)}=(\alpha_{ij}'^{(2)},\beta_{ij}'^{(2)}),i=1,2,\cdots,E;j=1,2,\cdots,n_i$,其中仿真先验参数 $\alpha_{1j}'^{(2)}$

$=1$；$\{\boldsymbol{\varphi}_{ij}'^{(2)}\}$ 中其余参数的先验值由退化模型、各应力下每个样品的退化量初始值 α_{ij}'、退化失效阈值、寿命数据求解得出，例如 $\beta_{1j}'^{(2)}=(D_{\mathrm{f}}^{(2)}-\alpha_{1j}'^{(2)})/t_{1j}^{(2)}=(D_{\mathrm{f}}^{(2)}-1)/t_{1j}^{(2)}$。失效阈值 $D_{\mathrm{f}}^{(2)}=0.5$；测量误差参数 $\sigma_{\varepsilon}^{(2)}=0.01$。

退化数据 $\boldsymbol{y}$ 如图 5-4 所示，失效数据 $\boldsymbol{x}$ 如表 5-10 所示。

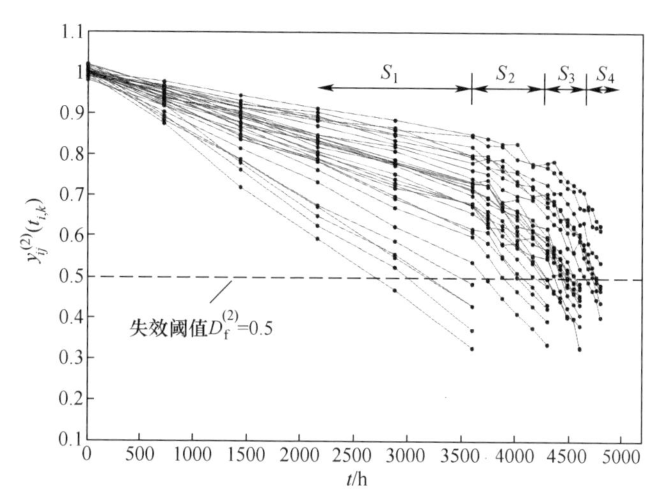

图 5-4　案例二步进试验退化数据

从失效数据 $\boldsymbol{x}=\{x_{ij}=(t_{ij},z_{ij})\}$ 分离出突发型失效模式数据 $\boldsymbol{x}_{\mathrm{H}}=\{x_{\mathrm{H}ij}=(t_{ij},z_{\mathrm{H}ij})\}$（见表 5-10），并按 5.2.2 节的方法进行统计分析，得到突发型失效模式的模型参数估计值 $\hat{\boldsymbol{\theta}}^{(1)}=(\hat{\gamma}_0^{(1)},\hat{\gamma}_1^{(1)},\hat{m}^{(1)})$。

表 5-10　案例二步进试验失效数据

$S_1=60$℃				$S_2=130$℃				$S_3=210$℃				$S_4=300$℃			
t_{1j}/h	C[①]	z_{1j}[②]	$z_{\mathrm{H}1j}$[③]	t_{2j}/h	C	z_{2j}	$z_{\mathrm{H}2j}$	t_{3j}/h	C	z_{3j}	$z_{\mathrm{H}3j}$	t_{4j}/h	C	z_{4j}	$Z_{\mathrm{H}4j}$
1963. 5	1	(1,0)	1	4076. 5	2	(0,1)	0	4306. 1	2	(0,1)	0	4765. 9	2	(0,1)	0
2682. 6	2	(0,1)	0	4033. 7	2	(0,1)	0	4460. 8	2	(0,1)	0	4749. 4	2	(0,1)	0
2927. 3	2	(0,1)	0	4046. 9	1	(1,0)	1	4406. 1	2	(0,1)	0	4655. 3	2	(0,1)	0
2664. 0	1	(1,0)	1	3924. 7	2	(0,1)	0	4320. 5	1	(1,0)	1	4697. 8	1	(1,0)	1
2902. 0	1	(1,0)	1	3723. 7	2	(0,1)	0	4568. 1	2	(0,1)	0	4750. 9	1	(1,0)	1
				3799. 8	1	(1,0)	1	4471. 1	1	(1,0)	1	4800. 0	+[④]	(0,0)	0
								4373. 3	2	(0,1)	0	4800. 0	+	(0,0)	0
								4300. 3	1	(1,0)	1	4800. 0	+	(0,0)	0
								4302. 2	1	(1,0)	1				

续表

$S_1=60℃$				$S_2=130℃$				$S_3=210℃$				$S_4=300℃$			
t_{1j}/h	C①	z_{1j}②	z_{H1j}③	t_{2j}/h	C	z_{2j}	z_{H2j}	t_{3j}/h	C	z_{3j}	z_{H3j}	t_{4j}/h	C	z_{4j}	Z_{H4j}
								4361.0	1	(1,0)	1				
								4307.0	2	(0,1)	0				

①C——失效原因；

②z_{ij}——失效模式标记符；

③z_{Hij}——突发型失效模式标记符；

④+ ——截尾数据点。

按 5.2.3 节的伪失效寿命 MLE 方法对退化数据 $\boldsymbol{y}=\{\boldsymbol{y}^{(2)}\}$ 进行统计分析，首先求出每一个样本的伪失效寿命时间 $t_{ij}^{(2)}$。然后对全体伪失效寿命时间 $\boldsymbol{t}^{(2)}=\{t_{ij}^{(2)}\}$（见表 5-11）进行 MLE 得到退化型失效模式的模型参数估计值 $\hat{\boldsymbol{\psi}}^{(2)}=(\hat{\gamma}_0^{(2)},\hat{\gamma}_1^{(2)},\hat{m}^{(2)})$。

统计分析结果见表 5-12，参数统计结果与真值相近，表明了方法的有效性。

表 5-11 案例二步进试验退化数据的伪失效寿命时间

伪失效寿命时间	$t_{1j}^{(2)}$/h	3474.2，2682.6，2927.3，3188.2，3200.5，4729.1，4726.0，5412.8，4455.9，3925.6，5188.5，5382.3，6317.3，6177.8，6391.0，7235.9，6426.8，5562.7，6634.6，6085.3，6836.7，5724.6，9163.6，9480.2，7731.5，9291.7，8287.9，11970.8，9406.6，11555.8
	$t_{2j}^{(2)}$/h	4076.5，4033.7，4266.9，3924.7，3723.7，4206.7，4306.7，4751.2，4577.1，4770.0，4962.2，4769.0，4533.7，4569.1，4566.0，4840.7，4343.3，5499.8，5782.9，5300.5，5339.1，5614.5，6790.0，6078.4，6704.6
	$t_{3j}^{(2)}$/h	4306.1，4460.8，4406.1，4477.6，4568.1，4529.9，4373.3，4497.9，4468.5，4542.2，4307.0，4875.9，4929.2，4675.6，4812.8，4911.8，5461.1，5051.4，5188.4
	$t_{4j}^{(2)}$/h	4765.9，4749.4，4655.3，4719.7，4766.3，5078.7，4866.1，5146.4

表 5-12 案例二步进试验统计分析结果

参数	突发型失效模式($d=1$)			退化型失效模式($d=2$)		
	$\gamma_0^{(1)}$	$\gamma_1^{(1)}$	$m^{(1)}$	$\gamma_0^{(2)}$	$\gamma_1^{(2)}$	$m^{(2)}$
仿真参数	3	2100	2	3.5	1900	4
统计结果	3.3030	1.9697×10^3	2.2121	3.7027	1.7568×10^3	3.4865

5.3 多失效模式相关场合基于退化量分布的加速退化试验统计分析方法

5.3.1 基本思想

如3.2.3节所述,加速退化试验的退化量分布方法是将产品退化量分布视为时间与应力的函数,求出各应力水平下各个测量时刻产品退化量的分布参数,然后利用退化轨迹模型和加速方程求出分布参数与时间及应力的关系,进而外推得到产品使用应力水平下的可靠性信息,对产品寿命进行评估。

由于不同样品之间具有差异性,不同样品的性能退化量随时间、应力的退化过程不同,因此样品性能退化量分布参数是应力水平和时间的函数(图5-5)。通过对不同应力组合、不同测量时刻产品性能退化量所服从分布参数的处理,即可以找出其分布参数与时间及应力的关系,从而就可以获得产品在正常使用应力条件下的可靠性信息。本节以此为基础,研究基于退化量分布的多退化相关场合加速退化试验统计分析方法。

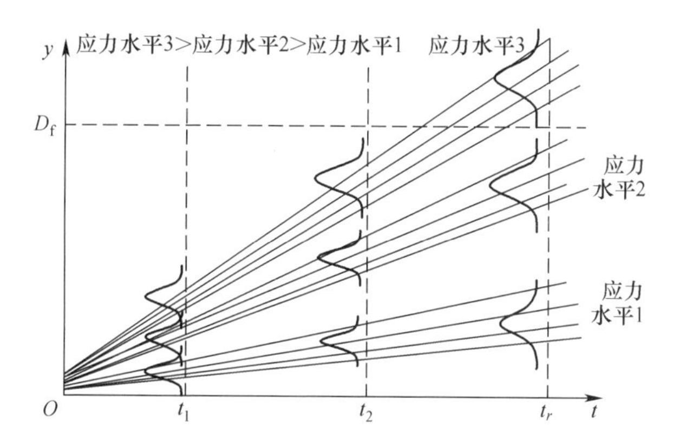

图5-5 不同应力水平下,性能退化量y在不同时刻的分布示意图

5.3.2 统计分析方法

设产品具有p个退化失效模式,记为$\{1,2,\cdots,p\}$,选择L个加速应力水平$S_1,S_2,\cdots,S_L$,并满足$S_0 < S_1 < S_2 < \cdots < S_L$,其中$S_0$为使用应力水平。随机抽样$n_i$个样品在应力水平$S_i$下进行恒定应力加速退化试验,在试验过程中,按

照一定间隔 $\tau_{i1},\tau_{i2},\cdots,\tau_{iK}$ 对产品 p 个性能退化参数进行 K 次测试。记 S_i 下应力水平第 j 个试验样本,第 m 个退化失效模式退化数据为 $(\tau_{ik},y_{ijk}^{(m)})(i=1,2,\cdots,L;j=1,2,\cdots,n;k=1,2,\cdots,K;m=1,2,\cdots,p)$。

根据基于退化量分布的退化数据分析方法基本思想以及竞争失效加速试验基本模型,竞争失效相关场合加速退化试验统计分析方法步骤可以用图 5-6 所示流程进行描述[4]。

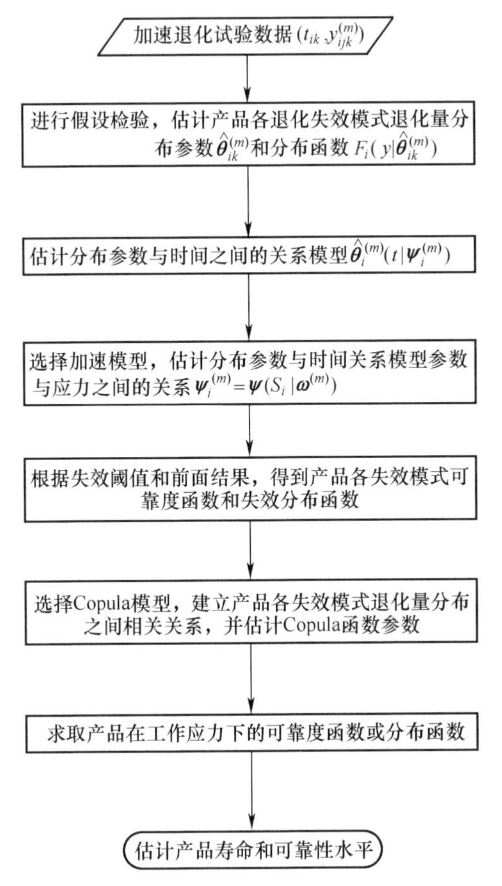

图 5-6　基于退化量分布的竞争失效相关加速退化试验统计分析方法流程

详述如下:

步骤 1　收集并整理加速退化试验数据,根据退化量数据的特点,选择合适的分布模型,并估计分布模型参数。

试验样本在应力水平 S_i 下 $(i=1,2,\cdots,L)$ 测试时间 $\tau_{i1},\tau_{i2},\cdots,\tau_{iK}$ 的性能退化数据 $(\tau_{ik},y_{ijk}^{(m)})(i=1,2,\cdots,L;j=1,2,\cdots,n;k=1,2,\cdots,K;m=1,2,\cdots,p)$。

依据这些数据，可以得到 S_i 下应力水平，在 τ_{ik} 时刻，所有样本第 m 个退化失效模式退化量 $y_{ijk}^{(m)}(i=1,2,\cdots,L;j=1,2,\cdots,n;m=1,2,\cdots,p)$ 分布情况，根据分布情况选择合适的分布类型 $F(y|\boldsymbol{\theta})$。利用数据 $(\tau_{ik},y_{ijk}^{(m)})$ 估计 S_i 应力水平下，在 $\tau_{ik}\ (k=1,2,\cdots,K)$ 时刻，产品第 m 个退化失效模式退化量分布参数 $\hat{\boldsymbol{\theta}}_{i1}^{(m)}$，$\hat{\boldsymbol{\theta}}_{i2}^{(m)},\cdots,\hat{\boldsymbol{\theta}}_{iK}^{(m)}$。

步骤 2 选择合适的模型描述产品各退化量分布参数与测试时间之间的关系并估计模型参数。

由步骤 1 得到的 S_i 应力水平下产品第 m 个退化失效模式退化量分布参数估计结果 $\hat{\boldsymbol{\theta}}_{i1}^{(m)},\hat{\boldsymbol{\theta}}_{i2}^{(m)},\cdots,\hat{\boldsymbol{\theta}}_{iK}^{(m)}$，根据分布参数与测试时间的关系特点，建立 S_i 应力水平下产品第 m 个退化失效模式退化量分布参数与试验时间之间的关系模型。利用最小二乘法或非线性最小二乘法估计分布参数与时间模型参数，即可以得到第 m 个退化失效模式退化量分布参数与时间的函数 $\hat{\boldsymbol{\theta}}_i^{(m)}(t|\boldsymbol{\psi}_i^{(m)})$，$\boldsymbol{\psi}_i^{(m)}$ 为模型参数，$\boldsymbol{\psi}_i^{(m)}$ 与应力水平有关。

步骤 3 根据得到的各应力水平下的各退化失效模式退化量分布参数，选择合适的加速模型，并估计加速模型参数。

由步骤 2 得到 S_i 应力水平下产品第 m 个退化失效模式退化量分布参数与时间之间的关系模型参数 $\boldsymbol{\psi}_i^{(m)}$，根据 S_i 与 $\boldsymbol{\psi}_i^{(m)}$ 之间关系特点，选择合适的加速模型 $\boldsymbol{\psi}_i^{(m)}=\boldsymbol{\psi}(S_i|\boldsymbol{\omega}^{(m)})$，$\boldsymbol{\omega}^{(m)}$ 为加速模型参数。采用最小二乘估计等参数估计方法，估计加速模型参数 $\hat{\boldsymbol{\omega}}^{(m)}$。得到加速模型参数 $\hat{\boldsymbol{\omega}}^{(m)}$ 后，即得到产品各失效模式退化量分布参数与时间和应力水平的函数关系：

$$\hat{\boldsymbol{\theta}}^{(m)}=g(t,S|\hat{\boldsymbol{\omega}}^{(m)}) \tag{5-48}$$

则 S_i 应力水平下产品第 m 个失效模式 t 时间的退化量分布函数为

$$F_i^{(m)}(y^{(m)})=F_i^{(m)}(y^{(m)}|g(t,S_i|\hat{\boldsymbol{\omega}}^{(m)})) \tag{5-49}$$

步骤 4 根据各退化失效模式失效阈值和退化量分布函数，得到产品可靠度函数。

设第 m 个退化失效模式失效阈值为 $D_{\mathrm{f}}^{(m)}$，根据前面求得的产品退化量分布函数，可以得到产品第 m 个退化失效模式的可靠度与时间的关系即可靠度函数。当退化量轨迹为单调上升时，有

$$R_i^{(m)}(t|D_{\mathrm{f}}^{(m)})=P(y_i^{(m)}<D_{\mathrm{f}}^{(m)})=F_i^{(m)}(D_{\mathrm{f}}^{(m)}|g(t,S_i|\hat{\boldsymbol{\omega}}^{(m)})) \tag{5-50}$$

当退化量轨迹为单调下降时，有

$$R_i^{(m)}(t|D_{\mathrm{f}}^{(m)})=P(y_i^{(m)}>D_{\mathrm{f}}^{(m)})=1-F_i^{(m)}(D_{\mathrm{f}}^{(m)}|g(t,S_i|\boldsymbol{\omega}^{(m)})) \tag{5-51}$$

步骤 5 基于得到的各退化失效模式的退化量分布函数或可靠度函数,利用第 4 章相关的 Copula 理论和方法可建立各失效模式退化量分布之间相关性结构,并估计 Copula 函数参数。

设 S_i应力水平下 t 时刻产品各失效模式退化量之间的 Copula 函数和可靠度 Copula 函数分别为 $C(F_i^{(1)}(y_i^{(1)}),F_i^{(2)}(y_i^{(2)}),\cdots,F_i^{(p)}(y_i^{(p)}) \mid t,\boldsymbol{\theta}_C)$ 和 $\hat{C}(R_i^{(1)}(y_i^{(1)}),R_i^{(2)}(y_i^{(2)}),\cdots,R_i^{(p)}(y_i^{(p)})|t,\boldsymbol{\theta}_C)$,$\boldsymbol{\theta}_C$ 为 Copula 函数参数,与应力水平无关,则

$$\begin{aligned}&C(F_i^{(1)}(y_i^{(1)}),F_i^{(2)}(y_i^{(2)}),\cdots,F_i^{(p)}(y_i^{(p)})|t,\boldsymbol{\theta}_C)\\&=P(Y_i^{(1)}<y_i^{(1)},Y_i^{(2)}<y_i^{(2)},\cdots,Y_i^{(p)}<y_i^{(p)})\end{aligned}\tag{5-52}$$

$$\begin{aligned}&\hat{C}(R_i^{(1)}(y_i^{(1)}),R_i^{(2)}(y_i^{(2)}),\cdots,R_i^{(p)}(y_i^{(p)})|t,\boldsymbol{\theta}_C)\\&=P(Y_i^{(1)}\geqslant y_i^{(1)},Y_i^{(2)}\geqslant y_i^{(2)},\cdots,Y_i^{(p)}\geqslant y_i^{(p)})\end{aligned}\tag{5-53}$$

则 S_i应力水平下 t 时刻竞争失效相关场合产品可靠度函数为

$$\begin{aligned}R_i(t)&=P(Y_i^{(1)}<D_{\mathrm{f}}^{(1)},Y_i^{(2)}<D_{\mathrm{f}}^{(2)},\cdots,Y_i^{(p)}<D_{\mathrm{f}}^{(p)})\\&=C(F_i^{(1)}(D_{\mathrm{f}}^{(1)}|t),F_i^{(2)}(D_{\mathrm{f}}^{(2)}|t),\cdots,F_i^{(p)}(D_{\mathrm{f}}^{(p)}|t)|t,S_i,\boldsymbol{\theta}_C)\end{aligned}\tag{5-54}$$

或者

$$\begin{aligned}R_i(t)&=P(Y_i^{(1)}>D_{\mathrm{f}}^{(1)},Y_i^{(2)}>D_{\mathrm{f}}^{(2)},\cdots,Y_i^{(p)}>D_{\mathrm{f}}^{(p)})\\&=\hat{C}(R_i^{(2)}(D_{\mathrm{f}}^{(1)}|t),R_i^{(2)}(D_{\mathrm{f}}^{(2)}|t),\cdots,R_i^{(p)}(D_{\mathrm{f}}^{(p)}|t)|t,S_i,\boldsymbol{\theta}_C)\end{aligned}\tag{5-55}$$

因此只要估计得到 S_i 应力水平下 t 时刻各失效模式退化量分布之间的 Copula 函数参数 $\boldsymbol{\theta}_C$,即可得到产品竞争失效相关场合下的可靠度函数。

设失效模式 $m=1,2,\cdots,p$ 退化数据之间的 Copula 函数为 $C(F^{(1)}(y^{(1)}),F^{(2)}(y^{(2)}),\cdots,F^{(p)}(y^{(p)}) \mid t,\boldsymbol{\theta}_C)$,设 $f(y^{(1)},y^{(2)},\cdots,y^{(p)})$ 为 $Y^{(1)},Y^{(2)},\cdots,Y^{(p)}$ 的联合分布概率密度函数,则

$$\begin{aligned}f(y^{(1)},y^{(2)},\cdots,y^{(p)})&=\frac{\partial^p H(y^{(1)},y^{(2)},\cdots,y^{(p)})}{\partial y^{(1)}\partial y^{(2)}\cdots\partial y^{(p)}}\\&=\frac{\partial^p C(F^{(1)}(y^{(1)}),F^{(2)}(y^{(2)}),\cdots,F^{(p)}(y^{(p)}))}{\partial F^{(1)}(y^{(1)})\partial F^{(2)}(y^{(2)})\cdots\partial F^{(p)}(y^{(p)})}\prod_{m=1}^{p}f^{(m)}(y^{(m)})\\&=c(y^{(1)},y^{(2)},\cdots,y^{(p)})\prod_{m=1}^{p}f^{(m)}(y^{(m)})\end{aligned}\tag{5-56}$$

其中 $c(y^{(1)},y^{(2)},\cdots,y^{(p)})=\dfrac{\partial^p C(F^{(1)}(y^{(1)}),F^{(2)}(y^{(2)}),\cdots,F^{(p)}(y^{(p)}))}{\partial F^{(1)}(y^{(1)})\partial F^{(2)}(y^{(2)})\cdots\partial F^{(p)}(y^{(p)})}$ 为 Copula 概率密度函数,$F^{(m)}(y^{(m)})=F^{(m)}(y^{(m)}|g(t,S|\hat{\boldsymbol{\omega}}^{(m)}))(m=1,2,\cdots,p)$ 为步骤 2 中得到的各失效模式退化量分布函数,$f^{(m)}(y^{(m)})=f^{(m)}(y^{(m)}|g(t,S|$

$\hat{\boldsymbol{\omega}}^{(m)}$)) 为其概率密度函数，$\boldsymbol{\theta}(t,S|\hat{\boldsymbol{\omega}}^{(m)})$) 为分布参数，$m=1,2,\cdots,p$。

对于所有样本各退化失效模式退化数据 $(t_{ik},y_{ijk}^{(m)})(i=1,2,\cdots,L;j=1,2,\cdots,n;k=1,2,\cdots,K;m=1,2,\cdots,p)$，其似然函数为

$$
\begin{aligned}
L(\boldsymbol{\theta}_C) &= \prod_{i=1}^{L}\prod_{k=1}^{K}\prod_{j=1}^{n} f(y_{ijk}^{(1)},y_{ijk}^{(2)},\cdots,y_{ijk}^{(p)}|\boldsymbol{\tau}_{ik},S_i,\boldsymbol{\theta}_C) \\
&= \prod_{i=1}^{L}\prod_{k=1}^{K}\prod_{j=1}^{n} c(y_{ijk}^{(1)},y_{ijk}^{(2)},\cdots,y_{ijk}^{(p)}|\boldsymbol{\tau}_{ik},S_i,\hat{\boldsymbol{\omega}},\boldsymbol{\theta}_C)\prod_{m=1}^{p} f_i^{(m)}(y_{ijk}^{(m)})
\end{aligned}
\tag{5-57}
$$

对数似然函数为

$$
\begin{aligned}
\ln L(\boldsymbol{\theta}_C) = \sum_{i=1}^{L}\sum_{k=1}^{K}\sum_{j=1}^{n}\{&\ln[c(y_{ijk}^{(1)},y_{ijk}^{(2)},\cdots,y_{ijk}^{(p)}|\boldsymbol{\tau}_{ik},S_i,\hat{\boldsymbol{\omega}},\boldsymbol{\theta}_C)] \\
&+\sum_{m=1}^{p}\ln[f_i^{(m)}(y_{ijk}^{(m)})]\}
\end{aligned}
\tag{5-58}
$$

根据极大似然估计原理，只要求取使式(5-58)取得最大值对应的 $\boldsymbol{\theta}_C$，即为相应的 Copula 参数的估计：

$$
\hat{\boldsymbol{\theta}}_C = \arg\max[\ln L(\boldsymbol{\theta}_C)]
\tag{5-59}
$$

估计出 $\hat{\boldsymbol{\theta}}_C$ 后，可以得到产品各失效模式下的性能退化量之间的 Copula 函数，进而可以得到产品的寿命分布情况。

步骤 6 利用步骤 4 中得到的各退化失效模式的失效分布函数或可靠度函数和步骤 5 中估计得到的 Copula 函数参数 $\hat{\boldsymbol{\theta}}_C$ 估计使用应力下的产品寿命分布和可靠性。

$$
\begin{aligned}
R_0(t) &= P(Y_0^{(1)}<D_{\mathrm{f}}^{(1)},Y_0^{(2)}<D_{\mathrm{f}}^{(2)},\cdots,Y_0^{(p)}<D_{\mathrm{f}}^{(p)}) \\
&= C(F_0^{(1)}(D_{\mathrm{f}}^{(1)}|t),F_0^{(2)}(D_{\mathrm{f}}^{(2)}|t),\cdots,F_0^{(p)}(D_{\mathrm{f}}^{(p)}|t)|t,S_0,\hat{\boldsymbol{\omega}},\hat{\boldsymbol{\theta}}_C)
\end{aligned}
\tag{5-60}
$$

或者

$$
\begin{aligned}
R_0(t) &= P(Y_0^{(1)}>D_{\mathrm{f}}^{(1)},Y_0^{(2)}>D_{\mathrm{f}}^{(2)},\cdots,Y_0^{(p)}>D_{\mathrm{f}}^{(p)}) \\
&= \hat{C}(R_0^{(1)}(D_{\mathrm{f}}^{(1)}|t),R_0^{(2)}(D_{\mathrm{f}}^{(2)}|t),\cdots,R_0^{(p)}(D_{\mathrm{f}}^{(p)}|t)|t,S_0,\hat{\boldsymbol{\omega}},\hat{\boldsymbol{\theta}}_C)
\end{aligned}
\tag{5-61}
$$

5.3.3 应用案例：某机电产品恒定应力加速退化试验

某机电产品具有 2 个退化失效模式，记为分别为失效模式 1 和失效模式 2。加速应力为温度，选择 3 个加速应力水平 $S_1=333\mathrm{K}$，$S_2=403\mathrm{K}$，$S_3=483\mathrm{K}$，使用应力水平 $S_0=293\mathrm{K}$。每个应力水平下随机选择 $n_i=20$ 个样品进行恒定应力加速退化试验。试验过程中在试验时间 50h、150h、250h、325h、400h 对产品性能退化参数进行测试，试验数据如附录 3 所示。产品失效模式 1 和失效模式 2 的失效

阈值均为 3。根据附录 3 中数据开展产品加速退化试验建模分析，得到产品使用应力水平下的可靠度函数。

首先由步骤 1~步骤 4 可以得到失效模式 1 和 2 退化量分布函数为

$$R_i^{(1)}(y^{(1)}) = \exp\left\{-\left[\frac{y^{(1)}}{\hat{\eta}_i^{(1)}}\right]^{\hat{\beta}_i^{(1)}}\right\}$$

$$= \exp\left\{-\left[\frac{y^{(1)}}{\exp\left(-4.4482-\frac{36.6255}{S_i}\right)+\exp\left(-3.0112-\frac{1284.956}{S_i}\right)\cdot t}\right]^{\exp\left(0.846-\frac{223.363}{S_i}\right)}\right\} \tag{5-62}$$

$$R_i^{(2)}(y^{(2)}) = \exp\left\{-\left[\frac{y^{(2)}}{\hat{\eta}_i^{(2)}}\right]^{\hat{\beta}_i^{(2)}}\right\}$$

$$= \exp\left\{-\left[\frac{y^{(2)}}{\exp\left(-5.4268-\frac{379.785}{S_i}\right)+\exp\left(-4.0756-\frac{974.8921}{S_i}\right)\cdot t}\right]^{\exp\left(1.9916-\frac{353.251}{S_i}\right)}\right\} \tag{5-63}$$

两个退化失效模式失效阈值均为 3，且产品退化量为单调上升，根据式(5-50)、式(5-62)和式(5-63)，可以得到产品两退化失效模式 t 时刻的可靠度函数为

$$R_i^{(1)}(t|D_{\mathrm{f}}^{(1)}) = 1-\exp\left\{-\left[\frac{3}{\exp\left(-4.4482-\frac{36.6255}{S_i}\right)+\exp\left(-3.0112-\frac{1284.956}{S_i}\right)\cdot t}\right]^{\exp\left(0.846-\frac{223.363}{S_i}\right)}\right\} \tag{5-64}$$

$$R_i^{(2)}(t|D_{\mathrm{f}}^{(2)}) = 1-\exp\left\{-\left[\frac{3}{\exp\left(-5.4268-\frac{379.785}{S_i}\right)+\exp\left(-4.0756-\frac{974.8921}{S_i}\right)\cdot t}\right]^{\exp\left(1.9916-\frac{353.251}{S_i}\right)}\right\} \tag{5-65}$$

步骤 5 是根据试验数据选择合适的 Copula 模型建立各失效模式退化量分布之间相关性结构，并估计 Copula 函数参数。这里根据两失效模式退化量分布特点，选择 Gumble Copula 模型构造两失效模式退化量分布之间的相关关系。

$$C(F^{(1)}(y^{(1)}),F^{(2)}(y^{(2)})) = \exp\{-\{[-\ln(F^{(1)}(y^{(1)}))]^{\theta}+[-\ln(F^{(2)}(y^{(2)}))]^{\theta}\}^{1/\theta}\} \tag{5-66}$$

将试验数据代入式(5-58)可求得 Copula 模型参数为 $\hat{\theta}=3.18$，两失效模式退化量之间的相关性 kendall $\tau=0.686$。

步骤 6 是利用步骤 4 中得到的各退化失效模式的失效分布函数或可靠度函数和步骤 5 中估计得到的 Copula 函数参数 $\hat{\theta}=3.18$，得到使用应力下的产品寿命分布和可靠性。

$$
\begin{aligned}
R_0(t) &= P(Y_0^{(1)} < D_f^{(1)}, Y_0^{(2)} < D_f^{(2)}) \\
&= C(F_0^{(1)}(D_f^{(1)}), F_0^{(2)}(D_f^{(2)})) \\
&= \exp\{-\{[-\ln(F_0^{(1)}(D_f^{(1)}))]^{3.18} + [-\ln(F_0^{(2)}(D_f^{(2)}))]^{3.18}\}^{0.3145}\}
\end{aligned}
\tag{5-67}
$$

其中

$$
\begin{aligned}
F_0^{(1)}(D_f^{(1)}) &= 1-\exp\left\{-\left[\frac{3}{\exp\left(-4.4482-\dfrac{36.6255}{S_i}\right)+\exp\left(-3.0112-\dfrac{1284.956}{S_i}\right)\cdot t}\right]^{\exp\left(0.846-\frac{223.363}{S_0}\right)}\right\} \\
&= 1-\exp\left[-\left(\frac{3}{1.0325\times 10^{-2}+6.1326\times 10^{-4}\cdot t}\right)^{1.0873}\right]
\end{aligned}
\tag{5-68}
$$

$$
\begin{aligned}
F_0^{(2)}(D_f^{(2)}) &= 1-\exp\left\{-\left[\frac{3}{\exp\left(-5.4268-\dfrac{379.785}{S_0}\right)+\exp\left(-4.0756-\dfrac{974.8921}{S_0}\right)\cdot t}\right]^{\exp\left(1.9916-\frac{353.251}{S_0}\right)}\right\} \\
&= 1-\exp\left[-\left(\frac{3}{1.2029\times 10^{-3}+6.0950\times 10^{-4}\cdot t}\right)^{2.1945}\right]
\end{aligned}
\tag{5-69}
$$

得到如式(5-67)产品寿命分布后，就可以预测产品的寿命和评估产品可靠性水平，如产品的可靠度为 0.5、0.8、0.95 时的寿命分别为 5404.7h、3128.4h、1766.4h。

5.4 多失效模式相关场合基于伪失效寿命的加速退化试验统计分析方法

5.4.1 基本思想

如 3.2.2 节所述，加速退化试验的伪失效寿命建模分析方法是利用样本各性能退化参数的性能退化轨迹模型，求取各性能参数到达失效阈值的时间，即伪失效寿命，然后利用加速寿命试验的统计分析方法来进行加速退化试验的统计分析。

由于样品处于不同的应力水平下，样品性能退化量达到失效阈值的时间随应力水平的增加而降低，样品间的随机波动性导致样本伪失效寿命的随机性，因此样品伪失效寿命的分布参数与应力水平相关(图 5-7)。对于不同应力水平，伪失效寿命所服从的分布相同,不同的仅为全部或者部分分布参数,这些参数往往是应力的函数,针对这些参数建立加速方程,即可外推求出正常应力水平下,产品伪失效寿命的分布参数,从而可以对产品进行可靠性评估。本节以此为基础,研究基于伪失效寿命的多退化失效模式相关场合加速退化试验统计分析方法。

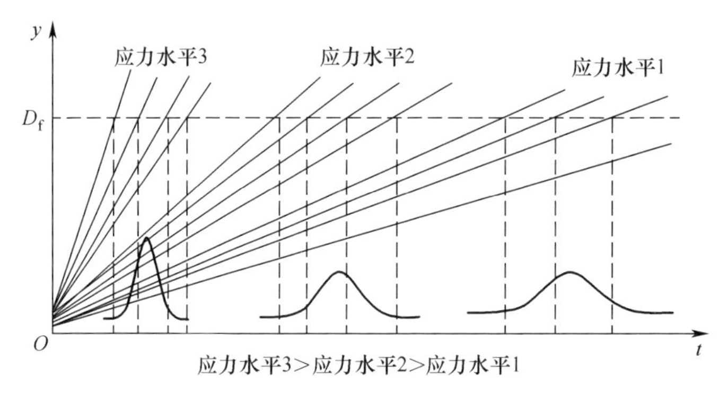

图 5-7　不同应力水平下,产品性能退化轨迹与寿命分布关系示意图

5.4.2　统计分析方法

设产品具有 p 个退化失效模式,记为 $\{1,2,\cdots,p\}$,选择 L 个加速应力水平 $S_1,S_2,\cdots,S_L$,并满足 $S_0 < S_1 < S_2 < \cdots < S_L$,其中 S_0 为使用应力水平。随机抽样 n_i 个样品在应力水平 S_i 下进行加速退化试验,在试验过程中,按照一定间隔 $\tau_{i1},\tau_{i2},\cdots,\tau_{iK}$ 对产品 p 个性能退化参数进行 K 次测试。记 S_i 应力水平下第 j 个试验样本,第 m 个退化失效模式退化数据为 $(\tau_{ik},y_{ijk}^{(m)})(i=1,2,\cdots,L;j=1,2,\cdots,n;k=1,2,\cdots,K;m=1,2,\cdots,p)$。

根据基于伪失效寿命的退化数据分析方法基本思想以及竞争失效加速试验基本模型,竞争失效相关加速退化试验统计分析方法步骤如图 5-8 所示。

详述如下:

步骤 1　收集整理加速退化试验数据,选择退化轨迹模型,并估计退化轨迹模型参数。

试验样本在应力水平 S_i 下 $(i=1,2,\cdots,L)$ 测试时间 $\tau_{i1},\tau_{i2},\cdots,\tau_{iK}$ 的性能退化数据 $(\tau_{ik},y_{ijk}^{(m)})$,依据这些数据,可以画出每个试验样本的 p 个性能退化量随时间变化的曲线,即退化轨迹;再根据前述基本假设,分析所得的性能退化曲线簇的趋势,选择适当的退化轨迹模型 $y_{ij}^{(m)}(t)=\chi(t,\boldsymbol{\theta}_{ij}^{(m)})$,$\boldsymbol{\theta}_{ij}^{(m)}$ 为退化轨迹模型参数,退化轨迹模型可能为线性模型,或经过某种变换后所得的线性模型,也可

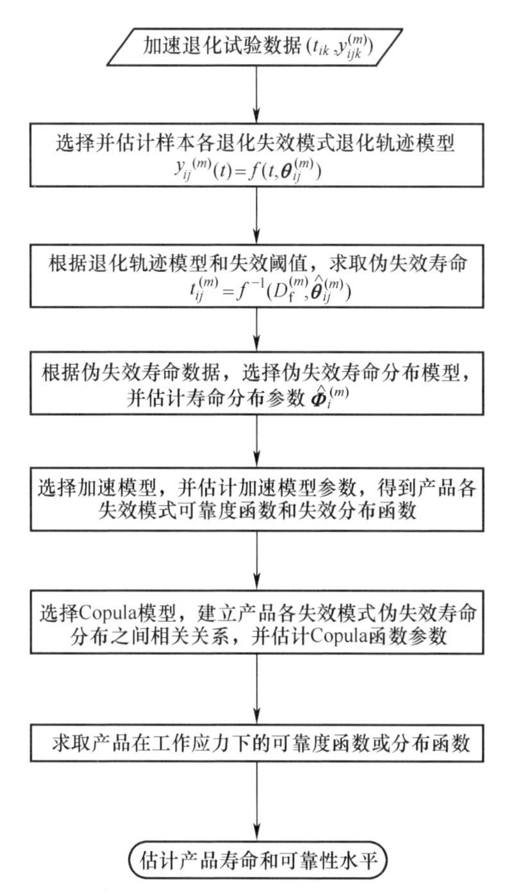

图 5-8　基于伪失效寿命的竞争失效相关加速退化试验统计分析方法流程

能为非线性模型。

根据记录的性能退化数据 $(\tau_{ik},y_{ijk}^{(m)})$ 和所选退化轨迹模型,利用最小二乘法或非线性最小二乘法估计第 j 个样本 S_i 下应力水平下第 m 个退化失效模式的性能参数退化轨迹模型的参数 $\hat{\boldsymbol{\theta}}_{ij}^{(m)}$，可以得到退化轨迹方程为

$$y_{ij}^{(m)}(t)=\chi(t,\hat{\boldsymbol{\theta}}_{ij}^{(m)}) \tag{5-70}$$

步骤 2　根据产品各退化失效模式的失效阈值和求得的退化轨迹模型,求出各加速应力水平下所有样本各退化失效模式的伪失效寿命。

假设各退化失效模式的失效阈值为 $D_{\mathrm{f}}^{(m)}$，根据前面求得的退化轨迹模型,可外推求出第 j 个样本 S_i 下应力水平下第 m 个退化失效模式的伪失效寿命为

$$t_{ij}^{(m)}=\chi^{-1}(D_{\mathrm{f}}^{(m)},\hat{\boldsymbol{\theta}}_{ij}^{(m)}) \tag{5-71}$$

式中:$\chi^{-1}(\cdot)$ 为函数 $\chi(\cdot)$ 的逆函数; $\hat{\boldsymbol{\theta}}_{ij}^{(m)}$ 为 $\boldsymbol{\theta}_{ij}^{(m)}$ 的最小二乘估计值。

这样可以得到 p 个退化失效模式 n_i 个样本在应力水平 S_i 下的伪失效寿命 $(t_{i1}^{(1)},t_{i2}^{(1)},\cdots,t_{in_i}^{(1)}),(t_{i1}^{(2)},t_{i2}^{(2)},\cdots,t_{in_i}^{(2)}),\cdots,(t_{i1}^{(p)},t_{i2}^{(p)},\cdots,t_{in_i}^{(p)})$。

步骤3 根据得到的伪失效寿命数据及其特点,选择合适的寿命分布模型并估计相应的分布参数。

根据伪失效寿命数据的特点,利用图估法或其他分布假设检验方法,选择各失效模式伪失效寿命数据可能服从的分布类型并进行分布假设检验。

确定伪失效寿命分布类型后,利用伪失效寿命数据,采用最小二乘估计方法或极大似然估计方法估计对应分布参数 $\hat{\boldsymbol{\Phi}}_i^{(m)}$,$\hat{\boldsymbol{\Phi}}_i^{(m)}$ 是第 m 个失效模式在应力水平 S_i 下的寿命分布模型参数。

步骤4 根据分布参数与加速应力之间的关系,选择合适的加速模型,并估计加速模型参数,得到各失效模式伪失效寿命分布函数。

确定加速模型后,利用伪失效寿命数据,采用最小二乘估计方法或极大似然估计方法估计对应分布参数与加速应力之间的函数关系 $\hat{\boldsymbol{\Phi}}_i^{(m)}=\Phi(S_i|\hat{\boldsymbol{\omega}}^{(m)})$,$\hat{\boldsymbol{\omega}}^{(m)}$ 为加速模型参数的估计。根据估计得到的分布参数和加速模型参数可以得到各失效模式在各应力水平(包括使用应力)下的失效分布 $F_i^{(m)}(t|\hat{\boldsymbol{\Phi}}_i^{(m)})$ 和可靠度函数 $R_i^{(m)}(t|\hat{\boldsymbol{\Phi}}_i^{(m)})$。

步骤5 利用得到的各退化失效模式的伪失效寿命分布函数或可靠度函数,采用 Copula 理论和方法建立各失效模式伪失效寿命间相关性结构,并估计 Copula 函数参数。

设产品各退化失效模式伪寿命分布之间的 Copula 函数和可靠度 Copula 函数分别为 $C(F_i^{(1)}(t_{ij}^{(1)}),F_i^{(2)}(t_{ij}^{(2)}),\cdots,F_i^{(p)}(t_{ij}^{(p)})\mid\boldsymbol{\theta}_C)$ 和 $\hat{C}(R_i^{(1)}(t_{ij}^{(1)}),R_i^{(2)}(t_{ij}^{(2)}),\cdots,R_i^{(p)}(t_{ij}^{(p)})|\boldsymbol{\theta}_C)$,$t_{ij}^{(m)}(m=1,2,\cdots,p)$ 为第 j 个样本第 m 个失效模式在应力水平 S_i 下的伪失效寿命。$\boldsymbol{\theta}_C$ 为 Copula 函数参数,与应力水平无关,则

$$\begin{aligned}&C(F_i^{(1)}(t_{ij}^{(1)}),F_i^{(2)}(t_{ij}^{(2)}),\cdots,F_i^{(p)}(t_{ij}^{(p)})|\boldsymbol{\theta}_C)\\&=P(T_{ij}^{(1)}<t_{ij}^{(1)},T_{ij}^{(2)}<t_{ij}^{(2)},\cdots,T_{ij}^{(p)}<t_{ij}^{(p)})\end{aligned}\tag{5-72}$$

$$\begin{aligned}&\hat{C}(R_i^{(1)}(t_{ij}^{(1)}),R_i^{(2)}(t_{ij}^{(2)}),\cdots,R_i^{(p)}(t_{ij}^{(p)})|\boldsymbol{\theta}_C)\\&=P(T_{ij}^{(1)}\geqslant t_{ij}^{(1)},T_{ij}^{(2)}\geqslant t_{ij}^{(2)},\cdots,T_{ij}^{(p)}\geqslant t_{ij}^{(p)})\end{aligned}\tag{5-73}$$

则 S_i 应力水平下 t 时刻竞争失效相关场合产品可靠度函数为

$$R_i(t)=P(T_{ij}^{(1)}\geqslant t,T_{ij}^{(2)}\geqslant t,\cdots,T_{ij}^{(p)}\geqslant t)=\hat{C}(R_i^{(1)}(t),R_i^{(2)}(t),\cdots,R_i^{(p)}(t)|\boldsymbol{\theta}_C)\tag{5-74}$$

因此只要估计得到 S_i 应力水平下 t 时刻各失效模式退化量之间的 Copula 函数参数 $\boldsymbol{\theta}_C$,即可得到产品竞争失效相关场合下的可靠度函数。

由产品寿命分布 $R_i(t)$ 可求得产品竞争失效时的失效概率密度为

$$f_i(t)=-\frac{\mathrm{d}R_i(t)}{\mathrm{d}t}=\frac{\mathrm{d}\hat{C}(R_i^{(1)}(t),R_i^{(2)}(t),\cdots,R_i^{(p)}(t)\mid\boldsymbol{\theta}_C)}{\mathrm{d}t}$$

$$=\sum_{m=1}^{p}\frac{\partial\hat{C}(R_i^{(1)}(t),R_i^{(2)}(t),\cdots,R_i^{(p)}(t)\mid\boldsymbol{\theta}_C)}{\partial R_i^{(m)}(t)}f_i^{(m)}(t) \tag{5-75}$$

式中：$f_i^{(m)}(t)$ 为 S_i 应力水平下失效模式 m 的概率密度函数。

根据产品试验数据得到的各失效模式的伪失效寿命 $(t_{i1}^{(1)},t_{i2}^{(1)},\cdots,t_{in_i}^{(1)})$，$(t_{i1}^{(2)},t_{i2}^{(2)},\cdots,t_{in_i}^{(2)}),\cdots,(t_{i1}^{(p)},t_{i2}^{(p)},\cdots,t_{in_i}^{(p)})$，由竞争失效模型有，竞争失效产品寿命为各失效模式中最小寿命，于是得到第 j 个样本竞争失效情况下的伪失效寿命数据为

$$t_{ij}=\min(t_{ij}^{(1)},t_{ij}^{(2)},\cdots,t_{ij}^{(p)}) \tag{5-76}$$

于是这些竞争失效数据的似然函数为

$$L(\boldsymbol{\theta}_C)=\prod_{i=1}^{L}\prod_{j=1}^{n_i}f_i(t_{ij})=\prod_{i=1}^{L}\prod_{j=1}^{n_i}\left[\sum_{m=1}^{p}\frac{\partial\hat{C}(R_i^{(1)}(t_{ij}),R_i^{(2)}(t_{ij}),\cdots,R_i^{(p)}(t_{ij})\mid\boldsymbol{\theta}_C)}{\partial R_i^{(m)}(t_{ij})}f_i^{(m)}(t_{ij})\right] \tag{5-77}$$

对数似然函数为

$$\ln L(\boldsymbol{\theta}_C)=\sum_{i=1}^{L}\sum_{j=1}^{n_i}\left\{\ln\left[\sum_{m=1}^{p}\frac{\partial\hat{C}(R_i^{(1)}(t_{ij}),R_i^{(2)}(t_{ij}),\cdots,R_i^{(p)}(t_{ij})\mid\boldsymbol{\theta}_C)}{\partial R_i^{(m)}(t_{ij})}f_i^{(m)}(t_{ij})\right]\right\} \tag{5-78}$$

式中：$R_i^{(1)}(t),R_i^{(2)}(t),\cdots,R_i^{(p)}(t)$ 均为已知函数，未知参数为 $\boldsymbol{\theta}_C$，根据极大似然估计方法原理，只需要求取使上式取最大值的 $\hat{\boldsymbol{\theta}}_C$ 即为所需的参数估计值。获得 $\hat{\boldsymbol{\theta}}_C$ 后，代入式(5-74)中即可得到产品竞争失效场合各应力水平下的寿命分布函数。

步骤 6　利用步骤 4 中得到的各退化失效模式的伪失效寿命分布函数或可靠度函数和步骤 5 中估计得到的 Copula 函数参数 $\hat{\boldsymbol{\theta}}_C$ 估计使用应力下的产品寿命分布和可靠性。

$$R(t)=P(T_0^{(1)}>t,T_0^{(2)}>t,\cdots,T_0^{(p)}>t)$$

$$=\hat{C}(R_0^{(1)}(t\mid\hat{\boldsymbol{\Phi}}_0^{(1)}),R_0^{(2)}(t\mid\hat{\boldsymbol{\Phi}}_0^{(2)}),\cdots,R_0^{(p)}(t\mid\hat{\boldsymbol{\Phi}}_0^{(p)})\mid\hat{\boldsymbol{\theta}}_C) \tag{5-79}$$

式中：$\hat{\boldsymbol{\theta}}_C$ 为 Copula 函数的参数估计；$R_0^{(1)}(t\mid\hat{\boldsymbol{\Phi}}_0^{(1)}),R_0^{(2)}(t\mid\hat{\boldsymbol{\Phi}}_0^{(2)}),\cdots,R_0^{(p)}(t\mid\hat{\boldsymbol{\Phi}}_0^{(p)})$ 分别为步骤 4 中得到的退化失效模式 $1,2,\cdots,p$ 的可靠度函数。

5.4.3 应用案例:某机电产品恒定应力加速退化试验

本节的案例采用 5.3.3 节相同的退化数据(见附录 3),利用基于伪失效寿命的方法求产品竞争失效场合使用应力条件下的寿命分布。

首先由步骤 1~步骤 4(具体过程省略)得到失效模式 1 和 2 在应力 S_i 下的可靠度函数分别为

$$R_i^{(1)}(t)=\exp\left\{-\left[\frac{t}{\eta_i^{(1)}}\right]^{\beta_i^{(1)}}\right\}=\exp\left\{-\left[\frac{t}{\exp\left(4.3056+\dfrac{1459.1059}{S_i}\right)}\right]^{2.1863}\right\} \tag{5-80}$$

$$R_i^{(2)}(t)=\exp\left\{-\left[\frac{t}{\eta_i^{(2)}}\right]^{\beta_i^{(2)}}\right\}=\exp\left\{-\left[\frac{t}{\exp\left(5.2151+\dfrac{1077.465}{S_i}\right)}\right]^{4.3484}\right\} \tag{5-81}$$

步骤 5 选择合适的 Copula 模型建立各失效模式伪失效寿命间相关性结构,并估计 Copula 函数参数。

设产品两退化失效模式伪寿命分布之间的可靠度 Copula 函数为 $\hat{C}(R_i^{(1)}(t_{ij}^{(1)}),R_i^{(2)}(t_{ij}^{(2)})|\boldsymbol{\theta}_C)$,$t_{ij}^{(m)}(m=1,2)$ 为第 j 个样本第 m 个失效模式在应力水平 S_i 下的伪失效寿命。$\boldsymbol{\theta}_C$ 为 Copula 函数参数,与应力水平无关,这里根据两失效模式退化量分布特点,选择 Gumble Copula 模型构造两失效模式退化量分布之间的相关关系:

$$\hat{C}(R_i^{(1)}(t_{ij}^{(1)}),R_i^{(2)}(t_{ij}^{(2)})|\boldsymbol{\theta}_C)=\exp\{-\{[-\ln(R_i^{(1)}(t_{ij}^{(1)}))]^{\theta_C}+[-\ln(R_i^{(2)}(t_{ij}^{(2)}))]^{\theta_C}\}^{1/\theta_C}\} \tag{5-82}$$

根据 Copula 模型和式(5-78),利用极大似然估计方法可求得 Copula 模型参数为 $\theta_C=4.078$,两失效模式退化量之间的相关性 Kendall $\tau=0.7548$。于是得到两失效模式退化量分布之间的可靠度 Copula 函数为

$$\begin{aligned}\hat{C}(R_i^{(1)}(t_{ij}^{(1)}),R_i^{(2)}(t_{ij}^{(2)}))&=\exp\{-\{[-\ln(R_i^{(1)}(t_{ij}^{(1)}))]^{\theta_C}\\&\qquad+[-\ln(R_i^{(2)}(t_{ij}^{(2)}))]^{\theta_C}\}^{1/\theta_C}\}\\&=\exp\left\{-\left\{\left[\frac{t_{ij}^{(1)}}{\exp\left(4.3056+\dfrac{1459.1059}{S_i}\right)}\right]^{8.9157}\right.\right.\\&\qquad\left.\left.+\left[\frac{t_{ij}^{(2)}}{\exp\left(5.2151+\dfrac{1077.465}{S_i}\right)}\right]^{17.7328}\right\}^{0.2452}\right\}\end{aligned} \tag{5-83}$$

步骤 6 估计使用应力下的产品寿命分布和可靠性。

由式(5-83)和式(5-79)可得在使用应力水平 $S_0=293\text{K}$ 下产品竞争失效情形下的可靠度函数为

$$
\begin{aligned}
R(t) &= \exp\left\{-\left\{\left[\frac{t}{\exp\left(4.3056+\dfrac{1459.1059}{S_0}\right)}\right]^{8.9157}\right.\right.\\
&\quad\left.\left.+\left[\frac{t}{\exp\left(5.2151+\dfrac{1077.465}{S_0}\right)}\right]^{17.7328}\right\}^{0.2452}\right\}\\
&= \exp\left\{-\left[\left(\frac{t}{10780.3856}\right)^{8.9157}+\left(\frac{t}{7276.8616}\right)^{17.7328}\right]^{0.2452}\right\} \qquad (5-84)
\end{aligned}
$$

根据式(5-84)所示产品寿命分布就可以预测产品的寿命和评估产品可靠性水平。如产品在可靠度为 0.5、0.8、0.95 时的寿命分别为 6664.9h、4977.3h、2768.9h。

图 5-9 画出了同一组数据采用两种不同方法统计分析得到的产品可靠度曲线。由此可以看出，对于同样的加速退化试验数据，两种方法得到的寿命预测结果存在一定的偏差。一般说来，影响统计分析结果的因素主要是加速试验的数据样本的信息量，如样本量、加速应力水平数和测试时间点等。在进行分布函数拟合的时候，样本量越大，拟合精度越高，最后的结果自然会越好，而在拟合退化轨迹模型或退化量分布参数与时间与应力的关系时，则需要合理的测试点和试验应力水平数越多越好。

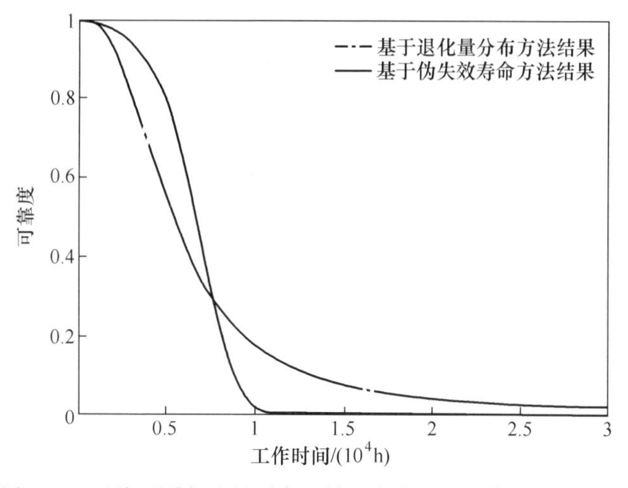

图 5-9 两种不同方法得到产品使用应力下的可靠度函数曲线

基于退化量分布方法是先拟合退化量分布再拟合分布参数与时间和应力的关系,因此受样本量的影响更大。基于伪失效寿命方法是先拟合退化轨迹再拟合寿命分布,因此受试验测试点数的影响较大。在处理加速退化试验数据时,可以根据这个特点来选择适合的方法。如试验样本较多而测试点少时,宜采用基于退化量分布方法,当试验样本较少而测试点数量较多时,可以选用基于伪失效寿命方法。总体来讲,在样本和测试点都足够时宜采用基于退化量分布方法,因为它直接利用退化量数据,反映了产品退化的实际情况,其结果相对基于伪失效寿命方法得到的结果更为合理可信。

参 考 文 献

[1] 谭源源. 装备贮存寿命产品加速试验技术研究[D]. 长沙:国防科技大学, 2010.

[2] KLEIN J P, BASU A P. Weibull accelerated life test when there are competing causes of failure[J]. Communications in Statistics Theory and Methods, 1981, 10(20): 2073-2100.

[3] 张志华, 茆诗松. 竞争失效产品加速寿命试验的广义线性模型分析[J]. 华东师范大学学报(自然科学版), 1997(1): 29-35.

[4] 张详坡. 基于加速试验的轴承寿命预测理论与方法研究[D]. 长沙: 国防科技大学, 2013.

第 6 章　加速试验综合建模分析及融合评估

机电产品在加速试验条件下的失效机理与正常使用条件下的失效机理一致是加速试验建模分析结论有效的基本前提,如果忽视失效机理是否一致的问题,可能导致所建立的模型不正确,得到无效的分析结果。同时,针对投入试验的机电产品样本量有限、信息量不足的情况,可充分利用多种信息,如现场服役数据、类似产品信息、专家经验等,开展信息融合提高建模分析精度。

本章首先研究建立机电产品加速寿命试验及加速退化试验失效机理一致性分析方法,提出失效机理一致性表征及判决准则。同时,考虑在机电产品加速试验信息量不充裕的情况下,对多源可靠性信息进行融合评估,通过扩大信息量来提高分析结果的有效性。根据信息类型的不同,分别研究加速试验的贝叶斯融合评估和极大似然估计(MLE)融合评估方法。其中贝叶斯融合评估方法可以通过先验值来融合类似产品信息、专家经验等类型的信息,且可赋予不同的权重以反映对不同信息的主观偏好。而 MLE 融合评估可融合数据类信息,适用于获得现场服役数据的场合。

6.1　加速寿命试验建模一致性分析

机电产品的失效机理一般较为复杂,难以仅仅依据失效物理方法来分析失效原因,辨识失效机理的变化,此时基于试验数据的数理统计方法成为失效机理一致性分析的可行途径。本节讨论加速寿命试验建模分析中失效机理一致性的表征与辨识方法。

6.1.1　失效机理一致性对加速寿命试验建模影响分析

采用温度作为加速应力的加速寿命试验一般将阿伦尼乌斯模型作为加速模型,一般认为激活能发生变化将导致失效机理变化。加速应力为电压、负载的加速寿命试验,加速模型常采用逆幂律模型,一般认为逆幂律模型中幂指数变化将导致失效机理变化。幂指数是一个与激活能有关的常数,因此本节提到的激活能也指逆幂律模型中幂指数。两种加速模型下激活能不变的假设正确与否对机电产品服役寿命预测的准确性影响较大,如图 6-1 所示。

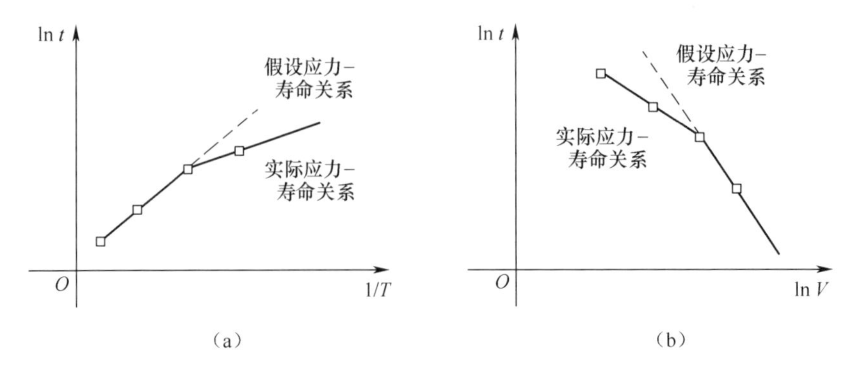

图 6-1　激活能增大对服役寿命预测影响示意图

(a)阿伦尼乌斯模型;(b) 逆幂率模型。

图 6-1 中 T 表示温度,V 表示电压、负载等加速应力,虚线表示假定激活能不变下的外推。从图中可以看出在加速寿命试验建模分析中,如果激活能发生变化,无论是采用阿伦尼乌斯模型还是逆幂律模型建立应力寿命关系,都会引起预测的服役寿命要比产品实际寿命偏大或偏小,从而导致不能及时维修或替换产品,可能引发重大事故,或者提前维修或更换产品,造成资源浪费及成本增大。

由于机电产品的常用寿命分布为对数正态分布与威布尔分布,因此本节利用产品失效寿命数据,在以上分析的基础上,提出对数正态分布与威布尔分布场合加速寿命试验建模分析中失效机理一致性的分析方法。方法的核心思想是构建检验统计量,分析加速模型参数(激活能等)是否变化来判断应力范围是否合适,辨识失效机理是否一致。

6.1.2　对数正态寿命分布场合加速寿命试验建模一致性分析

假设某机电产品的寿命在某一应力水平 S_i 下服从对数正态分布 $\mathrm{LN}(\mu_i, \sigma^2)$,$\mu_i$ 为对数均值,σ 为对数标准差。对数均值 μ_i 与加速应力 S_i 之间的关系可用如下加速模型描述:

$$\mu_i = a + b \cdot \varphi(S_i) \tag{6-1}$$

式中:$\varphi(S_i)$ 为转换应力水平,温度为加速应力时 $\varphi(S_i) = 1/S_i$,电应力为加速应力时 $\varphi(S_i) = \ln S_i$。注意当施加应力范围较大时,模型(6-1)中的参数 a 和 b 不再为常数,模型(6-1)在较高应力水平下无效[1]。此时,比模型(6-1)更适用的模型可以表述为

$$\mu_i = a_i + b_i \cdot \varphi(S_i) \tag{6-2}$$

因此有如下原假设 H_0 和备择假设 H_1:

$$H_0: \mu_i = a + b \cdot \varphi(S_i), H_1: \mu_i = a_i + b_i \cdot \varphi(S_i)$$

从上述定义可以看出,在原假设中假定寿命-应力关系为对数线性,因此原假设对应模型称为对数线性加速模型。相比之下,在备择假设中模型参数与应力水平有关,备择假设对应模型称为非对数线性加速模型。模型(6-1)与模型(6-2)的表达式表明原假设对应模型是备择假设对应模型的一种特例。在对数线性加速模型中参数 a 和 b 被限定为常数,导致其独立参数少于非对数线性加速模型。如果两种假设模型中一种模型是另一模型的特例,则可用似然比检验方法比较两种模型的拟合优度,因此似然比检验方法可用于检验上述原假设。

似然比检验方法的基本准则如下:假定有来自分布 T 的随机样本 $t_1, t_2, \cdots, t_n$,令 $\boldsymbol{\theta}$ 表示该分布未知参数向量,则该样本的似然函数为

$$L(\boldsymbol{\theta}) = \prod_{i=1}^{n} f(t_1, t_2, \cdots, t_n; \boldsymbol{\theta}) \tag{6-3}$$

令 $L_0(\boldsymbol{\theta})$ 为对数线性加速模型的似然函数, $L_1(\boldsymbol{\theta})$ 为非对数线性加速模型参数的似然函数, $\hat{\boldsymbol{\theta}}_{H_0} = \arg\max L_0(\boldsymbol{\theta})$ 为对数线性加速模型参数的极大似然估计, $\hat{\boldsymbol{\theta}}_{H_1} = \arg\max L_1(\boldsymbol{\theta})$ 为非对数线性加速模型参数的极大似然估计。似然比统计量 λ 满足:

$$\lambda = \frac{\max\{L_0(\boldsymbol{\theta})\}}{\max\{L_1(\boldsymbol{\theta})\}} = \frac{L_0(\hat{\boldsymbol{\theta}}_{H_0})}{L_1(\hat{\boldsymbol{\theta}}_{H_1})} \tag{6-4}$$

由于包含更多独立参数,通常非对数线性模型对样本观测值的拟合效果比对数线性模型好,但两类模型也可能都有较好的拟合效果。因此非对数线性模型的似然函数值不小于对数线性模型的似然函数值,似然比统计量 λ 满足以下关系式:

$$0 < \lambda \leqslant 1, L_0(\boldsymbol{\theta}) \leqslant L_1(\boldsymbol{\theta}) \tag{6-5}$$

如果对数线性模型和非对数线性模型一样适用,则似然比较大,反之较小。因此当似然比统计量数值过小时似然比检验法会拒绝原假设(对数线性加速模型)。似然比检验法的临界域或拒绝域为

$$W = \{\lambda \leqslant c\} \quad (0 < c \leqslant 1) \tag{6-6}$$

式中:临界值 c 与 λ 的统计分布及似然比检验中规定显著性水平 β 有关。

根据上述分析,使用似然比检验方法首先要求算出两种假设下似然函数极大值。不同的应力加载方式会引起似然函数形式的不同,因此本节首先讨论恒定应力加速寿命试验中失效机理变化表征与辨识,其次考虑步进应力加速寿命试验中失效机理变化表征与辨识。

1. 恒加试验中失效机理变化辨识方法

1）恒加试验数据的极大似然估计

寿命数据分为完全寿命数据、I 型截尾寿命数据及 II 型截尾寿命数据。完全寿命数据是指试验至样品全部失效，I 型截尾寿命数据是指样品试验到指定时间停止试验，II 型截尾寿命数据是指样品试验到指定失效个数停止试验。完全寿命数据是截尾寿命数据的特例，在工程实际中常见的寿命数据为 I 型截尾数据，因此本节仅对 I 型截尾数据进行分析。

假定恒定应力加速试验采用 q 个应力水平。每个加速应力水平 $S_i(i=1,2,\cdots,q)$ 有 n_i 个试验样品，当到达预先指定的试验截尾时间 τ_i，试验停止。在应力水平 S_i 下有 r_i 个样本失效，I 型截尾恒加试验的寿命数据为 $t_{i1},t_{i2},\cdots,t_{ir_i}(t_{ir_i}<\tau_i(i=1,2,\cdots,q))$。样品的寿命在某一应力水平 S_i 下服从对数正态分布 LN (μ_i,σ^2)，其累积分布函数及概率密度函数可以表示为

$$F_i(t)=\Phi\left(\frac{\ln t-\mu_i}{\sigma}\right) \tag{6-7}$$

$$f_i(t)=\frac{1}{\sigma t}\phi\left(\frac{\ln t-\mu_i}{\sigma}\right) \tag{6-8}$$

式中：$\Phi(\cdot)$ 和 $\phi(\cdot)$ 分别为标准正态分布的累积分布函数及概率密度函数。由式(6-7)和式(6-8)可得恒加寿命数据的似然函数为

$$L=\prod_{i=1}^{q}\left\{\frac{n_i!}{(n_i-r_i)!}\prod_{j=1}^{r_i}f_i(t_{ij})\cdot[1-F_i(\tau_i)]^{n_i-r_i}\right\} \tag{6-9}$$

在对数线性加速模型中 $a_i=a,b_i=b$，其对数似然函数为

$$\ln L_0(a,b,\sigma)=C-\sum_{i=1}^{q}r_i\ln\sigma-\frac{1}{2\sigma^2}\sum_{i=1}^{q}\sum_{j=1}^{r_i}D_{ij}+\sum_{i=1}^{q}(n_i-r_i)\ln[1-\Phi(G_i)] \tag{6-10}$$

式中，C 不含有未知参数 a、b 及 σ，有

$$G_i=\frac{1}{\sigma}[\ln\tau_i-a-b\cdot\varphi(S_i)]$$

$$D_{ij}=[\ln t_{ij}-a-b\cdot\varphi(S_i)]^2$$

$$C=\sum_{i=1}^{q}\ln\left[\frac{n_i!}{(n_i-r_i)!}\right]-\frac{1}{2}\sum_{i=1}^{q}r_i\ln(2\pi)-\sum_{i=1}^{q}\sum_{j=1}^{r_i}\ln t_{ij}$$

进一步由式(6-10)可得对数似然方程组为

$$\frac{\partial\ln L_0}{\partial a}=\frac{1}{\sigma^2}\sum_{i=1}^{q}\sum_{j=1}^{r_i}[\ln t_{ij}-a-b\cdot\varphi(S_i)]+\frac{1}{\sigma}\sum_{i=1}^{q}(n_i-r_i)\left[\frac{\phi(G_i)}{1-\Phi(G_i)}\right]=0$$

$$\frac{\partial \ln L_0}{\partial b}=\frac{1}{\sigma^2}\sum_{i=1}^{q}\sum_{j=1}^{r_i}\varphi(S_i)[\ln t_{ij}-a-b\cdot\varphi(S_i)]+\frac{1}{\sigma}\sum_{i=1}^{q}(n_i-r_i)\varphi(S_i)\left[\frac{\phi(G_i)}{1-\Phi(G_i)}\right]=0$$

$$\frac{\partial \ln L_0}{\partial \sigma}=-\frac{1}{\sigma}\sum_{i=1}^{q}r_i+\frac{1}{\sigma^3}\sum_{i=1}^{q}\sum_{j=1}^{r_i}D_{ij}+\frac{1}{\sigma}\sum_{i=1}^{q}(n_i-r_i)G_i\left[\frac{\phi(G_i)}{1-\Phi(G_i)}\right]=0$$

对数线性加速模型中未知参数为 $\boldsymbol{\theta}_{H_0}=(a,b,\sigma)$，当试验数据为截尾数据时，未知参数极大似然估计的闭合解不存在。利用 Newton-Raphson 法求解对数似然方程组，可以得到这些参数极大似然估计的数值解，再利用式(6-10)就可以计算对数似然函数的最大值 $\ln L_0(\hat{\boldsymbol{\theta}}_{H_0})$。

在非对数线性加速模型中未知参数为 $\boldsymbol{\theta}_{H_1}=(a_1,a_2,\cdots,a_q,b_1,b_2,\cdots,b_q,\sigma)$，未知参数的增多使得 $\boldsymbol{\theta}_{H_1}$ 的极大似然估计难以求解。实际不求解 $\boldsymbol{\theta}_{H_1}$ 的估计值也可以计算所需值 $\ln L_1(\hat{\boldsymbol{\theta}}_{H_1})$。本节提出如下计算方法：

令 $\boldsymbol{v}_{H_1}=(\mu_1,\mu_2,\cdots,\mu_q,\sigma)$，对数似然方程满足：

$$\frac{\partial \ln L_1}{\partial b_i}=\frac{\partial \ln L_1}{\partial \mu_i}\cdot\frac{\partial \mu_i}{\partial b_i}=\frac{\partial \ln L_1}{\partial \mu_i}\cdot\varphi(S_i)=0 \tag{6-11}$$

由式(6-2)和式(6-11)可得 $\ln L_1(\hat{\boldsymbol{\theta}}_{H_1})=\ln L_1(\hat{\boldsymbol{v}}_{H_1})$，对数似然函数为

$$\ln L_1(\mu_1,\mu_2,\cdots,\mu_q,\sigma)=C-\sum_{i=1}^{q}r_i\ln\sigma-\frac{1}{2\sigma^2}\sum_{i=1}^{q}\sum_{j=1}^{r_i}H_{ij}+\sum_{i=1}^{q}(n_i-r_i)\ln[1-\Phi(M_i)] \tag{6-12}$$

式中：$H_{ij}=(\ln t_{ij}-\mu_i)^2$；$M_i=(\ln\tau_i-\mu_i)/\sigma$。

进一步由式(6-12)可得对数似然方程组为

$$\frac{\partial \ln L_1}{\partial \mu_i}=\frac{1}{\sigma^2}\sum_{j=1}^{r_i}(\ln t_{ij}-\mu_i)+\frac{1}{\sigma}(n_i-r_i)\left[\frac{\phi(M_i)}{1-\Phi(M_i)}\right]=0$$

$$\frac{\partial \ln L_1}{\partial \sigma}=-\frac{1}{\sigma}\sum_{i=1}^{q}r_i+\frac{1}{\sigma^3}\sum_{i=1}^{q}\sum_{j=1}^{r_i}H_{ij}+\frac{1}{\sigma}\sum_{i=1}^{q}(n_i-r_i)M_i\left[\frac{\phi(M_i)}{1-\Phi(M_i)}\right]=0$$

类似地，可以利用 Newton-Raphson 法求解上述对数似然方程组，代入式(6-12)得到对数似然函数的最大值 $\ln L_1(\hat{\boldsymbol{\theta}}_{H_1})$。

Newton-Raphson 法用于迭代求解非线性方程组，假设非线性方程组为

$$
\boldsymbol{F}(\boldsymbol{x})=\begin{bmatrix} f_1(x_1,x_2,\cdots,x_n) \\ f_2(x_1,x_2,\cdots,x_n) \\ \vdots \\ f_n(x_1,x_2,\cdots,x_n) \end{bmatrix}=0
$$

式中：$\boldsymbol{x}=(x_1,x_2,\cdots,x_n)^{\mathrm{T}}$，取 $\boldsymbol{x}^k$、$\boldsymbol{x}^{k-1}$ 分别代表未知参数的第 k 次及 $k+1$ 次迭代值，则 Newton-Raphson 法的迭代公式为

$$
\boldsymbol{x}^{k+1}=\boldsymbol{x}^k-\left(\frac{\partial \boldsymbol{F}}{\partial \boldsymbol{x}^k}\right)^{-1}\boldsymbol{F}(\boldsymbol{x}^k) \tag{6-13}
$$

式中

$$
\frac{\partial \boldsymbol{F}}{\partial \boldsymbol{x}}=\begin{bmatrix} \dfrac{\partial f_1}{\partial x_1} & \cdots & \dfrac{\partial f_1}{\partial x_n} \\ \vdots & & \vdots \\ \dfrac{\partial f_n}{\partial x_1} & \cdots & \dfrac{\partial f_n}{\partial x_n} \end{bmatrix}
$$

Newton-Raphson 法的求解步骤是给出 $\boldsymbol{x}$ 的迭代初始值 $\boldsymbol{x}^0$，根据式(6-13)连续迭代计算直至 $f_1,f_2,\cdots,f_n$ 均接近于 0 或 $\boldsymbol{x}$ 的前后两次迭代差值小于一个规定值，即 $|\boldsymbol{x}^{k+1}-\boldsymbol{x}^k|<\varepsilon$。

Newton-Raphson 算法收敛速率和初始值选择紧密相关，对迭代初始值选择较为敏感，当初始值偏离真值较大时，算法难以收敛或得到错误的估计值。因此使用该算法的时候需要提供较好的初值，针对式(6-12)非对数线性加速模型未知参数初始值设定为

$$
\begin{cases} \mu_i^0=\dfrac{1}{n_i}\left[\sum\limits_{j=1}^{r_i}\ln t_{ij}+(n_i-r_i)\ln\tau_i\right] \\ \sigma^0=\dfrac{1}{q}\sum\limits_{i=1}^{q}\left[\dfrac{1}{n_i-1}\left(\sum\limits_{j=1}^{r_i}(\ln t_{ij}-\mu_i)^2+(n_i-r_i)(\ln\tau_i-\mu_i)^2\right)\right]^{1/2} \end{cases} \tag{6-14}
$$

利用上述初始值，即可迭代求解出式(6-12)未知参数 μ_i、σ。式(6-10)对数线性加速模型未知参数 a 和 b 初始值可以利用已求得的 μ_i，结合应力寿命关系式(6-1)用最小二乘法求得，σ 初始值可按非对数线性模型求出，不再详细列出。

2）失效机理变化表征与辨识的判决准则

算出两种假设下似然函数极大值后，需要确定似然比统计量的分布，以构建

判决准则。多数情况下难以确定似然比统计量 λ 的精确抽样分布,但可以确定大样本场合下对数似然比统计量的渐进分布,令

$$\Lambda = -2\ln\lambda = -2[\ln L_0(\hat{\boldsymbol{\theta}}_{H_0}) - \ln L_1(\hat{\boldsymbol{\theta}}_{H_1})] \tag{6-15}$$

根据 Wilks 提出的广义似然比统计量的极限分布定理,在原假设成立的情况下,统计量 Λ 渐进服从自由度为 ν 的卡方分布 $\chi^2(\nu)$ [2]。其中自由度等于在假设 H_0 与 H_1 下独立参数数目之差,也就是 $\nu=q-2$。由式(6-6),当 $\lambda\leqslant c$ 时原假设 H_0 被拒绝,因此当 $\Lambda\geqslant -2\ln c$ 时对数线性加速模型无效。利用显著性水平 β 及统计量 Λ 的分布,可以得出 $-2\ln c=\chi^2_{1-\beta}(q-2)$,其中 $\chi^2_{1-\beta}(q-2)$ 表示卡方分布 $\chi^2(q-2)$ 的 $1-\beta$ 分位数。

因此,对数似然比统计量是失效机理变化特征量,失效机理变化表征与辨识的判决准则为:

(1) 如果 $0\leqslant\Lambda<\chi^2_{1-\beta}(q-2)$,寿命-应力关系为对数线性关系,对数线性加速模型有效,失效机理在所有应力水平下相同;

(2) 如果 $\Lambda\geqslant\chi^2_{1-\beta}(q-2)$,在显著性风险为 β 的情况下判决寿命-应力关系为非对数线性关系。对数线性加速模型在某一高应力水平下无效,失效机理发生变化。

3) 仿真算例

本例使用蒙特卡罗方法仿真生成一组恒定应力加速退化试验数据,加速应力水平为 298K、338K、378K,失效机理不发生变化。试验对象是某型产品,每个温度下样本量为 6,测量间隔为 336h,测量次数为 11 次。设定退化模型为 $\ln y=\ln D+\varepsilon_2=\ln(1.05)-\exp(-0.55-1933.25/S+\varepsilon_1)t^{0.65}+\varepsilon_2$,$\varepsilon_1$ 和 ε_2 服从正态分布,即有 $\varepsilon_1\sim N(0,0.0343)$,$\varepsilon_2\sim N(0,1.978\times10^{-4})$。当理论退化量达到阈值 $\overline{\omega}=0.5$ 时产品发生失效,利用 $t=D^{-1}(\overline{\omega})$ 可得伪失效寿命 t 服从对数正态寿命分布,对数均值 $\mu_i=a+b/S_i=0.38+2974.22/S_i$,对数标准差 $\sigma=0.2849$。

对试样样本退化轨迹拟合,得到各样本的退化轨迹方程,进一步求得所有样本在各应力水平下的伪失效寿命如图 6-2 所示。

图 6-2 表明产品的伪失效寿命随温度应力水平提高而降低,观察图 6-2 可以发现对数线性寿命-应力关系在试验温度范围内近似成立。接下来我们将检验对数线性寿命-应力关系在 298~378K 应力范围内是否成立。

利用 Newton-Raphson 法,得出对数线性模型及非对数线性模型中未知参数的极大似然估计,估计值与真值比较如表 6-1 与表 6-2 所示。注意两种模型同时应用于 298~378K 内同一批数据。从表 6-1 与表 6-2 中可以看出,两类模型的拟合效果都比较好。

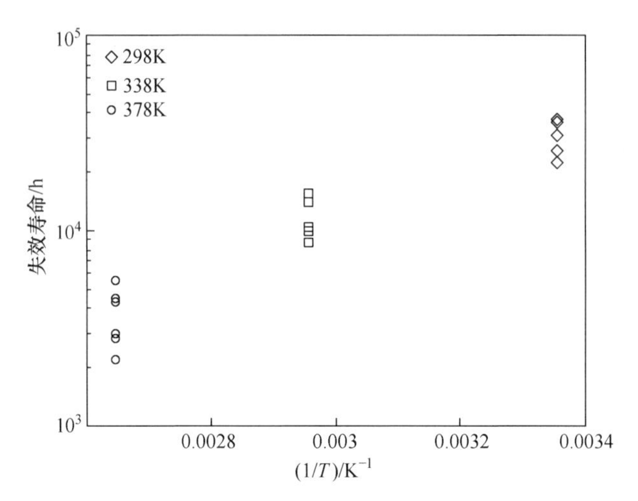

图 6-2 恒定应力对数正态寿命场合产品伪失效寿命

表 6-1 恒定应力对数正态寿命场合原假设模型参数估计值

参数	a	b	σ
估计值	0.26	3010.27	0.27
仿真设定值	0.38	2974.22	0.28

表 6-2 恒定应力对数正态寿命场合备择假设模型参数估计值

参数	μ_1	μ_2	μ_3	σ
估计值	10.3101	9.2792	8.1587	0.2541
仿真设定值	10.3655	9.1843	8.2532	0.2849

进一步可以算得应力水平 298~378K 下检验统计量为

$$\begin{aligned}\Lambda &= -2\ln\lambda = -2[\ln L_0(\hat{\boldsymbol{\theta}}_{H_0}) - \ln L_1(\hat{\boldsymbol{\theta}}_{H_1})] \\ &= -2\times[-168.2409-(-167.3718)] = 1.74 \end{aligned} \tag{6-16}$$

在 298~378K 应力范围内的试验应力水平数为 3,给定显著性水平 $\beta=5\%$,临界值 $\chi^2_{1-\beta}(q-2)$ 满足 $\chi^2_{0.95}(1)=3.84>\Lambda$,因此不应拒绝对数线性模型,判断产品失效机理并不发生变化。这一判决结果与算例失效机理一致性的原始设定相符,验证了本节方法的正确性。

2. 步加试验中失效机理变化辨识方法

1) 步加试验数据的极大似然估计

假定步进应力加速试验采用 q 个应力水平,取 n 个试验样本在递增的加速

应力水平序列 $S_i(i=1, 2, \cdots, q)$ 下试验，当每个温度下的试验时间达到预定截止时间 τ_i 时，就会提高应力，直到达到最高应力水平。在应力水平 S_i 下有 r_i 个样本失效，I 型截尾步加试验的寿命数据为 $t_{i1}, t_{i2}, \cdots, t_{ir_i}(t_{ir_i}<\tau_i(i=1,2,\cdots,q))$。

恒加试验中产品只经历一个应力水平就会失效，而步加试验中多数产品经历多个应力水平才会失效，记录的失效时间或算得的伪失效寿命通常不是产品在某一失效应力水平下的真实寿命，因此需要利用纳尔逊提出的累积损伤模型进行时间折算。累积损伤模型认为产品剩余寿命仅和已有累积失效的部分以及当前应力水平有关，而与失效过程的累积方式无关。令 ω_{i+1} 表示在应力水平 T_{i+1} 下的等效折算时间，在应力水平 T_{i+1} 下作用 ω_{i+1} 时间与在步进应力加速试验到截止时间 τ_i 产生的累积失效概率相等，即

$$F_{i+1}(\omega_{i+1}) = F_i(\omega_i + \tau_i - \tau_{i-1}) \quad (i = 1,2,\cdots,q - 1) \tag{6-17}$$

式中：$\omega_1=0$；$\tau_0=0$。

令 $F_{SS}(t)$ 表示步进加速试验下的累积失效分布函数，从 $F_{SS}(t)$ 到 $\{F_i(t)\}_{i=1}^{q}$ 的转换关系如图 6-3 所示。从图 6-3 中可以看出，$F_{SS}(t)$ 与 $\{F_i(t)\}_{i=1}^{q}$ 间的关系可以表示为

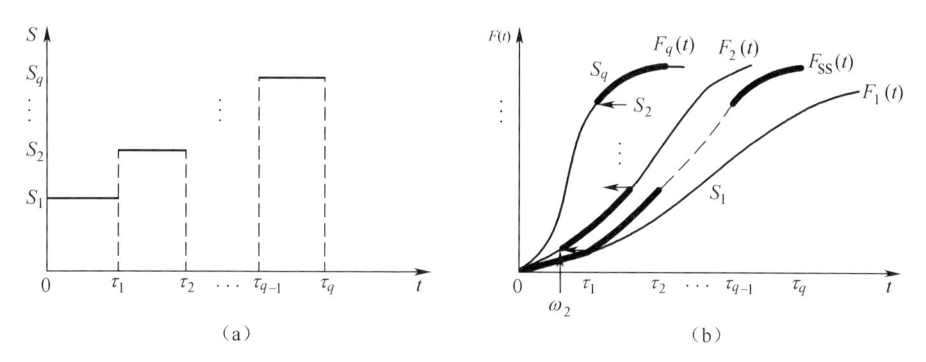

图 6-3　步进试验 $F_{SS}(t)$ 到恒加试验 $\{F_i(t)\}_{i=1}^{q}$ 的转换示意图

(a)步进试验应力-时间图；(b) $F(t)$ 与 $F_i(t)$ 的关系图。

$$F_{SS}(t) = \begin{cases} F_1(t) & (0 \leqslant t < \tau_1) \\ F_2(t - \tau_1 + \omega_2) & (\tau_1 \leqslant t < \tau_2) \\ \vdots & \\ F_q(t - \tau_{q-1} + \omega_q) & (\tau_{q-1} \leqslant t < \tau_q) \end{cases} \tag{6-18}$$

利用式(6-7)和式(6-17)，可得等效折算时间为

$$\omega_{i+1} = (\tau_i - \tau_{i-1} + \omega_i)\exp(\mu_{i+1} - \mu_i) \quad (i = 1,2,\cdots,q - 1) \tag{6-19}$$

迭代求解式(6-19)，可得 ω_{i+1} 的解析表达式为

$$\omega_{i+1}=\sum_{l=1}^{i}[(\tau_l-\tau_{l-1})\exp(\mu_{i+1}-\mu_l)] \tag{6-20}$$

根据式(6-18)和式(6-20),得到在各应力水平下失效产品的等效失效时间为

$$t_{ij}^*=t_{ij}-\tau_{i-1}+\sum_{l=1}^{i-1}[(\tau_l-\tau_{l-1})\exp(\mu_i-\mu_l)] \tag{6-21}$$

由式(6-18)和式(6-21)可得步加寿命数据的似然函数为

$$L=\frac{n!}{(n-r)!}\prod_{i=1}^{q}\prod_{j=1}^{r_i}f_i(t_{ij}^*)\cdot[1-F_q(\tau_q^*)]^{n-r} \tag{6-22}$$

式中:$r=\sum_{i=1}^{q}r_i;\tau_q^*=\sum_{l=1}^{q}[(\tau_l-\tau_{l-1})\exp(\mu_q-\mu_l)]$。

在对数线性加速模型中 $a_i=a,b_i=b,t_{ij}^*$、τ_q^* 仅仅是待估参数 b 的函数,依据式(6-1)有

$$t_{ij}^*(b)=t_{ij}-\tau_{i-1}+\sum_{l=1}^{i-1}\{(\tau_l-\tau_{l-1})\exp[b\varphi(S_i)-b\varphi(S_l)]\} \tag{6-23}$$

$$\tau_q^*(b)=\sum_{l=1}^{q}\{(\tau_l-\tau_{l-1})\exp[b\varphi(S_q)-b\varphi(S_l)]\} \tag{6-24}$$

其对数似然函数为

$$\ln L_0(a,b,\sigma)=C_1-\sum_{i=1}^{q}\sum_{j=1}^{r_i}\ln t_{ij}^*(b)-r\ln\sigma-\frac{1}{2\sigma^2}\sum_{i=1}^{q}\sum_{j=1}^{r_i}D_{ij}^*+(n-r)\ln[1-\Phi(G_i^*)] \tag{6-25}$$

式中,C_1 不含有未知参数 a、b 及 σ,有

$$G_i^*=\frac{1}{\sigma}[\ln\tau_q^*(b)-a-b\cdot\varphi(S_q)]$$

$$D_{ij}^*=[\ln t_{ij}^*(b)-a-b\cdot\varphi(S_i)]^2$$

$$C_1=\ln\left[\frac{n!}{(n-r)!}\right]-\frac{1}{2}r\ln(2\pi)$$

进一步由式(6-25)可得对数似然方程组为

$$\frac{\partial\ln L_0}{\partial a}=\frac{1}{\sigma^2}\sum_{i=1}^{q}\sum_{j=1}^{r_i}[\ln t_{ij}^*(b)-a-b\cdot\varphi(S_i)]+\frac{n-r}{\sigma}\cdot\frac{\phi(G_i^*)}{1-\Phi(G_i^*)}=0$$

$$\frac{\partial\ln L_0}{\partial b}=-\sum_{i=1}^{q}\sum_{j=1}^{r_i}[\ln t_{ij}^*(b)]'-\frac{1}{\sigma^2}\sum_{i=1}^{q}\sum_{j=1}^{r_i}[\ln t_{ij}^*(b)-a-b\cdot$$

$$\varphi(S_i)]\left\{[\ln t_{ij}^*(b)]' - \varphi(S_i)\right\} - \frac{n-r}{\sigma}\cdot\frac{\phi(G_i^*)}{1-\Phi(G_i^*)}\cdot$$

$$\left\{\ln\tau_q^*(b)]' - \varphi(S_q)\right\} = 0$$

$$\frac{\partial \ln L_0}{\partial \sigma} = -\frac{r}{\sigma} + \frac{1}{\sigma^3}\sum_{i=1}^{q}\sum_{j=1}^{r_i} D_{ij}^* + \frac{n-r}{\sigma}\cdot G_i^* \frac{\phi(G_i^*)}{1-\Phi(G_i^*)} = 0$$

式中,[ ]′代表对 b 求导计算。

对数线性加速模型中,未知参数为 $\boldsymbol{\theta}_{H_0} = (a, b, \sigma)$, 同样利用 Newton-Raphson 法及式(6-10)计算对数似然函数的极大值 $\ln L_0(\hat{\boldsymbol{\theta}}_{H_0})$。

在非对数线性加速模型中,t_{ij}^*、τ_q^* 是待估参数 $\mu_i (i=1,2,\cdots,q)$ 的函数,其对数似然函数为

$$\ln L_1(\mu_i, \sigma) = C_1 - \sum_{i=1}^{q}\sum_{j=1}^{r_i}\ln t_{ij}^* - r\ln\sigma - \frac{1}{2\sigma^2}\sum_{i=1}^{q}\sum_{j=1}^{r_i} H_{ij}^* + (n-r)\ln[1-\Phi(M_i)] \tag{6-26}$$

式中:$H_{ij}^* = (\ln t_{ij}^* - \mu_i)^2$;$M_i^* = (\ln\tau_q^* - \mu_q)/\sigma$。

进一步由式(6-26)可得对数似然方程组为

$$\frac{\partial \ln L_1}{\partial \mu_i} = -\sum_{j=1}^{r_i}\frac{\omega_i}{t_{ij}^*} + \sum_{l=i+1}^{q}\sum_{j=1}^{r_i}\frac{(\tau_i - \tau_{i-1})\exp(\mu_l - \mu_i)}{t_{lj}^*} + \frac{n-r}{\sigma\tau_q^*}\cdot\frac{\phi(M_i^*)\Delta_i}{1-\Phi(M_i^*)}$$
$$-\sum_{j=1}^{r_i}\frac{(\ln t_{ij}^* - \mu_i)(\omega_i - t_{ij}^*)}{\sigma^2 t_{ij}^*} + \sum_{l=i+1}^{q}\sum_{j=1}^{r_l}\frac{(\ln t_{lj}^* - \mu_l)(\tau_i - \tau_{i-1})\exp(\mu_l - \mu_i)}{\sigma^2 t_{lj}^*}$$
$$= 0$$

$$\Delta_i = \begin{cases}(\tau_i - \tau_{i-1})\exp(\mu_q - \mu_i) & (i \neq q)\\ (\tau_q - \tau_{q-1}) & (i = q)\end{cases}$$

$$\frac{\partial \ln L_1}{\partial \sigma} = -\frac{r}{\sigma} + \frac{1}{\sigma^3}\sum_{i=1}^{q}\sum_{j=1}^{r_i} H_{ij}^* + \frac{n-r}{\sigma}\cdot M_i^* \cdot \frac{\phi(M_i^*)}{1-\Phi(M_i^*)} = 0$$

类似地,可以利用 Newton-Raphson 算法求解上述对数似然方程组,代入式(6-26)得到对数似然函数的极大值 $\ln L_1(\hat{\boldsymbol{\theta}}_{H_1})$。算法初始值计算过程如下:首先利用式(6-14)求出最低应力下的对数均值及标准差初始值,然后结合式(6-21)进行寿命折算获得等效数据,逐步求出其他高应力下的对数均值及标准差初始值,最终获得所有应力下的待定参数初始值。

2) 失效机理变化表征与辨识的判决准则

利用式(6-25)、式(6-26)计算出步加试验两种假设下对数似然函数的

差值：

$$\Lambda_{\mathrm{SSL}}=-2\ln\lambda=-2[\ln L_0(a,b,\sigma)-\ln L_1(\mu_i,\sigma)] \tag{6-27}$$

失效机理变化表征与辨识的判决准则是：

（1）如果 $0\leqslant\Lambda_{\mathrm{SSL}}<\chi^2_{1-\beta}(q-2)$，失效机理在所有应力水平下相同；

（2）如果 $\Lambda_{\mathrm{SSL}}\geqslant\chi^2_{1-\beta}(q-2)$，失效机理在某一高应力水平下变化，误判风险为 β，可靠性评估需要剔除无效数据。

3）仿真算例

本例使用蒙特卡罗方法仿真生成某型产品的一组步进应力加速退化试验数据，加速应力水平为298K、338K、378K，失效机理在378K发生变化。每个温度下样本量为12，测量间隔为336h，测量次数为20次。设定298~338K理论退化模型为 $\ln D=\ln(1.05)-\exp(-0.55-1933.25/S+\varepsilon_1)t^{0.65}$，338~378K理论退化模型为 $\ln D=\ln(1.05)-\exp(5.17-3866.49/S+\varepsilon_1)t^{0.65}$。当理论退化量达到阈值 $\varpi=0.5$ 时产品发生失效，取伪失效寿命 $\tau=t^{0.65}=[D^{-1}(\varpi)]^{0.65}$，可知伪失效寿命 τ 服从对数正态寿命分布。298~338K与338~378K下其对数均值分别为 $\mu_i=a_1+b_1/S_i=0.25+1933.25/S_i$、$\mu_i=a_2+b_2/S_i=-5.47+3866.49/S_i$，对数标准差 $\sigma=0.1852$。378K激活能从16.1kJ/mol转变为32.2kJ/mol，表征378K失效机理发生变化。

同样对试样样本退化轨迹拟合，得到各样本的退化轨迹方程，进一步求得所有样本在步进应力水平下的伪失效寿命如图6-4所示。

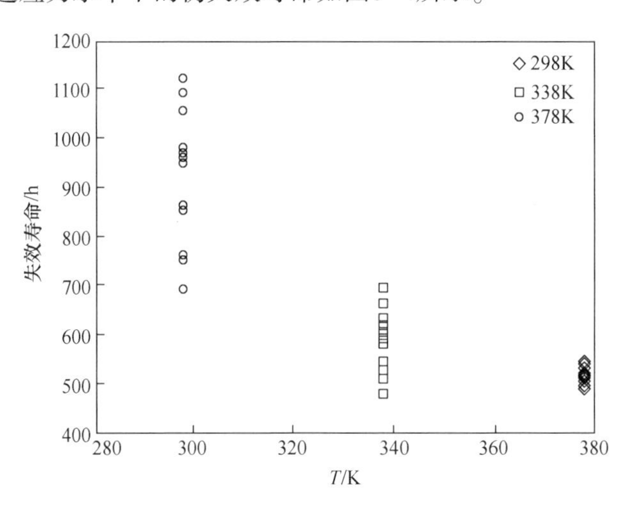

图6-4　步进应力对数正态寿命场合产品伪失效寿命

图6-4表明产品的伪失效寿命随温度应力水平提高而降低，由于步进应力

中失效时间并不代表产品在某一失效应力水平下的真实寿命,因此难以通过观察法判断图 6-4 中数据是否服从对数线性模型。接下来我们将证明对数线性寿命-应力关系在 298~378K 温度范围内并不成立。

利用 Newton-Raphson 法,得出对数线性模型、非对数线性模型中未知参数的极大似然估计,将极大似然估计值与未知参数真值进行比较,如表 6-3、表6-4 所示。

表 6-3 步进应力对数正态寿命场合原假设模型参数估计值

参数	a	b	σ
估计值	-0.73	2253.37	0.1386
仿真设定值(298~338K)	0.25	1933.25	0.1852
仿真设定值(338~378K)	-5.47	3866.49	0.1852

表 6-4 步进应力对数正态寿命场合备择假设模型参数估计值

参数	μ_1	μ_2	μ_3	σ
估计值	6.8157	6.0363	4.8359	0.1411
仿真设定值	6.7376	5.9698	4.7593	0.1852

表 6-3 表明失效机理变化的情况下,采用对数线性模型进行建模及统计分析,模型估计值与真值相差较大,此时对产品在 298K 温度以下的预测寿命偏大。从表 6-4 可以看出模型各参数的估计值都接近于真值,非对数线性模型对数据的拟合效果优于对数线性模型。

进一步可以算得温度水平 313~353K 下检验统计量 Λ_{SSL} 为

$$\begin{aligned}\Lambda_{\mathrm{SSL}} &= -2\ln\lambda = -2[\ln L_0(a,b,\sigma) - \ln L_1(\mu_i,\sigma)] \\ &= -2\times[-191.3120-(-188.5426)] = 5.54\end{aligned} \tag{6-28}$$

在 313~353K 温度范围内的试验应力水平数为 3,给定显著性水平 $\beta=5\%$,临界值 $\chi^2_{1-\beta}(q-2)$ 满足 $\chi^2_{0.95}(1)=3.84<\Lambda_{\mathrm{SSL}}$,因此似然比检验法在 313~353K 温度范围内拒绝对数线性模型,失效机理发生变化,这一判决结果与失效机理一致性的原始的仿真设定相符,验证了本节方法的正确性。

6.1.3 威布尔分布场合加速寿命试验建模一致性分析

除对数正态分布外,威布尔分布也是常用的寿命分布,假设某产品的寿命分布在某一应力水平 S_i 下服从威布尔分布 $\mathrm{WB}(\eta_i,m)$,η_i 为特征寿命,m 为形状参数。提高载荷或温度应力的统一加速模型为

$$\ln\eta_i = a + b\cdot\varphi(S_i) \tag{6-29}$$

式中:$\varphi(S_i)$为转换应力水平,加速应力为温度时 $\varphi(S_i)=1/S_i$,加速应力为载荷时 $\varphi(S_i)=\ln S_i$。注意当施加应力范围较大时,模型(6-29)中的参数 a 和 b 不再为常数,模型(6-29)在较高应力水平下无效。比模型(6-29)更适用的模型可以表述为

$$\ln\eta_i = a_i + b_i \cdot \varphi(S_i) \tag{6-30}$$

因此我们有如下原假设 H_0 和备择假设 H_1:

$$H_0: \ln\eta_i = a + b \cdot \varphi(S_i), \quad H_1: \ln\eta_i = a_i + b_i \cdot \varphi(S_i)$$

从上述定义可以看出,类似对数正态寿命场合模型假设,模型(6-29)与模型(6-30)的表达式也表明原假设对应模型是备择假设对应模型的一种特例。因此似然比检验方法同样可用于检验上述原假设,但相比于对数正态分布,威布尔寿命分布的似然函数计算及统计分析不同。本节首先讨论威布尔寿命分布场合恒定应力加速寿命试验下的失效机理变化表征与辨识方法,其次考虑步进应力下的失效机理变化表征与辨识方法。

1. 恒加试验中失效机理变化辨识方法

1) 恒加试验数据的极大似然估计

同样假定试验数据为 I 型截尾寿命数据,在每个加速应力水平 $S_i(i=1,2,\cdots,q)$ 有 n_i 个试验样本,当到达预先指定的试验截尾时间 τ_i,试验停止,失效数据为 $t_{i1},t_{i2},\cdots,t_{ir_i}(t_{ir_i}<\tau_i(i=1,2,\cdots,q))$。样本的寿命在某一应力水平 S_i 下服从威布尔分布 $\mathrm{WB}(\eta_i,m)$,其累积分布函数及概率密度函数可以表示为

$$F_i(t) = 1 - \exp[-(t/\eta_i)^m] \tag{6-31}$$

$$f_i(t) = mt^{m-1}\exp[-(t/\eta_i)^m]/(\eta_i)^m \tag{6-32}$$

由式(6-31)和式(6-32)可得恒加寿命数据的似然函数为

$$L = \prod_{i=1}^{q}\left\{\frac{n_i!}{(n_i-r_i)!}\prod_{j=1}^{r_i}f_i(t_{ij}) \cdot [1-F_i(\tau_i)]^{n_i-r_i}\right\} \tag{6-33}$$

在对数线性加速模型中 $a_i=a,b_i=b$,其对数似然函数为

$$\ln L_0(a,b,m) = C_2 + \sum_{i=1}^{q} r_i\ln m - m\sum_{i=1}^{q} r_i[a+b\varphi(S_i)] + (m-1)\sum_{i=1}^{q}\sum_{j=1}^{r_i}\ln t_{ij} - \sum_{i=1}^{q}A_i \tag{6-34}$$

式中,C_2 不含有未知参数 a 和 b,有

$$C_2 = \sum_{i=1}^{q}\ln\left[\frac{n_i!}{(n_i-r_i)!}\right], A_i = \sum_{j=1}^{r_i}(t_{ij}/\mathrm{e}^{a+b\varphi(S_i)})^m + (n_i-r_i)(\tau_i/\mathrm{e}^{a+b\varphi(S_i)})^m$$

进一步由式(6-34)可得对数似然方程组为

$$\frac{\partial \ln L_0}{\partial a} = -m\sum_{i=1}^{q} r_i + m\sum_{i=1}^{q} A_i = 0$$

$$\frac{\partial \ln L_0}{\partial b} = -m\sum_{i=1}^{q} r_i\varphi(S_i) + m\sum_{i=1}^{q} A_i\varphi(S_i) = 0$$

$$\frac{\partial \ln L_0}{\partial m} = \frac{1}{m}\sum_{i=1}^{q} r_i - \sum_{i=1}^{q} r_i[a + b\varphi(S_i)] + \sum_{i=1}^{q}\sum_{j=1}^{r_i} \ln t_{ij}$$

$$-\sum_{i=1}^{q}\sum_{j=1}^{r_i} (t_{ij}/\mathrm{e}^{a+b\varphi(S_i)})^m \ln(t_{ij}/\mathrm{e}^{a+b\varphi(S_i)})$$

$$-\sum_{i=1}^{q} (n_i - r_i)(\tau_i/\mathrm{e}^{a+b\varphi(S_i)})^m \ln(\tau_i/\mathrm{e}^{a+b\varphi(S_i)}) = 0$$

对数线性加速模型中未知参数为 $\boldsymbol{\theta}_{H_0} = (a,b,m)$，利用 Newton-Raphson 法求解对数似然方程组，再利用式(6-34)就可以计算对数似然函数的极大值 $\ln L_0(\hat{\boldsymbol{\theta}}_{H_0})$。

在非对数线性加速模型中未知参数为 $\boldsymbol{\theta}_{H_1} = (a_i, b_i, m)$，令 $\boldsymbol{v}_{H_1} = (\eta_i, m)$，有

$$\frac{\partial \ln L_1}{\partial b_i} = \frac{\partial \ln L_1}{\partial \eta_i} \cdot \frac{\partial \eta_i}{\partial b_i} = \frac{\partial \ln L_1}{\partial \eta_i} \cdot \eta_i \cdot \varphi(S_i) = 0 \tag{6-35}$$

由式(6-30)和式(6-35)可得 $\ln L_1(\boldsymbol{\theta}_{H_1}) = \ln L_1(\hat{\boldsymbol{v}}_{H_1})$，对数似然函数为

$$\ln L_1(\eta_1, \cdots, \eta_q, m) = C_2 + \sum_{i=1}^{q} r_i \ln m - m\sum_{i=1}^{q} r_i \ln \eta_i + (m-1)\sum_{i=1}^{q}\sum_{j=1}^{r_i} \ln t_{ij} - \sum_{i=1}^{q} B_i \tag{6-36}$$

其中，$B_i = \sum_{j=1}^{r_i} (t_{ij}/\eta_i)^m + (n_i - r_i)(\tau_i/\eta_i)^m$。

进一步由式(6-36)可得对数似然方程组为

$$\frac{\partial \ln L_1}{\partial \eta_i} = -mr_i/\eta_i + \sum_{j=1}^{r_i} (t_{ij}/\eta_i)^m (m/\eta_i) + (n_i - r_i)(\tau_i/\eta_i)^m (m/\eta_i) = 0$$

$$\frac{\partial \ln L_1}{\partial m} = \frac{1}{m}\sum_{i=1}^{q} r_i - \sum_{i=1}^{q} r_i \ln \eta_i + \sum_{i=1}^{q}\sum_{j=1}^{r} \ln t_{ij} - \sum_{i=1}^{q}\sum_{j=1}^{r_i} (t_{ij}/\eta_i)^m \ln(t_{ij}/\eta_i)$$

$$-\sum_{i=1}^{q} (n_i - r_i)(\tau_i/\eta_i)^m \ln(\tau_i/\eta_i) = 0$$

类似地，可以利用 Newton-Raphson 算法求解上述对数似然方程组，代入式(6-36)得到对数似然函数的极大值 $\ln L_1(\hat{\boldsymbol{\theta}}_{H_1})$。求解威布尔寿命分布时，参数初始值计算较为复杂，计算过程如下：

(1) 根据单个应力水平下的试验数据,先利用如下超越方程求出 m_i 的 MLE$\hat{m}_i$:

$$\sum_{j=1}^{r_i}(t_{ij})^{m_i}\ln t_{ij}+(n_i-r_i)(\tau_i)^{m_i}\ln\tau_i = \left(\frac{1}{m_i}+\frac{1}{r_i}\sum_{j=1}^{r_i}\ln t_{ij}\right)\left[\sum_{j=1}^{r_i}(t_{ij})^{m_i}+(n_i-r_i)(\tau_i)^{m_i}\right] \tag{6-37}$$

(2) 式(6-37)同样需要数值迭代求解,m_i 的初始值设为[3]

$$m_{i0}=\frac{\pi}{\sqrt{6}}\left\{\frac{1}{n_i-1}\left[\sum_{j=1}^{r_i}(\ln t_{ij}-\bar{B})^2+(n_i-r_i)(\ln\tau_i-\bar{B})^2\right]\right\}^{-1/2} \tag{6-38}$$

其中,$\bar{B}=\frac{1}{n_i}\left[\sum_{j=1}^{r_i}\ln t_{ij}+(n_i-r_i)\ln\tau_i\right]$。

(3) 利用式(6-38)迭代求出 m_i 的 MLE$\hat{m}_i$ 后,可得 m 与 η_i 的初始值为

$$m_0=\frac{1}{q}\sum_{i=1}^{q}\hat{m}_i \tag{6-39}$$

$$\eta_{i0}=\left\{\frac{1}{r_i}\left[\sum_{j=1}^{r_i}(t_{ij})^{\hat{m}_i}+(n_i-r_i)(\tau_i)^{\hat{m}_i}\right]\right\}^{1/\hat{m}_i} \tag{6-40}$$

2) 失效机理变化表征与辨识的判决准则

利用式(6-34)、式(6-36)计算恒定应力威布尔寿命数据在两种假设下对数似然函数的差值:

$$\Lambda_{\mathrm{CSW}}=-2\ln\lambda=-2[\ln L_0(a,b,m)-\ln L_1(\eta_1,\eta_2,\cdots,\eta_q,m)] \tag{6-41}$$

失效机理变化表征与辨识的判决准则是:

(1) 如果 $0\leqslant\Lambda_{\mathrm{CSW}}<\chi^2_{1-\beta}(q-2)$,失效机理在所有应力水平下相同;

(2) 如果 $\Lambda_{\mathrm{CSW}}\geqslant\chi^2_{1-\beta}(q-2)$,失效机理在某一高应力水平下变化,将失效机理相同误判为失效机理变化的风险概率为 β。

3) 仿真算例

利用蒙特卡罗仿真生成一组恒定应力加速退化试验数据,加速应力水平为 298K、338K、378K,假定失效机理不发生变化。试验方案与恒定应力对数正态寿命场合相同,但退化模型改为 $\ln y=\ln D+\varepsilon_2=\ln(1.05)-Kt^{0.65}+\varepsilon_2$,$K^{-1}$ 服从威布尔分布,有 $K^{-1}\sim \mathrm{WB}[\exp(0.73+1918.16/S),8.34]$。取失效阈值 $\bar{\omega}=$

0.5，同理可得理论伪失效寿命 t 服从威布尔寿命分布，形状参数 $m=5.4196$，不同温度下的特征寿命 $\eta_i=\exp(a+b/S_i)=\exp(0.67+2974.22/S_i)$。进行退化轨迹拟合，得到各样本的退化轨迹方程，进一步求得所有样本在各应力水平下的伪失效寿命如图 6-5 所示。

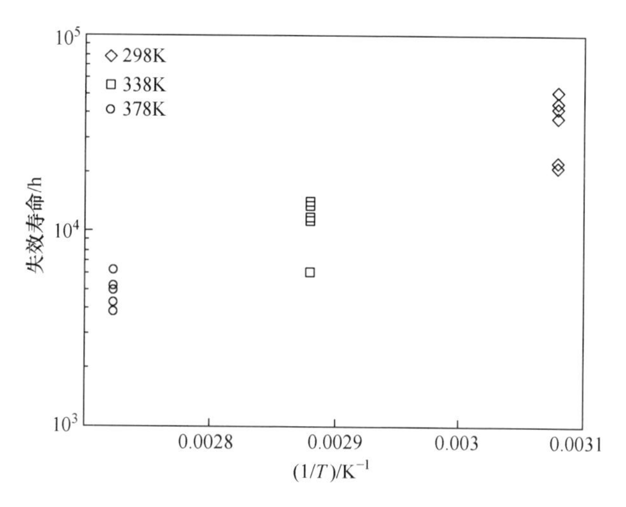

图 6-5　恒定应力威布尔寿命场合产品伪失效寿命

图 6-5 表明高温伪失效寿命的分散性较小，观察图 6-5 可以发现对数线性寿命-应力关系似乎在所有温度应力处均成立，但在随机性的影响下，例如低应力水平处数据分散性较大，也可能得出对数线性寿命-应力关系在所有应力水平下并不成立的结论。接下来我们将证明对数线性寿命-应力关系在 298～378K 温度范围内均成立。

利用数值迭代法，得出对数线性模型及非对数线性模型中未知参数的极大似然估计，估计值与仿真设定值如表 6-5 与表 6-6 所示。

表 6-5　恒定应力威布尔寿命场合原假设模型参数估计值

参数	a	b	m
估计值	0.78	2934.44	5.45
仿真设定值	0.67	2974.22	5.42

表 6-6　恒定应力威布尔寿命场合备择假设模型参数估计值

参数	η_1	η_2	η_3	m
估计值	41867.19	12343.12	5232.12	5.57
仿真设定值	39173.8	12134.9	4817.18	5.42

进一步可以算得应力水平 298~378K 下检验统计量为

$$\Lambda_{CSW} = -2\ln\lambda = -2[\ln L_0(a,b,m) - \ln L_1(\eta_1,\eta_2,\cdots,\eta_q,m)]$$
$$= -2\times[-168.5651-(-168.3654)] = 0.4 \tag{6-42}$$

在 298~378K 温度范围内的试验应力水平数为 3,给定显著性水平 $\beta=5\%$,临界值 $\chi^2_{1-\beta}(q-1)$ 满足 $\chi^2_{0.95}(1)=3.84>\Lambda_{CSW}$,因此根据似然比检验法可以判决,在 298~378K 应力范围内对数线性模型成立,失效机理并不发生变化,这一判决结果与算例原始设定一致,验证了本节方法的正确性。

2. 步加试验中失效机理变化辨识方法

1) 步加试验数据的极大似然估计

类似于对数正态寿命数据,威布尔寿命数据也服从寿命折算关系式(6-17),再结合式(6-31),可得等效折算时间为

$$\omega_{i+1} = (\tau_i - \tau_{i-1} + \omega_i)\eta_{i+1}/\eta_i \quad (i=1,2,\cdots,q-1) \tag{6-43}$$

迭代求解式(6-43),可得 ω_{i+1} 的解析表达式为

$$\omega_{i+1} = \sum_{l=1}^{i}[(\tau_l - \tau_{l-1})\eta_{i+1}/\eta_l] \tag{6-44}$$

利用式(6-18),可将威布尔寿命步进试验数据转换为恒加试验数据,根据式(6-18)和式(6-44),得到在各应力水平下失效产品的等效失效时间为

$$t_{ij}^* = t_{ij} - \tau_{i-1} + \sum_{l=1}^{i-1}[(\tau_l - \tau_{l-1})\eta_i/\eta_l] \tag{6-45}$$

由式(6-18)和式(6-45)可得步加威布尔寿命数据的似然函数为

$$L = \frac{n!}{(n-r)!}\prod_{i=1}^{q}\prod_{j=1}^{r_i} f_i(t_{ij}^*)\cdot[1-F_q(\tau_q^*)]^{n-r} \tag{6-46}$$

式中:$r=\sum_{i=1}^{q} r_i$;$\tau_q^* = \sum_{l=1}^{q}[(\tau_l-\tau_{l-1})\eta_q/\eta_l]$。

在对数线性加速模型中 $a_i=a$,$b_i=b$,t_{ij}^*、τ_q^* 仅仅是待估参数 b 的函数,依据式(6-29)有

$$t_{ij}^*(b) = t_{ij} - \tau_{i-1} + \sum_{l=1}^{i-1}\{(\tau_l-\tau_{l-1})\exp[b\varphi(S_i) - b\varphi(S_l)]\} \tag{6-47}$$

$$\tau_q^*(b) = \sum_{l=1}^{q}\{(\tau_l-\tau_{l-1})\exp[b\varphi(S_q) - b\varphi(S_l)]\} \tag{6-48}$$

其对数似然函数为

$$\ln L_0(a,b,m) = C_3 + \sum_{i=1}^{q} r_i\ln m - m\sum_{i=1}^{q} r_i[a+b\varphi(S_i)] + (m-1)\sum_{i=1}^{q}\sum_{j=1}^{r_i}\ln t_{ij}^*(b) - A_i^* \tag{6-49}$$

式中，C_3 不含有未知参数 a、b 及 m，有

$$C_3 = \ln\left[\frac{n!}{(n-r)!}\right],$$

$$A_i^* = \sum_{i=1}^{q}\sum_{j=1}^{r_i}[t_{ij}^*(b)/\mathrm{e}^{a+b\varphi(S_i)}]^m + (n-r)[\tau_q^*(b)/\mathrm{e}^{a+b\varphi(S_q)}]^m$$

进一步由式(6-49)可得对数似然方程组为

$$\frac{\partial \ln L_0}{\partial a} = -m\sum_{i=1}^{q} r_i + mA_i^* = 0$$

$$\frac{\partial \ln L_0}{\partial m} = \frac{1}{m}\sum_{i=1}^{q} r_i - \sum_{i=1}^{q} r_i[a + b\varphi(S_i)] + \sum_{i=1}^{q}\sum_{j=1}^{r_i}\ln t_{ij}^*(b)$$
$$- \sum_{i=1}^{q}\sum_{j=1}^{r_i}[t_{ij}^*(b)/\mathrm{e}^{a+b\varphi(S_i)}]^m \times \ln[t_{ij}^*(b)/\mathrm{e}^{a+b\varphi(S_i)}]$$
$$- (n-r)[\tau_q^*(b)/\mathrm{e}^{a+b\varphi(S_q)}]^m \ln[\tau_q^*(b)/\mathrm{e}^{a+b\varphi(S_q)}] = 0$$

$$\frac{\partial \ln L_0}{\partial b} = -m\sum_{i=1}^{q} r_i\varphi(S_i) + (m-1)\sum_{i=1}^{q}\sum_{j=1}^{r_i}[\ln t_{ij}^*(b)]'$$
$$+ m\sum_{i=1}^{q}\sum_{j=1}^{r_i}(t_{ij}^*(b)/\mathrm{e}^{a+b\varphi(S_i)}]^m\{\varphi(S_i) - [t_{ij}^*(b)]'/t_{ij}^*(b)\}$$
$$+ m(n-r)(\tau_q^*(b)/\mathrm{e}^{a+b\varphi(S_q)})^m\{\varphi(S_q) - [\tau_q^*(b)]'/\tau_q^*(b)\} = 0$$

式中：[ ]′代表对 b 求导计算。同样利用 Newton-Raphson 法及式(6-49)计算对数似然函数的极大值 $\ln L_0(\hat{\boldsymbol{\theta}}_{H_0})$。

在非对数线性加速模型中，t_{ij}^*、τ_q^* 是待估参数 $\eta_i(i=1,2,\cdots,q)$ 的函数，其对数似然函数为

$$\ln L_1(\eta_i, m) = C_3 + \sum_{i=1}^{q} r_i \ln m - m\sum_{i=1}^{q} r_i \ln\eta_i + (m-1)\sum_{i=1}^{q}\sum_{j=1}^{r_i}\ln t_{ij}^* - B_i^* \tag{6-50}$$

式中：$B_i^* = \sum_{i=1}^{q}\sum_{j=1}^{r_i}[(t_{ij}^*/\eta_i)^m] + (n-r)(\tau_q^*/\eta_q)^m$。

进一步由式(6-50)可得对数似然方程组为

$$\frac{\partial \ln L_1}{\partial \eta_i} = -mr_i/\eta_i + (m-1)\sum_{j=1}^{r_i}\sum_{l=1}^{i-1}(\tau_l - \tau_{l-1})/(t_{ij}^*\eta_l) - (m-1)\sum_{l=i+1}^{q}\sum_{j=1}^{r_l}(\tau_i -$$
$$\tau_{i-1})\eta_l/(\eta_i^2 t_{lj}^*) - m\sum_{j=1}^{r_i}\left[\sum_{l=1}^{i-1}(\tau_l - \tau_{l-1})\eta_i/\eta_l - t_{ij}^*\right]t_{ij}^{*\,m-1}/\eta_i^{m+1}$$

$$+ m\sum_{l=i+1}^{q}\sum_{j=1}^{r_l}(\tau_i - \tau_{i-1})t_{lj}^{*\,m-1}/(\eta_i^2\eta_l^{m-1}) - (n-r)m(\tau_q^*/\eta_q)^{m-1}\Delta_i = 0$$

$$\Delta_i = \begin{cases} -(\tau_i - \tau_{i-1})/\eta_i^2 & (i \neq q) \\ \sum_{l=1}^{q-1}(\tau_l - \tau_{l-1})/(\eta_q\eta_l) - \tau_q^*/\eta_q^2 & (i = q) \end{cases}$$

$$\frac{\partial \ln L_1}{\partial m} = \frac{1}{m}\sum_{i=1}^{q} r_i - \sum_{i=1}^{q} r_i \ln\eta_i + \sum_{i=1}^{q}\sum_{j=1}^{r_i}\ln t_{ij}^* - \sum_{i=1}^{q}\sum_{j=1}^{r_i}(t_{ij}^*/\eta_i)^m \ln(t_{ij}^*/\eta_i)$$
$$- (n-r)(\tau_q^*/\eta_q)^m \ln(\tau_q^*/\eta_q) = 0$$

利用数值迭代法求解上述对数似然方程组,代入式(6-50)得到对数似然函数的极大值 $\ln L_1(\hat{\boldsymbol{\theta}}_{H_1})$。迭代初始值计算过程如下:首先利用式(6-38)与式(6-40)求出最低应力下的特征寿命及形状参数初始值,然后结合式(6-45)进行寿命折算获得等效数据,逐步求出其他高应力下的特征寿命及形状参数初始值,最终获得所有应力下的待定参数初始值。

2) 失效机理变化表征与辨识的判决准则

利用式(6-49)、式(6-50)计算步加试验中威布尔寿命数据在两种假设下对数似然函数的差值:

$$\Lambda_{\mathrm{SSW}} = -2\ln\lambda = -2[\ln L_0(a,b,m) - \ln L_1(\eta_i,m)] \tag{6-51}$$

失效机理变化表征与辨识的判决准则是:

(1) 如果 $0 \leqslant \Lambda_{\mathrm{SSW}} < \chi^2_{1-\beta}(q-2)$,失效机理在所有应力水平下相同;

(2) 如果 $\Lambda_{\mathrm{SSW}} \geqslant \chi^2_{1-\beta}(q-2)$,失效机理在某一高应力水平下变化,将失效机理相同误判为失效机理变化的风险概率为 β。

3) 仿真算例

利用蒙特卡罗方法仿真生成一组步进应力加速退化试验数据,加速应力水平为298K、338K、378K,假定失效机理在378K发生变化。试验方案与步进应力对数正态寿命场合相同,但理论退化模型改为 $\ln D = \ln(1.05) - Kt^{0.65}$,298~378K下有 $K^{-1} \sim \mathrm{WB}[\exp(0.73+1918.16/S), 8.34]$,338~378K下有 $K^{-1} \sim \mathrm{WB}[\exp(-5.24+3836.32/S), 8.34]$。取伪失效寿命 $\tau = t^{0.65} = [D^{-1}(\varpi)]^{0.65}$,可知伪失效寿命 τ 服从威布尔寿命分布。298~338K与338~378K下威布尔分布的特征寿命分别满足 $\ln\eta_i = a_1 + b_1/S_i = 0.44 + 1918.16/S_i$、$\ln\eta_i = a_2 + b_2/S_i = -5.24 + 3836.32/S_i$,形状参数 $m = 8.34$。378K激活能从15.9kJ/mol转变为31.9kJ/mol,表征失效机理发生变化。对退化速率服从逆威布尔分布的样本退化轨迹拟合,得到各样本的退化轨迹方程,进一步求得所有样本在各应力水平下的伪失效寿命如图6-6所示。

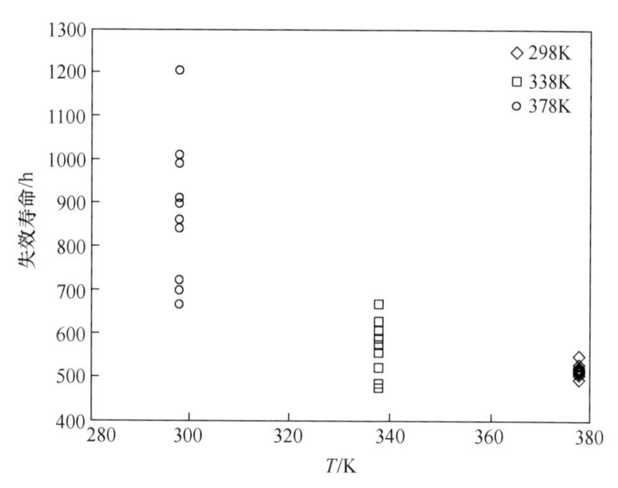

图 6-6 步进应力威布尔寿命场合产品伪失效寿命

图 6-6 表明产品伪失效寿命数据在低温下分散性较大,和对数正态寿命分布在步进应力加速试验下失效数据类似,难以通过观察法判断图 6-6 中数据是否服从对数线性加速模型。接下来我们将证明对数线性寿命-应力关系在298~378K 温度范围内并不成立。

利用数值迭代法,得出威布尔寿命场合对数线性模型中未知参数的极大似然估计,将极大似然估计值与未知参数真值进行比较,如表 6-7 所示。

表 6-7 步进应力威布尔寿命场合原假设模型参数估计值

参数	a	b	m
估计值	-0.94	2335.04	7.67
仿真设定值(298~338K)	0.44	1918.16	8.34
仿真设定值(338~378K)	-5.24	3836.32	8.34

表 6-7 表明采用误指定的加速模型进行建模及统计分析时,形状参数估计精度受影响较小,但加速模型参数估计值与真值相差较大,计算后发现高温下激活能增大导致在 298K 以下的预测寿命偏大。

非对数线性模型中未知参数极大似然估计值与真值的比较如表 6-8 所示,可以看出模型各参数的估计值与真值相差较小,非对数线性模型对数据的拟合效果优于对数线性模型。

表 6-8 步进应力威布尔寿命场合备择假设模型参数估计值

参数	η_1	η_2	η_3	m
估计值	969.27	426.28	129.18	7.84
仿真设定值	967.05	451.46	135.83	8.34

进一步可以算得 298~378K 下检验统计量为

$$\begin{aligned}\Lambda_{SSW} &= -2\ln\lambda = -2[\ln L_0(a,b,m) - \ln L_1(\eta_i,m)] \\ &= -2\times[-187.2193-(-183.8283)] = 6.78\end{aligned} \tag{6-52}$$

在 298~378K 温度范围内的试验应力水平数为 3，给定显著性水平 $\beta=5\%$，临界值 $\chi^2_{1-\beta}(q-2)$ 满足 $\chi^2_{0.95}(1)=3.84<\Lambda_{SSW}$，因此在 298~378K 范围内失效机理发生变化，这一判决结果与失效机理一致性的原始设定相符，验证了本节方法的正确性。

6.2 加速退化试验建模一致性分析

本节首先分析失效机理（针对退化型产品也称退化机理）一致与否对加速退化试验建模分析的影响，然后研究建立退化量分布模型及退化轨迹模型下加速退化试验建模中失效机理一致性表征及判别准则，可为加速退化试验建模结果有效性分析提供支撑。

6.2.1 失效机理一致性对加速退化试验建模影响分析

加速寿命试验建模分析中失效机理的变化会导致激活能发生变化，加速退化试验建模分析中激活能的变化也会伴随失效机理的变化。与加速寿命试验建模类似，加速退化试验建模所使用的加速模型也假设激活能不变。但与加速寿命试验建模不同的是，加速退化试验利用加速模型将退化速率与应力水平联系起来。激活能不变假设对退化速率预测的准确性影响较大，如图 6-7 所示。

图 6-7 中虚线表示假定激活能不变下的外推，从图中可以看出在加速退化试验建模中，如果高应力下激活能增大，无论是采用阿伦尼乌斯模型还是逆幂律模型建立退化速率与应力水平关系，沿虚线外推得出的退化速率要比产品实际

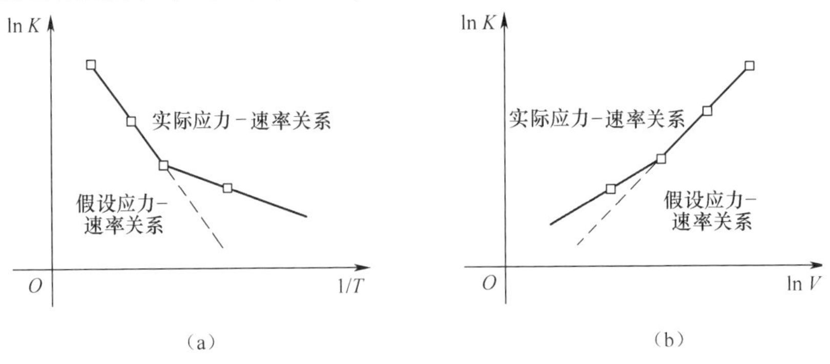

图 6-7 激活能增大对退化速率预测影响示意图
(a) 阿伦尼乌斯模型;(b) 逆幂率模型。

退化速率小，预测服役寿命都要比产品实际寿命偏大。如果高温下激活能减小，沿虚线外推得出的退化速率要比产品实际退化速率大，预测的服役寿命偏小，这和激活能变化对基于寿命建模的寿命预测影响相同。

研究加速退化试验建模的失效机理一致性表征与辨识方法，核心思想是利用似然比检验构建检验统计量，通过建模分析加速模型参数（激活能等）是否变化来判断失效机理是否变化。本节将基于退化量分布模型与基于退化轨迹模型的建模方法与似然比检验理论结合，研究在对数线性模型及非对数线性两类模型下，产品恒定应力、步进应力加速退化试验建模分析的失效机理一致性表征与辨识方法，为产品加速退化试验建模结果有效性分析提供技术支撑。

6.2.2 退化量分布模型下加速退化试验建模一致性分析

1. 基本思想

正如本书第 3 章与第 5 章所述，退化量分布模型认为同一类产品性能退化量的分布类型在各应力水平及测量时刻下是固定不变的，只是退化量分布的某些参数随应力水平和测量时刻而变化。以对数正态分布为例，如果产品性能退化量分布服从对数正态分布，则在任何一个应力水平及测量时刻退化量都服从对数正态分布，对数正态分布的对数均值是退化速率和时间的函数，随应力水平和测量时刻而变化，对数标准差不变。

在工程实际中，可以发现同一类产品不同个体的性能退化量存在差异性，这种差异性用退化量分布参数描述，退化量服从对数正态分布的产品用对数标准差描述性能差异，退化量服从威布尔分布的产品用形状参数描述差异。可以看出，退化量分布模型与寿命分布模型有一定的相似性，但也有一定的差别，主要区别在于退化量分布与应力水平及测量时刻都有关，而寿命分布只和应力水平有关。

产品退化量达到阈值，即认为其发生失效。确定退化量分布类型后，首先依据加速模型建立退化速率与应力水平关系，然后结合失效物理与类似产品信息确定分布参数的时间函数，就可利用失效阈值与退化量分布外推得到产品在正常应力水平下的寿命分布，从退化量分布到寿命分布的转换关系如图 6-8 所示。

从图 6-8 中可以看出，在对产品性能退化数据进行建模分析时，并不要求产品在试验结束前失效，因此试验数据都可按完全数据来进行建模分析，然后依据似然比检验建立失效机理变化表征与辨识的判决准则。

2. 失效机理一致性表征与辨识的判决准则

假设某产品的性能退化量 y 在各应力水平 S_i 下服从对数正态分布 LN$(\mu_i$,

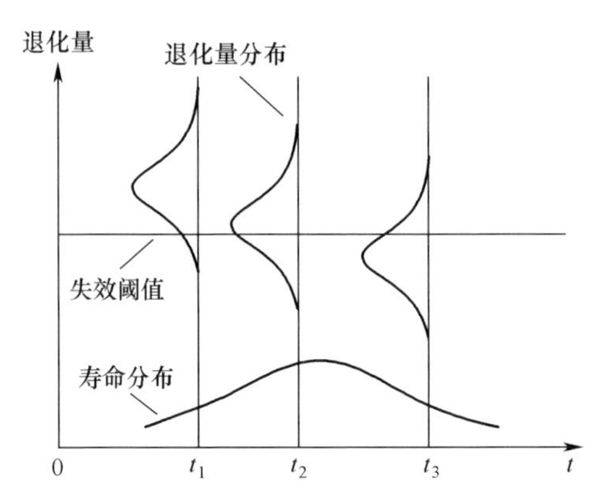

图 6-8 退化量分布到寿命分布的转换示意图

σ^2)，其中 σ 为对数标准差，μ_i 为对数均值，与应力水平及时间有关。设对数均值 μ_i 可以表示为

$$\mu_i = \ln B - K_i\tau \tag{6-53}$$

式中：$\tau = t^{\alpha}$，参数 α 与温度应力无关并且有 $0 < \alpha \leqslant 1$；参数 B 为性能退化量 y 的初始值。在统计分析中初始值一般被归一化为数值 1，因此 B 应该是一个接近于 1 的常量。当参数 α 是常量时，显然参数 K_i 是与应力水平 S_i 有关的退化速率。

在退化量分布模型下，退化速率 K_i 与应力水平 S_i 之间满足加速模型：

$$\ln K_i = a + b \cdot \varphi(S_i) \tag{6-54}$$

式中：$\varphi(S_i)$ 为转换应力水平，加速应力为温度时 $\varphi(S_i) = 1/S_i$，加速应力为载荷时 $\varphi(S_i) = \ln S_i$。当施加应力范围较大时，模型(6-54)中的参数 a 和 b 可能不再为常数，模型(6-54)在较高应力水平下无效。比模型(6-54)更适用的模型可以表述为

$$\ln K_i = a_i + b_i \cdot \varphi(S_i) \tag{6-55}$$

因此，可列出如下原假设 H_0 和备择假设 H_1：

$$H_0: \ln K_i = a + b \cdot \varphi(S_i), \quad H_1: \ln K_i = a_i + b_i \cdot \varphi(S_i)$$

从上述定义可以看出，类似寿命建模假设，模型(6-54)与模型(6-55)的表达式表明原假设对应模型是备择假设对应模型的一种特例。因此似然比检验同样可用于检验上述原假设，但相比于寿命分布模型，退化量分布模型的似然函数计算及统计分析不同。下面首先讨论退化量分布模型下恒定应力加速试验的失效机理变化表征与辨识，然后考虑步进应力加速试验的失效机理变化表征与辨识。

1）恒加试验机理变化表征与辨识的判决准则

假定恒定应力加速退化试验采用 q 个应力水平。在每个加速应力水平 $S_i(i=1,2,\cdots,q)$ 下测试 n_i 个试验样本的性能退化量，测试 m_i 次，测试的时间节点为 $t_{ik}(k=1,2,\cdots,m_i)$，在每个温度下的试验截止时间为 $t_i(t_{ik}<t_i)$，测得退化量数据为 $y_{ijk}(j=1,2,\cdots,n_i)$。建模时取样本的性能退化量对数值 $\ln y$ 统计分析，其在各应力水平 S_i 下服从正态分布，其累积分布及概率密度函数可以表示为

$$F_i(\ln y)=\Phi\left(\frac{\ln y-\mu_i}{\sigma}\right) \tag{6-56}$$

$$f_i(\ln y)=\frac{1}{\sigma}\phi\left(\frac{\ln y-\mu_i}{\sigma}\right) \tag{6-57}$$

式中：$\Phi(\cdot)$ 和 $\phi(\cdot)$ 分别为标准正态分布的累积分布函数及概率密度函数。由式(6-57)可得恒定应力加速退化试验数据的似然函数为

$$L=\prod_{i=1}^{q}\prod_{j=1}^{n_i}\prod_{k=1}^{m_i}f_i(\ln y_{ijk}) \tag{6-58}$$

在对数线性加速模型中 $a_i=a,b_i=b$，其对数似然函数为

$$\ln L_0(B,\alpha,a,b,\sigma)=C_4-\sum_{i=1}^{q}n_i m_i\ln\sigma-\frac{1}{2\sigma^2}\sum_{i=1}^{q}\sum_{j=1}^{n_i}\sum_{k=1}^{m_i}(\ln y_{ijk}-\ln B+\mathrm{e}^{a+b\varphi(S_i)}\tau_{ik})^2 \tag{6-59}$$

式中，C_4 不含有未知参数，有 $C_4=-\frac{1}{2}\sum_{i=1}^{q}n_i m_i\ln(2\pi)$，$\tau_{ik}=t_{ik}^{\alpha}$。

进一步由式(6-59)可得对数似然方程组为

$$\frac{\partial\ln L_0}{\partial B}=\frac{1}{B\sigma^2}\sum_{i=1}^{q}\sum_{j=1}^{n_i}\sum_{k=1}^{m_i}[\ln y_{ijk}-\ln B+\mathrm{e}^{a+b\varphi(S_i)}\tau_{ik}]=0$$

$$\frac{\partial\ln L_0}{\partial a}=-\frac{1}{\sigma^2}\sum_{i=1}^{q}\sum_{j=1}^{n_i}\sum_{k=1}^{m_i}[\ln y_{ijk}-\ln B+\mathrm{e}^{a+b\varphi(S_i)}\tau_{ik}]\mathrm{e}^{a+b\varphi(S_i)}\tau_{ik}=0$$

$$\frac{\partial\ln L_0}{\partial b}=-\frac{1}{\sigma^2}\sum_{i=1}^{q}\sum_{j=1}^{n_i}\sum_{k=1}^{m_i}[\ln y_{ijk}-\ln B+\mathrm{e}^{a+b\varphi(S_i)}\tau_{ik}]\mathrm{e}^{a+b\varphi(S_i)}\varphi(S_i)\tau_{ik}=0$$

$$\frac{\partial\ln L_0}{\partial \alpha}=-\frac{1}{\sigma^2}\sum_{i=1}^{q}\sum_{j=1}^{n_i}\sum_{k=1}^{m_i}[\ln y_{ijk}-\ln B+\mathrm{e}^{a+b\varphi(S_i)}\tau_{ik}]\mathrm{e}^{a+b\varphi(S_i)}\tau_{ik}\ln t_{ik}=0$$

$$\frac{\partial\ln L_0}{\partial \sigma}=\frac{1}{\sigma^3}\sum_{i=1}^{q}\sum_{j=1}^{n_i}\sum_{k=1}^{m_i}[\ln y_{ijk}-\ln B+\mathrm{e}^{a+b\varphi(S_i)}\tau_{ik}]^2-\frac{1}{\sigma}\sum_{i=1}^{q}n_i m_i=0$$

对数线性加速模型中未知参数为 $\boldsymbol{\theta}_{H_0}=(B,\alpha,a,b,\sigma)$，上述模型未知参数

较多,极大似然估计的闭合解不存在。利用 Newton-Raphson 法求解对数似然方程组,可以得到这些参数极大似然估计的数值解,再利用式(6-59)就可以计算对数似然函数的极大值 $\ln L_0(\hat{\boldsymbol{\theta}}_{H_0})$。

在非对数线性加速模型中未知参数为 $\boldsymbol{\theta}_{H_1}=(B,\alpha,a_i,b_i,\sigma)$,令 $\boldsymbol{v}=(B,\alpha,K_i,\sigma)$,对数似然方程满足

$$\frac{\partial\ln L_1}{\partial a_i}=\frac{\partial\ln L_1}{\partial K_i}\cdot\frac{\partial K_i}{\partial a_i}=\frac{\partial\ln L_1}{\partial K_i}\cdot K_i=0 \tag{6-60}$$

由式(6-55)和式(6-60)可得 $\ln L_1(\hat{\boldsymbol{\theta}}_{H_1})=\ln L_1(\hat{\boldsymbol{v}})$,对数似然函数为

$$\ln L_1(B,\alpha,K_i,\sigma)=C_4-\sum_{i=1}^{q}n_i m_i\ln\sigma-\frac{1}{2\sigma^2}\sum_{i=1}^{q}\sum_{j=1}^{n_i}\sum_{k=1}^{m_i}(\ln y_{ijk}-\ln B+K_i\tau_{ik})^2 \tag{6-61}$$

进一步由式(6-61)可得对数似然方程组为

$$\frac{\partial\ln L_1}{\partial B}=\frac{1}{B\sigma^2}\sum_{i=1}^{q}\sum_{j=1}^{n_i}\sum_{k=1}^{m_i}(\ln y_{ijk}-\ln B+K_i\tau_{ik})=0$$

$$\frac{\partial\ln L_1}{\partial K_i}=-\frac{1}{\sigma^2}\sum_{j=1}^{n_i}\sum_{k=1}^{m_i}(\ln y_{ijk}-\ln B+K_i\tau_{ik})\tau_{ik}=0$$

$$\frac{\partial\ln L_1}{\partial\alpha}=-\frac{1}{\sigma^2}\sum_{i=1}^{q}\sum_{j=1}^{n_i}\sum_{k=1}^{m_i}(\ln y_{ijk}-\ln B+K_i\tau_{ik})K_i\tau_{ik}\ln t_{ik}=0$$

$$\frac{\partial\ln L_1}{\partial\sigma}=\frac{1}{\sigma^3}\sum_{i=1}^{q}\sum_{j=1}^{n_i}\sum_{k=1}^{m_i}(\ln y_{ijk}-\ln B+K_i\tau_{ik})^2-\frac{1}{\sigma}\sum_{i=1}^{q}n_i m_i=0$$

利用 Newton-Raphson 法求解上述对数似然方程组,代入式(6-61)得到对数似然函数的极大值 $\ln L_1(\hat{\boldsymbol{\theta}}_{H_1})$。迭代初始值可以利用最小二乘法给出,计算过程如下:

(1) 根据单个应力水平下的试验数据,先尝试给出 α 值,利用最小二乘法求出各应力水平下 B_{i0} 及 K_{i0};

(2) 取 B_0 为 B_{i0} 的均值,计算误差平方和

$$\mathrm{SSE}(\boldsymbol{v})=\sum_{i=1}^{q}\sum_{j=1}^{n_i}\sum_{k=1}^{m_i}(\ln y_{ijk}-\ln B_0+K_{i0}t_{ik}^{\alpha})^2 \tag{6-62}$$

(3) 更新 α 尝试值,重复(1)~(2)直至 SSE 取值最小,非对数线性模型参数初始值 $\boldsymbol{v}_0=\arg[\min \mathrm{SSE}(\boldsymbol{v})]$。

对数线性模型未知参数 a 和 b 初始值可以利用已求得的 K_{i0},结合应力速率关系式(6-54)用最小二乘法求得,其他参数初始值与非对数线性模型相同,不

再列出。

利用式(6-59)、式(6-61)计算退化量分布模型下 CSADT 两种假设对应对数似然函数的差值：

$$\Lambda_{\mathrm{CSD}} = -2\ln\lambda = -2[\ln L_0(\hat{\boldsymbol{\theta}}_{H_0}) - \ln L_1(\hat{\boldsymbol{\theta}}_{H_1})] \tag{6-63}$$

根据 Wilks 定理[2]，$\Lambda_{\mathrm{CSD}} \sim \chi^2(q-2)$。因此失效机理变化表征与辨识的判决准则是：

（1）如果 $0 \leqslant \Lambda_{\mathrm{CSD}} < \chi^2_{1-\beta}(q-2)$，失效机理在所有应力水平下相同；

（2）如果 $\Lambda_{\mathrm{CSD}} \geqslant \chi^2_{1-\beta}(q-2)$，失效机理在某一高应力水平下变化，将失效机理相同误判为失效机理变化的风险概率为 β。

产品的退化失效阈值为 ϖ，剔除失效机理变化的无效数据后，可以利用对数线性模型及式(6-56)外推得到使用应力 S_0 下产品的可靠性。

2）步加试验机理变化表征与辨识的判决准则

假定步进应力加速退化试验采用 q 个应力水平。在每个加速应力水平 $S_i(i=1,2,\cdots,q)$ 下测试 n 个试验样本的性能退化量，测试 m_i 次，测试的时间节点为 $t_{ik}(k=1,2,\cdots,m_i)$，测得退化量数据为 $y_{ijk}(j=1,2,\cdots,n)$。当每个应力水平下的试验时间达到截止时间 t_i 时，就会提高应力水平，直到达到最高应力水平。具有 q 个应力水平的步进应力加速退化试验应力序列可以表示为

$$S = \begin{cases} S_1 & (0 \leqslant t < t_1) \\ \vdots & \quad\vdots \\ S_q & (t_{q-1} \leqslant t < t_q) \end{cases}$$

不同于恒定应力加速试验产品的退化速率只受单一应力水平影响，步进应力加速试验中所有产品的退化都经历完整的应力序列，记录的退化量不能与单一应力水平下的试验时间直接关联起来。借鉴先前步进应力加速寿命试验中的累积损伤模型思想进行时间折算，认为产品退化速率仅和当前应力有关，而和退化过程的累积方式无关。令 ω_{i+1} 表示在应力水平 T_{i+1} 下的等效折算时间，在应力水平 T_{i+1} 下作用 ω_{i+1} 时间与在步进应力加速退化试验到截止时间 τ_i 产生的累积退化量相等，则

$$D(\omega_{i+1} \mid T_{i+1}) = D(\omega_i + \tau_i - \tau_{i-1} \mid T_i) \quad (i=1,2,\cdots,q-1) \tag{6-64}$$

其中，$\omega_1=0, \tau_0=0, \tau=t^\alpha$ 代表变换后时间尺度。取样本的性能退化量对数值 $\ln y$ 统计分析，令 $D_{\mathrm{SS}}(\tau)$ 表示步进应力加速退化试验下性能退化量对数均值，$D(\tau \mid T_i)$ 表示恒定应力加速退化试验下性能退化量对数均值 μ_i，从 $D_{\mathrm{SS}}(\tau)$ 到 $\{D(\tau \mid T_i)\}_{i=1}^3$ 的转换关系如图 6-9 所示。

从图 6-9 中可以看出，$D_{\mathrm{SS}}(\tau)$ 与 $\{D(\tau \mid T_i)\}_{i=1}^q$ 间的关系可以表示为

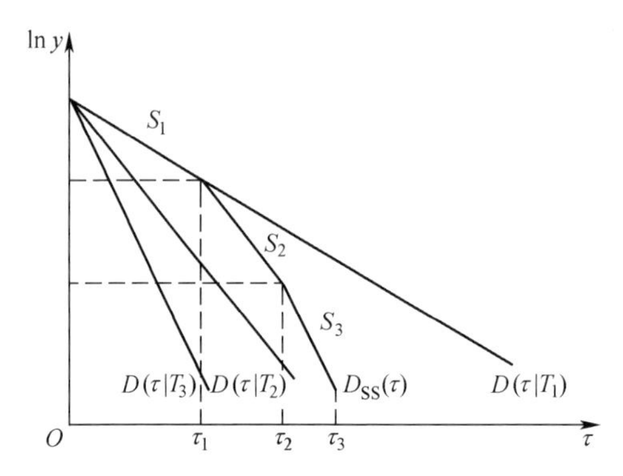

图 6-9　步加试验 $D_{SS}(\tau)$ 到恒加试验 $\{D(\tau \mid T_i)\}_{i=1}^{3}$ 的转换示意图

$$D_{SS}(\tau)=\begin{cases}D(\tau \mid T_1) & (0\leqslant \tau < \tau_1)\\ D(\tau-\tau_1+\omega_2 \mid T_2) & (\tau_1\leqslant \tau<\tau_2)\\ \vdots & \vdots\\ D(\tau-\tau_{q-1}+\omega_q \mid T_q) & (\tau_{q-1}\leqslant\tau<\tau_q)\end{cases} \tag{6-65}$$

利用式(6-53)和式(6-65)，可得等效折算时间为

$$\omega_{i+1}=(\tau_i-\tau_{i-1}+\omega_i)K_i/K_{i+1}\quad (i=1,2,\cdots,q-1) \tag{6-66}$$

迭代求解式(6-66)，可得 ω_{i+1} 的解析表达式为

$$\omega_{i+1}=\sum_{l=1}^{i}(\tau_l-\tau_{l-1})K_l/K_{i+1} \tag{6-67}$$

根据式(6-66)和式(6-67)，步进应力加速退化试验下性能退化量对数均值为

$$D_{SS}(\tau)=\begin{cases}\ln B-K_1\tau & (0\leqslant\tau<\tau_1)\\ \ln B-K_1\tau_1-K_2(\tau-\tau_1) & (\tau_1\leqslant\tau<\tau_2)\\ \vdots & \vdots\\ \ln B-\sum_{l=1}^{q-1}K_l(\tau_l-\tau_{l-1})-K_q(\tau-\tau_{q-1}) & (\tau_{q-1}\leqslant\tau<\tau_q)\end{cases} \tag{6-68}$$

由式(6-68)可得步进应力加速退化试验数据的似然函数为

$$L=\prod_{i=1}^{q}\prod_{j=1}^{n}\prod_{k=1}^{m_i}\frac{1}{\sigma}\phi\left(\frac{\ln y_{ijk}-D_{SS}(\tau_{ik})}{\sigma}\right) \tag{6-69}$$

在对数线性加速模型中 $a_i=a$，$b_i=b$，$D_{SS}(\tau_{ik})$ 是待估参数 a、b 及 α 的函数，记 $G_{ik}=D_{SS}(\tau_{ik})-\ln B$，依据式(6-67)有

$$G_{ik} = \mathrm{e}^{a+b\varphi(S_i)}(\tau_{ik} - \tau_{i-1}) + \sum_{l=1}^{i-1} \mathrm{e}^{a+b\varphi(S_l)}(\tau_l - \tau_{l-1}) \tag{6-70}$$

其对数似然函数为

$$\ln L_0(B,\alpha,a,b,\sigma) = C_5 - \sum_{i=1}^{q} m_i n \ln\sigma - \frac{1}{2\sigma^2}\sum_{i=1}^{q}\sum_{j=1}^{n}\sum_{k=1}^{m_i}[\ln y_{ijk} - \ln B + G_{ik}]^2 \tag{6-71}$$

式中，C_5 不含有未知参数 a、b 及 σ，进一步由式(6-71)可得对数似然方程组为

$$\begin{cases} \dfrac{\partial \ln L_0}{\partial B} = \dfrac{1}{B\sigma^2}\displaystyle\sum_{i=1}^{q}\sum_{j=1}^{n}\sum_{k=1}^{m_i}(\ln y_{ijk} - \ln B + G_{ik}) = 0 \\ \dfrac{\partial \ln L_0}{\partial a} = -\dfrac{1}{\sigma^2}\displaystyle\sum_{i=1}^{q}\sum_{j=1}^{n}\sum_{k=1}^{m_i}(\ln y_{ijk} - \ln B + G_{ik})G_{ik} = 0 \\ \dfrac{\partial \ln L_0}{\partial b} = -\dfrac{1}{\sigma^2}\displaystyle\sum_{i=1}^{q}\sum_{j=1}^{n}\sum_{k=1}^{m_i}(\ln y_{ijk} - \ln B + G_{ik})\dfrac{\mathrm{d}G_{ik}}{\mathrm{d}b} = 0 \\ \dfrac{\partial \ln L_0}{\partial \alpha} = -\dfrac{1}{\sigma^2}\displaystyle\sum_{i=1}^{q}\sum_{j=1}^{n}\sum_{k=1}^{m_i}(\ln y_{ijk} - \ln B + G_{ik})\dfrac{\mathrm{d}G_{ik}}{\mathrm{d}\alpha} = 0 \\ \dfrac{\partial \ln L_0}{\partial \sigma} = \dfrac{1}{\sigma^3}\displaystyle\sum_{i=1}^{q}\sum_{j=1}^{n}\sum_{k=1}^{m_i}(\ln y_{ijk} - \ln B + G_{ik})^2 - \dfrac{n}{\sigma}\sum_{i=1}^{q} m_i = 0 \end{cases}$$

对数线性加速模型中未知参数为 $\boldsymbol{\theta}_{H_0} = (B,\alpha,a,b,\sigma)$，同样利用迭代法及式(6-71)计算对数似然函数的极大值 $\ln L_0(\hat{\boldsymbol{\theta}}_{H_0})$。

在非对数线性加速模型中，$D_{\mathrm{SS}}(\tau_{ik})$ 是待估参数 K_i 及 α 的函数，记 $H_{ik} = D_{\mathrm{SS}}(\tau_{ik}) - \ln B$，依据式(6-67)有

$$H_{ik} = K_i(\tau_{ik} - \tau_{i-1}) + \sum_{l=1}^{i-1} K_l(\tau_l - \tau_{l-1}) \tag{6-72}$$

其对数似然函数为

$$\ln L_1(B,\alpha,K_i,\sigma) = C_5 - \sum_{i=1}^{q} m_i n \ln\sigma - \frac{1}{2\sigma^2}\sum_{i=1}^{q}\sum_{j=1}^{n}\sum_{k=1}^{m_i}[\ln y_{ijk} - \ln B + H_{ik}]^2 \tag{6-73}$$

进一步由式(6-73)可得对数似然方程组为

$$
\begin{cases}
\dfrac{\partial \ln L_1}{\partial B} = \dfrac{1}{B\sigma^2}\sum\limits_{i=1}^{q}\sum\limits_{j=1}^{n}\sum\limits_{k=1}^{m_i}(\ln y_{ijk} - \ln B + H_{ik}) = 0 \\
\dfrac{\partial \ln L_1}{\partial K_i} = -\dfrac{1}{\sigma^2}\sum\limits_{j=1}^{n_i}\sum\limits_{k=1}^{m_i}(\ln y_{ijk} - \ln B + H_{ik})(\tau_{ik} - \tau_{i-1}) \\
\qquad\qquad - \dfrac{1}{\sigma^2}\sum\limits_{q=i+1}^{q}\sum\limits_{j=1}^{n_i}\sum\limits_{k=1}^{m_i}(\ln y_{gjk} - \ln B + H_{gk})(\tau_i - \tau_{i-1}) = 0 \\
\dfrac{\partial \ln L_1}{\partial \alpha} = -\dfrac{1}{\sigma^2}\sum\limits_{i=1}^{q}\sum\limits_{j=1}^{n_i}\sum\limits_{k=1}^{m_i}(\ln y_{ijk} - \ln B + H_{ik})\dfrac{\mathrm{d}H_{ik}}{\mathrm{d}\alpha} = 0 \\
\dfrac{\partial \ln L_1}{\partial \sigma} = \dfrac{1}{\sigma^3}\sum\limits_{i=1}^{q}\sum\limits_{j=1}^{n_i}\sum\limits_{k=1}^{m_i}(\ln y_{ijk} - \ln B + H_{ik})^2 - \dfrac{n}{\sigma}\sum\limits_{i=1}^{q}m_i = 0
\end{cases}
$$

类似地,利用数值迭代法求解上述对数似然方程组,代入式(6-73)得到对数似然函数的极大值 $\ln L_1(\hat{\boldsymbol{\theta}}_{H_1})$。算法初始值计算过程如下:尝试给出 α 值,利用最小二乘法求出最低应力下的 B_{10} 及退化速率 K_{10} 初始值,然后结合式(6-73)进行时间折算获得等效数据,逐步求出其他高应力下的 B_{i0} 及退化速率 K_{i0} 初始值,并计算误差平方和,不断更新 α 值,最终利用最小误差平方和确定所有应力下的待定参数初始值。

利用式(6-71)、式(6-73)计算出步加试验两种假设下对数似然函数的差值:

$$
\Lambda_{\mathrm{SSD}} = -2\ln\lambda = -2[\ln L_0(B,\alpha,a,b,\sigma) - \ln L_1(B,\alpha,K_i,\sigma)] \tag{6-74}
$$

失效机理变化表征与辨识的判决准则是:

(1) 如果 $0 \leqslant \Lambda_{\mathrm{SSD}} < \chi^2_{1-\beta}(q-2)$,失效机理在所有应力水平下相同;

(2) 如果 $\Lambda_{\mathrm{SSD}} \geqslant \chi^2_{1-\beta}(q-2)$,失效机理在某一高应力水平下变化,误判风险为 β,可靠性评估需要剔除失效机理变化的无效数据。

3. 算例

1) 恒加试验机理变化表征与辨识算例

硅橡胶密封件是机电产品中常用的零件,是典型的高可靠产品,但易于老化。受老化影响,硅橡胶密封件在贮存或服役期力学性能会不断退化。可以通过观测压缩永久变形 cs 的变化,监测退化趋势,当压缩永久变形上升到临界值时,可认为产品密封件密封失效。文献[4]研究发现聚硅氧烷硫化产品在老化过程中激活能发生变化的现象。该研究开展了大温度范围下(298~488K)的恒温加速退化试验，基于压缩永久变形数据分析的结果表明激活能发生了变化。在 423K 温度以上，激活能为（77±45）kJ/mol；在 423K 温度以下，激活能为（22±7）kJ/mol。

本例使用蒙特卡罗方法仿真生成一组恒定应力加速退化试验数据，温度应力水平为 393K、408K、423K，因此失效机理不发生变化。试验对象是硅橡胶密封件，每个温度下样本量为 4。设定退化模型参数分别为 $B=1.05$，$\alpha=0.38$，$\sigma=0.01$，$a=6.46$，$b=-E/8.314=-3262$。建立退化模型需要将测得的压缩永久变形 cs 转换为性能退化数据 y，转换关系式为 $y=1-\mathrm{cs}$。利用式（6-56）中退化模型，仿真生成的试验数据如图 6-10 所示。

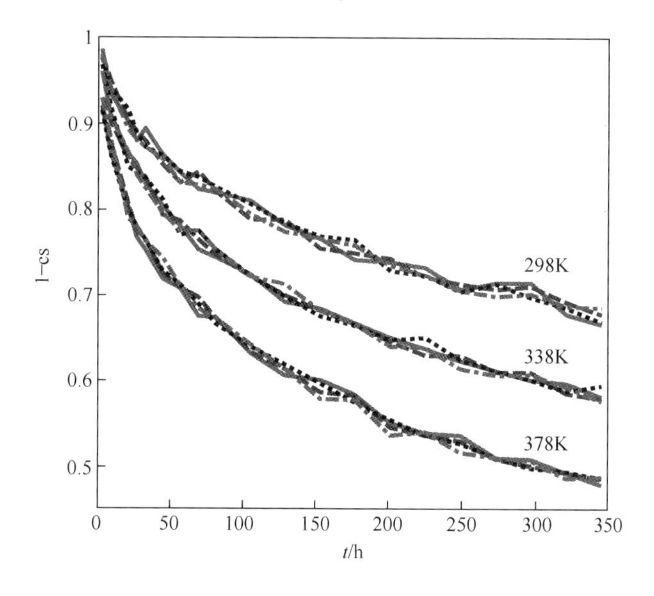

图 6-10　硅橡胶密封件恒定应力加速试验仿真退化量数据

利用数值迭代法，得出对数线性模型及非对数线性模型中未知参数的极大似然估计，将极大似然估计值与未知参数真值进行比较以检验两模型的拟合优度，结果如表 6-9 及表 6-10 所示，注意两模型同时应用于图 6-10 所示的同一批退化数据。

表 6-9　恒定应力场合基于退化量分布的原假设模型参数估计值

参数	B	α	a	b	σ
估计值	1.0549	0.3765	6.3681	-3220.34	0.01
仿真设定值	1.05	0.38	6.46	-3262	0.01

表 6-10　恒定应力场合基于退化量分布的备择假设模型参数估计值

参数	B	α	K_1	K_2	K_3	σ
估计值	1.0556	0.3758	0.1618	0.2179	0.2888	0.01
仿真设定值	1.05	0.38	0.1583	0.2148	0.2852	0.01

从表 6-9、表 6-10 中可以看出两模型对此批失效机理一致退化数据的拟合效果都很好，进一步可以算得温度水平 393～423K 下检验统计量为

$$\begin{aligned}\Lambda_{\mathrm{CSD}} &= -2\ln\lambda = -2[\ln L_0\hat{\boldsymbol{\theta}}_{H_0}) - \ln L_1(\hat{\boldsymbol{\theta}}_{H_1})] \\ &= -2\times[767.3430 - 767.7089] = 0.73 \end{aligned} \tag{6-75}$$

在 393～423K 温度范围内的试验应力水平数为 3，给定显著性水平 $\beta=5\%$，临界值 $\chi^2_{1-\beta}(q-2)$ 满足 $\chi^2_{0.95}(1)=3.84>\Lambda_{\mathrm{CSD}}$，因此在 393～423K 范围内失效机理不发生变化，这一判决结果与仿真设定相符，验证了本节方法的有效性。

2）步加试验机理变化表征与辨识算例

文献[4]指出温度高于 423K 时，激活能从（22±7）kJ/mol 转变为（77±45）kJ/mol，因此本例设定退化失效机理发生变化，温度应力水平为 393K、408K、428K。试验样本量为 4，设定退化模型参数分别为 $a_1=6.46$，$b_1=-3262$（393～423K），$a_2=32.87$，$b_2=-14433.5$（423～428K），其他参数同算例 1）。使用蒙特卡罗方法仿真生成一组步进应力加速退化试验数据，如图 6-11 所示。

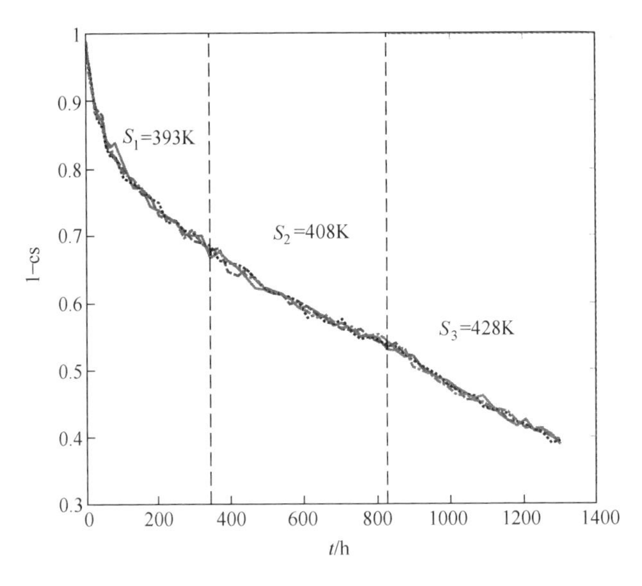

图 6-11　硅橡胶步进应力加速试验仿真退化量数据

利用数值迭代法，得出误指定对数线性模型中未知参数的极大似然估计，将极大似然估计值与未知参数真值进行比较，如表 6-11 所示。

表 6-11 表明采用误指定的加速模型进行建模及统计分析时，除对数标准差及退化初始值估计精度受影响较小外，其他三个参数估计值与真值的偏差较大，计算后发现高温下激活能增大导致在 393K 以下的预测寿命偏大。

表 6-11　步进应力场合基于退化量分布的原假设模型参数估计值

参数	a	b	B	α	σ
估计值	12.96	-5704.3	1.106	0.304	0.01
仿真设定值(393~423K)	6.46	-3262	1.05	0.38	0.01
仿真设定值(423~428K)	32.87	-14433.5			

非对数线性模型中未知参数极大似然估计值与真值的比较如表 6-12 所示，可以看出模型各参数的估计值与真值相差较小，非对数线性模型对数据的拟合效果明显优于对数线性模型。

表 6-12　步进应力场合基于退化量分布的备择假设模型参数估计值

参数	B	α	K_1	K_2	K_3	σ
估计值	1.054	0.376	0.160	0.220	0.438	0.01
仿真设定值	1.05	0.38	0.158	0.215	0.425	0.01

进一步可以算得温度水平 393~428K 下检验统计量为

$$\begin{aligned}\Lambda_{\mathrm{SSD}} &= -2\ln\lambda = -2(\ln L_0 - \ln L_1) \\ &= -2\times(763.770 - 782.848) = 38.16 \end{aligned} \qquad (6-76)$$

在 393~428K 温度范围内的试验应力水平数为 3，给定显著性水平 $\beta=5\%$，临界值 $\chi^2_{1-\beta}(q-2)$ 满足 $\chi^2_{0.95}(1)=3.84<\Lambda_{\mathrm{SSD}}$，因此在 393~428K 范围内失效机理发生变化，这一判决结果与失效机理发生变化的原始设定相符，验证了本节方法的正确性。

6.2.3 退化轨迹模型下加速退化试验建模一致性分析

1. 基本思想

如 1.3 节中所述，退化轨迹模型是另一类常用的退化模型，在非破坏性试验中，常常可以获得样品退化量随时间变化离散数据(退化轨迹)，使用相同形式的时间函数来描述同一应力水平下样本退化轨迹的模型被称为退化轨迹模型。常用的退化轨迹模型包括混合效应模型与随机过程模型，目前混合效应模型应用更为广泛，本节只基于混合效应模型开展研究。

假定一般混合效应模型可将测得的退化量 y_{ijk} 表示为

$$y_{ijk} = D_{ijk} + \varepsilon_{ijk} = D(t_{ik};\varsigma,\boldsymbol{\Omega}_{ij}) + \varepsilon_{ijk} \tag{6-77}$$

式中：y_{ijk} 为应力水平 S_i 下试样 j 在第 k 次测得的性能退化量；D_{ijk} 为产品的理论退化轨迹，是含有未知模型参数 ς 和 $\boldsymbol{\Omega}_{ij}$ 的时间函数；ε_{ijk} 为测量误差，一般相互独立且服从正态分布 $N(0,\sigma_{\varepsilon}^2)$；$t_{ik}$ 为测量时间；在工程实际中，同一类产品有一些共同的特征，但各样本间也存在个体差异，ς 为固定参数向量，不随样本 j 和应力水平 S_i 而变化，因此 ς 代表样本总体特征；$\boldsymbol{\Omega}_{ij}$ 为试样 j 的随机效应参数向量，随样本 j 而变化，代表样本的个体差异，并服从某一概率分布 $f(\boldsymbol{\Omega}_{ij};\boldsymbol{\theta}_{\boldsymbol{\Omega}})$。

从表达式(6-77)中可以看出，混合效应模型与退化量分布模型有一定的相似性，退化量分布模型中退化量的方差和混合效应模型中随机效应参数都表示样本的个体差异，有些混合效应模型可以转换为退化量分布模型，但两类模型也有一定的差别，例如混合效应模型中随机效应参数较多时，模型较为复杂，不能转换为退化量分布模型，也难以得出显式表示的寿命分布。

令某一应力水平下的所有参数 $(\varsigma,\boldsymbol{\Omega}_j) = (\beta_{1j},\beta_{2j},\cdots,\beta_{gj})$，则该应力水平下试样性能退化量的累积分布函数为

$$\begin{aligned} F_{Y_{jk}}(y_{jk}) &= P\{Y_{jk} \leqslant y_{jk}\} = P\{Y_{jk} - D_{jk} \leqslant y_{ik} - D_{jk}\} = \prod_{j=1}^{n_i}\prod_{k=1}^{m_i} P\{\varepsilon_{jk} \leqslant y_{jk} - D_{jk}\} \\ &= \prod_{j=1}^{n_i}\left(\sum_{\forall \boldsymbol{\Omega}_j} P\{\varsigma,\boldsymbol{\Omega}_j\}\prod_{k=1}^{m_i} P\{\varepsilon_{jk} \leqslant y_{jk} - D_{jk} \mid \varsigma,\boldsymbol{\Omega}_j\}\right) \\ &= \prod_{j=1}^{n_i}\int_{-\infty}^{\infty}\cdots\int_{-\infty}^{\infty}\left[\prod_{k=1}^{m_i}\Phi(\zeta_{jk})\right] f(\beta_{1j},\beta_{2j},\cdots,\beta_{gj};\boldsymbol{\theta}_{\boldsymbol{\beta}})\,\mathrm{d}\beta_{1j},\mathrm{d}\beta_{2j},\cdots,\mathrm{d}\beta_{gj} \end{aligned} \tag{6-78}$$

式中：$\zeta_{jk} = (y_{jk} - D_{jk})/\sigma_{\varepsilon}$。由式(6-78)可知，使用混合效应模型建模时，某一应力水平下试验数据的似然函数为

$$L = \prod_{j=1}^{n_i}\int_{-\infty}^{\infty}\cdots\int_{-\infty}^{\infty}\left[\prod_{k=1}^{m_i}\frac{1}{\sigma_{\varepsilon}}\phi(\zeta_{jk})\right] f(\beta_{1j},\beta_{2j},\cdots,\beta_{gj};\boldsymbol{\theta}_{\boldsymbol{\beta}})\,\mathrm{d}\beta_{1j},\mathrm{d}\beta_{2j},\cdots,\mathrm{d}\beta_{gj} \tag{6-79}$$

从式(6-79)中可以看出，一般混合效应模型下直接求解似然函数的计算特别复杂，需要进行 n_i 次 g 维积分计算。由于计算量与随机参数维数直接相关，因此随机参数不能过多，常取 1~4 个。此外积分计算难易还和被积函数中的 $D(t)$ 有关，因此常对 y_{ijk} 及时间 t_{ik} 进行适当的尺度变换，得到线性混合效应模型。

选择合适的参数估计方法,得到所有未知参数的估计值后,就可在混合效应模型下,依据似然比检验建立失效机理变化表征与辨识准则。

2. 失效机理变化表征与辨识的判决准则

在利用混合效应模型对产品进行退化建模时,通常认为性能退化量初始值 B 及退化轨迹形状参数 α 是固定不变的,不同个体间的退化速率存在差异,因此取 $\varsigma=(B,\alpha)$,$\boldsymbol{\Omega}_{ij}=(K_{1j},K_{2j},\cdots,K_{qj})$。假设产品的退化速率 K_{ij} 在各应力水平 S_i 下服从对数正态分布 $LN(\mu_i,\sigma^2)$,其中 σ 为对数标准差,μ_i 为对数均值与应力水平有关。选择如下混合效应模型:

$$\begin{cases}\ln y_{ijk}=\ln B-K_{ij}\tau_{ik}+\varepsilon_{ijk}\\ K_{ij}\sim \mathrm{LN}(\mu_i,\sigma^2)\\ \varepsilon_{ijk}\sim N(0,\sigma_{\varepsilon}^2)\end{cases}\tag{6-80}$$

式中:$\tau_{ik}=t_{ik}^{\alpha}$,参数 α 应与温度应力无关并且有 $0<\alpha\leqslant 1$,对数正态分布确保退化速率始终为正值,因此选择对数正态分布是合适的。

在混合效应模型下,提高载荷或温度的试验产品统一加速模型为

$$\mu_i=a+b\cdot\varphi(S_i)\tag{6-81}$$

式中:$\varphi(S_i)$ 为转换应力水平,温度为加速应力时 $\varphi(S_i)=1/S_i$,载荷为加速应力时 $\varphi(S_i)=\ln S_i$。注意当施加应力范围较大时,模型(6-81)中的参数 a 和 b 不再为常数,模型(6-81)在较高应力水平下无效。比模型(6-81)更适用的模型可以表述为

$$\mu_i=a_i+b_i\cdot\varphi(S_i)\tag{6-82}$$

因此我们有如下原假设 H_0 和备择假设 H_1:

$$H_0:\mu_i=a+b\cdot\varphi(S_i),H_1:\mu_i=a_i+b_i\cdot\varphi(S_i)$$

从上述定义可以看出,类似对数正态寿命场合模型假设,模型(6-81)与模型(6-82)的表达式表明原假设对应模型是备择假设对应模型的一种特例。因此似然比检验方法同样可用于检验上述原假设,但相比于其他模型,应用混合效应模型时难以解析求解参数估计值,因此需采用近似计算方法。下面首先讨论建立恒定应力加速试验机理变化表征与辨识的判决准则,其次考虑步进应力加速试验机理变化表征与辨识的判决准则。

1)恒加试验机理变化表征与辨识的判决准则

假定恒定应力加速退化试验采用 q 个应力水平。在每个加速应力水平 $S_i(i=1,2,\cdots,q)$ 下测试 n_i 个试验样本的性能退化量,测试 m_i 次,测试的时间节点为 $t_{ik}(k=1,2,\cdots,m_i)$,在每个温度下的试验截止时间为 $t_i(t_{ik}<t_i)$,测得退化量数据为 $y_{ijk}(j=1,2,\cdots,n_i)$。建模时取样本的性能退化量对数值 $\ln y$ 统计

分析,其条件累积分布及条件概率密度函数可以表示为

$$F_i(\ln y \mid K_{ij}) = \Phi\left(\frac{\ln y - \ln B + K_{ij}\tau_{ik}}{\sigma_\varepsilon}\right) \tag{6-83}$$

$$f_i(\ln y \mid K_{ij}) = \frac{1}{\sigma_\varepsilon}\phi\left(\frac{\ln y - \ln B + K_{ij}\tau_{ik}}{\sigma_\varepsilon}\right) \tag{6-84}$$

式中:$\Phi(\cdot)$ 和 $\phi(\cdot)$ 分别为标准正态分布的累积分布函数及概率密度函数。由式(6-83)及式(6-84)可得恒定应力加速退化试验数据的似然函数为

$$L = \prod_{i=1}^{q}\prod_{j=1}^{n_i}\int_{-\infty}^{\infty}\left[\prod_{k=1}^{m_i} f_i(\ln y_{ijk} \mid K_{ij})\right] f(K_{ij})\,\mathrm{d}K_{ij} \tag{6-85}$$

式中:$f(K_{ij})$ 为退化速率 K_{ij} 的概率密度函数,有

$$f(K_{ij}) = \frac{1}{\sigma K_{ij}}\phi\left(\frac{\ln K_{ij} - \mu_i}{\sigma}\right) \tag{6-86}$$

从式(6-85)中可以看出,积分的被积函数的项数随测量次数增大而增大,较为复杂的被积函数得不到显式表示的似然函数,因而直接求解似然函数极大值难以收敛,进而难以通过直接极大化似然函数建立似然函数方程组获得未知参数的估计值。在工程实际中,常用两阶段法及近似极大似然估计法来估计混合效应模型中的未知参数。相比两阶段法,近似极大似然估计法计算效率更高,大样本估计值有更好的统计特性,因此本节使用近似极大似然估计法对恒定应力场合下未知模型参数进行估计,将两阶段法获得的参数估计值作为近似极大似然估计值迭代求解的起始值。

(1) 在对数线性加速模型中 $a_i = a, b_i = b$,取向量 $\boldsymbol{y}_{ijk} = (y_{ij1}, y_{ij2}, \cdots, y_{ijm_i})^{\mathrm{T}}$,$\boldsymbol{t}_{ik} = (t_{i1}, t_{i2}, \cdots, t_{im_i})^{\mathrm{T}}$,$\boldsymbol{\delta} = (\ln B, \alpha, a, b)$,$K_{ij} = \exp(a + b/S_i + c_{ij})$,协方差矩阵 $\boldsymbol{C} = \sigma^2$,并注意到同一样本不同测量时刻的测量值并不相互独立,而是统计相关,其协方差近似为

$$\mathrm{Cov}(\ln y_{ijk_1}, \ln y_{ijk_2}) = (K_{ij})^2 t_{ik_1}^{\alpha} t_{ik_2}^{\alpha} \boldsymbol{\sigma}^2 \tag{6-87}$$

近似极大似然估计法的第一步是在固定协方差矩阵的情况下,用非线性最小二乘法获得加速模型参数 a、b、c_{ij}、形状参数 α 及退化量初始值 B 的估计值,估计值是使

$$\mathrm{SSE}(\boldsymbol{\delta}, c_{ij} \mid \boldsymbol{C}) = \sum_{i=1}^{q}\sum_{j=1}^{n_i}\left[\|\ln \boldsymbol{y}_{ijk} - \ln B + \exp(a + b/S_i + c_{ij})\boldsymbol{t}_{ik}^{\alpha}\|^2 + c_{ij}\boldsymbol{C}^{-1}c_{ij}\right] \tag{6-88}$$

最小化的解。

第二步,首先将模型函数在第一步获得的各参数估计值处作泰勒展开,根据

模型函数表达式，有：

$$\frac{\partial \ln \boldsymbol{y}_{ijk}}{\partial \ln B}=(1,1,\cdots,1)^{\mathrm{T}},\frac{\partial \ln \boldsymbol{y}_{ijk}}{\partial \alpha}=[-\exp(a+b/S_i+c_{ij})t_{ik}^{\alpha}\ln t_{ik}]_{m_i\times 1}$$

$$\frac{\partial \ln \boldsymbol{y}_{ijk}}{\partial b}=[-\exp(a+b/S_i+c_{ij})t_{ik}^{\alpha}/S_i]_{m_i\times 1}$$

$$\frac{\partial \ln \boldsymbol{y}_{ijk}}{\partial a}=\frac{\partial \ln \boldsymbol{y}_{ijk}}{\partial c_{ij}}=[-\exp(a+b/S_i+c_{ij})t_{ik}^{\alpha}]_{m_i\times 1}$$

然后利用第一步获得的估计值求取协方差矩阵 $\boldsymbol{C}$ 及其他参数的极大似然函数表达式，取 $\hat{\boldsymbol{X}}_{ij}=\left(\frac{\partial \ln \boldsymbol{y}_{ijk}}{\partial \ln B},\frac{\partial \ln \boldsymbol{y}_{ijk}}{\partial \alpha},\frac{\partial \ln \boldsymbol{y}_{ijk}}{\partial a},\frac{\partial \ln \boldsymbol{y}_{ijk}}{\partial b}\right)\Bigg|_{\hat{\boldsymbol{\delta}},\hat{c}_{ij}}$，$\hat{\boldsymbol{Z}}_{ij}=\frac{\partial \ln \boldsymbol{y}_{ijk}}{\partial c_{ij}}\Bigg|_{\hat{\boldsymbol{\delta}},\hat{c}_{ij}}$，

$$\hat{\boldsymbol{V}}_{ij}=\ln \boldsymbol{y}_{ijk}-\ln B+\exp(a+b/S_i+c_{ij})\boldsymbol{t}_{ik}^{\alpha}+\hat{\boldsymbol{X}}_{ij}\hat{\boldsymbol{\delta}}+\hat{\boldsymbol{Z}}_{ij}\hat{c}_{ij}$$

可得对数线性加速模型的对数似然函数为

$$\begin{aligned}\ln L_0(\boldsymbol{\delta},\boldsymbol{C},\sigma_{\varepsilon})=&-\frac{1}{2}\sum_{i=1}^{q}\sum_{j=1}^{n_i}\{\ln 2\pi+\ln|\sigma_{\varepsilon}^2 I+\hat{\boldsymbol{Z}}_{ij}\boldsymbol{C}\hat{\boldsymbol{Z}}_{ij}^{\mathrm{T}}|\\&+(\hat{\boldsymbol{V}}_{ij}-\hat{\boldsymbol{X}}_{ij}\boldsymbol{\delta})^{\mathrm{T}}(\sigma_{\varepsilon}^2 I+\hat{\boldsymbol{Z}}_{ij}\boldsymbol{C}\hat{\boldsymbol{Z}}_{ij}^{\mathrm{T}})^{-1}(\hat{\boldsymbol{V}}_{ij}-\boldsymbol{X}_{ij}\boldsymbol{\delta})\}\end{aligned} \tag{6-89}$$

设定好数值迭代算法的初始解，利用 Newton-Raphson 等算法求解未知参数估计值，按式（6-89）计算对数似然函数的极大值 $\ln L_0(\hat{\boldsymbol{\delta}},\hat{\boldsymbol{C}},\hat{\sigma}_{\varepsilon})$。

（2）在非对数线性加速模型中，取向量 $\boldsymbol{y}_{ijk}=(y_{ij1},y_{ij2},\cdots,y_{ijm_i})^{\mathrm{T}}$，$\boldsymbol{t}_{ik}=(t_{i1},t_{i2},\cdots,t_{im_i})^{\mathrm{T}}$，$\boldsymbol{\kappa}=(\ln B,\alpha,\boldsymbol{\mu}_1,\cdots,\boldsymbol{\mu}_q)$，$K_{ij}=\exp(\boldsymbol{\mu}_i+c_{ij})$，协方差矩阵 $\boldsymbol{C}=\sigma^2$。

近似极大似然估计法的第一步是在固定协方差矩阵的情况下，用非线性最小二乘法获得加速模型参数 $\boldsymbol{\mu}_i$、c_{ij}、形状参数 α 及退化量初始值 B 的估计值，估计值是使

$$\mathrm{SSE}(\boldsymbol{\kappa},c_{ij}\mid\boldsymbol{C})=\sum_{i=1}^{q}\sum_{j=1}^{n_i}[\|\ln \boldsymbol{y}_{ijk}-\ln B+\exp(\boldsymbol{\mu}_i+c_{ij})\boldsymbol{t}_{ik}^{\alpha}\|^2+c_{ij}\boldsymbol{C}^{-1}c_{ij}] \tag{6-90}$$

最小化的解。

第二步，首先将模型函数在第一步获得的各参数估计值处作泰勒展开，根据模型函数表达式，有：

$$\frac{\partial \ln \boldsymbol{y}_{ijk}}{\partial \ln B}=(1,1,\cdots,1)^{\mathrm{T}},\quad \frac{\partial \ln \boldsymbol{y}_{ijk}}{\partial \alpha}=[-\exp(\boldsymbol{\mu}_i+c_{ij})t_{ik}^{\alpha}\ln t_{ik}]_{m_i\times 1}$$

$$\frac{\partial \ln \boldsymbol{y}_{ijk}}{\partial \mu_i} = \frac{\partial \ln \boldsymbol{y}_{ijk}}{\partial c_{ij}} = [-\exp(\mu_i + c_{ij}) t_{ik}^{\alpha}]_{m_i \times 1}$$

然后利用第一步获得的估计值求取协方差矩阵 $\boldsymbol{C}$ 及其他参数的极大似然函数表达式，取 $\hat{\boldsymbol{P}}_{ij} = \left(\frac{\partial \ln \boldsymbol{y}_{ijk}}{\partial \ln B}, \frac{\partial \ln \boldsymbol{y}_{ijk}}{\partial \alpha}, \frac{\partial \ln \boldsymbol{y}_{ijk}}{\partial \mu_i}\right)\Bigg|_{\hat{\boldsymbol{\kappa}}, \hat{c}_{ij}}$，$\hat{\boldsymbol{G}}_{ij} = \frac{\partial \ln \boldsymbol{y}_{ijk}}{\partial c_{ij}}\Bigg|_{\hat{\boldsymbol{\kappa}}, \hat{c}_{ij}}$，

$$\hat{\boldsymbol{L}}_{ij} = \ln \boldsymbol{y}_{ijk} - \ln B + \exp(\mu_i + c_{ij}) \boldsymbol{t}_{ik}^{\alpha} + \hat{\boldsymbol{P}}_{ij} \hat{\boldsymbol{\kappa}} + \hat{\boldsymbol{G}}_{ij} \hat{c}_{ij}$$

可得非对数线性加速模型的对数似然函数为

$$\begin{aligned} \ln L_1(\boldsymbol{\kappa}, \boldsymbol{C}, \sigma_{\varepsilon}) = & -\frac{1}{2} \sum_{i=1}^{q} \sum_{j=1}^{n_i} \{ \ln 2\pi + \ln | \sigma_{\varepsilon}^2 I + \hat{\boldsymbol{G}}_{ij} \boldsymbol{C} \hat{\boldsymbol{G}}_{ij}^{\mathrm{T}} | \\ & + (\hat{\boldsymbol{L}}_{ij} - \hat{\boldsymbol{P}}_{ij} \boldsymbol{\kappa})^{\mathrm{T}} (\sigma_{\varepsilon}^2 I + \hat{\boldsymbol{G}}_{ij} \boldsymbol{C} \hat{\boldsymbol{G}}_{ij}^{\mathrm{T}})^{-1} (\hat{\boldsymbol{L}}_{ij} - \hat{\boldsymbol{P}}_{ij} \boldsymbol{\kappa}) \} \end{aligned} \tag{6-91}$$

类似得到对数似然函数的极大值 $\ln L_1(\hat{\boldsymbol{\kappa}}, \hat{\boldsymbol{C}}, \hat{\sigma}_{\varepsilon})$ 后，利用式（6-89）、式（6-91）计算混合效应模型下 CSADT 两类模型对数似然函数的差值：

$$\Lambda_{\mathrm{CSM}} = -2\ln\lambda = -2[\ln L_0(\boldsymbol{\delta}, \boldsymbol{C}, \sigma_{\varepsilon}) - \ln L_1(\boldsymbol{\kappa}, \boldsymbol{C}, \sigma_{\varepsilon})] \tag{6-92}$$

根据 Wilks 定理[2]，$\Lambda_{\mathrm{CSM}} \sim \chi^2(q-2)$。失效机理变化表征与辨识的判决准则是：

（1）如果 $0 \leqslant \Lambda_{\mathrm{CSM}} < \chi_{1-\beta}^2(q-2)$，失效机理在所有应力水平下相同；

（2）如果 $\Lambda_{\mathrm{CSM}} \geqslant \chi_{1-\beta}^2(q-2)$，失效机理在某一高应力水平下变化。

产品的退化失效阈值为 ϖ，剔除失效机理变化的无效数据后，利用式（6-86）可以外推得到使用应力水平 S_0 下产品的可靠性为

$$\begin{aligned} R(t) &= P\{\ln B - K_{0j} t^{\alpha} \geqslant \ln \varpi\} = P\{K_{0j} \leqslant (\ln B - \ln \varpi)/t^{\alpha}\} \\ &= 1 - \Phi\left\{\frac{\ln t - [\ln(\ln B - \ln \varpi) - a - b \cdot \varphi(S_0)]/\alpha}{\sigma/\alpha}\right\} \end{aligned} \tag{6-93}$$

2）步加试验机理变化表征与辨识的判决准则

步进应力加速退化试验在每个应力水平下的试验样本量都相同，因此 $n_i = n$，其他参数表示与恒定应力加速退化试验相同。应力水平的转换时间为 t_i，应力水平为 $S_1, S_2, \cdots, S_q$。应用混合效应模型对步进应力加速退化数据进行分析，也需要借鉴累积损伤模型思想进行时间折算。记产品理论退化轨迹为 $D(\tau \mid S_i)$，由于产品退化速率存在个体差异，等效时间也存在个体差异，则

$$D(\omega_{i+1,j} \mid S_{i+1}) = D(\omega_{i,j} + \tau_i - \tau_{i-1} \mid S_i) \quad (i = 1, 2, \cdots, q-1) \tag{6-94}$$

其中 $\omega_{1,j} = 0, \tau_0 = 0, \tau = t^{\alpha}$ 代表变换后时间尺度。令 $D_{\mathrm{SS}}(\tau)$ 表示步进应力加速退化试验下理论退化轨迹，可得等效折算时间为

$$\omega_{i+1,j}=(\tau_i-\tau_{i-1}+\omega_{i,j})K_{ij}/K_{i+1,j}\quad (i=1,2,\cdots,q-1) \tag{6-95}$$

迭代求解式(6-95),可得 $\omega_{i+1,j}$的解析表达式为

$$\omega_{i+1,j}=\sum_{l=1}^{i}(\tau_l-\tau_{l-1})K_{lj}/K_{i+1,j} \tag{6-96}$$

根据式(6-95)和式(6-96),步进应力加速退化试验下产品理论退化轨迹为

$$D_{\mathrm{SS}}(\tau)=\begin{cases}\ln B-K_{1j}\tau & (0\leqslant\tau<\tau_1)\\ \ln B-K_{1j}\tau_1-K_{2j}(\tau-\tau_1) & (\tau_1\leqslant\tau<\tau_2)\\ \vdots & \vdots\\ \ln B-\sum\limits_{l=1}^{q-1}K_{lj}(\tau_l-\tau_{l-1})-K_{qj}(\tau-\tau_{q-1}) & (\tau_{q-1}\leqslant\tau<\tau_q)\end{cases} \tag{6-97}$$

性能退化量对数值 $\ln y$ 的条件累积分布及条件概率密度函数可以表示为

$$F_i(\ln y\mid K_{ij})=\Phi\left(\frac{\ln y-D_{\mathrm{SS}}(\tau_{ik})}{\sigma_\varepsilon}\right) \tag{6-98}$$

$$f_i(\ln y\mid K_{ij})=\frac{1}{\sigma_\varepsilon}\phi\left(\frac{\ln y-D_{\mathrm{SS}}(\tau_{ik})}{\sigma_\varepsilon}\right) \tag{6-99}$$

由式(6-86)及式(6-99)可得步进应力加速退化试验数据的似然函数为

$$L=\prod_{j=1}^{n}\int_{-\infty}^{\infty}\cdots\int_{-\infty}^{\infty}\left[\prod_{i=1}^{q}\prod_{k=1}^{m_i}f_i(\ln y_{ijk}\mid K_{ij})\right]\times f(K_{1j})\times\cdots\times f(K_{qj})\mathrm{d}K_{1j},\cdots,\mathrm{d}K_{qj} \tag{6-100}$$

式(6-100)表明步进应力下被积函数较恒定应力更为复杂,直接求解全似然函数极大值更不可行,同时由于退化轨迹的分段函数特性使得难以利用近似极大似然估计法来求解未知参数。在工程实际中,常用两阶段法估计此时模型中的未知参数。

步骤 1　估计每个样本的退化速率和其他退化轨迹模型参数。

先尝试给出 α 值,用线性最小二乘法可以获得试样 j 在最低加速应力水平 S_1 下的退化速率 K_{1j}及退化量初始值 B 的估计值 $(\hat{K}_{1j},\hat{B}_{1j})$, 估计值是使

$$\mathrm{SSE}(K_{1j},B\mid\alpha)=\sum_{k=1}^{m_i}(\ln y_{1jk}-\ln B+K_{1j}t_{1k}^{\alpha})^2 \tag{6-101}$$

最小化的解。再利用线性最小二乘法及式(6-87)的 K_{1j}估计值计算试样 j 在第二个加速应力水平 S_2 下的退化速率 K_{2j}及退化量初始值 B 的估计值 $(\hat{K}_{2j},\hat{B}_{2j})$, 估计值使

$$\mathrm{SSE}(K_{2j},B\mid\alpha)=\sum_{k=1}^{m_i}[\ln y_{1jk}-\ln B+\hat{K}_{1j}t_1^{\alpha}+K_{2j}(t_{2k}^{\alpha}-t_1^{\alpha})]^2 \quad (6-102)$$

最小化。再求解第三个应力水平下的退化速率,如此反复迭代,得出所有试样在各应力水平下的退化速率 K_{ij} 及退化量初始值 B 的估计值,$(\hat{K}_{ij},\hat{B}_{ij})$,取 $\hat{B}$ 为 B_{ij} 的均值,再利用 K_{ij} 估计值计算误差平方和:

$$\mathrm{SSE}(\alpha)=\sum_{i=1}^{q}\sum_{j=1}^{n_i}\sum_{k=1}^{m_i}[\ln y_{ijk}-D_{\mathrm{SS}}(\tau_{ik})]^2 \quad (6-103)$$

更新 α 尝试值直至 SSE 取值最小,$\hat{\alpha}=\arg[\min \mathrm{SSE}(\alpha)]$,再利用式(6-101)反复迭代就可得到 $(\hat{K}_{ij},\hat{B})$,进一步计算得到 σ_{ε} 的估计值。

除上述方法外,两阶段法第一步的参数估计也可以用贝叶斯马尔可夫链蒙特卡罗(MCMC)方法计算,MCMC 方法较易编程实现。

步骤 2 如果使用对数线性模型,则同样利用 $\hat{K}_{ij}$ 得到(a,b,σ) 的估计值;如果使用非对数线性模型,则利用 $\hat{K}_{ij}$ 得到(μ_i,σ) 的估计值,估计方法为极大似然估计。

在对数线性加速模型中 $a_i=a,b_i=b$,由式(6-86)可知第二步中对数似然函数为

$$\ln L_0(a,b,\sigma)=C_6-\sum_{i=1}^{q}n_i\ln\sigma-\frac{1}{2\sigma^2}\sum_{i=1}^{q}\sum_{j=1}^{n_i}D_{ij} \quad (6-104)$$

式中,C_6 不含有未知参数,有

$$C_6=-\frac{1}{2}\sum_{i=1}^{q}n_i\ln(2\pi)-\sum_{i=1}^{q}\sum_{j=1}^{n_i}\ln\hat{K}_{ij},D_{ij}=[\ln\hat{K}_{ij}-a-b\cdot\varphi(S_i)]^2$$

进一步由式(6-104)可得对数似然方程组为

$$\frac{\partial\ln L_0}{\partial a}=\frac{1}{\sigma^2}\sum_{i=1}^{q}\sum_{j=1}^{n_i}[\ln\hat{K}_{ij}-a-b\cdot\varphi(S_i)]=0$$

$$\frac{\partial\ln L_0}{\partial b}=\frac{1}{\sigma^2}\sum_{i=1}^{q}\sum_{j=1}^{n_i}\varphi(S_i)[\ln\hat{K}_{ij}-a-b\cdot\varphi(S_i)]=0$$

$$\frac{\partial\ln L_0}{\partial\sigma}=-\frac{1}{\sigma}\sum_{i=1}^{q}n_i+\frac{1}{\sigma^3}\sum_{i=1}^{q}\sum_{j=1}^{r_i}D_{ij}=0$$

对数线性加速模型中步骤 2 的未知参数为 $\boldsymbol{\theta}_{H_0}=(a,b,\sigma)$,上述模型极大似然估计的闭合解不存在。利用数值迭代法求解对数似然方程组,再利用式(6-104)就可以计算步骤 2 中对数似然函数的极大值 $\ln L_0(\hat{\boldsymbol{\theta}}_{H_0})$。

非对数线性加速模型中未知参数为 $\boldsymbol{\theta}_{H_1}=(a_i,b_i,\sigma)$，令 $\boldsymbol{v}_{H_1}=(\mu_1,\mu_2,\cdots,\mu_q,\sigma)$，可得 $\ln L_1(\hat{\boldsymbol{\theta}}_{H_1})=\ln L_1(\hat{\boldsymbol{v}})$，对数似然函数为

$$\ln L_1(\mu_1,\mu_2,\cdots,\mu_q,\sigma)=C_6-\sum_{i=1}^{q}n_i\ln\sigma-\frac{1}{2\sigma^2}\sum_{i=1}^{q}\sum_{j=1}^{n_i}H_{ij} \tag{6-105}$$

式中：$H_{ij}=(\ln\hat{K}_{ij}-\mu_i)^2$。

进一步由式(6-105)可得对数似然方程组为

$$\frac{\partial\ln L_1}{\partial\mu_i}=\frac{1}{\sigma^2}\sum_{j=1}^{n_i}(\ln\hat{K}_{ij}-\mu_i)=0$$

$$\frac{\partial\ln L_1}{\partial\sigma}=-\frac{1}{\sigma}\sum_{i=1}^{q}n_i+\frac{1}{\sigma^3}\sum_{i=1}^{q}\sum_{j=1}^{n_i}H_{ij}=0$$

直接求解上述方程组，可得到 $\boldsymbol{v}_{H_1}$ 的 MLE 闭合解为

$$\hat{\mu}_i=\frac{1}{n_i}\sum_{j=1}^{n_i}\ln\hat{K}_{ij},\hat{\sigma}=\sqrt{\frac{1}{n}\sum_{i=1}^{q}\sum_{j=1}^{n_i}(\ln\hat{K}_{ij}-\hat{\mu}_i)^2}$$

将上述估计值代入式(6-105)得到非对数线性加速模型对数似然函数的极大值 $\ln L_1(\hat{\boldsymbol{\theta}}_{H_1})$。

利用式(6-104)、式(6-105)计算混合效应模型下 SSADT 在第二步中两种对数似然函数的差值：

$$\Lambda_{\mathrm{SSM}}=-2\ln\lambda=-2[\ln L_0(a,b,\sigma)-\ln L_1(\mu_1,\mu_2,\cdots,\mu_q,\sigma)] \tag{6-106}$$

失效机理变化表征与辨识的判决准则是：

(1) 如果 $0\leqslant\Lambda_{\mathrm{SSM}}<\chi^2_{1-\beta}(q-2)$，失效机理在所有应力水平下相同；

(2) 如果 $\Lambda_{\mathrm{SSM}}\geqslant\chi^2_{1-\beta}(q-2)$，失效机理在某一高应力水平下变化。

3. 算例

1) 恒加试验机理变化表征与辨识算例

本例使用蒙特卡罗方法仿真生成某机电产品一组恒定应力加速退化试验数据，加速应力水平为 $S_1=298\mathrm{K}$、$S_2=338\mathrm{K}$、$S_3=378\mathrm{K}$，失效机理不发生变化。每个温度下样本量为6，测量间隔为336h，测量次数为11次。参照文献[5]中先验信息，设定退化模型参数分别为 $B=1.0516$，$\alpha=0.65$，$\sigma_\varepsilon^2=0.0001978$，$a=-0.5466$，$b=-1933.25$，$\sigma^2=0.0343$。利用式(6-80)中退化模型，在 S_1 下仿真生成的退化轨迹如图6-12所示，其他应力水平下退化轨迹与此类似。

从图6-12中可以看出各样本的退化速率有明显的不同，因此混合效应模型是更好的模型选择。利用近似极大似然估计法，得出退化速率和其他退化轨迹模型参数，由于样本个数较多，退化速率不详细列出，只给出对数线性模型及

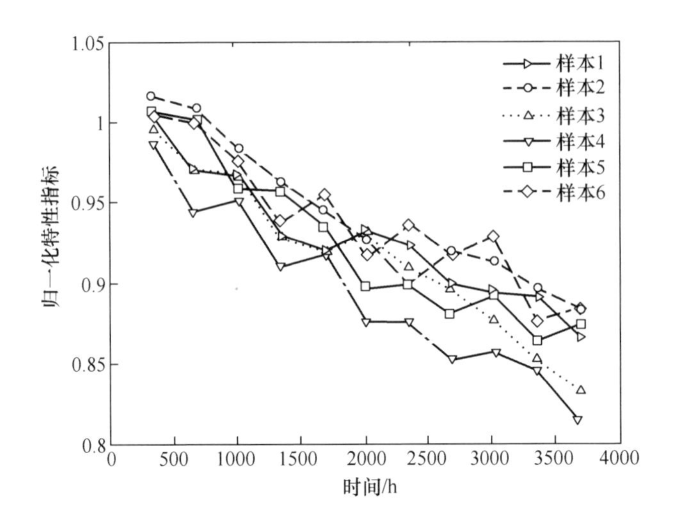

图 6-12　某机电产品恒定应力加速试验仿真退化轨迹

非对数线性模型中未知参数的极大似然估计,同时将轨迹参数估计值与真值进行比较,以检验两模型的拟合优度,比较结果如表 6-13 及表 6-14 所示。

表 6-13　恒定应力场合基于退化轨迹的原假设模型参数估计值

参数	B	α	a	b	σ	σ_{ε}
估计值	1.046	0.651	-0.460	-1958.66	0.187	0.0140
仿真设定值	1.052	0.65	-0.5466	-1933.25	0.185	0.0141

表 6-14　恒定应力场合基于退化轨迹的备择假设模型参数估计值

参数	B	α	μ_1	μ_2	μ_3	σ	σ_{ε}
估计值	1.046	0.65	-6.9897	-6.3308	-5.5916	0.178	0.0140
仿真设定值	1.052	0.65	-7.0340	-6.2663	-5.6610	0.185	0.0141

从表 6-13、表 6-14 中可以看出两模型对此批失效机理一致退化数据的拟合效果都很好,进一步可以算得温度水平 298~378K 下检验统计量为

$$\begin{aligned}\Lambda_{\mathrm{CSM}} &= -2\ln\lambda = -2[\ln L_0(\boldsymbol{\delta},\boldsymbol{D},\sigma_{\varepsilon}) - \ln L_1(\boldsymbol{\kappa},\boldsymbol{D},\sigma_{\varepsilon})] \\ &= -2\times[519.6889 - 520.5539] = 1.7\end{aligned} \tag{6-107}$$

在 298~378K 温度范围内的试验应力水平数为 3,给定显著性水平 $\beta=5\%$,临界值 $\chi^2_{1-\beta}(q-2)$ 满足 $\chi^2_{0.95}(1)=3.84>\Lambda_{\mathrm{CSM}}$,因此在 298~378K 范围内失效机理不发生变化,这一判决结果与失效机理一致的原始设定相符,验证了本节方法的有效性。

2）步加试验机理变化表征与辨识算例

在算例 1 中，最高温度下激活能可能会发生变化。本例中设定退化失效机理发生变化，在 378K 激活能从 16. 1kJ/mol 转变为 32. 2kJ/mol。

设定温度应力水平为 298K、338K、378K。试验样本量为 6，测量间隔为 336h，每个水平下测量次数为 20 次。设定退化模型参数分别为 $a_1=-0.5466$，$b_1=-1933.25$（298～338K），$a_2=5.1731$，$b_2=-3866.49$（338～378K），其他参数同算例 1。使用蒙特卡罗方法仿真生成一组步进应力加速退化试验数据，如图 6-13所示。

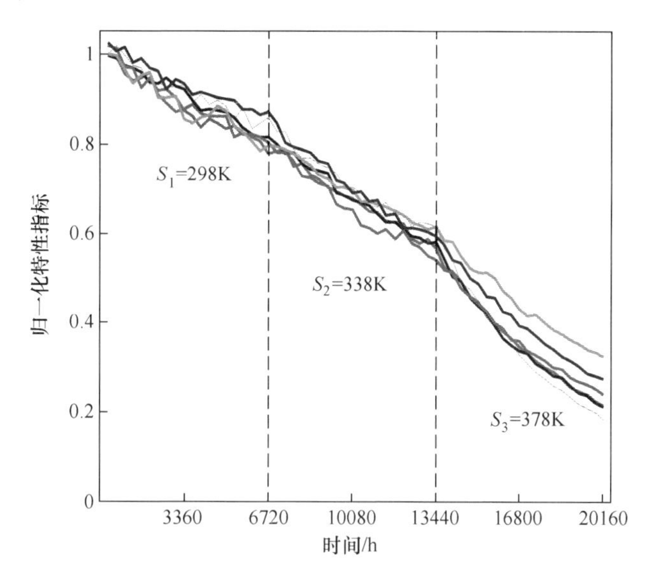

图 6-13　某产品步进应力加速试验仿真退化轨迹

利用两阶段法，首先得出退化速率和其他退化轨迹模型参数，虽然 SSADT 试验样本少于 CSADT，但由于所有样本经历三个应力水平下的退化，所以实际上要估计的退化速率的总数与 CSADT 相同，不再详细列出。其次得出误指定对数线性模型中未知参数的极大似然估计，将极大似然估计值与未知参数真值进行比较，如表 6-15 所示。

表 6-15　步进应力场合基于退化轨迹的原假设模型参数估计值

参数	a	b	B	α	σ
估计值	2. 2098	−2802. 12	1. 05	0. 65	0. 179
仿真设定值（393～423K）	−0. 5466	−1933. 25	1. 05	0. 65	0. 185
仿真设定值（423～428K）	5. 1731	−3866. 49			

表 6-15 表明采用误指定的加速模型进行建模及统计分析时，由于使用两阶段法估计，退化初始值及轨迹形状参数估计精度受影响较小，此时步骤 2 采用 MLE 方法使得误差平方和最小，因此对数标准差偏差也较小，但其他两个参数估计值与真值的偏差较大，估计值近似于两真值的均值，导致在 298K 以下的预测寿命偏大。

非对数线性模型中未知参数极大似然估计值与真值的比较如表 6-16 所示，由于退化速率较小表中对数均值均为负数，可以看出模型各参数的估计值与真值相差较小，非对数线性模型拟合效果明显优于对数线性模型。

表 6-16 步进应力场合基于退化轨迹的备择假设模型参数估计值

参数	B	α	μ_1	μ_2	μ_3	σ
估计值	1.05	0.65	-7.129	-6.226	-5.122	0.146
仿真设定值	1.05	0.65	-7.034	-6.266	-5.056	0.185

进一步可以算得温度水平 298~378K 下检验统计量为

$$\begin{aligned}\Lambda_{\mathrm{SSM}} &= -2\ln\lambda = -2(\ln L_0 - \ln L_1) \\ &= -2\times(116.292 - 119.919) = 7.254\end{aligned} \tag{6-108}$$

在 298~378K 温度范围内的试验应力水平数为 3，给定显著性水平 $\beta=5\%$，临界值 $\chi^2_{1-\beta}(q-2)$ 满足 $\chi^2_{0.95}(1)=3.84<\Lambda_{\mathrm{SSD}}$，因此在 298~378K 范围内失效机理发生变化，这一判决结果与失效机理发生变化的原始设定相符，验证了本节方法的正确性。

6.3 加速试验贝叶斯融合评估

贝叶斯融合评估方法可以通过先验值来融合类似产品信息、专家经验等各种类型的信息，且可赋予不同的权重以反映对不同信息的主观偏好，适用范围较广。本节分别研究基于伽马先验分布和基于 Dirichlet 先验分布的贝叶斯融合评估方法，并通过蒙特卡罗仿真讨论贝叶斯融合评估的性质。在此基础上，进一步研究威布尔分布场合的贝叶斯融合评估方法。

6.3.1 基于伽马先验分布的贝叶斯融合评估

1. 问题描述

设某装备产品共有 M 种失效模式，编号分别为 $1,2,\cdots,M$。其中包括 M_{H} 种突发型失效模式（编号为 $1,2,\cdots,M_{\mathrm{H}}$）和 M_{S} 种退化型失效模式（编号为 $M_{\mathrm{H}}+$

$1,M_H+2,\cdots,M$)。对产品进行恒加试验，E 个应力水平为 $S_i(i=1,2,\cdots,E)$。在应力水平 S_i 下选择 n_i 个样品进行试验，直到有 r_i 个产品失效为止。试验数据包括退化数据 $\boldsymbol{y}$ 和失效数据 $\boldsymbol{x}$，定义详见 5.1.1 节。

假设各失效模式的发生时间均服从指数分布，且在各应力水平下分布类型不发生改变。S_i 应力下失效率为 $\lambda_i^{(d)}(d=1,2,\cdots,M)$。失效率随着应力水平的增加而增大，即 $0<\lambda_1^{(d)}<\lambda_2^{(d)}<\cdots<\lambda_E^{(d)}<\infty$。任一失效模式 $d(d=1,2,\cdots,M)$ 的加速模型可根据敏感应力类型（如温度、湿度或多应力综合），采用阿伦尼乌斯模型、艾林模型、多项式加速模型等模型进行拟合。

现根据装备加速试验数据，利用贝叶斯方法进行融合评估。其中，贝叶斯方法中先验分布采用伽马分布，用以结合类似产品信息、专家经验等信息[6]。

2. 基本思路

基于伽马先验分布的贝叶斯融合评估是以失效模式 $d(d=1,2,\cdots,M)$ 在 S_i 应力下的失效率 $\lambda_i^{(d)}$ 为基本单位进行的。

1）突发型失效模式的信息表示

从失效数据 $\boldsymbol{x}$ 中分离出所有突发型失效模式数据 $\boldsymbol{x}_H$。设 $\boldsymbol{x}_H$ 中来自 S_i 应力的完整数据点和截尾数据点共 n_{iC} 个，其集合称为完整数据和截尾数据，表示为 $\boldsymbol{x}_{HiC}$；失效模式未确定数据点共 n_{iM} 个，其集合称为失效模式未确定数据，表示为 $\boldsymbol{x}_{HiM}$。

$$\boldsymbol{x}_{HiC}=\{x_{Hij}\mid x_{Hij}\in\boldsymbol{x}_H;i\in\{1,2,\cdots,E\};(j=1,2,\cdots,n_{iC});\sum_{d=1}^{M_H}z_{Hij}{}^{(d)}=1$$

$$\text{或}\sum_{d=1}^{M_H}z_{Hij}{}^{(d)}=0\}\tag{6-109}$$

$$\boldsymbol{x}_{HiM}=\{x_{Hij}\mid x_{Hij}\in\boldsymbol{x}_H;i\in\{1,2,\cdots,E\};(j=1,2,\cdots,n_{iM});$$

$$\sum_{d=1}^{M_H}z_{Hij}{}^{(d)}\in(1,M_H]\}\tag{6-110}$$

设 S_i 应力下产品的先验信息表示为 I_{ip}。对于突发型失效模式 $d(d=1,2,\cdots,M_H)$，先验信息和 $\boldsymbol{x}_{HiC}$ 的并集表示为 I_{i0}，$I_{i0}=I_{ip}\cup\boldsymbol{x}_{HiC}$，先验信息、$\boldsymbol{x}_{HiC}$ 以及 $x_{Hij}(x_{Hij}\in\boldsymbol{x}_{HiM})$ 的累积信息表示为 I_{ij}，$I_{ij}=I_{i0}\cup x_{Hi1}\cup\cdots\cup x_{Hij}$。

2）退化型失效模式的信息表示

从退化数据 $\boldsymbol{y}$ 中分离出每一种退化型失效模式的退化数据 $\boldsymbol{y}^{(d)}$，$d=M_H+1,M_H+2,\cdots,M$，求出对应的伪失效寿命时间 $\boldsymbol{t}^{(d)}=\{t_{ij}{}^{(d)}\mid i=1,2,\cdots,E;j=1,2,\cdots,n_i\}$，$d=M_H+1,M_H+2,\cdots,M$。为与失效数据统一表述，令 S_i 应力下退化型失效模式 d 的伪失效数据 $\boldsymbol{x}_i'^{(d)}=\{x_{ij}'^{(d)}\mid x_{ij}'^{(d)}=(t_{ij}^{(d)},z_{ij}'^{(d)}),j=1,2,\cdots,n_i;$

$d=M_{\mathrm{H}}+1,M_{\mathrm{H}}+2,\cdots,M\}$,$i=1,2,\cdots,E$,其中 $z_{ij}^{\prime(d)}$ 为 $t_{ij}^{(d)}$ 对应的失效模式,$z_{ij}^{\prime(d)}$ 恒等于1。由于 $\boldsymbol{x}_i^{\prime(d)}$ 中的 $t_{ij}^{(d)}$ 及其对应的失效模式 $z_{ij}^{\prime(d)}$ 都是确定的,因此可看作完整数据。

设 S_i 应力下产品的先验信息表示为 I_{ip}。对于退化型失效模式 $d(d=M_{\mathrm{H}}+1,M_{\mathrm{H}}+2,\cdots,M)$,先验信息和 $\boldsymbol{x}_i^{\prime(d)}$ 的并集表示为 I_{i0},$I_{i0}=I_{ip}\cup\boldsymbol{x}_i^{\prime(d)}$。

3) 基于伽马先验分布的贝叶斯融合评估基本思路

针对试验数据的类型和特点,基于伽马先验分布的装备加速试验贝叶斯融合评估如图6-14所示,其基本思路是如下:

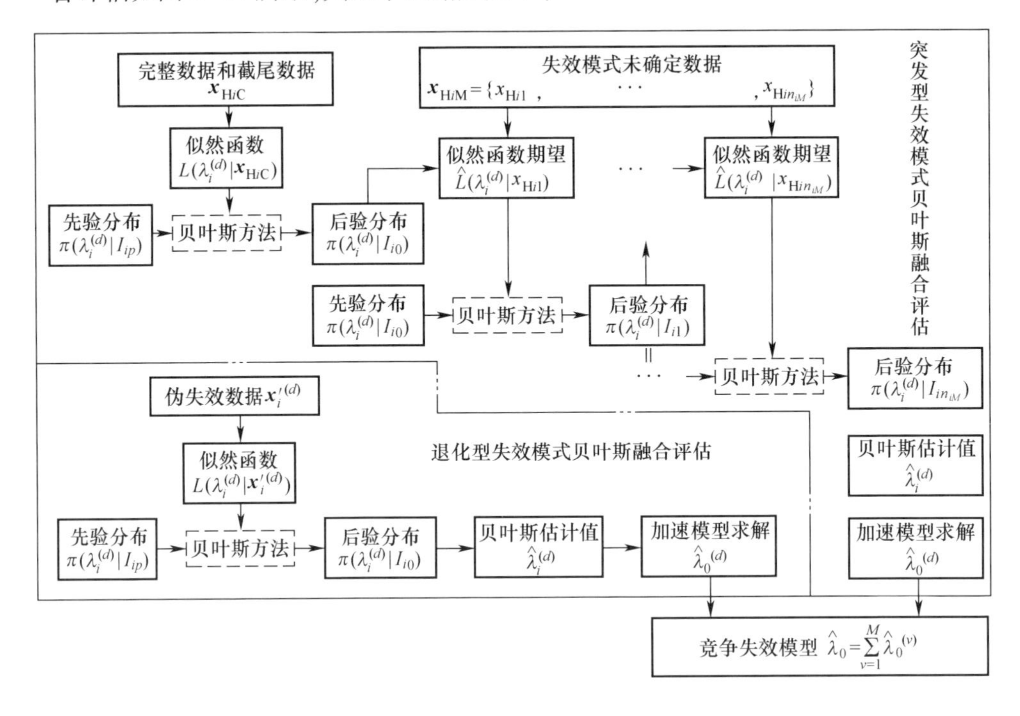

图6-14 基于伽马先验分布的装备加速试验贝叶斯融合评估基本思路

(1) 突发型失效模式 $d(d=1,2,\cdots,M_{\mathrm{H}})$ 的融合评估,分成三个步骤进行分析。步骤1,根据先验信息产生伽马分布形式的失效率先验分布 $\pi(\lambda_i^{(d)}\mid I_{ip})$,对完整数据和截尾数据 $\boldsymbol{x}_{\mathrm{H}i\mathrm{C}}$ 进行贝叶斯分析,得到后验分布 $\pi(\lambda_i^{(d)}\mid I_{i0})$;步骤2,以最近一次得到的后验分布作为先验分布,逐一对失效模式未确定数据点 $x_{\mathrm{H}ij}(x_{\mathrm{H}ij}\in\boldsymbol{x}_{\mathrm{H}i\mathrm{M}})$ 进行贝叶斯分析,得到后验分布及其估计值。步骤3,通过加速模型求解正常应力水平下的失效率估计值 $\hat{\lambda}_0^{(d)}$。

(2) 退化型失效模式 $d(d=M_{\mathrm{H}}+1,M_{\mathrm{H}}+2,\cdots,M)$ 的融合评估,可将 $\boldsymbol{x}_i^{\prime(d)}$

看作完整数据，采用突发型失效模式步骤 1 的方法进行分析，得到后验分布 $\pi(\lambda_i^{(d)} \mid I_{i0})$ 及其估计值。然后通过加速模型求解正常应力水平下的失效率估计值 $\hat{\lambda}_0{}^{(d)}$。

(3) 最后根据竞争失效模型得到装备产品的失效率估计值 $\hat{\lambda}_0 = \sum_{v=1}^{M} \hat{\lambda}_0{}^{(v)}$。

3. 完整数据和截尾数据的贝叶斯分析

设 $\lambda_i^{(d)}$ 先验分布服从参数为 $a_{ip}^{(d)}$ 和 $b_{ip}^{(d)}$ 的伽马分布，即 $\pi(\lambda_i^{(d)} \mid I_{ip}) = \mathrm{Gamma}(a_{ip}^{(d)}, b_{ip}^{(d)})$。

完整数据和截尾数据 $\boldsymbol{x}_{\mathrm{H}i\mathrm{C}}$ 的似然函数：

$$L(\lambda_i^{(d)} \mid \boldsymbol{x}_{\mathrm{H}i\mathrm{C}}) = \prod_{x_{\mathrm{H}ij} \in \boldsymbol{x}_{\mathrm{H}i\mathrm{C}}} \{[f_i^{(d)}(t_{ij})]^{z_{\mathrm{H}ij}{}^{(d)}} \cdot [R_i^{(d)}(t_{ij})]^{1-z_{\mathrm{H}ij}{}^{(d)}}\}$$

$$= [\lambda_i^{(d)}]^{\sum_{x_{\mathrm{H}ij} \in \boldsymbol{x}_{\mathrm{H}i\mathrm{C}}} z_{\mathrm{H}ij}{}^{(d)}} \cdot \exp\left[-\lambda_i^{(d)} \cdot \sum_{x_{\mathrm{H}ij} \in \boldsymbol{x}_{\mathrm{H}i\mathrm{C}}} t_{ij}\right] \quad (6-111)$$

根据共轭性质可知，对 $\boldsymbol{x}_{\mathrm{H}i\mathrm{C}}$ 进行贝叶斯分析，得到的后验分布仍为伽马分布，即 $\pi(\lambda_i^{(d)} \mid I_{i0}) = \mathrm{Gamma}(a_{i0}{}^{(d)}, b_{i0}{}^{(d)})$，其中 $a_{i0}{}^{(d)} = a_{ip}{}^{(d)} + \sum_{x_{\mathrm{H}ij} \in \boldsymbol{x}_{\mathrm{H}i\mathrm{C}}} z_{\mathrm{H}ij}{}^{(d)}$，$b_{i0}{}^{(d)} = b_{ip}{}^{(d)} + \sum_{x_{\mathrm{H}ij} \in \boldsymbol{x}_{\mathrm{H}i\mathrm{C}}} t_{ij}$。贝叶斯估计值 $(\hat{\lambda}_i^{(d)} \mid I_{i0}) = E[\pi(\lambda_i^{(d)} \mid I_{i0})] = a_{i0}{}^{(d)}/b_{i0}{}^{(d)}$。

4. 失效模式未确定数据的贝叶斯分析

由于失效模式未确定数据 $\boldsymbol{x}_{\mathrm{H}i\mathrm{M}}$ 的失效时间对应的失效模式不确定，无法准确得到关于 $\lambda_i^{(d)}$ 的似然函数 $L(\lambda_i^{(d)} \mid \boldsymbol{x}_{\mathrm{H}i\mathrm{M}})$。为了及时更新对似然函数的认识，可按 $j=1,2,\cdots,n_{i\mathrm{M}}$ 顺序对 $\boldsymbol{x}_{\mathrm{H}i\mathrm{M}}$ 中的每一个数据点 $x_{\mathrm{H}ij}(x_{\mathrm{H}ij} \in \boldsymbol{x}_{\mathrm{H}i\mathrm{M}})$ 进行贝叶斯分析。$\lambda_i^{(\mathrm{d})}$ 以最近一次得到的后验分布 $\pi(\lambda_i^{(d)} \mid I_{ij-1})$ 作为其先验分布。

失效模式未确定数据点 $x_{\mathrm{H}ij}(x_{\mathrm{H}ij} \in \boldsymbol{x}_{\mathrm{H}i\mathrm{M}})$ 关于 $\lambda_i^{(d)}$ 的似然函数：

$$L(\lambda_i^{(d)} \mid x_{\mathrm{H}ij}) = [f_i^{(d)}(t_{ij})]^{u_{\mathrm{H}ij}{}^{(d)}} \cdot [R_i^{(d)}(t_{ij})]^{1-u_{\mathrm{H}ij}{}^{(d)}}$$

$$= [\lambda_i^{(d)}]^{u_{\mathrm{H}ij}{}^{(d)}} \cdot \exp[-\lambda_i^{(d)} t_{ij}] \quad (6-112)$$

式中：$u_{\mathrm{H}ij}{}^{(d)}$ 为 t_{ij} 客观上对应的突发型失效模式 d 的标记符。但由于 t_{ij} 对应的失效模式不确定，无法从观测情况来确定 $u_{\mathrm{H}ij}{}^{(d)}$ 的取值。因此 $u_{\mathrm{H}ij}{}^{(d)}$ 是随机的，从而 $L(\lambda_i^{(d)} \mid I_{ij})$ 也是随机的，可通过求取期望值的方法对它们进行有效估计。

对于 $x_{\mathrm{H}ij}(x_{\mathrm{H}ij} \in \boldsymbol{x}_{\mathrm{H}i\mathrm{M}})$，设不引起产品失效的模式集合为 V，而有可能引起

产品失效的模式集合为 W。$\forall d \in V$，有 $u_{\mathrm{H}ij}{}^{(d)} = z_{\mathrm{H}ij}{}^{(d)} = 0$，因此 $\hat{u}_{\mathrm{H}ij}{}^{(d)} = 0$。$\forall d \in W$，$z_{\mathrm{H}ij}{}^{(d)} = 1$，但 $u_{\mathrm{H}ij}{}^{(d)}$ 可能取 1 也可能取 0，因此 $u_{\mathrm{H}ij}{}^{(d)}$ 服从伯努利分布，其期望值 $\hat{u}_{\mathrm{H}ij}{}^{(d)}$ 需要根据最近一次得到的后验分布进行估计：

$$\hat{u}_{\mathrm{H}ij}{}^{(d)} = p(u_{\mathrm{H}ij}{}^{(d)} = 1) = \frac{\lambda_i^{(d)}}{\sum\limits_{\nu \in W} \lambda_i^{(\nu)}} \approx \frac{(\hat{\lambda}_i^{(d)} \mid I_{ij-1})}{\sum\limits_{\nu \in W} (\hat{\lambda}_i^{(\nu)} \mid I_{ij-1})}$$
$$= \frac{E[\pi(\lambda_i^{(d)} \mid I_{ij-1})]}{\sum\limits_{\nu = 1}^{M_{\mathrm{H}}} z_{\mathrm{H}ij}{}^{(\nu)} E[\pi(\lambda_i^{(\nu)} \mid I_{ij-1})]} \tag{6-113}$$

从物理意义上看，$\hat{u}_{\mathrm{H}ij}{}^{(d)}$ 表示失效模式 d 导致样本失效的可能程度，$\hat{u}_{\mathrm{H}ij}{}^{(d)} \in [0,1]$。例如，$\hat{u}_{\mathrm{H}ij}{}^{(d)} = 0.8$ 表明样本失效有 80%的概率可能由失效模式 d 引起。

从而似然函数 $L(\lambda_i^{(d)} \mid x_{\mathrm{H}ij})$ 的期望值 $\hat{L}(\lambda_i^{(d)} \mid x_{\mathrm{H}ij}) = [\lambda_i^{(d)}]^{\hat{u}_{\mathrm{H}ij}{}^{(d)}} \cdot \exp[-\lambda_i^{(d)} t_{ij}]$。

根据共轭性质可知，对 $x_{\mathrm{H}ij}$ 进行贝叶斯分析后的后验分布仍为伽马分布，即 $\pi(\lambda_i^{(d)} \mid I_{ij}) = \mathrm{Gamma}(a_{ij}^{(d)}, b_{ij}^{(d)})$，其中，$a_{ij}{}^{(d)} = a_{ij-1}{}^{(d)} + \hat{u}_{\mathrm{H}ij}{}^{(d)}$，$b_{ij}{}^{(d)} = b_{ij-1}{}^{(d)} + t_{ij}$。估计值 $(\hat{\lambda}_i^{(d)} \mid I_{ij}) = E[\pi(\lambda_i^{(d)} \mid I_{ij})] = a_{ij}{}^{(d)} / b_{ij}{}^{(d)}$。

当 $j = n_{i\mathrm{M}}$ 时，$(\hat{\lambda}_i^{(d)} \mid I_{in_{i\mathrm{M}}})$ 即为 $\lambda_i^{(d)}$ 最终的贝叶斯估计值，有

$$(\hat{\lambda}_i^{(d)} \mid I_{in_{i\mathrm{M}}}) = \frac{a_{ip}{}^{(d)} + \sum\limits_{x_{\mathrm{H}ij} \in \boldsymbol{x}_{\mathrm{H}i\mathrm{C}}} z_{\mathrm{H}ij}{}^{(d)} + \sum\limits_{x_{\mathrm{H}ij} \in \boldsymbol{x}_{\mathrm{H}i\mathrm{M}}} \hat{u}_{\mathrm{H}ij}{}^{(d)}}{b_{ip}{}^{(d)} + \sum\limits_{x_{\mathrm{H}ij} \in \boldsymbol{x}_{\mathrm{H}i\mathrm{C}}} t_{ij} + \sum\limits_{x_{\mathrm{H}ij} \in \boldsymbol{x}_{\mathrm{H}i\mathrm{M}}} t_{ij}}$$
$$= \frac{a_{ip}{}^{(d)} + \sum\limits_{x_{\mathrm{H}ij} \in \boldsymbol{x}_{\mathrm{H}i\mathrm{C}}} z_{\mathrm{H}ij}{}^{(d)} + \sum\limits_{x_{\mathrm{H}ij} \in \boldsymbol{x}_{\mathrm{H}i\mathrm{M}}} \hat{u}_{\mathrm{H}ij}{}^{(d)}}{b_{ip}{}^{(d)} + \mathrm{TTT}_i}$$
$$= p_i^{(d)} \frac{\sum\limits_{x_{\mathrm{H}ij} \in \boldsymbol{x}_{\mathrm{H}i\mathrm{C}}} z_{\mathrm{H}ij}{}^{(d)} + \sum\limits_{x_{\mathrm{H}ij} \in \boldsymbol{x}_{\mathrm{H}i\mathrm{M}}} \hat{u}_{\mathrm{H}ij}{}^{(d)}}{\mathrm{TTT}_i} + (1 - p_i^{(d)}) \frac{a_{ip}{}^{(d)}}{b_{ip}{}^{(d)}} \tag{6-114}$$

式中：$\mathrm{TTT}_i = \sum\limits_{x_{\mathrm{H}ij} \in \boldsymbol{x}_{\mathrm{H}i\mathrm{C}}} t_{ij} + \sum\limits_{x_{\mathrm{H}ij} \in \boldsymbol{x}_{\mathrm{H}i\mathrm{M}}} t_{ij}$ 为 S_i 应力下的试验总时间；$p_i^{(d)} = \mathrm{TTT}_i / (b_{ip}{}^{(d)} + \mathrm{TTT}_i)$。可以看出，$p_i^{(d)}$ 表示试验数据在贝叶斯分析中所占权重。

因此可通过以下方法确定伽马先验分布的参数：先根据类似产品信息、专家经验等信息，确定失效率先验估计值 $(\hat{\lambda}_i^{(d)} \mid I_{ip})$ 和权重因子 $p_i^{(d)}$，然后即可确定先验分布的参数 $b_{ip}{}^{(d)} = (1 - p_i^{(d)})\mathrm{TTT}_i / p_i^{(d)}$ 以及 $a_{ip}{}^{(d)} = b_{ip}{}^{(d)} \cdot (\hat{\lambda}_i^{(d)} \mid I_{ip})$。

5. 加速模型及其参数估计

在获得失效率估计 $(\hat{\lambda}_i^{(d)} \mid I_{in_{iM}})(i=1,2,\cdots,E)$ 后，采用最小二乘法对加速模型进行拟合，得到模型参数估计值，进而得出正常应力水平下失效模式 d 的失效率估计值 $\hat{\lambda}_0^{(d)}$。例如，加速模型为阿伦尼乌斯模型 $\ln\lambda_i^{(d)} = \alpha^{(d)} + \beta^{(d)}/S_i$，通过最小二乘拟合，即可求出参数估计值 $\hat{\alpha}^{(d)}$ 和 $\hat{\beta}^{(d)}$，然后将 S_0 代入加速模型得到 $\hat{\lambda}_0^{(d)}$。

6.3.2 基于 Dirichlet 先验分布的贝叶斯融合评估

1. 问题描述

问题描述与 6.3.1 节相类似，所不同的是贝叶斯方法中先验分布采用 Dirichlet 分布来融合类似产品信息、专家经验等信息。

2. 基本思路

与伽马分布不同，基于 Dirichlet 先验分布的贝叶斯融合评估是以失效模式 $d(d=1,2,\cdots,M)$ 在所有加速应力下的失效率 $\boldsymbol{\lambda}^{(d)} = (\lambda_1^{(d)}, \lambda_2^{(d)}, \cdots, \lambda_E{}^{(d)})$ 为基本单位进行的。

1）突发型失效模式的信息表示

在突发型失效模式数据 $\boldsymbol{x}_{\mathrm{H}}$ 中，设所有加速应力下的完整数据和截尾数据为 $\boldsymbol{x}_{\mathrm{HC}} = \cup_{i=1}^{E}\boldsymbol{x}_{\mathrm{H}i\mathrm{C}}$，共 $n_{\mathrm{C}} = \sum\limits_{i=1}^{E} n_{i\mathrm{C}}$ 个；失效模式未确定数据为 $\boldsymbol{x}_{\mathrm{HM}} = \cup_{i=1}^{E}\boldsymbol{x}_{\mathrm{H}i\mathrm{M}}$，共 $n_{\mathrm{M}} = \sum\limits_{i=1}^{E} n_{i\mathrm{M}}$ 个。将 $\boldsymbol{x}_{\mathrm{HM}}$ 按 $i=1,2,\cdots,E;j=1,2,\cdots,n_{i\mathrm{M}}$ 的次序排列到同一行，得到

$$\boldsymbol{x}_{\mathrm{Q}} = \{x_q \mid x_q = x_{\mathrm{H}ij}; x_{\mathrm{H}ij} \in \boldsymbol{x}_{\mathrm{HM}}; q = \sum_{\nu=1}^{i-1} n_{\nu\mathrm{M}} + j\} \tag{6-115}$$

设先验信息表示为 I_p。对于突发型失效模式 $d(d=1,2,\cdots,M_{\mathrm{H}})$，先验信息和 $\boldsymbol{x}_{\mathrm{HC}}$ 的并集表示为 I_0，$I_0 = I_p \cup \boldsymbol{x}_{\mathrm{HC}}$，先验信息、$\boldsymbol{x}_{\mathrm{HC}}$ 以及 $x_1, x_2, \cdots, x_q$ 的累积信息表示为 I_q，$I_q = I_p \cup \boldsymbol{x}_{\mathrm{HC}} \cup \{x_1\} \cup \cdots \cup \{x_q\}$。因此，先验信息、$\boldsymbol{x}_{\mathrm{H}}$($\boldsymbol{x}_{\mathrm{H}} = \boldsymbol{x}_{\mathrm{HC}} \cup \boldsymbol{x}_{\mathrm{HM}}$ 的全部累积信息可表示为 $I_{n_{\mathrm{M}}} = I_p \cup \boldsymbol{x}_{\mathrm{HC}} \cup_{\boldsymbol{x}_{\mathrm{HM}}} = I_p \cup \boldsymbol{x}_{\mathrm{HC}} \cup \{x_1\} \cup \cdots$

$\cup \{x_{n_{\mathrm{M}}}\}$。

2）退化型失效模式的信息表示

S_i 应力下退化型失效模式 d 的伪失效数据为 $\boldsymbol{x}_i^{\prime(d)}$，则所有加速应力下的伪失效数据为 $\boldsymbol{x}^{\prime(d)}=\{\boldsymbol{x}_i^{\prime(d)} \mid i=1,2,\cdots,E\}$。对于退化型失效模式 $d(d=M_{\mathrm{H}}+1, M_{\mathrm{H}}+2,\cdots,M)$，先验信息 I_p 和 $\boldsymbol{x}^{\prime(d)}$ 的并集表示为 $I_0, I_0=I_p \cup \boldsymbol{x}^{\prime(d)}$。

3）基于 Dirichlet 先验分布的贝叶斯融合评估基本思路

令 $U_i^{(d)}=\exp(-\tau\boldsymbol{\lambda}_i^{(d)})$，$\tau$ 为一正数且数值相对较大（如 $\tau=200$）。引入 τ 的作用是为了避免由于 $\boldsymbol{\lambda}_i^{(d)}$ 过小致使 $U_i^{(d)}$ 接近 1，以方便后续的计算。可得

$$1 \equiv U_0^{(d)} > U_1^{(d)} > \cdots > U_E^{(d)} > U_{E+1}^{(d)} \equiv 0 \tag{6-116}$$

上式称为顺序约束形式。对于此类形式，Mazzuchi 等提出可采用 Dirichlet 分布描述其先验分布[7]，即 $(\boldsymbol{U}^{(d)} \mid I_p)$ 服从顺序 Dirichlet 分布：

$$\boldsymbol{\pi}(\boldsymbol{U}^{(d)} \mid I_p)=\frac{\Gamma(c^{(d)})}{\prod_{i=1}^{E+1}(c^{(d)}g_{ip}^{(d)})}\prod_{i=1}^{E+1}(U_{i-1}^{(d)}-U_i^{(d)})^{c^{(d)}g_{ip}^{(d)}-1} \tag{6-117}$$

式中：$c^{(d)}$ 和 $\boldsymbol{g}_p^{(d)}=(g_{1p}^{(d)},g_{2p}^{(d)},\cdots,g_{(E+1)p}^{(d)})$ 为先验分布参数。

由 Dirichlet 分布的性质可知，各个边缘分布均为 β 分布[8]，即

$$(U_i^{(d)} \mid I_p) \sim \mathrm{Beta}(c^{(d)}(1-g_{ip}^{(d)*}),c^{(d)}g_{ip}^{(d)*}) \tag{6-118}$$

式中：$g_{ip}^{(d)*}=\sum_{\nu=1}^{i} g_{\nu p}^{i\,(d)}$。

顺序 Dirichlet 分布实际上是一个多元 β 分布，由 β 分布性质可知

$$(\hat{U}_i^{(d)} \mid I_p)=1-g_{ip}^{(d)*} \tag{6-119}$$

$$g_{ip}^{(d)}=(\hat{U}_{i-1}^{(d)} \mid I_p)-(\hat{U}_i^{(d)} \mid I_p) \tag{6-120}$$

由式(6-120)可看出，参数 $g_{ip}^{(d)}$ 表示 S_i 应力下 $U_i^{(d)}$ 比上一应力水平降低的幅度。参数 $c^{(d)}$ 反映了技术人员对这些参数 $g_{ip}^{(d)}$ 的确信程度。$c^{(d)}$ 值大（小），则得到的先验标准差小（大），从而说明对参数 $g_{ip}^{(d)}$ 的确信程度高（低）。

对于装备加速试验，我们可根据类似产品信息、专家经验等先验信息 I_p，确定各应力水平下的失效率先验值 $(\hat{\boldsymbol{\lambda}}^{(d)} \mid I_p)$，进而求出 $(\hat{\boldsymbol{U}}^{(d)} \mid I_p)$。再由式(6-120)确定先验参数 $\boldsymbol{g}_p^{(d)}$，并根据先验信息的确信程度选取 $c^{(d)}$。

针对试验数据的类型和特点，基于 Dirichlet 先验分布的装备加速试验贝叶斯融合评估如图 6-15 所示，其基本思路如下：

（1）突发型失效模式 $d(d=1,2,\cdots,M_{\mathrm{H}})$ 的融合评估，可分成三个步骤进行分析。步骤 1，根据先验信息产生 Dirichlet 形式的失效率先验分布

$\boldsymbol{\pi}(\boldsymbol{U}^{(d)} \mid I_p)$，对完整数据和截尾数据 $\boldsymbol{x}_{\mathrm{HC}}$ 进行贝叶斯分析，得到后验分布 $\boldsymbol{\pi}(\boldsymbol{U}^{(d)} \mid I_0)$；步骤 2，以最近一次得到的后验分布作为先验分布，逐一对失效模式未确定数据点 $x_q(x_q \in \boldsymbol{x}_{\mathrm{Q}})$ 进行贝叶斯分析，得到后验分布及其估计值。步骤 3，通过加速模型求解正常应力水平下的失效率估计值 $\hat{\lambda}_0^{(d)}$。

（2）退化型失效模式 $d(d = M_{\mathrm{H}} + 1, M_{\mathrm{H}} + 2, \cdots, M)$ 的融合评估，可将 $\boldsymbol{x}'^{(d)}$ 看作完整数据，得到后验分布 $\boldsymbol{\pi}(\boldsymbol{U}^{(d)} \mid I_0)$ 及其估计值。然后通过加速模型求解正常应力水平下的失效率估计值 $\hat{\lambda}_0{}^{(d)}$。

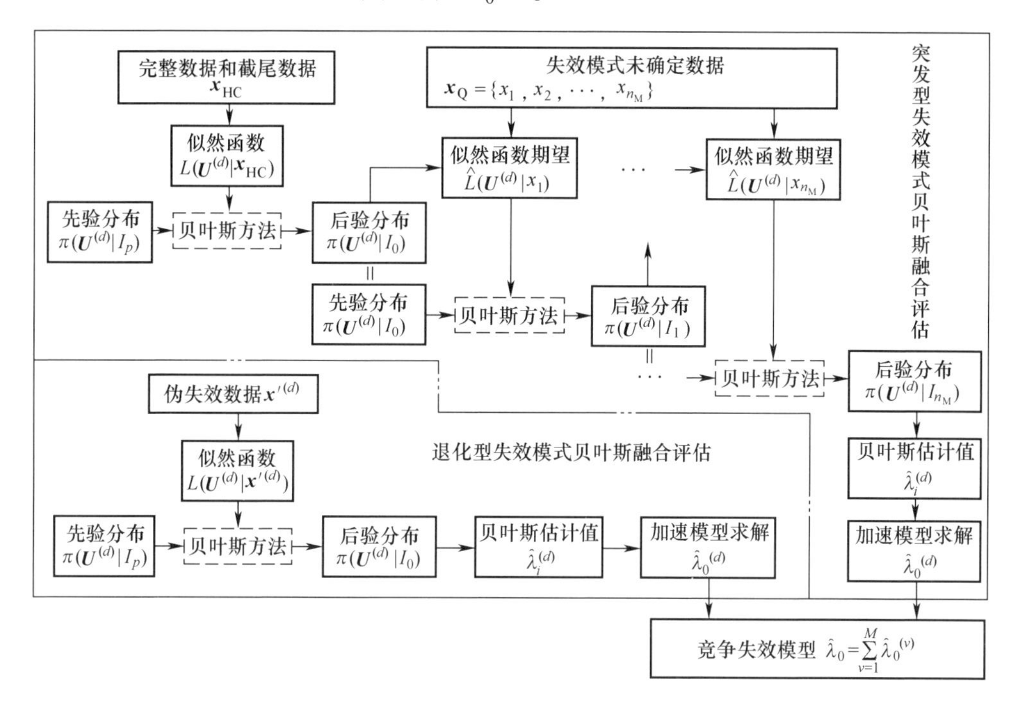

图 6-15　基于 Dirichlet 先验分布的装备加速试验贝叶斯融合评估基本思路

（3）最后根据竞争失效模型得到装备产品的失效率估计值 $\hat{\lambda}_0 = \sum_{d=1}^{M} \hat{\lambda}_0{}^{(d)}$。

3. 完整数据和截尾数据的贝叶斯分析

$\boldsymbol{x}_{\mathrm{H}}$ 中的完整数据和截尾数据为 $\boldsymbol{x}_{\mathrm{HC}}$，其似然函数：

$$L(\boldsymbol{U}^{(d)} \mid \boldsymbol{x}_{\mathrm{HC}}) = \prod_{i=1}^{E} \prod_{x_{\mathrm{H}ij} \in \boldsymbol{x}_{\mathrm{H}i\mathrm{C}}} \{ [f_i^{(d)}(t_{ij})]^{z_{\mathrm{H}ij}{}^{(d)}} \cdot [R_i^{(d)}(t_{ij})]^{1-z_{\mathrm{H}ij}{}^{(d)}} \}$$

$$= \prod_{i=1}^{E} \prod_{x_{\mathrm{H}ij} \in \boldsymbol{x}_{\mathrm{H}i\mathrm{C}}} \{ [\lambda_i^{(d)}]^{z_{\mathrm{H}ij}{}^{(d)}} \cdot R_i^{(d)}(t_{ij}) \}$$

$$= \prod_{i=1}^{E} [\lambda_i^{(d)}]^{\sum_{x_{\mathrm{H}ij} \in \boldsymbol{x}_{\mathrm{H}i\mathrm{C}}} z_{\mathrm{H}ij}{}^{(d)}} \cdot \exp\left[-\lambda_i^{(d)} \sum_{x_{\mathrm{H}ij} \in \boldsymbol{x}_{\mathrm{H}i\mathrm{C}}} t_{ij} \right]$$

$$= \prod_{i=1}^{E} [\ln(1/U_i^{(d)})/\tau]^{\sum_{x_{\mathrm{H}ij} \in \boldsymbol{x}_{\mathrm{H}i\mathrm{C}}} z_{\mathrm{H}ij}{}^{(d)}} \cdot [U_i^{(d)}]^{\sum_{x_{\mathrm{H}ij} \in \boldsymbol{x}_{\mathrm{H}i\mathrm{C}}} t_{ij}/\tau} \quad (6-121)$$

根据先验分布和似然函数,由贝叶斯定理可知, $\boldsymbol{U}^{(d)}$ 后验分布的核为

$$\pi(\boldsymbol{U}^{(d)} \mid I_0) \propto \pi(\boldsymbol{U}^{(d)} \mid I_p) L(\boldsymbol{U}^{(d)} \mid \boldsymbol{x}_{\mathrm{HC}})$$

$$\propto \prod_{i=1}^{E+1} (U_{i-1}{}^{(d)} - U_i^{(d)})^{c^{(d)} g_{ip}{}^{(d)} - 1}$$

$$\times \prod_{i=1}^{E} [\ln(1/U_i^{(d)})/\tau]^{\sum_{x_{\mathrm{H}ij} \in \boldsymbol{x}_{\mathrm{H}i\mathrm{C}}} z_{\mathrm{H}ij}{}^{(d)}} \cdot [U_i^{(d)}]^{\sum_{x_{\mathrm{H}ij} \in \boldsymbol{x}_{\mathrm{H}i\mathrm{C}}} t_{ij}/\tau} \quad (6-122)$$

对于联合后验分布式(6-122),很难采用数值积分的方法求解后验估计值。这里采用吉布斯抽样方法计算 $(\hat{U}_i^{(d)} \mid I_0)$, 进而求出 $\lambda_i^{(d)}$ 的后验估计值 $(\hat{\lambda}_i^{(d)} \mid I_0)$。

吉布斯抽样是一种应用最广泛的 MCMC 方法。它的基本思想是:从满条件分布中迭代地进行抽样,当迭代次数足够大时,就可以得到来自联合后验分布的样本,进而也得到了来自边缘分布的样本。

对于式(6-122),若给定 $\boldsymbol{U}_{(-i)}{}^{(d)} = \{U_\nu^{(d)} \mid \nu \neq i, l = 0,1,\cdots,E+1\}$, 则 $\pi(\boldsymbol{U}^{(d)} \mid I_0)$ 仅为 $U_i^{(d)}$ 的函数,此时称 $\pi(U_i^{(d)} \mid \boldsymbol{U}_{(-i)}{}^{(d)}; I_0)$ 为 $U_i^{(d)}$ 的满条件分布。吉布斯抽样过程如下:

设 $\boldsymbol{U}^{(d)(0)} = (U_0^{(d)(0)}, U_1^{(d)(0)}, \cdots, U_E{}^{(d)(0)}, U_{E+1}{}^{(d)(0)})$。其中, $U_i^{(d)(0)}, i = 1,2,\cdots,E$ 为任一初值。注意到根据式(6-116)得 $U_0^{(d)} \equiv 1, U_{E+1}{}^{(d)} \equiv 0$, 因此在迭代过程中均保持不变。

从 $\pi(U_1^{(d)} \mid \boldsymbol{U}_{(-1)}{}^{(d)}; I_0)$ 抽取 $U_1^{(d)(1)}$;

从 $\pi(U_2^{(d)} \mid \boldsymbol{U}_{(-2)}{}^{(d)}; I_0)$ 抽取 $U_2^{(d)(1)}$;

……

从 $\pi(U_E^{(d)} \mid \boldsymbol{U}_{(-E)}{}^{(d)}; I_0)$ 抽取 $U_E^{(d)(1)}$;

依次进行 l 次迭代后,得到 $U^{(d)(l)} = (1, U_1^{(d)(l)}, \cdots, U_E{}^{(d)(l)}, 0)$,则 $\boldsymbol{U}^{(d)(1)}, \boldsymbol{U}^{(d)(2)}, \cdots, \boldsymbol{U}^{(d)(l)}, \cdots$是马尔可夫链的实现值,此时, $\boldsymbol{U}^{(d)(l)}$ 依分布收敛于平稳分布 $\pi(\boldsymbol{U}^{(d)} \mid I_0)$。

吉布斯抽样的关键在于如何从各个满条件分布抽样。实际应用中满条件分

布往往不是标准分布函数,对其抽样存在一定困难,可采用标准取舍抽样(standard rejection sampling)得到满条件分布抽样值,其步骤如下:

步骤 1 令 $i = 1,2,\cdots,E$, 分别从先验分布的满条件分布 $\pi(U_i^{(d)} \mid \boldsymbol{U}_{(-i)}{}^{(d)};I_p)$ 中随机抽样 $U_i^{(d)}$,其中 $\pi(U_i^{(d)} \mid \boldsymbol{U}_{(-i)}{}^{(d)};I_p) = \mathrm{Beta}(c^{(d)}g_{i+1}{}^{(d)},c^{(d)}g_i^{(d)};(U_{i+1}{}^{(d)},U_{i-1}{}^{(d)}))$。

即其服从 $(U_{i+1}{}^{(d)},U_{i-1}{}^{(d)})$ 上的 β 分布,通过变量替换

$$A_i^{(d)} = \frac{U_i^{(d)} - U_{i+1}{}^{(d)}}{U_{i-1}{}^{(d)} - U_{i+1}{}^{(d)}} \tag{6-123}$$

则

$$A_i^{(d)} \sim \mathrm{Beta}(c^{(d)}g_{i+1}{}^{(d)},c^{(d)}g_i^{(d)}) \tag{6-124}$$

上式 Beta(· , ·) 为(0,1)上标准 β 分布,直接抽样得到 $A_i^{(d)}$,由式(6-123)反推得到 $U_i^{(d)}$ 抽样值:

$$U_i^{(d)} = (U_{i-1}{}^{(d)} - U_{i+1}{}^{(d)})A_i^{(d)} + U_{i+1}{}^{(d)} \tag{6-125}$$

步骤 2 产生(0,1)区间均匀分布的随机数 Unif。

步骤 3 计算比率:

$$\mathrm{Ratio} = \frac{L(U_i^{(d)} \mid \boldsymbol{U}_{(-i)}{}^{(d)};\boldsymbol{x}_{\mathrm{HC}})}{L(\tilde{U}_i^{(d)} \mid \boldsymbol{U}_{(-i)}{}^{(d)};\boldsymbol{x}_{\mathrm{HC}})} \tag{6-126}$$

式中:$L(U_i^{(d)} \mid \boldsymbol{U}_{(-i)}{}^{(d)};\boldsymbol{x}_{\mathrm{HC}})$ 为条件似然函数,即

$$L(U_i^{(d)} \mid \boldsymbol{U}_{(-i)}{}^{(d)};\boldsymbol{x}_{\mathrm{HC}}) = [\ln(1/U_i^{(d)})/\tau]^{\sum\limits_{x_{\mathrm{H}ij}\in \boldsymbol{x}_{\mathrm{H}i\mathrm{C}}} z_{\mathrm{H}ij}{}^{(d)}} \cdot [U_i^{(d)}]^{\sum\limits_{x_{\mathrm{H}ij}\in \boldsymbol{x}_{\mathrm{H}i\mathrm{C}}} t_{ij}/\tau} \tag{6-127}$$

$L(\tilde{U}_i^{(d)} \mid \boldsymbol{U}_{(-i)}{}^{(d)};\boldsymbol{x}_{\mathrm{HC}})$ 表示当 $U_i^{(d)} = \tilde{U}_i^{(d)}$ 时,$L(U_i^{(d)} \mid \boldsymbol{U}_{(-i)}{}^{(d)};\boldsymbol{x}_{\mathrm{HC}})$ 取得最大值。可通过 $U_i^{(d)}$ 在 $(U_{i+1}{}^{(d)},U_{i-1}{}^{(d)}$ 上遍历取足够多的值,然后将使 $L(U_i^{(d)} \mid \boldsymbol{U}_{(-i)}{}^{(d)};\boldsymbol{x}_{\mathrm{HC}})$ 取得的最大值近似为 $L(\tilde{U}_i^{(d)} \mid \boldsymbol{U}_{(-i)}{}^{(d)};\boldsymbol{x}_{\mathrm{HC}})$。

步骤 4 若 Unif≤Ratio 则认为抽样值 $U_i^{(d)}$ 来自满条件后验分布并接受;否则拒绝该抽样值,并重复以上步骤重新进行抽样直至获得满足条件的抽样值。

通过以上方法进行迭代,假设从 $\boldsymbol{U}^{(d)(0)}$ 出发,马尔可夫链通过 $s(s < l)$ 次迭代后,可以认为各个时刻的 $\boldsymbol{U}^{(d)(l)}$ 的边缘分布都是平稳分布 $\pi(\boldsymbol{U}^{(d)} \mid I_0)$,则称抽样收敛了。之前的 s 次迭代值因未收敛应将其舍弃,而采用后面的 $l-s$ 个迭代值进行估计:

$$(\hat{U}_i^{(d)} \mid I_0) = \frac{1}{l - s}\sum_{\nu = s+1}^{l} U_i^{(d)(\nu)} \tag{6-128}$$

$$(\hat{\lambda}_i^{(d)} \mid I_0) = \ln[1/(\hat{U}_i^{(d)} \mid I_0)]/\tau \tag{6-129}$$

本节主要采用以下方法判断吉布斯抽样过程是否收敛:每隔一定迭代次数计算一次 $(\hat{U}_i^{(d)} \mid I_0)$, 观测是否已经收敛。当 $(\hat{U}_i^{(d)} \mid I_0)$ 稳定后,可认为吉布斯抽样收敛了。

根据后验估计值及 Dirichlet 分布的性质,可以得出 $\boldsymbol{U}^{(d)}$ 的后验分布:

$$\boldsymbol{\pi}(\boldsymbol{U}^{(d)} \mid I_0) = \frac{\Gamma(c^{(d)})}{\prod_{i=1}^{E+1}(c^{(d)}g_{i0}{}^{(d)})}\prod_{i=1}^{E+1}(U_{i-1}{}^{(d)} - U_i^{(d)})^{c^{(d)}g_{i0}{}^{(d)}-1} \tag{6-130}$$

式中: $g_{i0}{}^{(d)} = (\hat{U}_{i-1}{}^{(d)} \mid I_0) - (\hat{U}_i^{(d)} \mid I_0) \quad (i = 1,2,\cdots,E+1)$。

4. 失效模式未确定数据的贝叶斯分析

对每一种失效模式未确定数据点 $x_{\mathrm{H}ij}(x_{\mathrm{H}ij} \in \boldsymbol{x}_{\mathrm{HM}})$ 按其在 $\boldsymbol{x}_{\mathrm{Q}}$ 中的排列顺序逐一进行贝叶斯分析,其中先验分布采用最近一次计算的后验分布 $\boldsymbol{\pi}(\boldsymbol{U}^{(d)} \mid I_{q-1})$ 作为先验分布。特别指出的是,当 $q=1$ 时,以完整数据和截尾数据贝叶斯分析的后验分布 $\boldsymbol{\pi}(\boldsymbol{U}^{(d)} \mid I_0)$ 作为先验分布。

与 6.3.1 节对 $u_{\mathrm{H}ij}{}^{(d)}$ 的分析类似,得到其期望值:

$$\begin{aligned}\hat{u}_{\mathrm{H}ij}{}^{(d)} &= p(u_{\mathrm{H}ij}{}^{(d)} = 1) = \frac{\lambda_i^{(d)}}{\sum_{\nu \in W}\lambda_i^{(\nu)}} \approx \frac{(\hat{\lambda}_i^{(d)} \mid I_{q-1})}{\sum_{\nu \in W}(\hat{\lambda}_i^{(\nu)} \mid I_{q-1})} \\ &= \frac{E[\boldsymbol{\pi}(\lambda_i^{(d)} \mid I_{q-1})]}{\sum_{\nu=1}^{M_{\mathrm{H}}} z_{\mathrm{H}ij}{}^{(\nu)} E[\boldsymbol{\pi}(\lambda_i^{(\nu)} \mid I_{q-1})]}\end{aligned} \tag{6-131}$$

从而 $x_{\mathrm{H}ij}$的似然函数期望值:

$$\begin{aligned}\hat{L}(\boldsymbol{U}^{(d)} \mid x_{\mathrm{H}ij}) &= \prod_{i=1}^{E}[f_i^{(d)}(t_{ij})]^{\hat{u}_{\mathrm{H}ij}{}^{(d)}} \cdot [R_i^{(d)}(t_{ij})]^{1-\hat{u}_{\mathrm{H}ij}{}^{(d)}} \\ &= \prod_{i=1}^{E}[\lambda_i^{(d)}]^{\hat{u}_{\mathrm{H}ij}{}^{(d)}} \cdot R_i^{(d)}(t_{ij}) \\ &= \prod_{i=1}^{E}[\ln(1/U_i^{(d)})/\tau]^{\hat{u}_{\mathrm{H}ij}{}^{(d)}} \cdot [U_i^{(d)}]^{t_{ij}/\tau}\end{aligned} \tag{6-132}$$

根据先验分布和似然函数期望值,由贝叶斯定理可知, $\boldsymbol{U}^{(d)}$ 后验分布的核为

$$\begin{aligned}\boldsymbol{\pi}(\boldsymbol{U}^{(d)} \mid I_q) &\propto \boldsymbol{\pi}(\boldsymbol{U}^{(d)} \mid I_{q-1})\hat{L}(\boldsymbol{U}^{(d)} \mid x_{\mathrm{H}ij}) \\ &\propto \prod_{i=1}^{E+1}(U_{i-1}{}^{(d)} - U_i^{(d)})^{c^{(d)}g_{i(q-1)}{}^{(d)}-1}\end{aligned}$$

$$\cdot \prod_{i=1}^{E} [\ln(1/U_i^{(d)})/\tau]^{\hat{u}_{\mathrm{H}ij}^{(d)}} \cdot [U_i^{(d)}]^{t_{ij}/\tau} \tag{6-133}$$

采用吉布斯抽样方法计算联合后验分布式(6-133)的后验统计,进而求出每个 $\lambda_i^{(d)}$ 的后验估计值 $(\hat{\lambda}_i^{(d)} \mid I_q)$。吉布斯抽样方法与上一节所述类似,但需要注意的是在满条件分布标准取舍抽样的步骤 3 中,条件似然函数采用其期望值 $\hat{L}(\boldsymbol{U}^{(d)} \mid x_{\mathrm{H}ij})$。

当对 n_{M} 种失效模式未确定数据点逐一进行贝叶斯分析后,所得的后验估计值 $(\hat{\lambda}_i^{(d)} \mid I_{n_{\mathrm{M}}})(i = 1,2,\cdots,E)$ 即为 $\lambda_i^{(d)}$ 最终的贝叶斯估计值。

5. 加速模型及其参数估计

与 6.3.1 节相类似,此处不进行赘述。

6.3.3 贝叶斯融合评估的性质分析

通过蒙特卡罗仿真,对贝叶斯融合评估进行敏感性、有效性分析,并对先验分布采用伽马分布和 Dirichlet 分布进行比较。

1. 仿真方案

假设某机电装备产品存在两种突发型失效模式,对该产品进行以温度为加速应力的恒定应力加速试验。这两种失效模式下寿命均服从指数分布,加速模型为阿伦尼乌斯模型。采用蒙特卡罗仿真方法产生试验数据,仿真方案如下:

应力水平数 $E=4$;正常应力 $S_0=20℃(293\mathrm{K})$,加速应力分别为 $S_1=60℃(333\mathrm{K})$、$S_2=130℃(403\mathrm{K})$、$S_3=210℃(483\mathrm{K})$ 和 $S_4=300℃(573\mathrm{K})$。加速模型参数真值为 $\gamma_0{}^{(1)} = 3$、$\gamma_1{}^{(1)} = 1500$、$\gamma_0{}^{(2)} = 4$、$\gamma_1{}^{(2)} = 1100$。

根据仿真方案中的参数值,得到各应力水平下的失效率真值 $\lambda_i^{(d)}(i = 1,2,\cdots,4;d = 1,2)$,并结合加速模型可计算出 $\lambda_0{}^{(1)} = 2.98 \times 10^{-4}\mathrm{h}^{-1}$,$\lambda_0{}^{(2)} = 4.29 \times 10^{-4}\mathrm{h}^{-1}$。因此产品失效率真值 $\lambda_0 = \lambda_0{}^{(1)} + \lambda_0{}^{(2)} = 7.27 \times 10^{-4}\mathrm{h}^{-1}$。

各应力水平下的样本量 n_i 分别取 5、10 和 50;截尾比例 $\rho_{\mathrm{CS}}=20\%$;失效模式未确定比例 $\rho_{\mathrm{MK}}=20\%$;蒙特卡罗仿真次数为 $N_{\mathrm{MC}}=200$。

2. 性质分析

为对贝叶斯融合评估方法的敏感性、有效性等性质进行对比分析,对于仿真方案得出的仿真数据,分别采用以下三种方法进行数据分析:

(1) 5.1 节的 MLE 方法,即仅对装备加速试验数据进行统计分析,对类似产品信息、专家经验等先验信息不进行融合。

(2) 基于伽马先验分布的贝叶斯融合评估方法,其中模型输入值为失效率先验估计值 $(\hat{\lambda}_i^{(d)} \mid I_{ip})$ 和参数 $p_i^{(d)}$。这里对 $(\hat{\lambda}_i^{(d)} \mid I_{ip})$ 和 $p_i^{(d)}$ 进行不同取

值,以分析模型的敏感性。$(\hat{\lambda}_i^{(d)} \mid I_{ip})(i=1,2,\cdots,4;d=1,2)$ 分别取真值、1.5 倍真值和 2 倍真值;$p_i^{(d)}$ 分别取 0.1、0.3、0.5、0.7 和 0.9。

(3) 基于 Dirichlet 先验分布的贝叶斯融合评估方法,其中模型输入值为失效率先验估计值 $(\hat{\lambda}_i^{(d)} \mid I_{ip})$ 和参数 c。同样对 $(\hat{\lambda}_i^{(d)} \mid I_{ip})$ 和 c 进行不同取值,分析模型的敏感性。$(\hat{\lambda}_i^{(d)} \mid I_{ip})(i=1,2,\cdots,4;d=1,2)$ 分别取真值、1.5 倍真值和 2 倍真值;$\tau=200$;c 分别取 2、10、30 和 50。

根据上述三种方法得出正常应力水平下产品失效率的估计值 $\hat{\lambda}_0$,并采用 $\hat{\lambda}_0$ 的均方误差 MSE$[\hat{\lambda}_0]$ 作为评价标准,MSE$[\hat{\lambda}_0]$ 越小说明分析精度越高。

仿真分析结果如表 6-17 所示。在“基于伽马先验分布的贝叶斯融合评估”一栏中,加粗并采用下划线标出的数字为在同等样本量和失效率先验估计值的情况下,$p_i^{(d)}$ 取值为 0.1、0.3、0.5、0.7 和 0.9 中得到的 MSE$[\hat{\lambda}_0]$ 最小值。同样地,在“基于 Dirichlet 先验分布的贝叶斯融合评估”一栏中,加粗并采用下划线标出的数字为在同等样本量和失效率先验估计值的情况下,c 取值为 2、10、30 和 50 中得到的 MSE$[\hat{\lambda}_0]$ 最小值。

表 6-17 贝叶斯融合评估的仿真分析结果

失效率先验估计值 $(\hat{\lambda}_i^{(d)} \mid I_{ip})$	样本量 n_i	MSE$[\hat{\lambda}_0]/10^{-6}$									
		MLE	基于伽马先验分布的贝叶斯融合评估					基于 Dirichlet 先验分布的贝叶斯融合评估			
			$p_i^{(d)}=0.1$	$p_i^{(d)}=0.3$	$p_i^{(d)}=0.5$	$p_i^{(d)}=0.7$	$p_i^{(d)}=0.9$	$c=2$	$c=10$	$c=30$	$c=50$
$\lambda_i^{(d)}$	5	0.351	**0.009**	0.043	0.175	0.266	1.141	0.237	0.066	0.019	**0.010**
	10	0.086	**0.002**	0.015	0.053	0.118	0.262	0.186	0.050	0.025	**0.016**
	50	0.027	**0.001**	0.002	0.006	0.010	0.019	0.028	0.020	0.015	**0.010**
$1.5\lambda_i^{(d)}$	5	0.351	**0.131**	0.174	0.279	0.352	1.268	0.193	0.066	**0.040**	0.060
	10	0.086	0.114	**0.098**	0.114	0.133	0.286	0.113	0.047	**0.038**	0.058
	50	0.027	0.109	0.069	0.044	0.032	**0.019**	0.054	**0.023**	0.039	0.049
$2\lambda_i^{(d)}$	5	0.351	0.478	0.382	**0.355**	1.893	1.185	0.147	**0.118**	0.119	0.183
	10	0.086	0.442	0.310	0.243	**0.143**	0.204	0.128	0.050	**0.049**	0.072
	50	0.027	0.429	0.264	0.143	0.068	**0.032**	0.037	**0.030**	0.045	0.059

对表 6-17 的仿真对比结果进行分析,可以得到以下结论:

(1) 敏感性分析。MLE 的分析精度仅与样本量有关;贝叶斯融合评估的分析精度不仅与样本量有关，而且与模型输入值(先验估计值 $(\hat{\lambda}_i^{(d)} \mid I_{ip})$ 以及参数 $p_i^{(d)}$(或 c))有关，即对模型输入值具有一定的敏感性。因此在实际应用中首先依据类似产品信息、专家经验等信息对失效率进行估计，并根据 $(\hat{\lambda}_i^{(d)} \mid I_{ip})$ 的确信程度合理选取参数 $p_i^{(d)}$(或 c)，确信程度高，则 $p_i^{(d)}$ 取相对小的值(c 取相对大的值)，反之则情况相反。

(2) 有效性分析。贝叶斯融合评估的有效性是有前提的，在合理选取模型输入值的情况下比 MLE 方法分析精度高，进而提高装备加速试验寿命评估与现场服役寿命之间的一致性。通常而言，在装备加速试验样本量较小的场合，贝叶斯融合评估更为适用，能够相对容易提高分析精度，提高装备加速试验的一致性。

(3) 先验分布选取比较。贝叶斯融合评估通常采用伽马分布或 Dirichlet 分布作为先验分布，前者的推导分析过程更简单，但从表中可看出，后者对模型输入值的敏感性相对较低。在实际应用中应根据需求折中选择先验分布类型。

6.3.4 威布尔分布场合的贝叶斯融合评估

6.3.1 节和 6.3.2 节建立了指数分布场合的贝叶斯融合评估，在此基础上，本节研究威布尔分布场合的贝叶斯融合评估。

1. 基本思路

设产品在应力水平 $S_i(i=1,2,\cdots,E)$ 下，各失效模式 d 的失效时间服从威布尔分布，即 $t_{ij}^{(d)} \sim \text{Weibull}(\boldsymbol{\eta}_i^{(d)},m_i^{(d)})$，$\boldsymbol{\eta}_i^{(d)}$ 和 $m_i^{(d)}$ 分别为尺度参数和形状参数。每种失效模式在各应力下的失效机理均保持不变，即 $m_1^{(d)}=m_2^{(d)}=\cdots=m_E^{(d)}=m^{(d)}$，令 $\boldsymbol{\lambda}_i^{(d)}=(1/\boldsymbol{\eta}_i^{(d)})^{m_i^{(d)}}$。这里仅讨论基于伽马先验分布的贝叶斯融合评估方法。

基本思路与 6.3.1 节类似，对于突发型失效模式 d，先分析完整数据和截尾数据 $\boldsymbol{x}_{\text{H}i\text{C}}$，再分析失效模式未确定数据 $\boldsymbol{x}_{\text{H}i\text{M}}$；对于退化型失效模式 d，先求出试验样本失效模式 d 的伪失效寿命时间 $\boldsymbol{t}^{(d)}$，进而构造伪失效数据 $\boldsymbol{x}_i'^{(d)}(i=1,2,\cdots,E)$，然后按突发型失效模式中完整数据和截尾数据分析方法进行分析。所不同的是前面分析的指数分布是单参数分布，只需对 $\boldsymbol{\lambda}_i^{(d)}$ 进行贝叶斯分析即可，而威布尔分布是双参数分布，可先分析 $m_i^{(d)}$，之后再分析 $\boldsymbol{\lambda}_i^{(d)}$。下面主要针对完整数据和截尾数据进行贝叶斯分析，失效模式未确定数据的分析可借鉴 6.3.1 节，在此从略。

2. 先验分布

首先产生 $m_i^{(d)}(i=1,2,\cdots,E)$ 的先验分布。假设根据先验信息，$m^{(d)}$ 的取

值范围为 $[m_{\mathrm{L}}{}^{(d)}, m_{\mathrm{U}}{}^{(d)}]$。这是符合工程实际的,因为 $m_i^{(d)}$ 恒大于 0 且通常小于 20,因此估计 $m^{(d)}$ 的取值范围简单易行。$m_i^{(d)}$ 在无信息先验的情况下可取均匀分布作为先验分布;若有信息先验,可采用 β 分布作为先验分布,即

$$\pi(m_i^{(d)} \mid I_{ip}) = \frac{\Gamma(K_1{}^{(d)} + K_2{}^{(d)})}{\Gamma(K_1{}^{(d)})\Gamma(K_2{}^{(d)})} \cdot \frac{(m_i^{(d)} - m_{\mathrm{L}}{}^{(d)})^{K_1^{(d)}-1}(m_{\mathrm{U}}{}^{(d)} - m_i^{(d)})^{K_2^{(d)}-1}}{(m_{\mathrm{U}}{}^{(d)} - m_i^{(d)})^{K_1^{(d)}+K_2^{(d)}-1}} \tag{6-134}$$

其中,$K_1{}^{(d)}$、$K_2{}^{(d)} > 0$,为 β 分布的参数。为方便计算,将 $\pi(m_i^{(d)} \mid I_{ip})$ 进行离散化,离散点数为 N_{q} 个,对于 $q = 1,2,\cdots,N_{\mathrm{q}}$,有

$$m_i{}^{(d)(q)} = m_{\mathrm{L}}{}^{(d)} + \frac{2q-1}{2} \cdot \frac{m_{\mathrm{U}}{}^{(d)} - m_{\mathrm{L}}{}^{(d)}}{N_{\mathrm{q}}} \tag{6-135}$$

$$\begin{aligned}\pi(m_i{}^{(d)(q)} \mid I_{ip}) &= \Pr(m_i^{(d)} = m_i{}^{(d)(q)} \mid I_{ip}) \\ &= \int_{m_i{}^{(d)(q)} - [m_{\mathrm{U}}{}^{(d)} - m_{\mathrm{L}}{}^{(d)}]/2N_{\mathrm{q}}}^{m_i{}^{(d)(q)} + [m_{\mathrm{U}}{}^{(d)} - m_{\mathrm{L}}{}^{(d)}]/2N_{\mathrm{q}}} \pi(m_i^{(d)} \mid I_{ip})\mathrm{d}m_i^{(d)}\end{aligned} \tag{6-136}$$

由于各加速应力下失效机理不变,$m_1{}^{(d)} = m_2{}^{(d)} = \cdots = m_E{}^{(d)} = m^{(d)}$。因此这里可以设各应力下形状因子的先验分布相同,即 $\pi(m_1{}^{(d)} \mid I_{1p}) = \pi(m_2{}^{(d)} \mid I_{2p}) = \cdots = \pi(m_E{}^{(d)} \mid I_{Ep})$;离散值的取值也相同,$m_1{}^{(d)(q)} = m_2{}^{(d)(q)} = \cdots = m_E{}^{(d)(q)}(q = 1,2,\cdots,N_{\mathrm{q}})$。因此各应力下形状因子的先验估计值也相同,即 $(\hat{m}_1{}^{(d)} \mid I_{1p}) = (\hat{m}_2{}^{(d)} \mid I_{2p}) = \cdots = (\hat{m}_E{}^{(d)} \mid I_{Ep})$。

在建立 $m_i^{(d)}$ 的先验分布之后,设 $\lambda_i^{(d)}$ 的先验分布为伽马分布,即

$$\begin{aligned}\pi(\lambda_i^{(d)} \mid m_i^{(d)}, I_{ip}) &= \mathrm{Gamma}(a_{ip}{}^{(d)}, b_{ip}{}^{(d)}) \\ &= \frac{[b_{ip}{}^{(d)}]^{a_{ip}^{(d)}}}{\Gamma(a_{ip}{}^{(d)})}[\lambda_i^{(d)}]^{a_{ip}^{(d)}-1} \cdot \exp[-b_{ip}{}^{(d)} \cdot \lambda_i^{(d)}]\end{aligned} \tag{6-137}$$

其中,$a_{ip}{}^{(d)}$ 和 $b_{ip}{}^{(d)}$ 的估计过程如下:由先验信息估计 $(\hat{m}_i^{(d)} \mid I_{ip})$ 和 $(\hat{\eta}_i^{(d)} \mid I_{ip})$,并根据 $\lambda_i^{(d)} = (1/\eta_i^{(d)})^{m_i^{(d)}}$ 估计 $(\hat{\lambda}_i^{(d)} \mid m_i^{(d)}, I_{ip}) = [1/(\hat{\eta}_i^{(d)} \mid I_{ip})]^{(\hat{m}_i^{(d)} \mid I_{ip})}$。再由试验数据情况设定权重因子 $p_i^{(d)}$,然后得到 $b_{ip}{}^{(d)} = (1-p_i^{(d)})\mathrm{TTT}_i[(\hat{m}_i^{(d)} \mid I_{ip})]/p_i^{(d)}$,其中 $\mathrm{TTT}_i[(\hat{m}_i^{(d)} \mid I_{ip})] = \sum_{x_{\mathrm{H}ij} \in \boldsymbol{x}_{\mathrm{H}i\mathrm{C}}} t_{ij}{}^{(\hat{m}_i^{(d)} \mid I_{ip})}$,$a_{ip}{}^{(d)} = b_{ip}{}^{(d)} \cdot (\hat{\lambda}_i^{(d)} \mid m_i^{(d)}, I_{ip})$。

则联合先验分布为

$$\pi(\lambda_i^{(d)}, m_i^{(d)} \mid I_{ip}) = \pi(\lambda_i^{(d)} \mid m_i^{(d)}, I_{ip}) \cdot \pi(m_i^{(d)} \mid I_{ip})$$

$$= \pi(\lambda_i^{(d)}, m_i^{(d)(q)} \mid I_{ip})$$

$$= \pi(\lambda_i^{(d)} \mid m_i^{(d)}, I_{ip}) \cdot \pi(m_i^{(d)(q)} \mid I_{ip})$$

$$(q = 1, 2, \cdots, N_q) \tag{6-138}$$

3. 后验分布

$\boldsymbol{x}_{HiC}$ 的似然函数可写为

$$\begin{aligned}
L(\lambda_i^{(d)}, m_i^{(d)} \mid I_{i0}) &= \prod_{x_{Hij} \in \boldsymbol{x}_{HiC}} \{[f_i^{(d)}(t_{ij})]^{z_{Hij}^{(d)}} \cdot [R_i^{(d)}(t_{ij})]^{1-z_{Hij}^{(d)}}\} \\
&= \prod_{x_{Hij} \in \boldsymbol{x}_{HiC}} \{[h_i^{(d)}(t_{ij})]^{z_{Hij}^{(d)}} \cdot [R_i^{(d)}(t_{ij})]\} \\
&= \prod_{x_{Hij} \in \boldsymbol{x}_{HiC}} \{[\lambda_i^{(d)} \cdot m_i^{(d)} \cdot t_{ij}^{m_i^{(d)}-1}]^{z_{Hij}^{(d)}} \\
&\quad \cdot \exp[-\lambda_i^{(d)} \cdot t_{ij}^{m_i^{(d)}}]\} \\
&= [m_i^{(d)}]^{\sum_{x_{Hij} \in \boldsymbol{x}_{HiC}} z_{Hij}^{(d)}} \cdot \prod_{x_{Hij} \in \boldsymbol{x}_{HiC}} \{[t_{ij}^{m_i^{(d)}-1}]^{z_{Hij}^{(d)}}\} \\
&\quad \cdot [\lambda_i^{(d)}]^{\sum_{x_{Hij} \in \boldsymbol{x}_{HiC}} z_{Hij}^{(d)}} \cdot \exp\left[-\lambda_i^{(d)} \cdot \sum_{x_{Hij} \in \boldsymbol{x}_{HiC}} t_{ij}^{m_i^{(d)}}\right]
\end{aligned} \tag{6-139}$$

联合后验分布

$$\pi(\lambda_i^{(d)}, m_i^{(d)} \mid I_{i0}) = \pi(\lambda_i^{(d)}, m_i^{(d)(q)} \mid I_{i0}) \quad (q = 1, 2, \cdots, N_q) \tag{6-140}$$

其中

$$\begin{aligned}
\pi(\lambda_i^{(d)}, m_i^{(d)(q)} \mid I_{i0}) &\propto \pi(\lambda_i^{(d)}, m_i^{(d)(q)} \mid I_{ip}) \cdot L(\lambda_i^{(d)}, m_i^{(d)(q)} \mid I_{i0}) \\
&= \pi(\lambda_i^{(d)} \mid m_i^{(d)}, I_{ip}) \cdot \pi(m_i^{(d)(q)} \mid I_{ip}) \cdot L(\lambda_i^{(d)}, m_i^{(d)(q)} \mid I_{i0}) \\
&= \frac{[b_{ip}^{(d)}]^{a_{ip}^{(d)}}}{\Gamma(a_{ip}^{(d)})} \cdot p_q^{(d)} \cdot [m_i^{(d)(q)}]^{\sum_{x_{Hij} \in \boldsymbol{x}_{HiC}} z_{Hij}^{(d)}} \\
&\quad \cdot \prod_{x_{Hij} \in \boldsymbol{x}_{HiC}} \{[t_{ij}^{m_i^{(d)(q)}-1}]^{z_{Hij}^{(d)}}\} \cdot [\lambda_i^{(d)}]^{\sum_{x_{Hij} \in \boldsymbol{x}_{HiC}} z_{Hij}^{(d)} + a_{ip}^{(d)} - 1} \\
&\quad \cdot \exp\left[-\lambda_i^{(d)} \cdot \left(\sum_{x_{Hij} \in \boldsymbol{x}_{HiC}} t_{ij}^{m_i^{(d)(q)}} + b_{ip}^{(d)}\right)\right]
\end{aligned} \tag{6-141}$$

4. 后验分布估计值的计算

首先推导 $m_i^{(d)(q)}(q = 1, 2, \cdots, N_q; i = 1, 2, \cdots, E)$ 的后验分布：

$$\pi(m_i^{(d)(q)} \mid I_{i0}) \propto \int_{\boldsymbol{\Phi}_i^{(d)}} \pi(\lambda_i^{(d)}, m_i^{(d)(q)} \mid I_{i0}) \mathrm{d}\lambda_i^{(d)} \approx \mathrm{INT}(m_i^{(d)(q)}) \tag{6-142}$$

式中：$\boldsymbol{\Phi}_i^{(d)}$ 为 $\lambda_i^{(d)}$ 的取值空间。

采用梯形积分法、龙贝格积分法等数值积分法对式(6-142)进行积分[9]。理论上 $\boldsymbol{\Phi}_i^{(d)}=(0,+\infty)$，但由于 $\lambda_i^{(d)}$ 通常为比较小的数目(如 10^{-5})，在数值积分中，积分范围可适当选小一点(如 $\boldsymbol{\Phi}_i^{(d)}=(0,0.1)$)，以减少计算量，只要 $\lambda_i^{(d)}$ 的可能取值分布在 $\boldsymbol{\Phi}_i^{(d)}$ 内即可，积分值为 $\mathrm{INT}(m_i^{(d)(q)})$。

$m_i^{(d)}$ 的后验分布和后验估计值分别为

$$\pi(m_i^{(d)}\mid I_{i0})=\frac{\mathrm{INT}(m_i^{(d)(q)})}{\sum_{q=1}^{N_q}\mathrm{INT}(m_i^{(d)(q)})}=w_i^{(d)(q)}\quad(q=1,2,\cdots,N_{\mathrm{q}})\tag{6-143}$$

$$(\hat{m}_i^{(d)}\mid I_{i0})=\sum_{q=1}^{N_q}w_i^{(d)(q)}\cdot m_i^{(d)(q)}\tag{6-144}$$

则 $m^{(d)}$ 的一致估计(即权重均值)为

$$(\hat{m}^{(d)}\mid I_0)=\sum_{i=1}^{E}\left\{(\hat{m}_i^{(d)}\mid I_{i0})\cdot n_i/\sum_{i=1}^{E}n_i\right\}\tag{6-145}$$

由 $\pi(\lambda_i^{(d)}\mid m_i^{(d)(q)},I_{i0})=\pi(\lambda_i^{(d)},m_i^{(d)(q)}\mid I_{i0})/\pi(m_i^{(d)(q)}\mid I_{i0})$，式(6-141)和式(6-142)得

$$\begin{aligned}&\pi(\lambda_i^{(d)}\mid m_i^{(d)(q)},I_{i0})\\ \propto\ &[\lambda_i^{(d)}]^{\sum_{x_{\mathrm{H}ij}\in\boldsymbol{x}_{\mathrm{H}i\mathrm{C}}}z_{\mathrm{H}ij}{}^{(d)}+a_{ip}{}^{(d)}-1}\cdot\exp\left[-\lambda_i^{(d)}\cdot\left(\sum_{x_{\mathrm{H}ij}\in\boldsymbol{x}_{\mathrm{H}i\mathrm{C}}}t_{ij}{}^{m_i^{(d)(q)}}+b_{ip}{}^{(d)}\right)\right]\end{aligned}\tag{6-146}$$

$\pi(\lambda_i^{(d)}\mid m_i^{(d)(q)},I_{i0})$ 为 $\mathrm{Gamma}\left(\sum_{x_{\mathrm{H}ij}\in\boldsymbol{x}_{\mathrm{H}i\mathrm{C}}}z_{\mathrm{H}ij}{}^{(d)}+a_{ip}{}^{(d)},\sum_{x_{\mathrm{H}ij}\in\boldsymbol{x}_{\mathrm{H}i\mathrm{C}}}t_{ij}{}^{m_i^{(d)(q)}}+b_{ip}{}^{(d)}\right)$ 分布。

因此，$\lambda_i^{(d)}$ 的后验估计值为

$$\begin{aligned}(\hat{\lambda}_i^{(d)}\mid I_{i0})&=E(\lambda_i^{(d)}\mid I_{i0})=E[E(\lambda_i^{(d)}\mid m_i^{(d)},I_{i0})\mid I_{i0}]\\&=\sum_{q=1}^{N_q}w_i^{(d)(q)}\cdot E(\lambda_i^{(d)}\mid m_i^{(d)(q)},I_{i0})\\&=\sum_{q=1}^{N_q}\left\{w_i^{(d)(q)}\cdot\frac{\sum_{x_{\mathrm{H}ij}\in\boldsymbol{x}_{\mathrm{H}i\mathrm{C}}}z_{\mathrm{H}ij}{}^{(d)}+a_{ip}{}^{(d)}}{\sum_{x_{\mathrm{H}ij}\in\boldsymbol{x}_{\mathrm{H}i\mathrm{C}}}t_{ij}{}^{m_i^{(d)(q)}}+b_{ip}{}^{(d)}}\right\}\end{aligned}\tag{6-147}$$

6.3.5 应用案例:某机电产品加速试验贝叶斯融合评估

1. 案例一(指数分布)

案例一采用6.3.3节仿真方案进行仿真,产品存在两种突发型失效模式,编号分别为1和2,失效时间均服从指数分布。试验数据如表6-18所示。

表6-18 案例一试验数据

$S_1=60℃$			$S_2=130℃$			$S_3=210℃$			$S_4=300℃$		
t_{1j}/h	C①	$z_{1,j}$③	t_{2j}/h	C	z_{2j}	t_{3j}/h	C	z_{3j}	t_{4j}/h	C	z_{4j}
256.7	1	(1,0)	71.5	2	(0,1)	55.8	2	(0,1)	9.1	1	(1,0)
540.5	1,2	(1,1)	198.8	2	(0,1)	129.1	1,2	(1,1)	76.2	1,2	(0,1)
686.7	1	(1,0)	314.7	2	(0,1)	200.1	1,2	(1,1)	91.1	1	(1,0)
1121.1	2	(0,1)	870.0	1,2	(1,1)	273.4	1	(1,0)	205.8	2	(1,0)
1121.1	+②	(0,0)	870.0	+	(0,0)	273.4	+	(0,0)	205.8	+	(0,0)

注:C——失效原因;+ ——截尾数据点;z_{ij}——失效模式标记符。

对于表6-18数据,首先采用5.1节基于EM算法的MLE方法进行分析。然后分别采用基于伽马先验分布和基于Dirichlet先验分布的贝叶斯融合评估方法进行分析。其中,前者的模型输入值为$(\hat{\boldsymbol{\lambda}}^{(1)} \mid \boldsymbol{I}_{ip})=[0.0008\ 0.0018\ 0.0033\ 0.0054]\mathrm{h}^{-1}$;$(\hat{\boldsymbol{\lambda}}^{(2)} \mid \boldsymbol{I}_{ip})=[0.0010\ 0.0018\ 0.0028\ 0.0040]\mathrm{h}^{-1}$;$p_i^{(d)}=0.5(i=1,2,3,4;d=1,2)$。后者的模型输入值为$\tau=200$;$\boldsymbol{g}_p^{(1)}=[0.1523,0.1509,0.1847,0.1759,0.3363]$;$\boldsymbol{g}_p^{(2)}=[0.1829,0.11184,0.1295,0.1225,0.4467]$;$c^{(1)}=c^{(2)}=30$。

图6-16为采用基于伽马先验分布的贝叶斯融合评估时,失效模式1在S_3下的边缘分布概率密度分析结果,其中$\pi(\lambda_3^{(1)} \mid I_{3p})$为先验边缘分布($\lambda_3^{(1)}$的先验均值为$0.0033\mathrm{h}^{-1}$),$\pi(\lambda_3^{(1)} \mid I_{3n_{3M}})$为后验边缘分布($\lambda_3^{(1)}$的后验均值为$0.0022\mathrm{h}^{-1}$)。

图6-17为采用基于Dirichlet先验分布的贝叶斯融合评估时,失效模式1在S_3下的边缘分布概率密度分析结果,其中$\pi(u_3^{(1)} \mid I_p)$为先验边缘分布(均值为0.5122,对应$\lambda_3^{(1)}$的先验均值为$0.0056\mathrm{h}^{-1}$),$\pi(u_3^{(1)} \mid I_{n_{3M}})$为后验边缘分布(均值为0.5877,对应$\lambda_3^{(1)}$的后验均值为$0.0027\mathrm{h}^{-1}$)。采用吉布斯抽样进行后验估计值的计算,采样次数10000次,取3000~10000次的抽样数据为成熟数据计算后验估计值。图6-18所示为$\pi(u_3^{(1)} \mid I_{n_{3M}})$的吉布斯抽样过程。

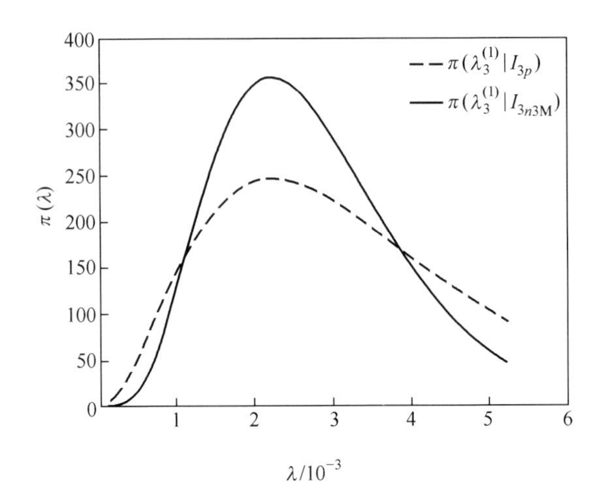

图 6-16 $\lambda_3^{(1)}$的伽马先验分布和后验分布

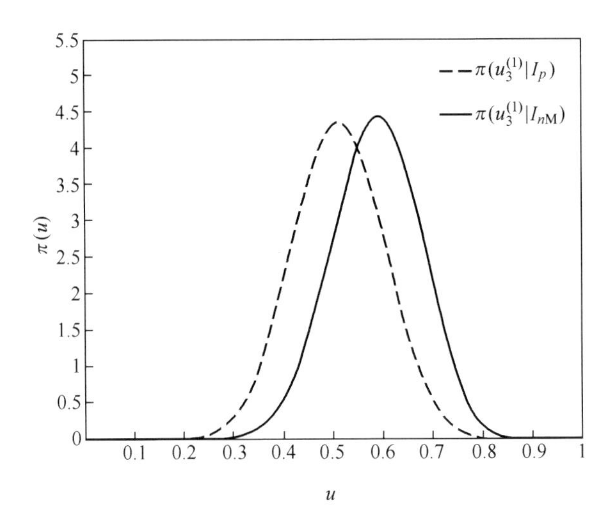

图 6-17 $u_3^{(1)}$的 Dirichlet 先验及后验边缘分布

采用上述三种方法得到的分析结果及误差分析结果如表 6-19 所示,其中 σ 表示可靠寿命累计绝对误差,$\overline{\varepsilon}$ 表示可靠寿命相对误差均值,r^2 表示可靠度拟合优度,ε_{T} 表示平均寿命相对误差。从指标(σ、$\overline{\varepsilon}$、r^2、ε_{T})可看出,与无信息融合的 MLE 相比,通过贝叶斯融合评估可以有效结合先验信息,从而改善装备加速试验的评估精度。

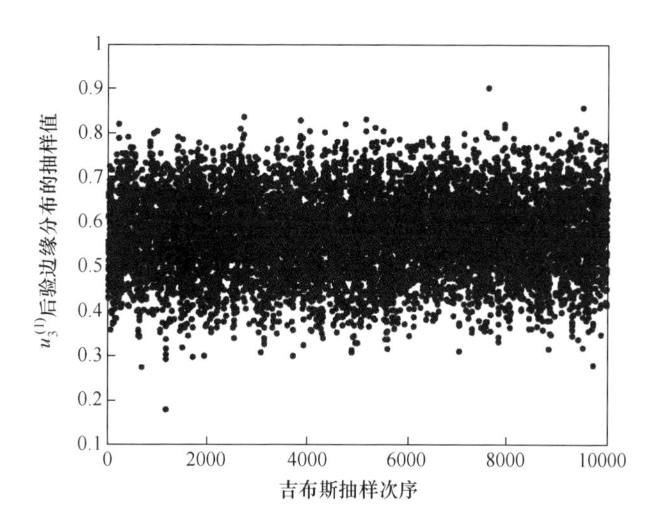

图 6-18　$\pi(u_3{}^{(1)} \mid I_{n_{3M}})$ 的吉布斯抽样值

表 6-19　案例一贝叶斯融合评估及误差分析

参　数	统计分析(失效率/(10^{-4}h^{-1}))			误差分析($n_r=9$)			
	$\hat{\lambda}_0{}^{(1)}$	$\hat{\lambda}_0{}^{(2)}$	$\hat{\lambda}_0$	σ	$\bar{\varepsilon}$	r^2	ε_T
参数真值	2.98	4.29	7.27	0	0	1	0
MLE	2.12	2.87	4.99	5013.2	0.4552	0.6447	0.4412
贝叶斯(伽马分布)	3.26	4.75	8.01	1025.6	0.0926	1.2312	0.1013
贝叶斯(Dirichlet 分布)	2.61	4.15	6.76	836.1	0.0753	0.8727	0.0809

2. 案例二(威布尔分布)

数据采用 5.1.4 节案例的数据,如图 5-3 和表 5-5 所示。产品存在突发型失效模式和退化型失效模式各一,这两种失效模式的失效时间均服从威布尔分布。

采用 6.3.4 节方法进行贝叶斯融合评估,模型输入值为:$m_L{}^{(1)} = m_L{}^{(2)} = 0.5$、$m_U{}^{(1)} = m_U{}^{(2)} = 8$、$m^{(1)}$ 和 $m^{(2)}$ 的离散点数均为 $N_q = 100$ 个;$(\hat{\boldsymbol{\lambda}}^{(1)} \mid \boldsymbol{I}_{ip}) = [0.0003\ \ 0.0056\ \ 0.0553\ \ 0.3359] \times 10^{-7}\text{h}^{-1}$、$(\hat{\boldsymbol{\lambda}}^{(2)} \mid \boldsymbol{I}_{ip}) = [0.0001\ \ 0.0023\ \ 0.0303\ \ 0.2348] \times 10^{-9}\text{h}^{-1}$、$p_i^{(d)} = 0.8(i=1,2,3,4;d=1,2)$。

MLE 统计分析(5.1 节方法,仅对装备加速试验进行分析)及基于伽马先验分布的贝叶斯融合评估结果如表 6-20 所示,其中贝叶斯后验估计 $(\hat{m}^{(1)} \mid I_0) =$

2.6284 和 $(\hat{m}^{(2)} \mid I_0) = 3.5301$ 分别为 $(\hat{m}_i^{(1)} \mid I_{i0}) = [2.5967\ 2.6966\ 2.5023\ 2.7181]$ 和 $(\hat{m}_i^{(2)} \mid I_{i0}) = [3.7976\ 3.4690\ 3.4549\ 3.3987]$ $(i=1,2,3,4)$ 的一致估计。图 6-19和图 6-20 所示分别为 $m_3{}^{(1)}$ 和 $m_1{}^{(2)}$ 的先验分布和后验分布离散值。

案例二对威布尔场合贝叶斯融合评估过程进行了演示验证,但从表 6-20 的误差分析结果可看出,由于装备加速试验样本量比较充足,MLE 分析的精度已经比较好,而贝叶斯融合评估并未能减小误差。这也另一侧面印证了 6.3.3 节中贝叶斯融合评估的有效性分析,贝叶斯融合评估能够提高精度是存在一定前提的,即需要合理地选取模型输入值,通常而言更适用于样本量较小的场合。

表 6-20　案例二贝叶斯融合评估及误差分析

参数	统计分析						误差分析($n_r=9$)			
	突发型失效模式($d=1$)			退化型失效模式($d=2$)						
	$\gamma_0{}^{(1)}$	$\gamma_1{}^{(1)}$	$m^{(1)}$	$\gamma_0{}^{(2)}$	$\gamma_1{}^{(2)}$	$m^{(2)}$	σ	$\bar{\varepsilon}$	r^2	ε_T
参数真值	3	2100	2	3.5	1900	4	0	0	1	0
MLE	3.1423	2001.2	2.0481	3.6910	1816.8	4.6651	1537.2	0.1051	1.4475	0.1080
贝叶斯	2.8524	2080.8	2.6284	3.5795	1815.3	3.5301	2356.3	0.1534	2.1850	0.1560

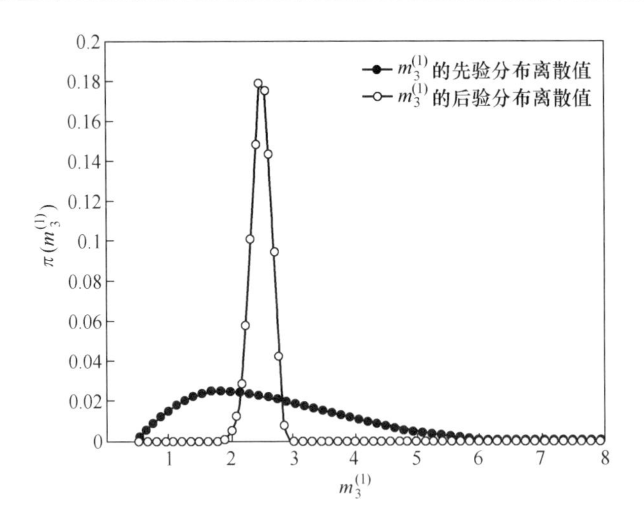

图 6-19　$m_3{}^{(1)}$ 的先验分布和后验分布图

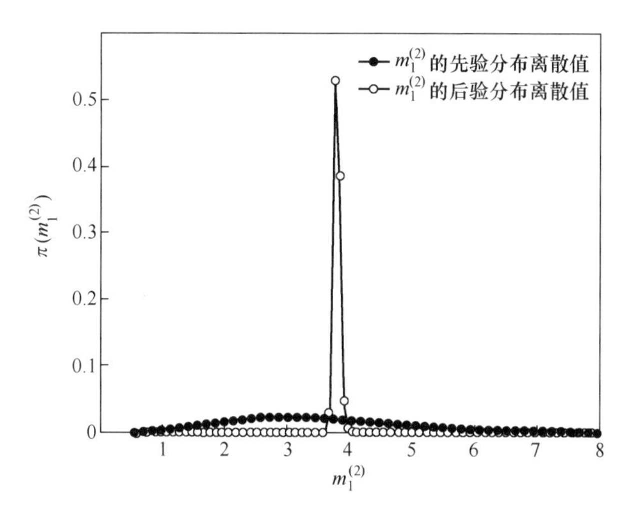

图 6-20　$m_1{}^{(2)}$的先验分布和后验分布

6.4　加速试验 MLE 融合评估

在机电产品延寿阶段,通常可获取其现场服役数据。在这种情况下,可将现场服役数据当作机电产品加速试验的一组正常应力下的特殊数据,然后采用 MLE 进行融合评估。本节重点研究机电产品加速试验的 MLE 融合评估方法,并通过仿真分析及应用实例对方法进行验证。

6.4.1　机电产品加速试验 MLE 融合评估

1. 现场服役数据

设对机电产品进行恒加试验,进行加速试验的样品经历了现场服役和加速试验两个阶段。设在加速试验之前的现场服役阶段,通过定期检测等手段获取了产品的现场服役数据。现场服役数据同样包含两部分:退化数据和失效数据。

1）退化数据

退化数据记为 $\boldsymbol{y}_0=\{\boldsymbol{y}_0^{(M_{\mathrm{H}}+1)},\boldsymbol{y}_0^{(M_{\mathrm{H}}+2)},\cdots,\boldsymbol{y}_0^{(M)}\}$，其中 $\boldsymbol{y}_0^{(d)}(d=M_{\mathrm{H}}+1,M_{\mathrm{H}}+2,\cdots,M)$ 为退化型失效模式 d 的退化数据:

$$\boldsymbol{y}_0^{(d)}=\{y_{0j}{}^{(d)}(t_{0,k})\mid j=1,2,\cdots,n_0;k=1,2,\cdots,K_0\}\tag{6-148}$$

其中,在现场服役期间共监测 K_0 次,$t_{0,k}$为第 k 次测量时间，$y_{0j}{}^{(d)}(t_{0,k})$ 为退化型失效模式 d 退化量 $D_{0j}{}^{(d)}(t)$ 在 $t_{0,k}$时刻的测量值,n_0 为现场服役的装备产品总数。伪失效寿命时间 $t_{0j}{}^{(d)}$ 可通过求取 $D_{0j}{}^{(d)}(t)$ 反函数获得。

2）失效数据

失效数据可表示为

$$\boldsymbol{x}_0 = \{x_{0j} \mid x_{0j} = (t_{0j}, z_{0j}), j = 1,2,\cdots,n_{\mathrm{f}}\} \tag{6-149}$$

式中：t_{0j} 为现场服役期间样品 j 在失效或者截尾时的观测时间；$z_{0j} = (z_{0j}{}^{(1)}, z_{0j}{}^{(2)},\cdots,z_{0j}{}^{(M)})$ 为 t_{0j} 的失效模式标记符。$n_{\mathrm{f}} = n_0 - \sum_{i=1}^{E} n_i$，为在现场服役期间已失效样品，以及未失效但没有被抽样进行加速试验的样品总数。

突发型失效模式数据为

$$\boldsymbol{x}_{\mathrm{H0}} = \{x_{\mathrm{H0}j} \mid x_{\mathrm{H0}j} = (t_{0j}, z_{\mathrm{H0}j}), j = 1,2,\cdots,n_{\mathrm{f}}\} \tag{6-150}$$

2. MLE 融合评估

MLE 融合评估的基本思路是：在获得现场服役数据的情况下，将现场服役数据看作装备加速试验的正常应力水平 S_0 下试验获得的数据，通过极大似然法则对装备加速试验数据和现场服役数据进行融合分析，获得产品可靠性特征量估计值。

1）突发型失效模式融合评估

对于装备加速试验突发型失效模式数据 $\boldsymbol{x}_{\mathrm{H}}$ 和装备现场服役突发型失效模式数据 $\boldsymbol{x}_{\mathrm{H0}}$，采用基于 EM 算法的 MLE 进行融合评估。对于现场服役数据点 $x_{\mathrm{H0}j}$，相应的突发型完整数据点 $x_{\mathrm{H0}j}{}^{*} = (t_{0j}, u_{\mathrm{H0}j})$。$u_{\mathrm{H0}j}$ 为 t_{0j} 客观上对应的突发型失效模式标记符。则 $\boldsymbol{x}_{\mathrm{H0}}$ 对应的突发型完整数据 $\boldsymbol{x}_{\mathrm{H0}}{}^{*} = \{x_{\mathrm{H0}j}{}^{*} \mid j = 1,2,\cdots,n_{\mathrm{f}}\}$。以极大似然法则对 $\boldsymbol{x}_{\mathrm{H0}}{}^{*}$ 和 $\boldsymbol{x}_{\mathrm{H}}{}^{*}$ 进行融合，得

$$\begin{aligned}
\ln L^{(\mathrm{CP})}(\boldsymbol{\theta} \mid \boldsymbol{x}_{\mathrm{H}}{}^{*}, \boldsymbol{x}_{\mathrm{H0}}{}^{*}) &= \ln L_0{}^{(\mathrm{CP})}(\boldsymbol{\theta} \mid \boldsymbol{x}_{\mathrm{H0}}{}^{*}) + \ln L^{(\mathrm{CP})}(\boldsymbol{\theta} \mid \boldsymbol{x}_{\mathrm{H}}{}^{*}) \\
&= \sum_{j=1}^{n_{\mathrm{f}}} \sum_{d=1}^{M_{\mathrm{H}}} [u_{\mathrm{H0}j}{}^{(d)} \ln h_0{}^{(d)}(t_{0j}) + \ln R_0{}^{(d)}(t_{0j})] \\
&\quad + \sum_{i=1}^{E} \sum_{j=1}^{n_i} \sum_{d=1}^{M_{\mathrm{H}}} [u_{\mathrm{H}ij}{}^{(d)} \ln h_i^{(d)}(t_{ij} - T_0 + C_i^{(d)}) \\
&\quad + \ln R_i^{(d)}(t_{ij} - T_0 + C_i^{(d)})]
\end{aligned} \tag{6-151}$$

（1）期望步。给定实际观测数据 $\boldsymbol{t} = \{t_{ij} \mid i = 0,1,\cdots,E; j = n_{\mathrm{f}}(i = 0), j = 1, 2,\cdots,n_i(i = 1,2,\cdots,E)\}$、假想的突发型完整数据 $\boldsymbol{x}_{\mathrm{H0}}{}^{*}$ 和 $\boldsymbol{x}_{\mathrm{H}}{}^{*}$，以及 s 步参数估计 $\boldsymbol{\theta}_s$，计算 $\ln L^{(\mathrm{CP})}(\boldsymbol{\theta} \mid \boldsymbol{x}_{\mathrm{H}}{}^{*}, \boldsymbol{x}_{\mathrm{H0}}{}^{*})$ 的期望：

$$\begin{aligned}
Q(\boldsymbol{\theta} \mid \boldsymbol{\theta}_s) &= E[\ln L_0{}^{(\mathrm{CP})}(\boldsymbol{\theta} \mid \boldsymbol{x}_{\mathrm{H0}}^{*}) + \ln L^{(\mathrm{CP})}(\boldsymbol{\theta} \mid \boldsymbol{x}_{\mathrm{H}}{}^{*}) \mid \boldsymbol{t}, \boldsymbol{\theta}_s] \\
&= \sum_{d=1}^{M_{\mathrm{H}}} Q_d(\boldsymbol{\theta}^{(d)} \mid \boldsymbol{\theta}_s)
\end{aligned} \tag{6-152}$$

其中

$$
\begin{aligned}
Q_d(\boldsymbol{\theta}^{(d)} \mid \boldsymbol{\theta}_s) = & \sum_{j=1}^{n_f} [E(u_{\mathrm{H}0j}{}^{(d)} \mid t_{0j}, \boldsymbol{\theta}_s) \cdot \ln h_0{}^{(d)}(t) + \ln R_0{}^{(d)}(t)] \\
& + \sum_{i=1}^{E} \sum_{j=1}^{n_i} [E(u_{\mathrm{H}ij}{}^{(d)} \mid t_{ij}, \boldsymbol{\theta}_s) \cdot \ln h_i^{(d)}(t - T_0 + C_i^{(d)}) \\
& + \ln R_i^{(d)}(t - T_0 + C_i^{(d)})]
\end{aligned}
\tag{6-153}
$$

可得

$$
E(u_{\mathrm{H}0j}{}^{(d)} \mid t_{0j}, \boldsymbol{\theta}_s) = \begin{cases} 0 & \left(\sum_{\nu=1}^{M_{\mathrm{H}}} z_{\mathrm{H}0j}{}^{(\nu)} = 0\right) \\ \dfrac{z_{\mathrm{H}0j}{}^{(d)} \cdot h_0{}^{(d)}(t, \boldsymbol{\theta}_s)}{\sum_{\nu=1}^{M_{\mathrm{H}}} z_{\mathrm{H}0j}{}^{(\nu)} h_0{}^{(\nu)}(t, \boldsymbol{\theta}_s)} & (\text{其他}) \end{cases}
\tag{6-154}
$$

（2）极大步。对期望值 $Q(\boldsymbol{\theta} \mid \boldsymbol{\theta}_s)$ 进行最大化，即找到一个 $(s+1)$ 步的参数 $\boldsymbol{\theta}_{s+1}$，满足

$$
\boldsymbol{\theta}_{s+1} = \arg \max_{\Theta} Q(\boldsymbol{\theta} \mid \boldsymbol{\theta}_s)
\tag{6-155}
$$

当 $\boldsymbol{\theta}_{s+1}{}^{(d)}$ 收敛时，参数估计值 $\hat{\boldsymbol{\theta}}^{(d)} = \boldsymbol{\theta}_{s+1}{}^{(d)}(d = 1,2,\cdots,M_{\mathrm{H}})$。

2）退化型失效模式融合评估

对于退化型失效模式 d，现场服役数据中的退化数据为 $\boldsymbol{y}_0{}^{(d)} = \{y_{0j}{}^{(d)}(t_{0,k}) \mid j = 1,2,\cdots,n_0; k = 1,2,\cdots,K_0\}(d = M_{\mathrm{H}} + 1, M_{\mathrm{H}} + 2,\cdots,M)$。

将 $\boldsymbol{y}_0{}^{(d)}$ 当作装备加速试验在正常应力下得到的退化数据，可基于 3.2 节伪失效寿命建模分析方法及 MLE 对 $\boldsymbol{y}_0{}^{(d)}$ 和加速试验退化数据 $\boldsymbol{y}^{(d)}$ 进行融合评估。首先分别计算 $\boldsymbol{y}_0{}^{(d)}$ 和 $\boldsymbol{y}^{(d)}$ 的伪失效寿命时间 $\boldsymbol{t}_0{}^{(d)}$ 和 $\boldsymbol{t}^{(d)}$，然后对 $\boldsymbol{t}_0{}^{(d)}$ 和 $\boldsymbol{t}^{(d)}$ 进行 MLE，得出退化型失效模式 d 正常应力下的可靠性特征量估计值。

6.4.2 MLE 融合评估仿真对比分析

1. 仿真方案

设某批产品共 n_0 个，在正常应力 S_0 下使用了一段时间 $T_0 = 7765.1\mathrm{h}$。现对 n_0 中未失效的产品进行抽样投入恒加试验，应力水平数 $E = 4$。正常应力 $S_0 = 20℃$，加速应力分别为 $S_1 = 60℃$、$S_2 = 130℃$、$S_3 = 210℃$ 和 $S_4 = 300℃$。设该产品主要存在两种突发型失效模式，均服从威布尔分布。$t_{ij}{}^{(d)}(d = 1,2)$ 表示 S_i 下样

品 j 失效模式 d 的发生时间，仿真方法如下：$t_{0j}^{(d)} \sim \text{Weibull}(\eta_0^{(d)}, m^{(d)})$；$(t_{ij}^{(d)} - T_0 + C_i^{(d)}) \sim \text{Weibull}(\eta_i^{(d)}, m^{(d)})(i=1,2,\cdots,E)$。其中，$\eta_i^{(d)}$ 和 $m^{(d)}$ 分别为尺度参数和形状参数。加速模型为 $\ln\eta_i^{(d)} = \gamma_0^{(d)} + \gamma_1^{(d)}/S_i$。模型的未知参数为 $\boldsymbol{\theta}^{(d)} = (\gamma_0^{(d)}, \gamma_1^{(d)}, m^{(d)})(d=1,2)$。参数先验取值如下：$\gamma_0^{(1)}=3$、$\gamma_1^{(1)}=2100$、$m^{(1)}=2$、$\gamma_0^{(2)}=3.5$、$\gamma_1^{(2)}=1900$、$m^{(2)}=4$。

对样本量、截尾比例和失效模式未确定比例进行不同的取值，以检验估计量的性质。样本量总量 n_0 取值 30（其中 $n_f=10, n_i=5(i=1,2,3,4)$）和 60（包括 $n_f=20, n_i=10(i=1,2,3,4)$）；截尾比例 ρ_{CS} 分别取 0%、20% 和 60%。失效模式未确定比例 ρ_{MK} 分别取 0%、20%、50%、80% 和 100%；蒙特卡罗仿真次数为 $N_{MC}=200$。其中 ρ_{CS} 和 ρ_{MK} 的定义详见 5.1.2 节。

2. 对比分析

下面根据仿真方案得出的仿真试验数据，利用以下三种不同的方法分别进行建模分析。

方法（A）——模型考虑初始服役期 T_0，且对加速试验数据和现场服役数据进行 MLE 融合评估；

方法（B）——模型考虑初始服役期 T_0，采用加速试验数据进行分析（没有融合现场服役数据）；

方法（C）——模型不考虑初始服役期 T_0，采用加速试验数据进行分析。

上述三种方法得出的统计结果采用统计误差：

$$\sigma_{TB} = \underset{N_{MC}}{\text{mean}}\left[\sum_{p\in\{0.1, 0.3, 0.5, 0.7, 0.9\}} |\hat{t}_p - t_p|\right] \tag{6-156}$$

作为评价标准。σ_{TB} 即为可靠度分别取 0.1、0.3、0.5、0.7、0.9 的可靠寿命绝对误差之和的 N_{MC} 次均值。其中，$\hat{t}_p$ 和 t_p 分别为正常应力水平下可靠度为 p 的可靠寿命估计值和真值。σ_{TB} 越大，说明可靠度估计值与真值误差越大，反之则越小。同时，给出平均寿命的 N_{MC} 次均值：

$$T_{AL} = \underset{N_{MC}}{\text{mean}}\left[\int_0^{\infty} tf(t,\hat{\boldsymbol{\theta}})\,dt\right] \tag{6-157}$$

式中：$f(t,\hat{\boldsymbol{\theta}})$ 为参数为估计值的失效概率密度函数（平均寿命真值为 1.602×10^4h）。

仿真数据统计结果如表 6-21 所示。

对表 6-21 的统计结果进行对比分析，可以看出：

（1）对于存在初始服役期 T_0 的产品，对其加速试验数据进行建模时，应该将 T_0 考虑进去。若忽略初始服役期的影响（方法（C）），将得到较为保守的评估结果。

表 6-21 仿真数据统计结果

n_0	ρ_{CS}	ρ_{MK}	σ_{TB}			$T_{AL}/(10^4h)$		
			方法(A)	方法(B)	方法(C)	方法(A)	方法(B)	方法(C)
$n_f=10$ $n_i=5$ $(i=1,2,3,4)$	0%	0%	1.675	2.537	7.197	1.573	1.731	0.905
	0%	20%	1.991	2.903	6.956	1.597	1.770	0.935
	0%	50%	2.191	3.135	6.906	1.582	1.746	0.950
	0%	80%	2.051	2.771	6.915	1.592	1.738	0.933
	0%	100%	1.980	2.833	7.251	1.608	1.725	0.906
	20%	0%	2.143	3.206	7.012	1.591	1.730	0.945
	20%	20%	2.076	2.906	7.382	1.550	1.690	0.894
	20%	50%	2.240	3.268	6.999	1.613	1.730	0.939
	20%	80%	2.457	3.412	7.201	1.589	1.725	0.923
	20%	100%	2.242	3.096	7.366	1.652	1.729	0.906
	60%	0%	3.637	4.600	9.206	1.610	1.532	0.937
	60%	20%	4.001	4.660	8.783	1.639	1.538	0.863
	60%	50%	3.613	4.949	9.081	1.658	1.563	0.802
	60%	80%	3.799	5.393	9.772	1.727	1.679	1.132
	60%	100%	3.858	4.665	8.420	1.877	1.624	0.855
$n_f=20$ $n_i=10$ $(i=1,2,3,4)$	0%	0%	1.360	2.283	6.881	1.608	1.768	0.940
	0%	20%	1.378	2.031	7.178	1.570	1.729	0.910
	0%	50%	1.396	2.178	6.939	1.577	1.742	0.931
	0%	80%	1.623	2.303	6.893	1.570	1.731	0.932
	0%	100%	1.388	2.073	6.963	1.606	1.734	0.931
	20%	0%	1.603	2.390	7.016	1.614	1.731	0.934
	20%	20%	1.491	2.513	6.711	1.601	1.750	0.963
	20%	50%	1.733	2.758	6.760	1.590	1.751	0.962
	20%	80%	1.872	2.675	7.027	1.565	1.702	0.920
	20%	100%	1.676	2.408	6.973	1.674	1.758	0.939
	60%	0%	2.636	3.676	7.276	1.678	1.633	0.992
	60%	20%	2.939	3.876	7.457	1.685	1.654	1.031
	60%	50%	3.286	3.708	7.451	1.664	1.598	0.924
	60%	80%	3.299	3.731	7.487	1.769	1.649	0.910
	60%	100%	3.292	3.446	7.748	1.853	1.629	0.888

（2）将方法（A）和方法（B）进行对比，可以看出，虽然使用同样的模型，但由于方法（A）在统计时不仅采用了加速试验数据，而且采用现场服役数据，从而扩大了信息量，取得了比方法（B）更好的评估结果。

（3）与贝叶斯融合评估相比，MLE 融合评估方法不需要提供模型输入值，因此对模型输入值不具敏感性，适用于获得现场服役数据的场合。

6.4.3 应用案例：某机电产品加速试验 MLE 融合评估

1. 案例一

案例一的问题描述详见 6.4.2 节，产品存在两种失效模式，均为突发型失效模式。其中，样本量 $n_0=30$，每个加速应力下样本量 $n_i=5$。仿真试验数据 $\boldsymbol{x}$ 如表 6-22 所示，由于不存在退化型失效模式，因此突发型失效模式数据 $\boldsymbol{x}_{\mathrm{H}}=\boldsymbol{x}$。

表 6-22 某产品恒加试验仿真失效数据

$S_1=60℃$			$S_2=130℃$			$S_3=210℃$			$S_4=300℃$		
$t_{1j}-T_0$/h	C①	z_{1j}②	$t_{2j}-T_0$/h	C	z_{2j}	$t_{3j}-T_0$/h	C	z_{3j}	$t_{4j}-T_0$/h	C	z_{4j}
3923.2	2	(0,1)	581.6	2	(0,1)	75.4	1	(1,0)	288.8	1,2	(1,1)
4147.2	1	(1,0)	617.8	1,2	(1,1)	525.3	2	(0,1)	329.7	2	(0,1)
4250.8	1,2	(1,1)	1300.3	1	(1,0)	704.2	1	(1,0)	359.4	2	(0,1)
5884.5	1,2	(1,1)	1305.5	1	(1,0)	973.0	1,2	(1,1)	492.9	1	(1,0)
5884.5	+③	(0,0)	1305.5	+	(0,0)	973.0	+	(0,0)	492.9	+	(0,0)

①C——失效原因；

②z_{ij}——失效模式标记符；

③+ ——截尾数据点。

假设除了如表 6-22 所示的装备加速试验数据外，还获取了现场服役数据（如表 6-23 所示）。在 $T_0=7765.1$h 的初始服役期内，样品失效比例为 10%（3/30）。

表 6-23 案例一现场服役数据（$S_0=20℃$）

t_{0j}/h	C①	z_{1j}③	t_{0j}/h	C	z_{2j}
5349.9	1	(1,0)	7765.1	+	(0,0)
5598.9	2	(0,1)	7765.1	+	(0,0)
6715.3	1,2	(1,1)	7765.1	+	(0,0)
7765.1	+②	(0,0)	7765.1	+	(0,0)
7765.1	+	(0,0)	7765.1	+	(0,0)

注：C——失效原因；+ ——截尾数据点；z_{ij}——失效模式标记符。

分别采用方法(A)、方法(B)和方法(C)进行分析,其统计分析结果见表6-24和图6-21所示。误差分析(表6-24)结果表明:方法(A)和方法(B)由于考虑了初始服役期的影响,比方法(C)统计效果好;而与方法(B)相比,方法(A)通过引入现场服役数据,并将其与加速试验数据进行融合评估,从而扩大了信息量,得到更为精确的评估结果,表明了MLE融合评估的有效性。

表6-24　案例一装备恒加试验MLE融合评估及误差分析

参数	统计分析						误差分析($n_r=9$)			
	突发型失效模式($d=1$)			突发型失效模式($d=2$)						
	$\gamma_0^{(1)}$	$\gamma_1^{(1)}$	$m^{(1)}$	$\gamma_0^{(2)}$	$\gamma_1^{(2)}$	$m^{(2)}$	σ	$\bar{\varepsilon}$	r^2	ε_T
参数真值	3	2100	2	3.5	1900	4	0	0	1	0
方法(A)	2.9126	2134.8	2.8807	3.7459	1790.1	3.9035	8228	0.0618	1.6084	0.0133
方法(B)	3.1922	2008.6	4.7157	3.4363	1897.5	5.5657	16977	0.1576	2.9344	0.0804
方法(C)	2.9897	1918.2	2.6912	2.7951	2010.2	2.2300	57647	0.4051	5.7436	0.3922

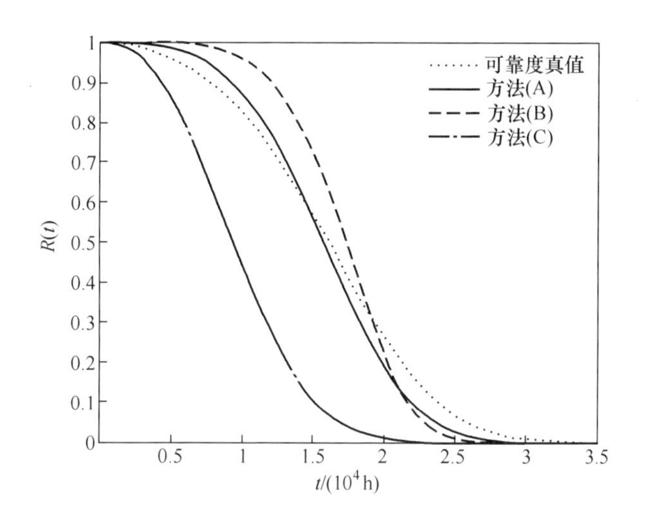

图6-21　案例一正常应力下的可靠度函数

2. 案例二

仿真先验参数与案例一相同。所不同的是将突发型失效模式($d=2$)变为退化型失效模式,退化模型为$D_{ij}^{(2)}(t)=\alpha_{ij}'^{(2)}+\beta_{ij}'^{(2)}\cdot t$;退化量$D_{ij}^{(2)}(t)$的观测值$y_{ij}^{(2)}(t_{i,k})=D_{ij}^{(2)}(t_{i,k})+\varepsilon_{ij}^{(2)}(t_{i,k})$,其中,$\varepsilon_{ij}^{(2)}$为测量误差,相互独立且服从正态分布$\varepsilon_{ij}^{(2)}\sim N(0,\sigma_{\varepsilon}^{(2)2})$。退化模型参数$\boldsymbol{\varphi}_{0j}'^{(2)}=(\alpha_{0j}'^{(2)},\beta_{0j}'^{(2)})$,

$\varphi_{ij}^{\prime(2)}=(\alpha_{ij}^{\prime(2)},\beta_{ij}^{\prime(2)})(i=1,2,\cdots,E;j=1,2,\cdots,n_i)$。其中 $\alpha_{0j}^{\prime(2)}=1$；其余参数的先验值由退化模型、$S_i$ 应力下每个样品的退化量初始值 $\alpha_{ij}^{\prime(2)}$、退化失效阈值、伪失效寿命数据求解得出。失效阈值 $D_f^{(2)}=0.5$；测量误差参数 $\sigma_\varepsilon^{(2)}=0.01$。退化数据 $\boldsymbol{y}$ 如图 6-22 所示，失效数据 $\boldsymbol{x}$ 如表 6-25 所示。

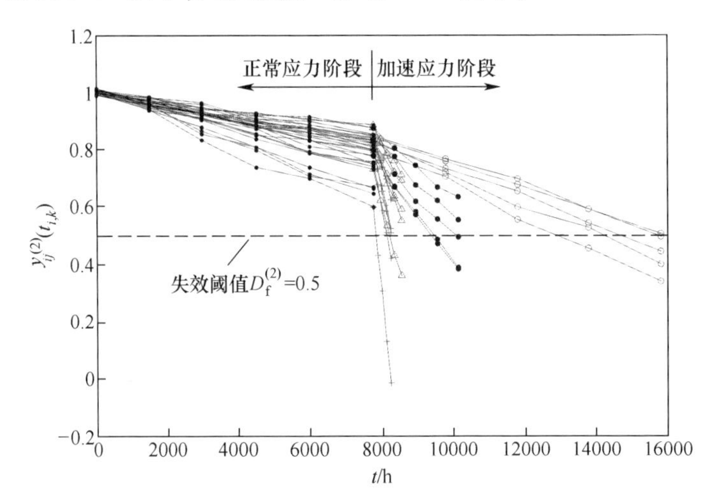

图 6-22　案例二产品恒加试验退化数据

表 6-25　案例二产品恒加试验失效数据

$S_1=60$℃				$S_2=130$℃				$S_3=210$℃				$S_4=300$℃			
$t_{1j}-T_0$/h	C①	z_{1j}②	z_{H1j}③	$t_{2j}-T_0$/h	C	z_{2j}	z_{H2j}	$t_{3j}-T_0$/h	C	z_{3j}	z_{H3j}	$t_{4j}-T_0$/h	C	z_{4j}	z_{H4j}
1458.4	1	(1,0)	1	1125.2	1	(1,0)	1	96.3	1	(1,0)	1	74.6	2	(0,1)	0
2403.3	1	(1,0)	1	1444.2	1	(1,0)	1	265.8	1	(1,0)	1	201.7	1	(1,0)	1
6534.4	1	(1,0)	1	1624.4	2	(0,1)	0	628.4	1	(1,0)	1	404.5	1	(1,0)	1
8067.1	2	(0,1)	0	2355.4	1	(1,0)	1	786.0	1	(1,0)	1	480.5	2	(0,1)	0
8067.1	+④	(0,0)	0	2355.4	+	(0,0)	0	786.0	0	(0,0)	0	480.5	+	(0,0)	0

①C——失效原因；

②z_{ij}——失效模式标记符；

③z_{Hij}——突发型失效模式标记符；

④+——截尾数据点。

假设除了如图 6-22 和表 6-25 所示的加速试验数据外，还获取了现场服役数据。其中，表 6-26 所示为现场服役数据中的失效数据，现场服役数据中的退化数据见图 6-22 中的正常应力阶段部分的退化数据，对应的伪失效寿命时间如表 6-27 所示。

表 6-26　案例二现场服役数据中的失效数据($S_0=20℃$)

t_{0j}/ h	C[1]	z_{1j}[3]	t_{0j}/ h	C	z_{2j}
6120.2	1	(1,0)	7765.1	+	(0,0)
7765.1	+[2]	(0,0)	7765.1	+	(0,0)
7765.1	+	(0,0)	7765.1	+	(0,0)
7765.1	+	(0,0)	7765.1	+	(0,0)
7765.1	+	(0,0)	7765.1	+	(0,0)

注:C——失效原因;

+——截尾数据点;

z_{ij}——失效模式标记符。

表 6-27　案例二现场服役数据中退化数据对应的伪失效寿命时间

时间 $t_0^{(2)}$/h 伪失效寿命	9516.5, 10759.8, 11121.6, 11528.2, 13936.3, 14872.4, 15486.7, 15425.5, 15521.6, 17013.2, 19817.4, 17833.4, 18544.5, 18780.6, 20260.3, 20959.2, 23339.9, 20669.6, 19840.3, 20886.0, 23262.5, 22084.6, 25104.0, 24070.5, 23825.7, 25318.5, 26428.6, 32269.3, 31054.1, 32701.6

分别采用方法(A)、方法(B)和方法(C)进行分析,其统计分析结果如表 6-28 和图 6-23 所示。误差分析(表 6-28)结果表明,MLE 融合评估方法(方法(A))在建立正确模型的基础上,通过融合加速试验数据与现场服役数据,扩大信息量,取得了精度更好的评估结果。

表 6-28　案例二产品恒加试验 MLE 融合评估及误差分析

参数	统计分析						误差分析($n_r=9$)			
	突发型失效模式($d=1$)			退化型失效模式($d=2$)						
	$\gamma_0^{(1)}$	$\gamma_1^{(1)}$	$m^{(1)}$	$\gamma_0^{(2)}$	$\gamma_1^{(2)}$	$m^{(2)}$	σ	$\bar{\varepsilon}$	r^2	ε_T
参数真值	3	2100	2	3.5	1900	4	0	0	1	0
方法(A)	2.5322	2239.1	2.6964	3.5345	1903.8	4.0245	13116	0.1088	1.2479	0.0914
方法(B)	2.4292	2281.8	2.9391	3.5352	1913.9	4.8236	24771	0.2040	1.7071	0.1735
方法(C)	2.2736	2211.2	1.6361	2.9543	1980.2	2.9105	46556	0.3416	2.7374	0.3074

本章讨论了机电产品加速试验建模一致性分析问题,并分别介绍了贝叶斯融合评估和 MLE 融合评估方法。

(1) 依据似然比检验与加速寿命试验建模统计分析方法,将失效机理一致性与对数正态寿命场合、威布尔寿命场合加速模型变化联系起来,在对数线性模

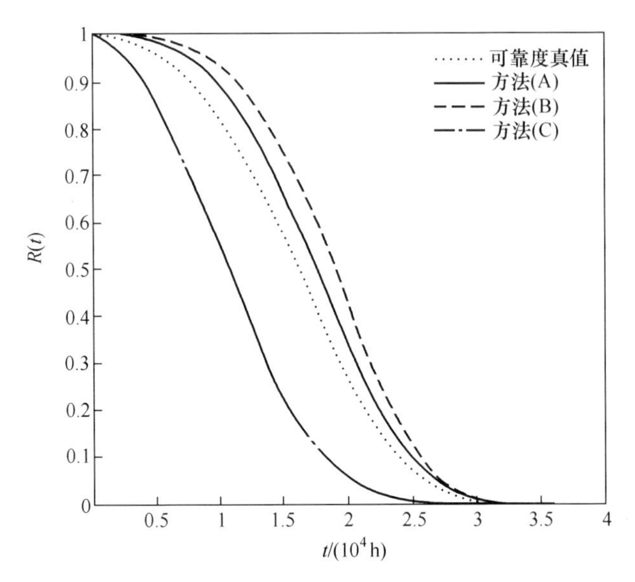

图 6-23　案例二正常应力下的可靠度函数

型及非对数线性模型两类加速模型下,研究并建立了恒定应力、步进应力加速寿命试验建模分析中失效机理一致性表征与辨识的判决准则,并通过应用算例验证了方法的正确性。该方法适用于多个寿命分布场合,可以衡量机理变化的误判风险。

(2) 依据似然比检验与加速退化试验建模统计分析方法,将失效机理变化与退化量分布模型、退化轨迹模型下加速模型的变化联系起来,在对数线性模型及非对数线性模型两类加速模型下,研究并建立了基于退化量分布与基于退化轨迹的恒定应力、步进应力加速退化试验建模分析中失效机理一致性表征与辨识的判决准则,并通过应用算例验证了方法的正确性。该方法适用于多个退化模型,可以衡量机理变化的误判风险且参数估计精度较高。

(3) 针对机电产品加速试验数据与类似产品信息、专家经验等信息的融合问题,提出了基于伽马先验分布和基于 Dirichlet 先验分布的贝叶斯融合评估方法。所提方法可用于指数分布和威布尔分布场合的贝叶斯融合评估。通过蒙特卡罗仿真和应用实例对贝叶斯融合评估的性质进行了讨论。结果表明:①贝叶斯融合评估对模型输入值具有一定的敏感性;②在装备加速试验样本量较小的场合,贝叶斯融合评估更为适用,能够相对容易提高评估结果的精度;③基于伽马先验分布和基于 Dirichlet 先验分布的贝叶斯融合评估方法各有优劣,与前者相比,后者计算过程复杂但对模型输入值的敏感性相对较低,因此在实际应用中应折中选择。

（4）针对机电产品加速试验数据与现场服役数据的融合问题，提出了机电产品恒加试验的 MLE 融合评估方法。仿真分析及应用实例表明 MLE 融合评估方法是有效的，适用于获得现场服役数据的场合。

参考文献

[1] 鲁相．橡胶元件加速贮存试验的失效机理变化表征与辨识方法[D]．长沙：国防科技大学，2018.

[2] WILKS S S. The large-sample distribution of the likelihood ratio for testing composite hypotheses [J]. The Annals of Mathematical Statistics, 1938, 9: 60-62.

[3] WADSWORTH H M. Statistical methods for engineers and scientists[M]. New York: McGraw Hill, 1990.

[4] PATEL M, SKINNER A R. Thermal ageing studies on room-temperature vulcanised polysiloxane rubbers[J]. Polymer Degradation and Stability, 2001, 73: 399-402.

[5] 汪俊．橡胶密封材料热氧老化及寿命评估研究[D]．哈尔滨：哈尔滨工业大学，2011.

[6] 谭源源．装备服役寿命装备加速试验技术研究[D]．长沙：国防科技大学，2010.

[7] MAZZUCHI T A, SOYER R. A Bayes attribute reliability growth model[C]// Proceedings of Annual Reliability and Maintainability Symposium, Orlando, 1991.

[8] 茆诗松，王静龙，濮晓龙．高等数理统计[M]．2 版．北京：高等教育出版社，2006.

[9] 陈仲．大学数学：上册[M]．南京：南京大学出版社，1999.

第7章　综合应用案例

本章分别以先导式安全阀、滚动轴承、关节轴承为对象开展加速试验建模分析应用研究，首先介绍各对象的重要性及典型性，然后设计加速试验方案，开展加速试验获取试验数据，最后应用本书提出的特定建模分析方法分析试验数据，得到可靠性与寿命的预测与评估结果，并对结果的有效性进行分析，为本书研究提出加速试验建模分析方法的工程应用提供完整案例。

7.1　先导式安全阀加速试验建模分析案例

安全阀的主要作用是将管路内部的气体压力保持在一定的安全范围内，避免压力过大造成破裂、爆炸等事故，是多种装备的重要部件之一。本节以某先导式安全阀为应用对象，对机电产品加速试验建模分析技术进行应用研究，为加速试验在装备贮存寿命评估中的应用建立典型案例。首先简要介绍先导式安全阀的基本结构和工作原理；然后进行贮存可靠性分析，建立模型；在此基础上对加速试验方案进行设计，并实施试验；最后对试验数据进行分析，评估其贮存寿命。

7.1.1　先导式安全阀简介及加速试验基本思路

1. 试验背景简介

安全阀是一种用于压力管路上的自动压力泄放装置。当被保护管路内的压力升高超过允许值时，阀门自动开启，排出部分多余的介质，使管路压力下降；当管路压力降低到允许值以下时，阀门又能自动关闭，从而保证管路正常运行[1]。

安全阀可分为弹簧直接作用式安全阀和先导式安全阀。弹簧直接作用式安全阀结构较为简单，但阀门的开启、关闭灵敏度较低。而先导式安全阀由主阀和导阀组成，变弹簧直接作用为导阀间接作用，提高了启闭的灵敏度，适合应用于对性能要求较高的场合。

采用某先导式安全阀作为加速试验的应用研究对象，主要基于以下考虑：

(1) 先导式安全阀是多种失效模式并存的典型产品，可验证机电产品加速试验建模分析方法应用于贮存寿命评估的可行性和有效性，为机电产品加速试验建模分析方法在装备贮存寿命评估中的应用建立典型案例。

(2) 加速试验在电子产品中应用较多,而在机械产品中应用较少。先导式安全阀属于由金属、非金属部件组成的典型机械产品,因此本试验也可看作是加速试验应用于机械产品的一次有益探索。

2. 先导式安全阀简介

1) 试验对象

试验对象为 AF46Y 先导式安全阀。

2) 组成结构

先导式安全阀实物及结构示意图如图 7-1 所示,主要由主阀和导阀组成。其中主阀又由阀体、主阀活塞(阀瓣、导向套、O 形圈)、主阀弹簧、阀盖等零部件构成;导阀内含起整定压力作用的导阀弹簧。本试验样品的阀体、阀盖材质为铸钢,O 形圈、导阀弹簧、主阀弹簧的材质分别为氟橡胶、50CrMo 和 1Cr18Ni9。

3) 工作原理

先导式安全阀工作原理如图 7-1(b) 所示,在主阀管路内气压较低的情况下,管路通过导阀及反馈管与主阀活塞上腔相连通,这样阀瓣两侧(即管路和上腔)的气压几乎相等,阀瓣在主阀弹簧的作用下处于关闭状态。若管路内气压达到整定压力,则导阀两侧的压力差驱使导阀动作,切断上腔与管路的连接,并使上腔气体从导阀出口向外界泄放。这样使得上腔气压减小,主阀管路与上腔之间的压力差不断增大,最终克服主阀弹簧弹力,将阀瓣顶起,安全阀处于开启状态,管路气体排出并使得气压降低,起到保护作用。当管路内气压低于整定压力时,导阀恢复初始位置,重新连接管路和主阀活塞上腔,主阀弹簧将阀瓣推回关闭位置,这样管路又恢复密封状态。

3. 先导式安全阀加速试验与贮存寿命评估基本思路

先导式安全阀加速试验与贮存寿命评估思路如图 7-2 所示,其主要过程如下:

(1) 对先导式安全阀进行贮存可靠性分析,获取先导式安全阀的主要失效模式、失效机理及敏感应力,并建立相关的模型,为试验设计及数据分析做准备。

(2) 对试验方案进行基本设计,依据基本方案进行加速试验(阶段 1)获得试验数据(阶段 1)。

(3) 对试验数据(阶段 1)进行分析,得到模型参数估计值。并以之为先验值,采用优化设计方法对部分试验方案要素进行优化设计。依据优化的试验方案完成加速试验(阶段 2),获得试验数据(阶段 2)。

(4) 采用全部试验数据(阶段 1 和阶段 2)进行统计分析,评估先导式安全阀在正常应力水平($S_0=20$℃)下的贮存寿命。

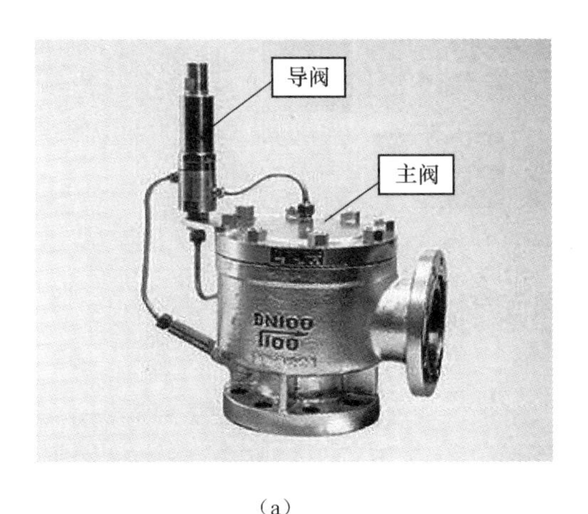

(a)

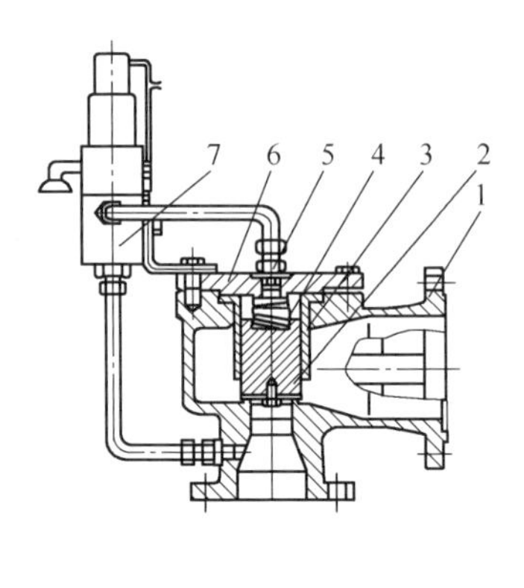

(b)

图 7-1　AF46Y 先导式安全阀实物及结构示意图

(a)先导式安全阀实物;(b)先导式安全阀结构。

1—阀体;2—阀瓣;3—导向套;4—主阀弹簧;5—O 形圈;6—阀盖;7—导阀(内含导阀弹簧)。

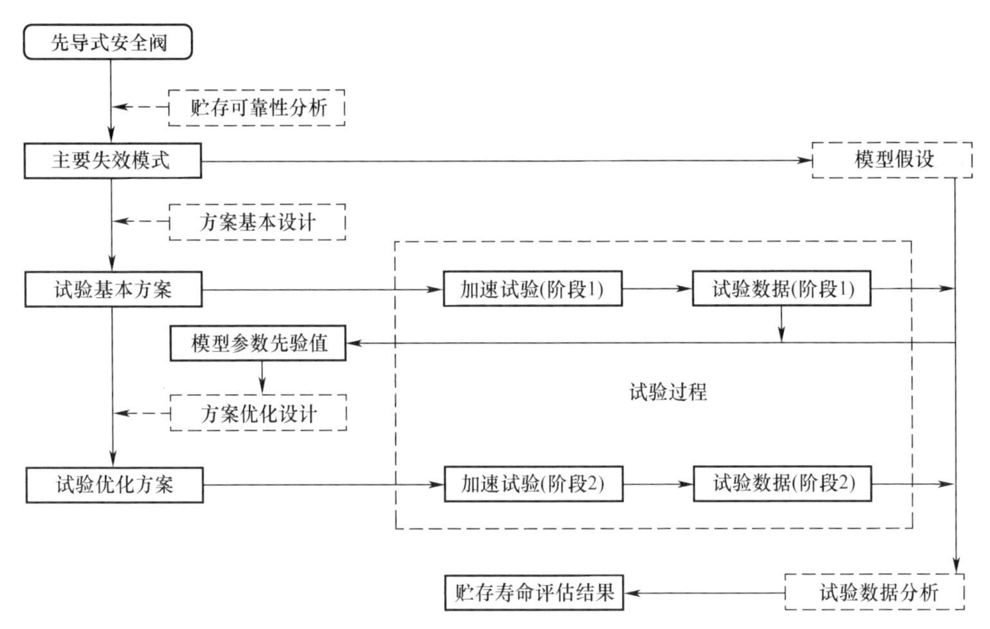

图 7-2　先导式安全阀加速试验与贮存寿命评估思路

7.1.2　贮存可靠性分析及模型建立

1. 贮存环境影响分析

可能影响安全阀贮存可靠性的环境应力有温度、湿度、振动等。

1）温度

高温使弹簧刚度、弹性模量及强度降低，造成弹簧应力松弛甚至产生微塑性变形；加快密封件老化。低温使金属零件变脆，甚至导致壳体产生裂纹。

2）湿度

湿度使得金属结构锈蚀、加快密封圈橡胶材料老化。

3）振动

贮存转场运输、拆装维修等产生的振动会造成以下影响：紧固件松动、弹簧与阀杆中心错位等。

4）其他影响因素

在特殊条件下贮存时还会受到霉菌、油雾等影响。霉菌生长时分泌出的酸性物质，能腐蚀金属结构；油雾会加速密封件老化。

2. 贮存可靠性分析

表 7-1 所示为先导式安全阀在贮存阶段的失效模式及影响分析（FMEA）情况。其潜在的失效模式具体分析如下：

表 7-1　先导式安全阀在贮存阶段的失效模式及影响分析（FMEA）

名称	功能	编号	失效模式	失效原因	失效机理	发生阶段	失效影响		检测方法	备注
							局部影响	最终影响		
先导式安全阀	自动泄压，保证管路安全	1	导阀开启压力超差	导阀弹簧弹性退化超差，导致导阀在未达整定值便发生动作	弹簧应力松弛	贮存阶段	导阀未达整定值便发生动作	无法达到规定功能	弹簧弹力测量	
		2	主阀阀瓣回复性能超差	主阀弹簧弹性退化超差，导致主阀阀瓣在关闭时无法克服阻力回复到正常位置	弹簧应力松弛	贮存阶段	阀瓣无法回复到正常位置	不能工作	弹簧弹力测量	
		3	主阀上腔气密性超差	双冗余设计的O形圈密封性能退化均超差，导致主阀上腔泄漏	橡胶材料老化	贮存阶段	主阀上腔泄漏	无法达到规定功能	尺寸测量、目测	
		4	主阀阀体气密性超差	裂纹产生并扩展，导致主阀阀体泄漏	阀体应力集中	贮存阶段	主阀阀体泄漏	不能工作	检测、目测	概率低

（1）失效模式 1——导阀开启压力超差。失效原因是导阀弹簧弹性退化超

差，导致导阀在未达整定值便发生动作。导阀弹簧弹性退化的失效机理为弹簧应力松弛，主要应力为温度。

(2) 失效模式 2——主阀阀瓣回复性能超差。失效原因是主阀弹簧弹性退化超差，导致主阀阀瓣在关闭时无法克服阻力回复到正常位置。主阀弹簧弹性退化的失效机理同样为弹簧应力松弛，主要应力为温度。

(3) 失效模式 3——主阀上腔气密性超差。失效原因是 O 形圈密封性能退化超差，导致主阀上腔泄漏。注意到阀门采用的是双 O 形圈密封冗余设计，因此只有当两个 O 形圈密封性能均超差，主阀上腔才会发生泄漏。O 形圈密封性能退化的失效机理为橡胶老化，主要应力为温度。

(4) 失效模式 4——主阀阀体气密性超差。失效原因是裂纹产生并扩展，导致主阀阀体泄漏。主阀阀体裂纹产生并扩展的失效机理为阀体应力集中，主要应力为温度。由于阀体采用铸钢材质浇铸而成，可靠性很高，在贮存过程中裂纹扩展并导致阀体泄漏出现的概率非常低。

综合上述分析，先导式安全阀的主要失效模式为导阀开启压力超差、主阀阀瓣回复性能超差和主阀上腔气密性超差。贮存可靠性主要影响应力为温度。

贮存可靠性框图如图 7-3 所示。设 $R_{\mathrm{D}i}(t)$、$R_{\mathrm{Z}i}(t)$ 和 $R_{\mathrm{M}i}(t)$ 分别表示导阀弹簧、主阀弹簧和 O 形圈在 $S_i(i=0,1,\cdots,4)$ 应力下的贮存可靠度。$R_i^{(d)}(t)$ 为失效模式 $d(d=1,2,3)$ 的贮存可靠度，$R_i(t)$ 为先导式安全阀的贮存可靠度。则有

$$R_i^{(1)}(t) = R_{\mathrm{D}i}(t) \tag{7-1}$$

$$R_i^{(2)}(t) = R_{\mathrm{Z}i}(t) \tag{7-2}$$

$$R_i^{(3)}(t) = [2 - R_{\mathrm{M}i}(t)]R_{\mathrm{M}i}(t) \tag{7-3}$$

$$\begin{aligned} R_i(t) &= R_i^{(1)}(t) \cdot R_i^{(2)}(t) \cdot R_i^{(3)}(t) \\ &= R_{\mathrm{D}i}(t) \cdot R_{\mathrm{Z}i}(t) \cdot [2 - R_{\mathrm{M}i}(t)]R_{\mathrm{M}i}(t)(i=0,1,\cdots,4)] \end{aligned} \tag{7-4}$$

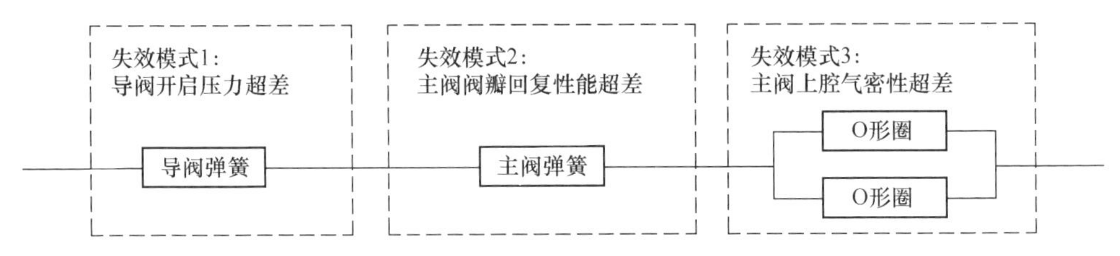

图 7-3 先导式安全阀贮存可靠性框图

3. 模型建立

1) 竞争失效模型

先导式安全阀失效由三种主要失效模式（导阀开启压力超差、主阀阀瓣回

复性能超差和主阀上腔气密性超差,编号分别为1、2、3)之一引起。假设这三种失效模式的发生时间是统计独立的,安全阀的失效时间 t_{ij} 是三种失效模式发生的最小时间,即 $t_{ij}=\min(t_{ij}^{(1)},t_{ij}^{(2)},t_{ij}^{(3)})$,其中 $t_{ij}^{(d)}$ 表示失效模式 $d(d=1,2,3)$ 发生的时间。

2) 寿命模型

由于威布尔分布特别适用于描述金属、非金属产品的失效分布,因此采用威布尔分布对先导式安全阀的三种失效模式建立寿命模型。

(1) 失效模式1的寿命模型。失效模式1由导阀弹簧应力超差引起,其贮存可靠度为

$$R_i^{(1)}(t)=R_{Di}(t)=\exp[-(t/\eta_{Di})^{m_D}]\quad(i=0,1,\cdots,4)\tag{7-5}$$

式中:η_{Di}、m_D 分别为导阀弹簧失效分布的尺度参数和形状参数。

(2) 失效模式2的寿命模型。失效模式2与失效模式1类似,其贮存可靠度为

$$R_i^{(2)}(t)=R_{Zi}(t)=\exp[-(t/\eta_{Zi})^{m_Z}]\quad(i=0,1,\cdots,4)\tag{7-6}$$

式中:η_{Zi}、m_Z 分别为主阀弹簧失效分布的尺度参数和形状参数。

(3) 失效模式3的寿命模型。与前两种失效模式不同,失效模式3为双O形圈冗余设计,即只有当两个相同类型的O形圈均发生退化超差,才会失效。单个O形圈贮存可靠度为

$$R_{Mi}(t)=\exp[-(t/\eta_{Mi})^{m_M}]\quad(i=0,1,\cdots,4)\tag{7-7}$$

式中:η_{Mi}、m_M 分别为O形圈失效分布的尺度参数和形状参数。

失效模式3的可靠度 $R_i^{(3)}(t)(i=0,1,\cdots,4)$ 为 $R_{Mi}(t)$ 的并联形式,如式(7-3)所示。

3) 退化模型

(1) 失效模式1的退化量及退化模型。

① 失效模式1退化量。失效模式1由导阀弹簧弹性退化超差引起,采用导阀弹簧负荷损失率 $\sigma_D(t)$ 作为退化量进行表征,失效阈值为 σ_{Df}。

$$\sigma_D(t)=\frac{F_D(0)-F_D(t)}{F_D(0)}\tag{7-8}$$

式中:$F_D(0)$ 为初始应力,即初始时刻导阀弹簧的高度压缩至93mm(即为导阀弹簧在安全阀内的装配高度)时的弹力;$F_D(t)$ 为剩余应力,即试验 t 时刻后导阀弹簧的高度压缩至93mm时的弹力。

② 导阀弹簧负荷损失率的退化模型。$S_i(i=0,1,\cdots,4)$ 应力下,样品 $j(j=1,2,\cdots,5)$ 的导阀弹簧负荷损失率的理论退化轨迹 $\sigma_{Dij}(t)$ 采用目前较为常用

的弹簧应力松弛方程进行描述，即

$$\sigma_{\mathrm{D}ij}(t)=\alpha_{\mathrm{D}ij}+\beta_{\mathrm{D}ij}\cdot\ln t'=\alpha_{\mathrm{D}ij}+\beta_{\mathrm{D}ij}\cdot\ln(t+1) \tag{7-9}$$

式中：t 为试验时间，令 $t'=t+1$ 是为了使上式能描述 $t=0$ 时刻值；$\alpha_{\mathrm{D}ij}$ 和 $\beta_{\mathrm{D}ij}$ 为模型参数。式(7-9)实际上为理论退化轨迹的对数模型。

则 $\sigma_{\mathrm{D}ij}(t)$ 在 t 时刻的测量值为

$$y_{\mathrm{D}ij}(t)=\sigma_{\mathrm{D}ij}(t)+\varepsilon_{\mathrm{D}ij}(t) \tag{7-10}$$

式中：$\varepsilon_{\mathrm{D}ij}(t)$ 为测量误差，独立同分布且 $\varepsilon_{\mathrm{D}ij}(t)\sim N(0,\sigma_{\varepsilon\mathrm{D}}^2)$，$\sigma_{\varepsilon\mathrm{D}}$ 为标准差。

（2）失效模式 2 的退化量及退化模型。

① 失效模式 2 退化量。失效模式 2 采用主阀弹簧负荷损失率 $\sigma_{\mathrm{Z}}(t)$ 作为退化量，失效阈值为 σ_{Zf}。

$$\sigma_{\mathrm{Z}}(t)=\frac{F_{\mathrm{Z}}(0)-F_{\mathrm{Z}}(t)}{F_{\mathrm{Z}}(0)} \tag{7-11}$$

式中：$F_{\mathrm{Z}}(0)$ 为初始应力，即初始时刻主阀弹簧的高度压缩至 35.5mm（即为主阀弹簧在安全阀内的装配高度）时的弹力；$F_{\mathrm{Z}}(t)$ 为剩余应力，即试验 t 时刻后主阀弹簧的高度压缩至 35.5mm 时的弹力。

② 主阀弹簧负荷损失率的退化模型。主阀弹簧的理论退化轨迹 $\sigma_{\mathrm{Z}ij}(t)$ 及测量值 $y_{\mathrm{Z}ij}(t)$ 与导阀弹簧类似，此处不赘述。

（3）失效模式 3 的退化量及退化模型。

① 失效模式 3 退化量。失效模式 3 由双 O 形圈同时发生密封性能退化超差引起。单个 O 形圈密封性能退化超差采用压缩永久变形率 $G_{\mathrm{M}}(t)$ 作为退化量，失效阈值为 G_{Mf}。

$$G_{\mathrm{M}}(t)=\frac{H_{\mathrm{M}}(0)-H_{\mathrm{M}}(t)}{H_{\mathrm{M}}(0)-H_{\mathrm{M1}}} \tag{7-12}$$

式中：$H_{\mathrm{M}}(0)$ 为初始时刻 O 形圈截面直径平均值；$H_{\mathrm{M}}(t)$ 为 O 形圈在试验 t 时刻后冷却至室温并恢复 1h 的 O 形圈截面直径平均值；H_{M1} 为阀体内 O 形圈压缩后的截面直径，$H_{\mathrm{M1}}=3.14\mathrm{mm}$。

由于失效模式 3 由两个 O 形圈并联而成，因此当两个 O 形圈的压缩永久变形率均达到 G_{Mf}，则主阀上腔气密性超差，失效模式 3 发生。

② O 形圈压缩永久变形率的退化模型。$S_i(i=0,1,\cdots,4)$ 应力下，样品 $j(j=1,2,\cdots,5)$ 的 O 形圈压缩永久变形率的理论退化轨迹 $G_{\mathrm{M}ij}(t)$ 采用我国化工行业标准 HG/T 3087—2001 中推荐的模型进行描述[2]，即

$$G_{\mathrm{M}ij}(t)=1-\exp(-K_{\mathrm{M}ij}t^{a_{\mathrm{M}}}) \tag{7-13}$$

式中：$K_{\mathrm{M}ij}$ 为速度参数，与试验温度有关且样本间存在差异；a_{M} 为经验参数，为

(0,1)区间取值的常数，$a_M \in (0,1)$。$1 - G_{Mij}(t)$ 实际上为复合指数模型。

很容易将式(7-13)化为线性形式，即

$$\ln \ln[1 - G_{Mij}(t)] = \ln(-K_{Mij}) + \ln(t^{a_M}) \tag{7-14}$$

$G_{Mij}(t)$ 在 t 时刻的测量值为

$$y_{Mij}(t) = G_{Mij}(t) + \varepsilon_{Mij}(t) \tag{7-15}$$

式中：$\varepsilon_{Mij}(t)$ 为测量误差，独立同分布且 $\varepsilon_{Mij}(t) \sim N(0,\sigma_{\varepsilon M}^2)$，$\sigma_{\varepsilon M}$ 为标准差。

4）加速模型

由于加速应力为温度，加速模型采用阿伦尼乌斯模型。

7.1.3 先导式安全阀加速试验方案设计

1. 方案基本设计

1）试验总体构成

（1）对先导式安全阀进行加速试验。根据先导式安全阀贮存可靠性框图，失效模式 1 和失效模式 2 的贮存可靠度可分别对导阀弹簧和主阀弹簧的负荷损失率数据进行测试与分析得出。而对于失效模式 3，由于主阀活塞采用双 O 形圈密封冗余设计，为减少测试工作量，仅对其中一个 O 形圈的压缩永久变形率数据进行测试，在分析单个 O 形圈的贮存可靠度后再根据式(7-3)算出失效模式 3 贮存可靠度。

（2）进行加速试验的除整机级产品（即先导式安全阀）外，同时还有元器件材料级产品（导阀弹簧、主阀弹簧、O 形圈），以便对整机级加速试验与元器件材料级加速试验进行对比研究。

2）试验要素基本设计

（1）加速应力。由贮存可靠性分析可知，温度对弹簧弹性退化和 O 形圈老化的影响最大，对先导式安全阀的主要失效模式具有明显的加速作用，因此选取温度作为加速应力。

本试验为单一环境应力试验。虽然施加温度、湿度等综合环境应力比单一环境应力能更真实地模拟贮存环境，但同时也会使试验变得困难，甚至可能带来过多的干扰因素，此外还会使模型复杂，导致数据分析困难而达不到试验目的。

（2）试验应力加载方式。由于样本量相对充足，因此采用恒定应力加载方式，以提高分析精度。

（3）应力水平数及应力水平。应力水平数为 4。设加速应力水平为 $S_1<S_2<S_3<S_4$，S_4 不高于弹簧允许承受的最高温度和 O 形圈允许承受的最高温度中的最小值；S_1 高于常温。

加速应力水平选取方法如下：根据弹簧材料及 O 形圈氟橡胶的耐温情况，

选取最高温度 $S_4=200℃$，并选定 $S_2=120℃$。在对 S_2 和 S_4 应力下的试验数据进行分析后获得先验信息，然后利用优化设计方法对 S_1 和 S_3 进行优化设计，进而采用优化后的 S_1^* 和 S_3^* 应力完成剩余试验。

(4) 样本量。采用等比例分配方案，每个加速应力水平下的先导式安全阀样本量为5；元器件材料级加速试验中的导阀弹簧、主阀弹簧、O形圈样本量也均为5。

(5) 截尾方式。采用定时截尾方式，初步拟定 $S_1, S_2, \cdots, S_4$ 应力下试验的截尾时间分别为350h、270h、200h、120h。当然，在试验过程中实际截尾时间会有些许偏差，在数据分析时以实际截尾时间为准。

(6) 测试时间间隔。由于弹簧、O形圈的性能退化趋势通常随时间推移而趋缓，因此在试验中每个加速应力下均采用前密后疏的方法进行测试。

3) 试验设备及试验夹具

试验设备为老化试验箱TMJ-9711C，可提供的最高温度达500℃，温度波动度小于1℃，满足试验要求。

试验对象除了先导式安全阀外，还同时包括元器件材料级产品(即导阀弹簧、主阀弹簧、O形圈)，如图7-4(a)所示。试验夹具主要用来固定弹簧、O形圈样品，并提供预紧力，分别如图7-4(b)、(c)、(d)所示。

4) 测试设备及测试步骤

(1) 弹簧弹力测试设备及测试方法。弹簧弹力测试设备为HD-500弹簧拉压试验机(图7-5)，量程为500N，弹簧压缩量的示值分辨率为0.01mm，弹力示值分辨率为0.01N，测量精度≤0.5N。测量误差远小于弹簧弹力退化值(实际试验中，导阀、主阀弹簧退化值在5~20N左右)，因此满足试验要求。弹簧弹力主要测试步骤如下：

① 停止试验并等待样品温度充分恢复至常温；

② 从先导式安全阀和试验夹具中拆卸出导阀弹簧(或主阀弹簧)；

③ 将导阀弹簧(或主阀弹簧)安放至弹簧试验机测试台上，并调节扳手，使得导阀弹簧压缩后的高度为93mm(或主阀弹簧压缩后的高度为35.5mm)；

④ 从弹簧试验机的输出端读数，并记录；

⑤ 每个样品测量5次，取其平均值作为弹力测试值。根据式(7-8)(或式(7-11))可计算出导阀弹簧(或主阀弹簧)负荷损失率。

(2) O形圈截面直径测试设备及测试方法。O形圈截面直径测试设备为VHX-60数字显微镜(图7-6)，其测量精度为0.01mm，远小于本试验O形圈截面直径退化值，满足试验要求。O形圈截面直径主要测试步骤如下：

① 停止试验并等待样品温度充分恢复至常温；

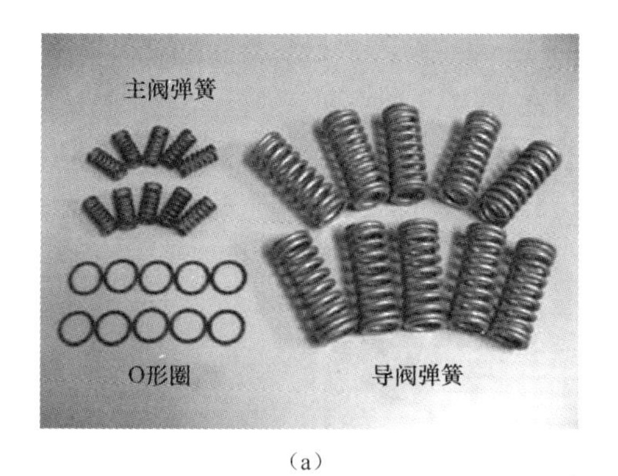

(a)

(b)

(c)

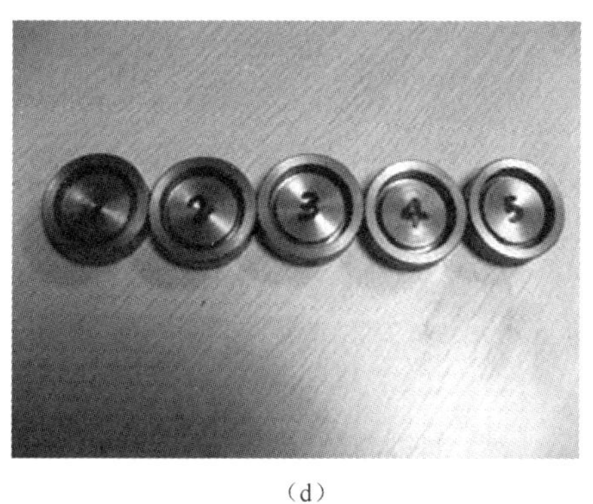

(d)

图 7-4　元器件材料级产品(导阀弹簧、主阀弹簧、O 形圈)及其试验夹具

(a) 弹簧、O 形圈;(b) 导阀弹簧试验夹具;(c) 主阀弹簧试验夹具;(d) O 形圈试验夹具。

图 7-5　弹簧弹力测量

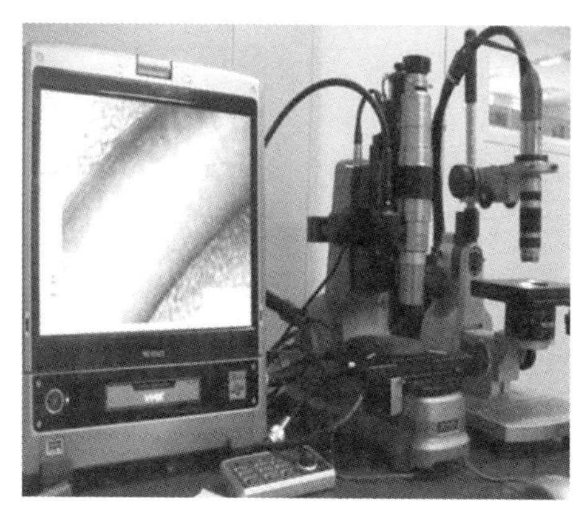

图 7-6　O 形圈截面直径测量

② 从先导式安全阀和试验夹具中拆卸出 O 形圈；

③ 在室内环境自然恢复 1h 后，采用数字显微镜自带测量软件测量 O 形圈截面直径，并记录；

④ 对于每个 O 形圈样品，将样品绕中心每旋转 30°测一次，即共测量 12 次，取平均值作为 O 形圈截面直径测试值。根据式（7-12）计算出 O 形圈压缩永久变形率。

2. 方案优化设计

方案优化设计的基本思路是：在进行 $S_2=120℃$ 和 $S_4=200℃$ 两个应力水平的试验后，对前两个应力下的数据进行分析，对模型参数进行初步估计；然后以初步估计值作为模型参数先验值进行基于仿真的优化设计，获得 S_1 和 S_3 的最优应力水平。

1）优化问题描述

（1）目标函数。以可靠寿命累计绝对误差 J 作为目标函数：

$$J=\sum_{p\in\{0.1,0.3,0.5,0.7,0.9\}}\left|\hat{t}_p-t_p\right| \tag{7-16}$$

J 为 S_0 应力下可靠度分别为 0.1、0.3、0.5、0.7、0.9 时的可靠寿命累计绝对误差。其中，$\hat{t}_p$ 和 t_p 分别为 S_0 应力下可靠度为 p 的可靠寿命估计值和真值（在实际应用时由于无法知道真值，可用先验值替代）。J 越小，说明估计值与真值误差越小，统计结果越好；反之则情况相反。因此方案优化设计的目标实际上就是要设计出 J 尽可能小的试验方案。

（2）设计变量。设计变量为应力水平 S_1 和 S_3。

（3）约束条件：

① $S_1\in(40,120)℃$、$S_3\in(120,200)℃$，且为 10 的倍数，如 90℃；

② 由于试验经费的限制，需要对试验截尾时间做约束 $\tau_1=350\text{h}$，$\tau_3=200\text{h}$；

③ S_1 和 S_3 下的测试时间分别为 $t_{1,k}=[0\ 30\ 120\ 210\ 350]\text{h}$、$t_{3,k}=[0\ 10\ 50\ 120\ 200]\text{h}(k=1,2,\cdots,5)$。

根据设计变量和约束条件，拟定的备选方案为 $\boldsymbol{w}=(S_1,S_3)$。其中，$\boldsymbol{S}_1=\{130,140,150,160,170,180,190\}$℃、$\boldsymbol{S}_3=\{130,140,150,160,170,180,190\}$℃。

2）模型参数先验值

对 $S_2=120$℃和 $S_4=200$℃两个应力水平的先导式安全阀加速试验数据进行分析，试验数据及数据分析方法见 7.1.4 节。由于退化模型可化为一元线性模型，因此测量误差的标准差 $\sigma_{\varepsilon\text{D}}$、$\sigma_{\varepsilon\text{Z}}$、$\sigma_{\varepsilon\text{M}}$ 可采用一元线性回归方法求出。分析结果作为模型参数的先验值，如表 7-2 所示。

表 7-2　先导式安全阀加速试验模型参数的先验值

导阀弹簧			主阀弹簧			O 形圈		
γ_{D0}	γ_{D1}	m_{D}	γ_{Z0}	γ_{Z1}	m_{Z}	γ_{M0}	γ_{M1}	m_{M}
-3.3034	5.2020×10^3	1.2677	-10.7758	7.4431×10^3	1.6565	-6.6002	5.9346×10^3	1.8770
$\alpha_{\text{D}ij}=0,\sigma_{\varepsilon D}=0.0027$			$\alpha_{\text{Z}ij}=0,\sigma_{\varepsilon\text{Z}}=0.0057$			$a_{\text{M}}=0.31,\sigma_{\varepsilon\text{M}}=0.0147$		

3）方案优化设计

在模型参数先验值的基础上，采用仿真基优化设计方法中的直接优化法对 S_1 和 S_3 应力水平进行优化[1]，仿真次数 $N_{\text{MC}}=300$。优化结果如图 7-7 所示，得到 (S_1,S_3) 的最优应力水平为 $w^*=(S_1^*,S_3^*)=(353,423)K=(80,150)$℃，对应的 $\bar{J}_w|_{\min}=207.2$。

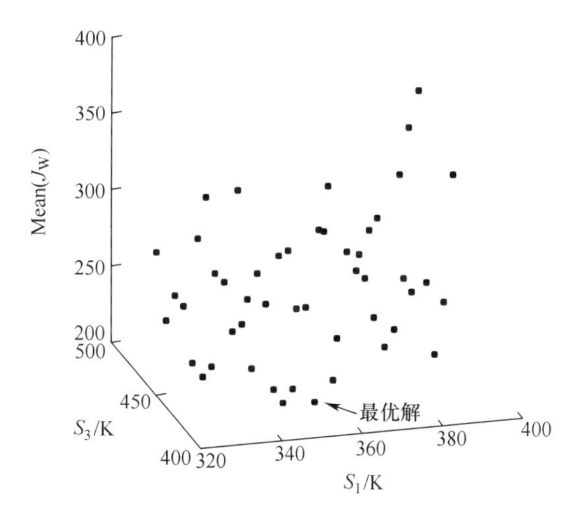

图 7-7　S_1 和 S_3 优化结果

7.1.4 先导式安全阀加速试验及数据分析

1. 试验过程及试验数据

1）试验过程

基于试验方案对整机级产品(先导式安全阀),以及元器件材料级产品(导阀弹簧、主阀弹簧和O形圈)进行加速试验。首先进行 $S_2=120℃$ 和 $S_4=200℃$ 两个应力水平的试验;然后对前两个应力下的数据进行分析对模型参数进行初步估计,并以模型的初步估计值为先验信息进行仿真基优化设计,获得 S_1 和 S_3 的最优方案,$S_1^*=80℃$ 和 $S_3^*=150℃$;最后以最优方案完成 S_1 和 S_3 应力水平的试验。

$S_1,S_2,\cdots,S_4$ 应力水平试验的实际截尾时间分别为356.5h、265h、196h、114.2h,测试时间分别为 $t_{1,k}=[0\ 29\ 118.5\ 214.5\ 356.5]$h、$t_{2,k}=[0\ 9\ 39\ 145\ 265]$h、$t_{3,k}=[0\ 10\ 46\ 114\ 196]$h、$t_{4,k}=[0\ 17.4\ 30.2\ 70.2\ 114.2]$h($k=1,2,\cdots,5$)。

图7-8和图7-9所示分别为试验及测试现场图片。

图7-8 试验现场

图7-9 测试现场

2）试验数据

经过两个月多的试验，获得的试验数据如图 7-10～图 7-12 所示。图中，"·"表示整机级（先导式安全阀）加速试验的测试数据，实线为根据下文"3. 试验数据分析"中统计分析得出的理想退化轨迹；"×"表示元器件材料级（导阀弹簧、主阀弹簧和 O 形圈）加速试验的测试数据，虚线为相应的理想退化轨迹。其中每一条实线或虚线均对应了某一样本相应退化量的理想退化轨迹。

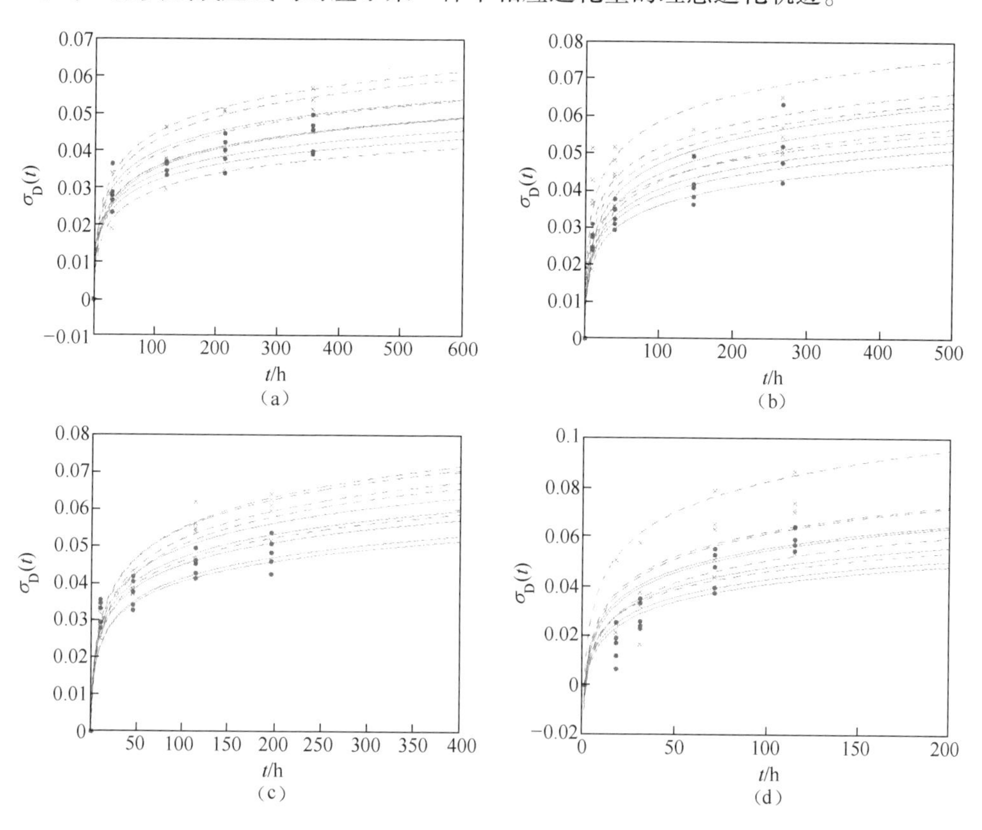

图 7-10 导阀弹簧负荷损失率试验数据及理想退化轨迹

（a）80℃；（b）120℃；（c）150℃；（d）200℃。

2. 整机级与元器件材料级加速试验的数据对比分析

由图 7-10～图 7-12 中的试验数据可看出，对于相同试验条件下的同一退化量（如 O 形圈压缩永久变形率），通过整机级（先导式安全阀）试验得到的试验数据与元器件材料级（导阀弹簧、主阀弹簧和 O 形圈）试验得到的试验数据有所差异，总体而言后者比前者性能退化快。在本试验中，差异主要由以下原因引起：

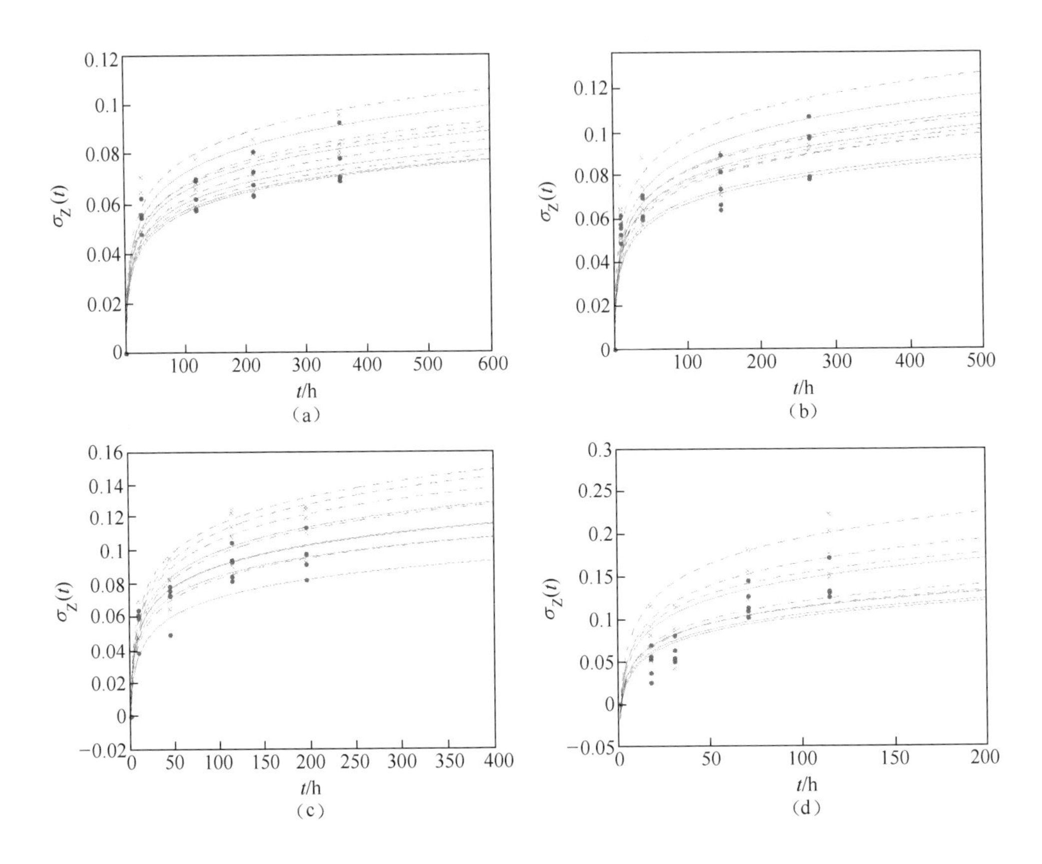

图 7-11　主阀弹簧负荷损失率试验数据及理想退化轨迹

(a) 80℃;(b) 120℃;(c) 150℃;(d) 200℃。

(1) 弹簧、O 形圈等元件在安全阀内的受热场与在试验夹具内的受热场存在差异,就本试验而言后者受热更为充分,性能退化更快;

(2) 弹簧、O 形圈等元件在试验夹具内的压缩量由于测量及夹具制造等技术条件存在差异,难以做到与在安全阀内的压缩量一致。

总之,与元器件材料级(导阀弹簧、主阀弹簧和 O 形圈)相比,整机级(先导式安全阀)加速试验能更为真实地反映产品的试验条件和技术条件,因而能更真实地模拟其贮存寿命历程。

3. 试验数据分析

试验数据分析的总体思路是采用伪失效寿命 MLE 的方法对先导式安全阀整机加速试验数据进行分析,分别求取导阀弹簧、主阀弹簧和 O 形圈在正常应力下的贮存可靠度 $\hat{R}_{D0}(t)$、$\hat{R}_{Z0}(t)$ 和 $\hat{R}_{M0}(t)$,然后通过式(7-4)得到先导式安

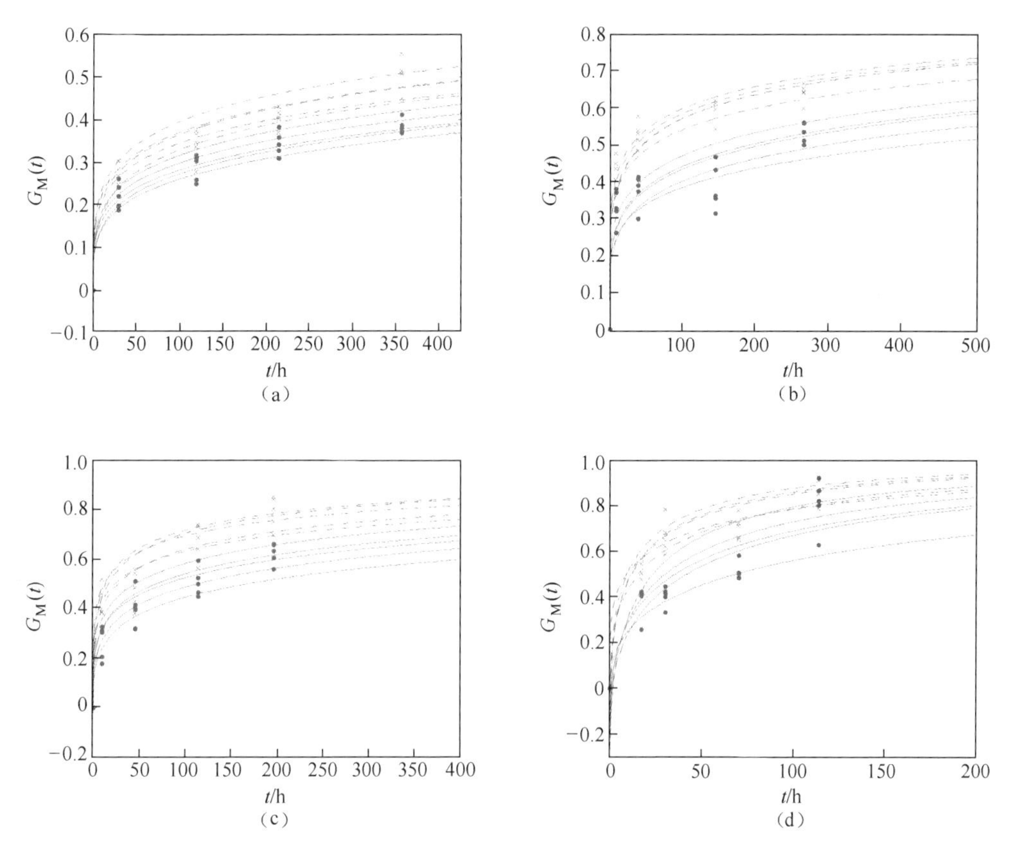

图 7-12　O 形圈压缩永久变形率试验数据及理想退化轨迹

(a) 80℃;(b) 120℃;(c) 150℃;(d) 200℃。

全阀整机的贮存可靠度 $\hat{R}_0(t)$，并评估贮存寿命。

1）导阀弹簧数据分析

先导式安全阀加速试验中,导阀弹簧负荷损失率 $\sigma_{\mathrm{D}}(t)$ 的测量值为 $\boldsymbol{y}_{\mathrm{D}}=\{y_{\mathrm{D}ij}(t_{i,k})\mid i=1,2,3,\cdots,4;j=1,2,\cdots,5;k=1,2,\cdots,5\}$，其中 $y_{\mathrm{D}ij}(t_{i,k})$ 表示 S_i 应力下样品 j 第 k 次测试时 $\sigma_{\mathrm{D}}(t)$ 的测量值。导阀弹簧数据 $\boldsymbol{y}_{\mathrm{D}}$ 的伪失效寿命 MLE 分析如下：

步骤 1　根据 7.1.2 节中的模型,以弹簧负荷损失率退化模型 $\sigma_{\mathrm{D}ij}(t;\boldsymbol{\varphi}_{\mathrm{D}ij})$ 作为理论退化轨迹,模型参数 $\boldsymbol{\varphi}_{\mathrm{D}ij}=(\alpha_{\mathrm{D}ij},\beta_{\mathrm{D}ij})$。

步骤 2　利用最小二乘法,得到 $\sigma_{\mathrm{D}ij}(t;\boldsymbol{\varphi}_{\mathrm{D}ij})$ 的参数估计值 $\hat{\boldsymbol{\varphi}}_{\mathrm{D}ij}$。

$$\mathrm{SSE}_{\mathrm{D}ij}(\boldsymbol{\varphi}_{\mathrm{D}ij})=\sum_{k=1}^{5}\left[y_{\mathrm{D}ij}(t_{i,k})-\sigma_{\mathrm{D}ij}(t_{i,k};\boldsymbol{\varphi}_{\mathrm{D}ij})\right]^2\quad(i=1,2,3,4;j=1,2,\cdots,5)\tag{7-17}$$

步骤 3　结合导阀弹簧弹性退化超差的失效阈值 σ_{Df}，通过求取 $\sigma_{\mathrm{D}ij}(t;\hat{\boldsymbol{\varphi}}_{\mathrm{D}ij})$ 的反函数获得伪失效寿命时间：

$$t_{\mathrm{D}ij}=[\sigma_{\mathrm{D}ij}(t;\hat{\boldsymbol{\varphi}}_{\mathrm{D}ij})]^{-1}(\sigma_{\mathrm{Df}}) \tag{7-18}$$

步骤 4　对所得到的伪失效寿命时间 $\boldsymbol{t}_{\mathrm{D}}=\{t_{\mathrm{D}ij}\mid i=1,2,3,4;j=1,2,\cdots,5\}$ 根据模型假设，寿命模型、加速模型分别为威布尔和阿伦尼乌斯模型，未知参数 $\boldsymbol{\Psi}_{\mathrm{D}}=(\gamma_{\mathrm{D0}},\gamma_{\mathrm{D1}},m_{\mathrm{D}})$，其中 γ_{D0} 和 γ_{D1} 为阿伦尼乌斯加速模型参数，m_{D} 为威布尔模型的形状参数。

$\boldsymbol{t}_{\mathrm{D}}$ 可看作是完整数据，其似然函数为

$$L_{\mathrm{D}}(\boldsymbol{\Psi}_{\mathrm{D}}\mid\boldsymbol{t}_{\mathrm{D}})=\prod_{i=1}^{4}\prod_{j=1}^{5}L_{\mathrm{D}ij}(\boldsymbol{\Psi}_{\mathrm{D}}\mid t_{\mathrm{D}ij})=\prod_{i=1}^{4}\prod_{j=1}^{5}[h_{\mathrm{D}i}(t_{\mathrm{D}ij})\cdot R_{\mathrm{D}i}(t_{\mathrm{D}ij})] \tag{7-19}$$

式中：$h_{\mathrm{D}i}(\cdot)$ 和 $R_{\mathrm{D}i}(\cdot)$ 分别为导阀弹簧在 S_i 应力下的危害度函数和可靠度函数。

采用数值解法对对数似然函数进行极大化，获得参数估计值 $\boldsymbol{\Psi}_{\mathrm{D}}$：

$$\hat{\boldsymbol{\Psi}}_{\mathrm{D}}=\arg\max_{\boldsymbol{\Psi}_D}[\ln L_{\mathrm{D}}(\boldsymbol{\Psi}_{\mathrm{D}}\mid\boldsymbol{t}_D)] \tag{7-20}$$

根据参数估计值 $\hat{\boldsymbol{\Psi}}_{\mathrm{D}}$ 可以很容易得到导阀弹簧正常应力下的贮存可靠度估计值 $\hat{R}_{\mathrm{D0}}(t)$。

2）主阀弹簧数据分析

主阀弹簧负荷损失率 $\sigma_{\mathrm{Z}}(t)$ 的测量值为 $\boldsymbol{y}_{\mathrm{Z}}=\{y_{\mathrm{Z}ij}(t_{i,k})\mid i=1,2,3,4;j=1,2,\cdots,5;k=1,2,\cdots,5\}$。$\boldsymbol{y}_{\mathrm{Z}}$ 的统计分析方法与导阀弹簧数据分析方法类似，得到主阀弹簧正常应力下的贮存可靠度估计值 $\hat{R}_{\mathrm{Z0}}(t)$。

3）O 形圈数据分析

O 形圈压缩永久变形率 $\sigma_{\mathrm{M}}(t)$ 的测量值为 $\boldsymbol{y}_{\mathrm{M}}=\{y_{\mathrm{M}ij}(t_{i,k})\mid i=1,2,3,4;j=1,2,\cdots,5;k=1,2,\cdots,5\}$，其中 $y_{\mathrm{M}ij}(t_{i,k})$ 表示 S_i 应力下样品 j 第 k 次测试时 $G_{\mathrm{M}}(t)$ 的测量值。O 形圈数据 $\boldsymbol{y}_{\mathrm{M}}$ 的伪失效寿命 MLE 分析如下：

步骤 1　根据 6.2.3 节中的模型，以 O 形圈压缩永久变形率退化模型 $G_{\mathrm{M}ij}(t;\boldsymbol{\varphi}_{\mathrm{M}ij})$ 作为理论退化轨迹，模型参数 $\boldsymbol{\varphi}_{\mathrm{M}ij}=(a_{\mathrm{M}},K_{\mathrm{M}ij})$。

步骤 2　计算 $\boldsymbol{\varphi}_{\mathrm{M}ij}$ 的参数估计值 $\hat{\boldsymbol{\varphi}}_{\mathbf{M}ij}$。

先求常数 a_{M} 的最优值。令 a_{M} 在(0,1)区间等间隔取 N_a 个离散值（N_a 在计算量允许情况下应尽量大，如 99），第 l 个离散值 $a_{\mathrm{M}l}=l/(N_a+1)$（$l=1,2,\cdots,N_a$）。利用最小二乘法，得到 $a_{\mathrm{M}}=a_{\mathrm{M}l}$ 时，$G_{\mathrm{D}ij}[t;(a_{\mathrm{M}l},K_{\mathrm{M}ij})]$ 的参数估计值 $\hat{K}_{\mathrm{M}ij}$。

$$\mathrm{SSE}_{\mathrm{M}ij}(K_{\mathrm{M}ij} \mid a_{\mathrm{M}l}) = \sum_{k=1}^{5} \{ y_{\mathrm{M}ij}(t_{i,k}) - G_{\mathrm{M}ij}[t_{i,k};(a_{\mathrm{M}l},K_{\mathrm{M}ij})] \}^2$$

$$(i = 1,2,3,4; j = 1,2,\cdots,5) \tag{7-21}$$

令 $I(a_{\mathrm{M}l}) = \sum_{i=1}^{4}\sum_{j=1}^{5} \mathrm{SSE}_{\mathrm{M}ij}(\hat{K}_{\mathrm{M}ij} \mid a_{\mathrm{M}l})$。则当 $I(a_{\mathrm{M}l})$ 取最小值时,拟合误差最小,所对应的 $a_{\mathrm{M}l}$取值为最优值 a_{M}^*,即

$$a_{\mathrm{M}}^* = \arg\min_{(0,1)}[I(a_{\mathrm{M}})] \approx \arg\min_{(0,1)}[I(a_{\mathrm{M}l})] \quad a_{\mathrm{M}l} = l/(N_a + 1) \quad (l = 1,2,\cdots,N_a) \tag{7-22}$$

图 7-13 所示为 $N_a = 99$ 时,$a_{\mathrm{M}l} = l/100$,$(l = 1,2,\cdots,99)$所对应的 $I(a_{\mathrm{M}l})$,此时 $a_{\mathrm{M}}^* = 0.29$,$I(a_{\mathrm{M}}^*) = 0.3020$。

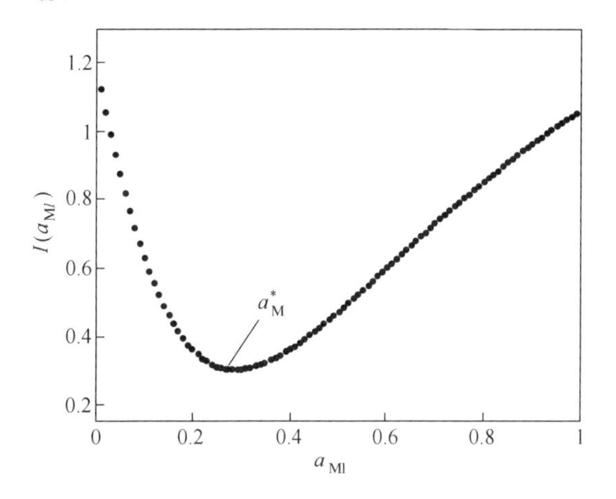

图 7-13 a_{M} 的最优值计算结果

将 a_{M}^* 代入式(7-20)进行最小化可得 $K_{\mathrm{M}ij}$ 的估计值 $\hat{K}_{\mathrm{M}ij}$。这样 $\hat{\boldsymbol{\varphi}}_{\mathrm{M}ij} = (a_{\mathrm{M}}^*, \hat{K}_{\mathrm{M}ij})$。

步骤 3 计算伪失效寿命时间 $\boldsymbol{t}_{\mathrm{M}} = \{t_{\mathrm{M}ij} \mid i = 1,2,3,4; j = 1,2,\cdots,5\}$,步骤 4 分析模型参数的估计值 $\hat{\boldsymbol{\Psi}}_{\mathrm{M}}$ 并得到 O 形圈正常应力下的贮存可靠度估计值 $\hat{R}_{\mathrm{M0}}(t)$。这两个步骤与导阀弹簧数据分析方法的步骤 3 和步骤 4 类似。

4) 试验数据分析及贮存寿命评估结果

根据以上方法对先导式安全阀加速试验数据进行分析。其中,失效阈值的选取需要根据安全阀的开启压力要求、密封要求等进行选定。表 7-3 所示为失效阈值分别取 $\sigma_{\mathrm{Df}} = 8\%$、$\sigma_{\mathrm{Zf}} = 12\%$、$G_{\mathrm{Mf}} = 80\%$ 时得出的分析结果。

表 7-3　先导式安全阀加速试验数据分析结果

导阀弹簧			主阀弹簧			O 形圈		
$\hat{\gamma}_{D0}$	$\hat{\gamma}_{D1}$	$\hat{m}_D$	$\hat{\gamma}_{Z0}$	$\hat{\gamma}_{Z1}$	$\hat{m}_Z$	$\hat{\gamma}_{M0}$	$\hat{\gamma}_{M1}$	$\hat{m}_M$
-2.3696	4.8039×10^3	1.3293	-8.6906	6.5375×10^3	1.4468	-5.6427	5.5810×10^3	2.1557

表 7-3 与表 7-2(参数先验值)存在一定的偏差,这主要是因为后者仅对 S_2 和 S_4 两个应力水平的试验数据进行分析,而前者则是对 $S_1,S_2,\cdots,S_4$ 四个应力水平的全部试验数据进行统计分析得出的结果。两者统计结果的偏差主要来源于样本量的多寡,表 7-3 的样本量更大,统计精度更高。

根据式(7-1)~式(7-3)可得失效模式 1、失效模式 2 和失效模式 3 在正常应力下的贮存可靠度(图 7-14),分别为

$$\hat{R}_0^{(1)}(t)=\hat{R}_{D0}(t)=\exp\{-[t/\exp(\hat{\gamma}_{D0}+\hat{\gamma}_{D1}/S_0)]^{\hat{m}_D}\} \tag{7-23}$$

$$\hat{R}_0^{(2)}(t)=\hat{R}_{Z0}(t)=\exp\{-[t/\exp(\hat{\gamma}_{Z0}+\hat{\gamma}_{Z1}/S_0)]^{\hat{m}_Z}\} \tag{7-24}$$

$$\begin{aligned}\hat{R}_0^{(3)}(t)&=[2-\hat{R}_{M0}(t)]\hat{R}_{M0}(t)\\&=(2-\exp\{-[t/\exp(\hat{\gamma}_{M0}+\hat{\gamma}_{M1}/S_0)]^{\hat{m}_M}\})\\&\quad\cdot\exp\{-[t/\exp(\hat{\gamma}_{M0}+\hat{\gamma}_{M1}/S_0)]^{\hat{m}_M}\}\end{aligned} \tag{7-25}$$

式中:$S_0=293\text{K}$ 为正常应力水平。$\hat{\gamma}_{D0}$、$\hat{\gamma}_{D1}$、$\hat{m}_D$、$\hat{\gamma}_{Z0}$、$\hat{\gamma}_{Z1}$、$\hat{m}_Z$、$\hat{\gamma}_{M0}$、$\hat{\gamma}_{M1}$、$\hat{m}_M$ 为模型估计值,见表 7-3。

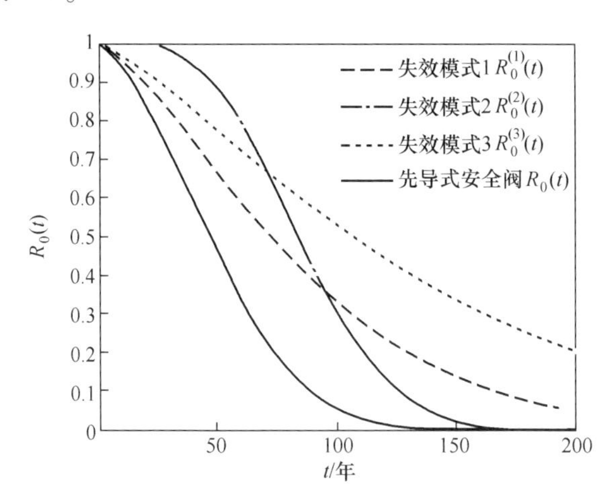

图 7-14　先导式安全阀正常应力下的贮存可靠度评估结果

先导式安全阀整机在正常应力下的贮存可靠度(图 7-14)为

$$R_0(t)=R_0^{(1)}(t)\cdot R_0^{(2)}(t)\cdot R_0^{(3)}(t) \tag{7-26}$$

通过求取贮存可靠度的反函数,可得到该型先导式安全阀的可靠贮存寿命,从而对其贮存寿命进行评估。例如,当 $R_0(t)=0.95$ 时,可靠贮存寿命 $t_{0.95}=R^{-1}(0.95)=7.1035\times10^4\text{h}\approx8.11$ 年;当 $R_0(t)=0.90$ 时,可靠贮存寿命 $t_{0.90}=R^{-1}(0.90)=1.1884\times10^5\text{h}\approx13.57$ 年。

表 7-4 所示为分别采用整机级(先导式安全阀)及元器件材料级(导阀弹簧、主阀弹簧和 O 形圈)加速试验数据进行分析,得到的不同贮存可靠度对应的先导式安全阀可靠贮存寿命。

表 7-4　先导式安全阀贮存寿命评估结果

加速试验	先导式安全阀的可靠贮存寿命/年			
	$t_{0.95}$	$t_{0.90}$	$t_{0.85}$	$t_{0.80}$
整机级(先导式安全阀)	8.11	13.57	18.36	22.85
元器件材料级(导阀弹簧、主阀弹簧、O 形圈)	2.86	5.76	8.57	11.42

通过对比可看出,元器件材料级加速试验与整机级加速试验的评估结果存在较大差异,由于整机级加速试验能更为真实地反映产品的试验条件和技术条件,评估结果更为准确可信。

本节以某先导式安全阀为应用对象,开展了本书加速试验建模分析技术应用验证研究。结合先导式安全阀贮存可靠性分析,建立了寿命模型、退化模型等相关模型,并对加速试验方案进行了基本设计和优化设计。在此基础上实施了先导式安全阀加速试验,并对试验数据进行了统计分析,进而得出其贮存可靠度和贮存寿命评估结果。本节内容验证了加速试验建模分析技术的有效性,为加速试验在装备贮存寿命评估中的应用建立完整的工程应用案例。同时,试验数据及贮存寿命评估结果表明,与元器件材料级加速试验相比,整机级加速试验能更真实地反映其贮存寿命历程,因而评估结果更为准确可信。

7.2　滚动轴承加速试验建模分析案例

本节以加工中心电主轴的轴承寿命预测为背景,以某型滚动轴承为对象开展加速寿命试验,对加速寿命试验数据进行建模分析,给出滚动轴承寿命预测结果,建立滚动轴承加速试验建模分析案例。

7.2.1 滚动轴承加速试验研究背景

高档数控机床及制造系统是航空航天、军工、汽车、电力能源、电子信息等产业的重要基础装备,是实现制造技术和装备现代化的基础。加工中心作为数控装备的典型产品,在机械制造业中的地位举足轻重,特别是五轴、六轴联动加工中心是一种科技含量高、高精密度、专门用于加工复杂曲面的机床,被公认为解决叶轮、叶片、船用螺旋桨、重型发电机转子、汽轮机转子、大型柴油机曲轴等加工的唯一手段,其质量水平对一个国家的航空、航天、军事、科研、精密器械、高精医疗设备等领域有着举足轻重的影响力[3]。当前国内针对加工中心可靠性的研究还处于起步阶段,国产加工中心可靠性水平较国际先进还有很大差距,因此需深入有效开展和完善加工中心可靠性研究。

国内加工中心及其主要功能部件可靠性研究开始于20世纪80年代,研究思路一般为:首先选取若干台加工中心为对象,然后通过长时间的现场使用或试验得到加工中心的故障数据,然后将数据整理分类,建立相应数据库,在这些故障数据的基础上进行可靠性分析。如故障模式及影响分析(FMEA)或故障模式、影响及危害度分析(FMECA)方法,有针对性地提出改进措施,提高加工中心的可靠性水平;同时,利用收集到的加工中心试验时间数据对其寿命分布进行估计,对其可靠性进行评估和预测。由以上的研究思路不难看出,当前国内开展加工中心可靠性研究主要是基于现场统计方法。现场统计分析方法通过将现场使用过程中的故障与维修记录进行统计得到所需可靠性数据,并在此数据基础上进行可靠性研究,是当前可靠性研究广泛运用的一种方法。但是,由于现场统计方法采样周期长,信息反馈慢,而目前加工中心技术更新快、市场交货周期短,两者之间极不协调,可靠性研究严重滞后,因此这种可靠性研究方法已然不能适应加工中心快速响应市场的需要。另外,现场统计方法还受环境条件和操作人员水平影响,存在失效和故障数据记录的准确度不高,真实的故障原因有时很难分析出来等方面的问题。因此,有必要在现有的可靠性研究基础上,探索新的可靠性试验和分析方法,准确、快速地获得加工中心可靠性数据。

目前加工中心及其主要功能部件可靠性试验可以分为现场试验、实验室模拟试验以及虚拟仿真试验三类。现场试验是在实际使用状态下进行的试验,在试验过程中,记录加工中心及其主要功能部件的工作状态、环境条件、维修情况和测量条件。从原理上讲,现场试验能最忠实地反映加工中心及其主要功能部件的实际可靠性水平,但是如前所述,现场试验在实际开展过程中存在试验时间长、信息反馈慢、信息准确度不高等问题,影响使用现场试验的效果。实验室试验是在实验室内模拟实际使用条件或规定的工作及环境条件下进行的试验,通过在实验室条件下构建加工中心及其主要功能部件典型电磁环境应力、环境应力及机械应力,模拟可靠性测试平台及测试条件,进行加工中心典型工作条件的作业模拟试验,同时针对加工中心及其主要功能部件失效机理,通过模拟可靠性试验平台还可以开展加工中心加速和强化试验,加快暴露其薄弱环节,缩短可靠性试验周期。虚拟仿真试验通过计算机系统建立起能反映加工中心及其主要功能部件几何特征、运动学特性和动力学特性的全参数模型,在此模型的基础上,给系统施加各种激励和约束以及工作载荷,模拟在实际使用情况下的工作状态,进行寿命可靠性试验。但是在虚拟仿真试验中,要建立完整的全参数模型非常困难,建立的模型往往是经过简化和近似处理后的模型,与实际情况会有出入,得到的结果准确度不高,因此虚拟仿真试验一般限于分系统及以下级别部件的试验。

综合上述三种试验方法,采用基于模拟试验平台的实验室试验方法进行加工中心及其功能部件的可靠性试验是十分合适的。首先,通过在实验室模拟试验平台开展加工中心及其功能部件加速和强化试验可以缩短可靠性试验时间,缩短可靠性数据获取周期。其次,实验室试验在专门实验室进行,有专门的技术人员和测试系统对加工中心可靠性试验中出现的故障进行记录和处理,能够更准确地采集到故障数据。基于模拟试验平台开展加工中心及其功能部件的加速试验包含三方面的内容:①模拟试验平台的建立。模拟试验平台主要由本体、可靠性测试系统和载荷加载系统组成;②加速试验设计。包括加工中心典型工况载荷谱的采集与编制和加速试验要素设计;③加速试验数据统计分析和加工中心可靠性评估。这三方面的内容构成了加工中心及其主要功能部件加速试验技术体系,本节涉及的内容为后两方面,偏重于加速试验数据统计分析方法的研究。因此,以加工中心及其主要功能部件作为本书前面几章节关于多失效模式竞争失效场合加速试验数据统计分析方法应用验证对象具有重要的实践意义。

电主轴是高速机床特别是加工中心的核心部件,是内装式主轴和电动机一体化的主轴组件。它采用无壳电动机,将其空心转子用压配合的形式直接装在加工中心主轴上,带有冷却套的定子则安装在主轴组件的壳体中,形成了内装式电动机主轴,使得高速加工中心的机械结构得到了极大的简化,取消了带传动和齿轮传动,把加工中心主传动链的长度缩减为零,实现了机床主运动的零传动。电主轴具有机构紧凑、机械效率高、可获得极高的回转速度、振动小等优点,在现代数控机床中获得了越来越广泛的应用。电主轴主要由主轴及其轴承、内装式电动机(定子和转子)、法兰盘、刀具拉杆、传感器及反馈装置等部分组成,如图 7-15所示。

高速精密轴承是高速电主轴的核心支撑部件,其基本结构如图 7-16 所示,

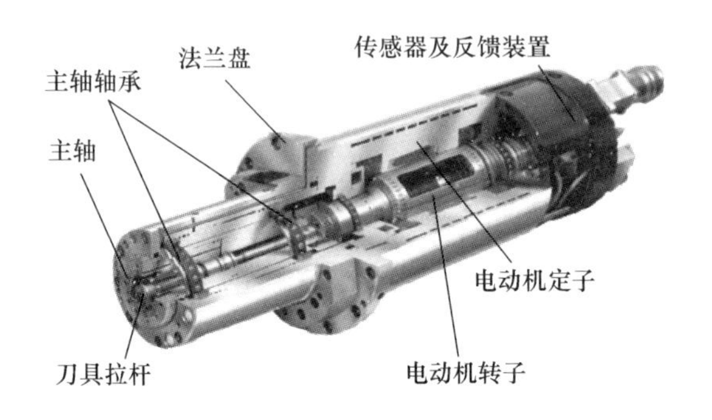

图 7-15　典型电主轴结构(剖视)

它由内环、外环、滚动体和保持架等 4 个单元组成。内环可用来和轴颈装配,外环用来和轴承座孔装配。通常是内环随轴颈回转,外环可固定,但也可用于外环回转而内环不动,或是内、外环同时回转的场合。当内、外环相对转动时,滚动体即在内、外环的滚道间滚动。滚动体按照形状可分为球与滚子两类。保持架的主要作用是将滚动体均匀隔开。如果没有保持架,则相邻滚动体转动时将会由于接触处产生较大的相对滑动速度而引起磨损。滚动轴承的内、外环和滚动体,一般是用高碳铬轴承钢(如 GCr15)或渗碳轴承钢(如 G20Cr2Ni4A)制造的,热处理后硬度一般不低于 60HRC。由于一般滚动轴承的这些元件都经过 150℃的回火处理,所以通常当轴承工作温度低于 120℃时,轴承单元的硬度不会下降。

图 7-16　滚动轴承及其基本构成

本节以加工中心电主轴轴承为应用背景,开展滚动轴承寿命预测应用验证,为其他类型和用途的滚动轴承寿命预测提供技术借鉴和应用范例。

7.2.2　滚动轴承加速寿命试验

1. 试验对象

选用的试验对象为深沟球轴承,型号为 6205。基本参数如下[4]:内径 $d=$

25mm；外径 $D=52$mm；宽度 $B=15$mm；基本额定动载荷：$C_r=10.8$kN；基本额定静载荷：$C_{0r}=6.95$kN；脂润滑极限转速：12000r/min；油润滑限转速：16000r/min。

2. 试验平台

根据本试验对象和载荷特点，采用 ABLT-1A 型试验机进行加速寿命试验，如图 7-17 所示。ABLT-1A 轴承疲劳寿命试验机具有自动稳压加载、疲劳剥落自动停机的特点，可测试的滚动轴承的内径范围为 10~60mm，外径≤130mm，可同时或分别加载径向和轴向负载，转速可达万转每分钟以上。

图 7-17　ABLT-1A 型轴承寿命强化试验机

3. 加速寿命试验设计

1）加速试验方法

采用恒定应力加速试验。

2）应力水平及应力水平数

结合 6205 深沟球轴承的参数和摸底试验数据，可得保证试验轴承不产生塑性变形的最高载荷为 8.2kN，因此本试验载荷的最高应力水平定为 8kN。

滚动轴承加速应力水平数的确定主要考虑试验对应力水平数的最低要求，该轴承正常应力水平为 $S_0=3.0$kN，加速寿命试验最低应力定为 4.5kN，为更为准确地得到轴承寿命在载荷作用下的寿命规律，在最大应力与最小应力之间的应力水平数尽可能多，这里设置 8 个应力水平，试验间隔为 0.5kN。由此可得试验的加速应力水平分别为 4.5kN、5.0kN、5.5kN、6.0kN、6.5kN、7.0kN、7.5kN、8.0kN。

3）样本量及样本量分配

根据加速寿命试验原则，对于单一加速应力的加速寿命试验，至少选择 3 个样本，由于考虑产品的竞争失效，且可能的失效模式数 $p=4$，因此每个应力水平下的样本数设为 6 个，共计 8 个应力水平，因此，一共需要 48 个样本。

4）截尾方式与截尾时间

试验采用定数截尾的方式，试验每两个轴承为一组在轴承寿命试验机上进行加速寿命试验，当一组轴承试验过程中有一个轴承失效时，则停止这一组轴承试验。

7.2.3 试验数据处理与分析

试验中转速为6000r/min，每两个为一组在轴承寿命试验机上进行加速寿命试验，当一组轴承试验过程中有一个轴承失效时，则停止这一组轴承试验，记录轴承失效时间，并检验每个失效轴承的失效部位，确定该轴承的失效模式，同一组中未失效的轴承作为截尾样本。轴承试验现场如图 7-18 所示。

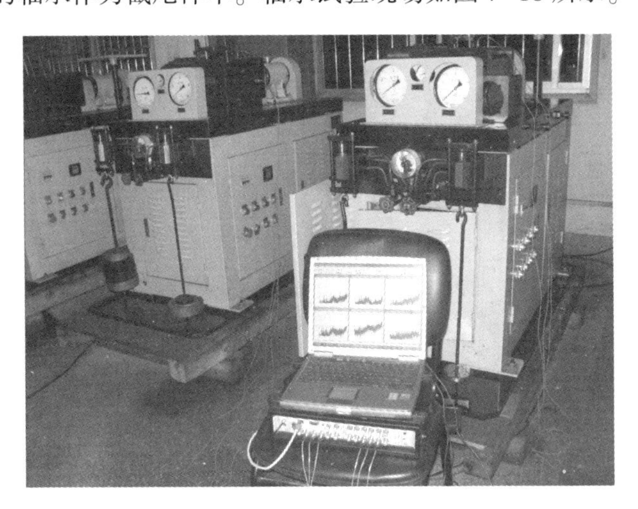

图 7-18 轴承加速寿命试验现场

试验数据如表 7-5 所示（带"+"表示的是截尾数据，分别记外环失效、内环失效和滚动体失效为失效模式 1、失效模式 2 和失效模式 3），试验中主要失效模式为外环失效、内环失效和滚动体失效，未出现保持架失效的样本。因此可以认为这一批样本的失效是由上述三个失效模式竞争失效产生的。

根据试验情况,采用的加速试验模型如下:

(1) 寿命分布模型。轴承外环失效、内环失效和滚动体失效的潜在失效时间均服从三参数威布尔分布。

表 7-5 滚动轴承加速寿命试验数据

载荷/kN	样本编号	失效时间/h	失效模式	载荷/kN	样本编号	失效时间/h	失效模式
4. 5	1	228	1	6. 5	25	61	1
	2	228	+		26	61	+
	3	149	2		27	20	3
	4	149	+		28	20	+
	5	意外损坏			29	41	2
	6				30	41	+
5	7	139	2	7	31	20	1
	8	139	+		32	20	+
	9	41	2		33	19	1
	10	41	+		34	19	+
	11	127	1		35	9	3
	12	127	+		36	9	+
5. 5	13	123	2	7. 5	37	18	2
	14	123	+		38	18	+
	15	20	1		39	7	2
	16	20	+		40	7	+
	17	73	2		41	6	1
	18	73	+		42	6	+
6	19	113	2	8	43	14	2
	20	113	+		44	14	+
	21	12	1		45	意外损坏	
	22	12	+		46		
	23	73	3		47	4	1
	24	73	+		48	4	+

(2) 加速因子模型。加速因子模型如第 4 章式(4-5)~式(4-7),其中 $p=3$。

(3) 加速模型。由于采用的载荷为加速应力，加速模型选择逆幂律模型。

(4) 竞争失效模型。如第4章式(4-145)，式中 $p=3$。

(5) Copula 模型。考虑到轴承各失效模式之间的相关为正相关，且寿命分布为威布尔分布，因此各失效模式之间的 Copula 模型选为 GH-Copula 模型。

在上述试验数据和模型基础上，本节分别针对轴承单一失效、竞争失效独立和竞争失效相关三种情形，对滚动轴承寿命数据进行对比统计分析，进行轴承寿命预测。

1. 滚动轴承单一失效模式寿命预测

对如表7-5所示的数据不区分失效模式，认为轴承是一个整体，只有一个失效模式，即将轴承试验数据看成单一失效模式，试验数据如表7-6所示。

利用表7-6中数据，根据单一失效情况下的加速寿命试验统计分析得到的轴承寿命分布参数和加速模型参数估计如表7-7所示。由此得到使用应力水平 $S_0=3.0$kN 下的轴承寿命分布参数分别如表7-8所示。

表7-6 单一失效模式试验数据

载荷/kN	失效试验数据/h	截尾试验数据/h
4.5	149,228	149,228
5.0	41,127,139	41,127,139
5.5	20,73,123	20,73,123
6.0	12,73,113	12,73,113
6.5	20,41,61	20,41,61
7.0	9,19,20	9,19,20
7.5	6,7,18	6,7,18
8.0	4,14	4,14

表7-7 单一失效模式参数估计值

λ	b	δ	β	$(\ln L)_{\max}$
13.846	-5.3642	12.0693	1.0475	-111.9834

表7-8 单一失效模式使用应力下三参数威布尔分布参数

η_0	γ_0	β_0
2843.7676	481.1513	1.0475

由表7-8中得到的使用应力下轴承单一失效下的分布参数，可得轴承三参

数威布尔分布寿命分布函数为

$$F_0(t) = 1 - \exp\left[-\left(\frac{t - 481.1513}{2843.7676}\right)^{1.0475}\right] \tag{7-27}$$

其失效概率曲线和失效概率密度曲线分别如图 7-19 所示。

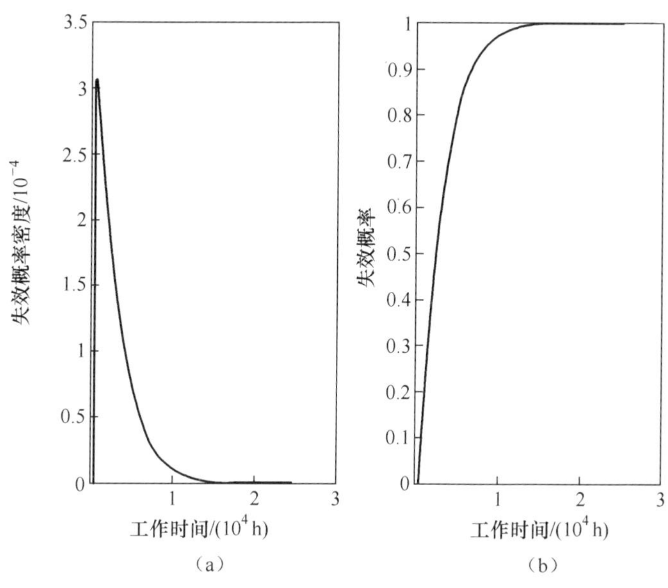

图 7-19　单一失效模式时轴承的失效概率密度曲线(a)和失效概率曲线(b)

2. 滚动轴承竞争失效独立场合寿命预测

考虑轴承各单元竞争失效时,其加速寿命试验数据如表 7-9 所示。表中 t_{ij}、C、C_{ij}分别为失效时间、失效原因和失效模式标记,带"+"表示的是截尾数据,C 为失效模式,1 为外环失效,2 为内环失效,3 为滚动体失效。由此可得到滚动轴承竞争失效独立场合加速寿命试验统计分析模型参数结果如表 7-10 所示。

表 7-9　竞争失效试验数据

4.5kN			5kN			5.5kN			6.0kN		
t_{1j}/h	C	C_{1j}	t_{2j}/h	C	C_{2j}	t_{3j}/h	C	C_{3j}	t_{4j}/h	C	C_{4j}
228	1	(1, 0, 0)	139	2	(0, 1, 0)	123	2	(0, 1, 0)	113	2	(0, 1, 0)
228	+	(0, 0, 0)	139	+	(0, 0, 0)	123	+	(0, 0, 0)	113	+	(0, 0, 0)
149	2	(0, 1, 0)	41	2	(0, 1, 0)	20	1	(1, 0, 0)	12	1	(1, 0, 0)
149	+	(0, 0, 0)	41	+	(0, 0, 0)	20	+	(0, 0, 0)	12	+	(0, 0, 0)
			127	1	(1, 0, 0)	73	2	(0, 1, 0)	73	3	(0, 0, 1)
			127	+	(0, 0, 0)	73	+	(0, 0, 0)	73	+	(0, 0, 0)

续表

6.5kN			7.0kN			7.5kN			8.0kN		
t_{5j}/h	C	C_{5j}	t_{6j}/h	C	C_{6j}	t_{7j}/h	C	C_{7j}	t_{8j}/h	C	C_{8j}
61	1	(1, 0, 0)	20	1	(1, 0, 0)	18	2	(0, 1, 0)	14	2	(0, 1, 0)
61	+	(0, 0, 0)	20	+	(0, 0, 0)	18	+	(0, 0, 0)	14	+	(0, 0, 0)
20	3	(0, 0, 1)	19	1	(1, 0, 0)	7	2	(0, 1, 0)	4	1	(1, 0, 0)
20	+	(0, 0, 0)	19	+	(0, 0, 0)	7	+	(0, 0, 0)	4	+	(0, 0, 0)
41	2	(0, 1, 0)	9	3	(0, 0, 1)	6	1	(1, 0, 0)			
41	+	(0, 0, 0)	9	+	(0, 0, 0)	6	+	(0, 0, 0)			

表 7-10　竞争失效独立场合参数估计结果

λ_1	b_1	δ_1	β_1	λ_2	b_2	$(\ln L)_{\max}$
12.4912	−4.186	9.9852	1	14.5552	−5.5878	
δ_2	β_2	λ_3	b_3	δ_3	β_3	−130.4210
12.6034	1.9646	15.5468	−5.5411	12.3584	1.4062	

根据表 7-10 所示参数估计结果,可以得到使用应力下各失效模式的分布参数分别如表 7-11 所示。

表 7-11　竞争失效独立场合使用应力下各失效模式寿命分布参数

$\eta_0^{(1)}$	$\gamma_0^{(1)}$	$\beta_0^{(1)}$	$\eta_0^{(2)}$	$\gamma_0^{(2)}$	$\beta_0^{(2)}$	$\eta_0^{(3)}$	$\gamma_0^{(3)}$	$\beta_0^{(3)}$
2676.9321	218.4193	1	4520.6712	642.0352	1.9646	12826.8944	528.9706	1.4062

由此得到竞争失效独立场合下产品的寿命分布为

$$R_0(t)=\begin{cases}1 & (0\leqslant t<218.4193)\\ \exp\left[-\left(\dfrac{t-218.4193}{2676.9321}\right)\right] & (218.4193\leqslant t<528.9706)\\ \exp\left[-\left(\dfrac{t-218.4193}{2676.9321}\right)-\left(\dfrac{t-528.9706}{12826.8944}\right)^{1.4062}\right] & (528.9706\leqslant t<642.0352)\\ \exp\left[-\left(\dfrac{t-218.4193}{2676.9321}\right)-\left(\dfrac{t-528.9706}{12826.8944}\right)^{1.4062}-\left(\dfrac{t-642.0352}{4520.6712}\right)^{1.9646}\right] & (t\geqslant 642.0352)\end{cases}\tag{7-28}$$

其失效概率曲线和失效概率密度曲线分别如图 7-20 所示。

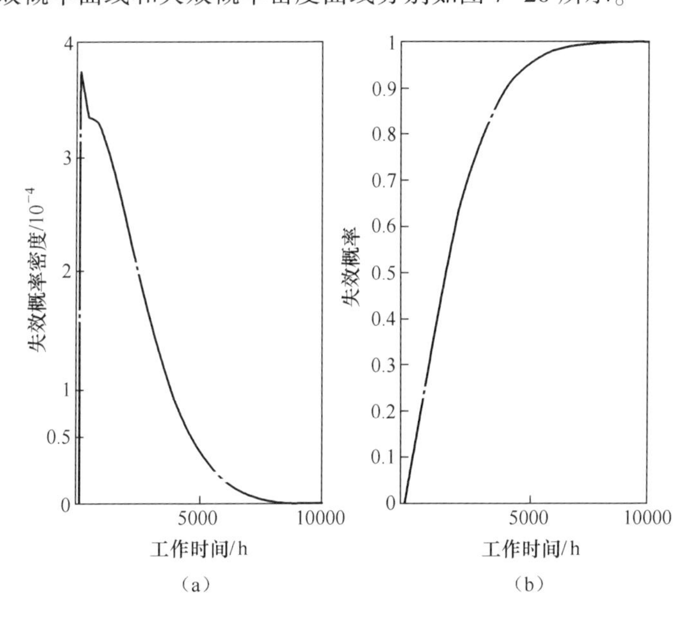

图 7-20　竞争失效独立时轴承的失效概率密度曲线(a)和失效概率曲线(b)

3. 滚动轴承竞争失效相关场合寿命预测

假设各失效模式之间存在相关性,首先构造各失效模式间的 Copula 函数,考虑到各失效模式均服从威布尔分布,各失效模式间的可靠度 Copula 模型选择 Gumbel-Hougaard Copula 模型,各失效模式间的 Copula 模型如下:

$$\hat{C}_{1,2}(R_1,R_2)=\exp\{-[(-\ln R_1)^{\theta_{12}}+(-\ln R_2)^{\theta_{12}}]^{1/\theta_{12}}\} \tag{7-29}$$

$$\hat{C}_{1,3}(R_1,R_3)=\exp\{-[(-\ln R_1)^{\theta_{13}}+(-\ln R_3)^{\theta_{13}}]^{1/\theta_{13}}\} \tag{7-30}$$

$$\hat{C}_{2,3}(R_2,R_3)=\exp\{-[(-\ln R_2)^{\theta_{23}}+(-\ln R_3)^{\theta_{23}}]^{1/\theta_{23}}\} \tag{7-31}$$

式中:θ_{12}、θ_{13}、θ_{23}分别是失效模式 1 和 2,1 和 3 以及 2 和 3 之间 Copula 函数的参数,当参数为 1 时表示两失效模式独立。采用本书 4.3.4 节的 Copula 构造方法,这里根据产品寿命的实际情况,产品寿命是最小寿命到无穷之间的值,因此 $R_1,R_2,R_3\in(0,1]$ 得到失效模式 1、2、3 的 3 维 Copula 函数为

$$\hat{C}_{123}(R_1,R_2,R_3)=$$
$$\exp(-[(-\ln R_1)^{\theta_{12}\theta_{13}}+(-\ln R_2)^{\theta_{12}\theta_{23}}+(-\ln R_3)^{\theta_{13}\theta_{23}}]^{1/\theta_{12}\theta_{13}\theta_{23}}) \tag{7-32}$$

其中,当 $R_1=1$ 时,$\theta_{12}=1,\theta_{13}=1$;当 $R_2=1$ 时,$\theta_{12}=1,\theta_{23}=1$;当 $R_3=1$ 时,

$\theta_{13}=1,\theta_{23}=1$。

采用基于 Copula 模型的竞争失效相关场合加速寿命试验统计分析方法估计得到的结果如表 7-12 所示。

表 7-12　竞争失效相关场合参数估计结果

λ_1	b_1	δ_1	β_1	λ_2	b_2	δ_2	β_2
13.4588	-4.8797	11.2281	1.114	13.7738	-5.2998	11.9763	2.2749
λ_3	b_3	δ_3	β_3	θ_{12}	θ_{13}	θ_{23}	$(\ln L)_{\max}$
13.7172	-4.8598	11.1924	1.5239	1.4798	1.2363	1.2598	-129.6911

从估计结果可以看出各失效模式之间的相关关系：由于 $\theta_{12}=1.4798,\theta_{13}=1.2363,\theta_{23}=1.2598$, Kendall 秩相关系数 τ 分别为 $\tau_{12}=0.3242,\tau_{13}=0.1911,\tau_{23}=0.2062$,表明各失效模式之间存在相关性,且各失效模式两两之间相关性不同。

由表 7-12 中参数估计结果可以得到轴承使用应力下各失效模式的分布参数分别如表 7-13 所示。

表 7-13　竞争失效相关场合使用应力下各失效模式寿命分布参数

$\eta_0^{(1)}$	$\gamma_0^{(1)}$	$\beta_0^{(1)}$	$\eta_0^{(2)}$	$\gamma_0^{(2)}$	$\beta_0^{(2)}$	$\eta_0^{(3)}$	$\gamma_0^{(3)}$	$\beta_0^{(3)}$
3287.6036	353.2684	1.114	2839.6088	470.5501	2.2749	4351.0882	348.4209	1.5239

由此得到竞争失效相关场合下产品使用应力下的可靠度函数为

$$R_0(t)=\begin{cases}1 & (0\leqslant t\leqslant 348.4209)\\ \exp\left[-\left(\dfrac{t-348.4209}{4351.0882}\right)^{1.5239}\right] & (348.4209<t\leqslant 353.2684)\\ \exp\left\{-\left[\left(\dfrac{t-348.4209}{4351.0882}\right)^{1.8840}+\left(\dfrac{t-353.2684}{3287.6036}\right)^{1.3772}\right]^{0.8089}\right\} & (353.2684<t\leqslant 470.5501)\\ \exp\left\{-\left[\left(\dfrac{t-348.4209}{4351.0882}\right)^{3.5122}+\left(\dfrac{t-353.2684}{3287.6036}\right)^{2.5675}+\left(\dfrac{t-470.5501}{2839.6088}\right)^{5.2431}\right]^{0.4339}\right\} & (t>470.5501)\end{cases}\tag{7-33}$$

轴承使用应力下的失效概率曲线和失效概率密度曲线分别如图 7-21 所示，平均寿命为 2308h，合计 8.31×10^8r。

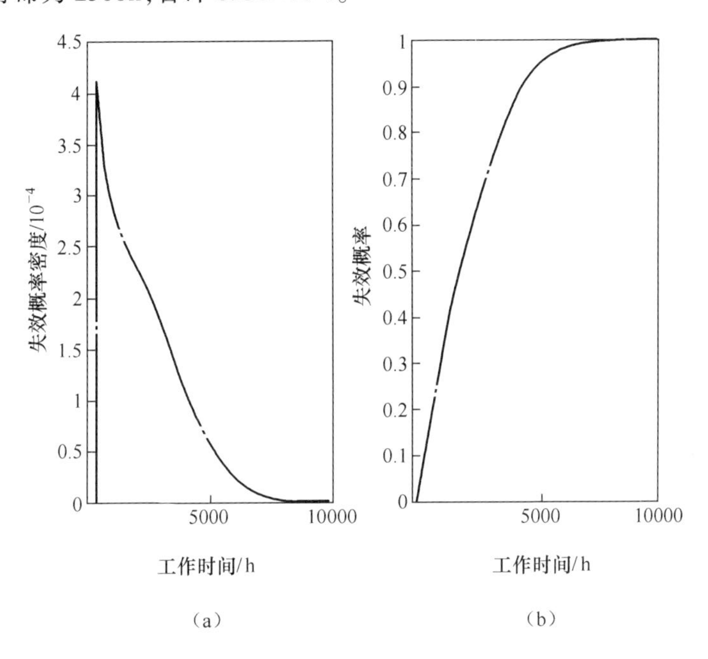

图 7-21　竞争失效相关时轴承的失效概率密度曲线(a)和失效概率曲线(b)

4. 滚动轴承寿命预测结果分析

由表 7-12 所示估计结果得到滚动轴承各失效模式的在应力水平 S_i 下的分布参数分别为

$$\begin{cases}\eta_i^{(1)}=\exp(13.4588-4.8797\cdot\ln S_i),\gamma_i^{(1)}=\exp(11.2281-4.8797\cdot\ln S_i),\\ \beta_i^{(1)}=1.114\\ \eta_i^{(2)}=\exp(13.7738-5.2998\cdot\ln S_i),\gamma_i^{(2)}=\exp(3.9494-5.2998\cdot\ln S_i),\\ \beta_i^{(2)}=2.2749\\ \eta_i^{(3)}=\exp(13.7172-4.8598\cdot\ln S_i),\gamma_i^{(3)}=\exp(11.1924-4.8598\cdot\ln S_i),\\ \beta_i^{(3)}=1.5239\end{cases} \tag{7-34}$$

轴承整体在应力水平 S_i 的可靠度函数为

$$
R_i(t)=\begin{cases}1 & (0\leqslant t\leqslant 348.4209)\\ \exp\left\{-\left[\dfrac{t-\exp(11.1924-4.8598\cdot\ln S_i)}{\exp(13.7172-4.8598\cdot\ln S_i)}\right]^{1.5239}\right\} & (348.4209<t\leqslant 353.2684)\\ \exp\left(-\left\{\left[\dfrac{t-\exp(11.1924-4.8598\cdot\ln S_i)}{\exp(13.7172-4.8598\cdot\ln S_i)}\right]^{1.8840}+\left[\dfrac{t-\exp(11.2281-4.8797\cdot\ln S_i)}{\exp(13.4588-4.8797\cdot\ln S_i)}\right]^{1.3772}\right\}^{0.8089}\right) & (353.2684<t\leqslant 470.550)\\ \exp\left(-\left\{\left[\dfrac{t-\exp(11.1924-4.8598\cdot\ln S_i)}{\exp(13.7172-4.8598\cdot\ln S_i)}\right]^{3.5122}+\left[\dfrac{t-\exp(11.2281-4.8797\cdot\ln S_i)}{\exp(13.4588-4.8797\cdot\ln S_i)}\right]^{2.5675}+\left[\dfrac{t-\exp(3.9494-5.2998\cdot\ln S_i)}{\exp(13.7738-5.2998\cdot\ln S_i)}\right]^{5.2431}\right\}^{0.4339}\right) & (t>470.5501)\end{cases}
$$

根据上述各应力下的可靠度函数可以分别得到轴承各应力水平对应的特征寿命 L_{63}、中位寿命 L_{50} 和基本额定寿命 L_{10}。图 7-22 绘制了各寿命与载荷之间的双对数关系曲线，从图中可以看出，各曲线基本平行，表明各寿命与载荷之间的规律相类似。从前面各失效模式的加速模型看，各失效模式对应的特征寿命（包括中位寿命与基本额定寿命）与载荷成双对数线性关系的，说明竞争失效相关统计分析方法未改变轴承寿命规律，也从另一方面说明了竞争失效相关统计分析方法在产品寿命的评估应用中的有效性。

为比较上述三种情形下轴承寿命估计效果好坏，表 7-14 分别列出了三种不同情形下的可靠度分别为 e^{-1}、0.5、0.8、0.9、0.95 时的寿命以及平均寿命；图 7-23绘制了三种情形下，轴承使用应力下的失效分布曲线。从表 7-14 中的平均寿命可以看出通过对滚动轴承最长 228h 的加速寿命试验，预测轴承 2308h 的平均寿命，加速比超过 10，加速效果明显，通过加速寿命试验大大缩减了轴承

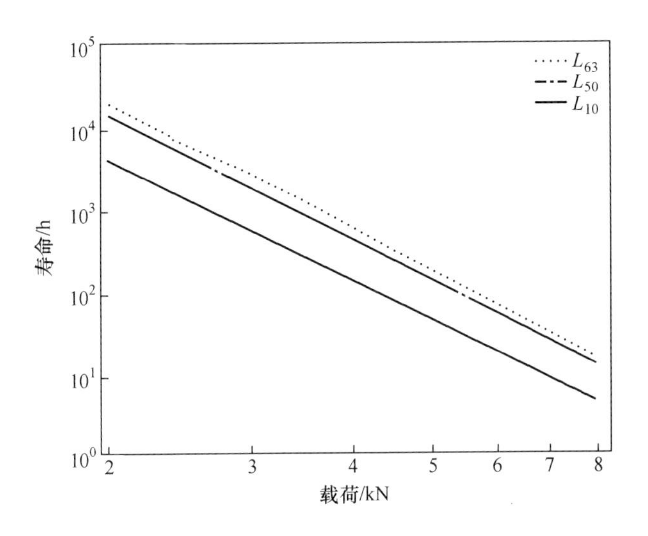

图 7-22 轴承的寿命与载荷之间的关系

寿命预测所需的试验时间,提高了试验效率。

表 7-14 不同情形下工作寿命比较

不同情形	工作寿命/h					平均寿命/h
	可靠度为 e^{-1}	可靠度为 0.5	可靠度为 0.8	可靠度为 0.9	可靠度为 0.95	
单一失效	3325	2485	1160	813	648	3273
竞争失效独立	2336	1790	800	500	356	2127
竞争失效相关	2628	2019	884	587	471	2308

从表 7-14 和图 7-23 的结果还可以看出,单一失效情形下的轴承可靠度函数曲线在最上方,竞争失效独立情形下的结果在最下方,竞争失效相关情形处于中间。这说明三种情形中,在单一失效情形下即不考虑轴承竞争失效的情况下,轴承的平均寿命最大,高估了轴承的寿命,而竞争失效相互独立的情况下轴承的平均寿命最小,低估了轴承的寿命。高估或低估产品的寿命对于产品寿命预测都不可取,因此在多失效产品加速寿命试验统计分析中,不仅要考虑竞争失效的实际情况,而且要重视各失效模式之间的相关性,从而准确估计产品寿命和可靠性水平。

在工程实践中,如果高估了关键部位轴承的寿命而影响了维修保障计划的制订,在需要进行更换或维修时没有及时更换或维修,装备的安全运行将会受到极大的威胁,因此这种情况是绝对不允许发生的。而低估关键部位轴承的寿命同样会影响装备的维修保障计划的制订,带来极大的资源浪费的同时,会严重影

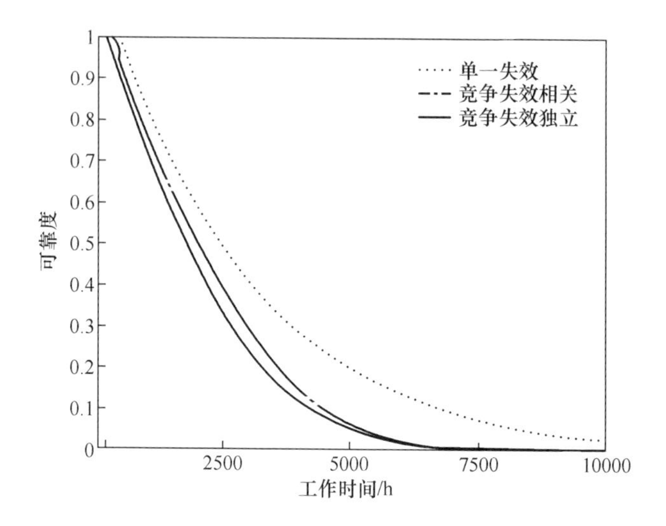

图 7-23　使用应力下的可靠度函数曲线

响装备的使用、维护。因此在竞争失效轴承加速寿命试验统计分析中,不仅要考虑竞争失效的实际情况,而且要重视各失效模式之间的相关性,从而准确估计轴承寿命和可靠性水平。

本节以加工中心电主轴轴承为应用背景,以深沟球轴承 6205 为对象开展加速寿命试验,对加速寿命试验数据进行建模分析,给出滚动轴承寿命预测结果,建立了滚动轴承加速试验建模分析案例。本应用案例表明加速试验大大缩短了轴承寿命预测所需要的试验时间,加速效果明显,预测结果与工程实际吻合。

7.3　关节轴承加速试验建模分析案例

关节轴承(又称球面滑动轴承,spherical plain bearings)是一种特殊结构的滑动轴承。它的结构比滚动轴承简单,其主要是由一个有外球面的内环和一个有内球面的外环组成,无滚动体与保持架,因内外环球面之间相对滑动,故其内摩擦系数比滚动轴承摩擦系数大得多。因为关节轴承的滑动接触面积大,倾斜角大,因此关节轴承具有较强的载荷能力和抗冲击能力,并具有耐腐蚀、耐磨损、自调心、润滑好或自润滑及无润滑污物污染的特点。根据其不同的类型和结构,关节轴承可以承受径向负荷、轴向负荷或径向、轴向同时存在的联合负荷。由于关节轴承的这些特点,关节轴承现已广泛应用于工程机械、机车车辆、飞机、航空航天、水利机械、建筑等行业。如在飞机上,利用关节轴承能承受大载荷、能够摆动以及免维护的特点,关节轴承大量应用在飞机起落架、机翼、螺旋桨、操纵系统等部位的传动和链接。在工程机械如起重机、叉车、拖运卡车中的液压杆、操纵杆、轴与铰接部位均使用关节轴承。关节轴承寿命的准确评估与预测对于保障这些装备的安全可靠服役具有至关重要的作用。

关节轴承的失效是一个磨损量缓慢累积的长期过程,难以通过正常工况的模拟试验进行分析。加速试验为关节轴承的寿命评估与预测提供了高效可行途径。本节针对关节轴承寿命预测问题,以某型关节轴承为对象开展加速退化试验,对加速退化试验数据进行建模分析,给出关节轴承寿命预测结果,建立关节轴承加速试验建模分析案例。

7.3.1 关节轴承加速退化试验

1. 试验对象

本试验研究对象为两面带密封圈的单缝外环自润滑向心关节轴承 GE20ET-2RS,如图 7-24 所示。其主要结构和性能参数如表 7-15 所示。主要工况参数为:工作载荷 5kN,摆动频率 30r/min(0.5Hz),摆动幅度 40°(即平衡位置左右 ±20°)。

图 7-24　自润滑向心关节轴承 GE20ET-2RS

表 7-15　GE20ET-2RS 主要结构和性能参数

内环轴径 d/mm	外环直径 D/mm	内环宽度 B/mm	外环宽度 C/mm	球面直径 d_k/mm	动载荷 C_a/kN	摩擦副材料
20	35	16	12	29	42	钢/PTFE 织物

本关节轴承的加速退化试验平台如图 7-25 所示。

2. 加速退化试验设计

1) 试验应力及加载方式

本试验选取载荷作为加速应力,采用恒定应力加速退化试验,在试验中,将

图 7-25 关节轴承加速退化试验平台

关节轴承试样装夹在试验平台上，施加某一高于实际工作量级的载荷，且此载荷在试验过程中保持不变。

2）应力水平及应力水平数

确定关节轴承最大加速应力水平的原则有两个：首先，试验中加载载荷在轴承接触面的压力不能超过关节轴承允许的最大应力；其次，轴承在加速试验过程中保证失效机理不发生变化，也即关节轴承试验 pv 值不能超过最大试验 pv 值（p 为轴承接触面的压力，v 为轴承接触面的相对速度）。综合上述原则和试验对象参数，确定最大载荷为 42kN。本试验采用 2 个加速应力水平，分别为 24kN 和 42kN。

3）样本量及样本量分配

考虑到建模分析对样本量的要求，采用等比例分配方案，每个加速应力水平下的关节轴承样本量为 5。

4）截尾方式与截尾时间

采用动态截尾方式，根据轴承磨损性能退化情况对试验进行动态截止。试验过程中，根据关节轴承试验平台数据记录功能的特性以及关节轴承试验时间长短合理确定测试时间间隔，约 1~2h 记录一次试验数据。

5）其他参数

试验中关节轴承其他运动参数为：摆动频率：30r/min（0.5Hz），摆动幅度：40°，即平衡位置左右±20°。

7.3.2 试验数据处理与分析

1. 关节轴承加速退化试验数据

经过近两个月的试验，分别得到 24kN 应力水平下的 4 个样本 M11~M14 和最大应力水平 42kN 下的 5 个样本 M21～M25 的退化试验数据。所得试验数据分别如图 7-26 和图 7-27 所示。

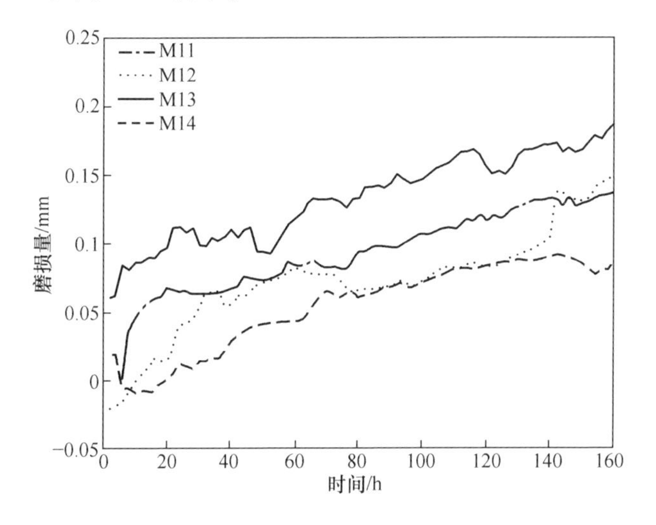

图 7-26　载荷为 24kN 时关节轴承试验数据

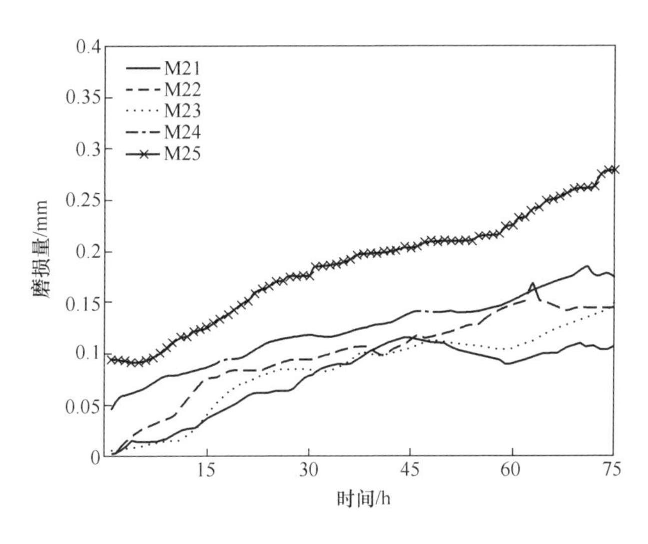

图 7-27　载荷为 42kN 时关节轴承试验数据

2. 关节轴承寿命预测

从图 7-26 和图 7-27 所示的试验数据大致可以判断出，各轴承样本的退化轨迹为线性模型，即关节轴承的磨损量随时间线性增加，因此选择线性模型作为关节轴承的退化轨迹模型。利用图 7-26 和图 7-27 所示的试验数据拟合各关节轴承的退化轨迹,如图 7-28、图 7-29 所示。

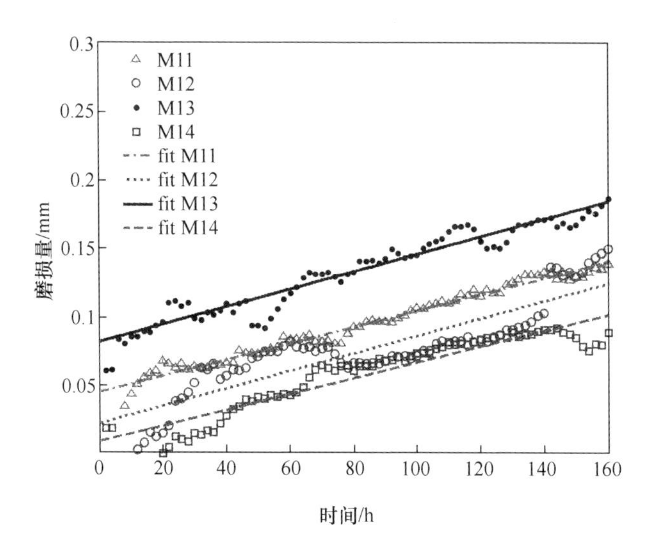

图 7-28　载荷为 24kN 时关节轴承退化轨迹拟合

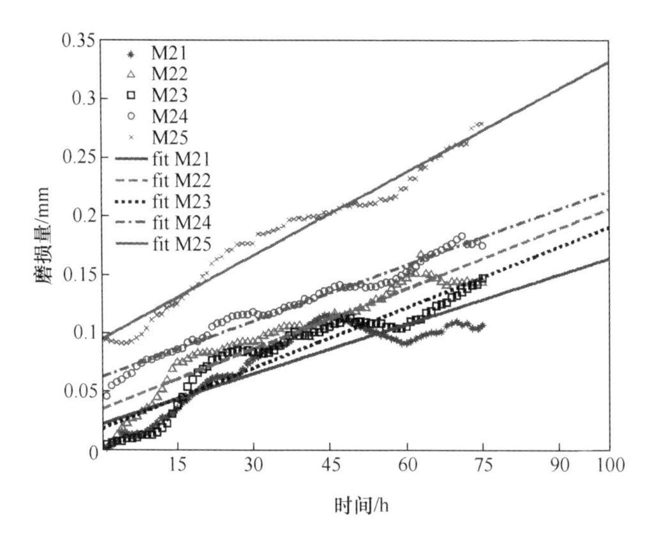

图 7-29　载荷为 42kN 时关节轴承退化轨迹拟合

从拟合曲线结果可以看出,试验数据均匀分布在拟合直线的周围,表明直线对数据的拟合效果很好,说明关节轴承的退化轨迹确实服从线性关系。各样本退化轨迹模型拟合参数如表 7-16 所示。

表 7-16 各样本退化轨迹模型拟合参数

样本编号	α_{ij}	β_{ij}	RMSE	伪失效寿命 t_{ij}
M11	0.04534	0.0005925	0.004167	429.6423
M12	0.02274	0.0006365	0.01507	435.4999
M13	0.08422	0.0006200	0.007708	348.0639
M14	0.009471	0.000 5769	0.009191	503.6376
M21	0.02216	0.001417	0.0165	196.1422
M22	0.03479	0.001713	0.01152	154.7861
M23	0.01808	0.001725	0.0136	163.4436
M24	0.06217	0.001592	0.005644	149.3476
M25	0.09458	0.002374	0.009746	86.5343

由于在此次的关节轴承加速退化试验中，样本量较少而测试点数多，因此采用基于伪失效寿命方法对其进行统计分析。取关节轴承失效时的磨损量阈值为0.3，则可以得到各样本的伪失效寿命分别如表 7-16 中所示。设关节轴承的寿命服从三参数威布尔分布，即上述伪失效寿命数据服从三参数威布尔分布，$t_{ij} \sim \text{Weibull}(\eta_i, \beta_i, \gamma_i)$，$\eta_i, \beta_i, \gamma_i$ 分别为应力水平 S_i 下的尺度参数、形状参数和位置参数。利用威布尔概率图来检验假设，结果如图 7-30 所示，从图中可以看出，上述寿命数据较好地服从威布尔分布，且威布尔斜率基本相等，表明在关节轴承假设退化试验中，失效机理一致。

文献[3]中提出关节轴承磨损寿命模型：

$$L = \frac{Hf_C}{kP^m n} \tag{7-35}$$

式中：L 为自润滑关节轴承寿命(s)；H 为自润滑关节轴承的极限磨损量(mm)，一般根据自润滑关节轴承的功能要求取值；k 为自润滑衬垫相对内环磨损的尺寸磨损系数(mm^2/N)，k 值与自润滑关节轴承的摩擦副材料和轴承的工作条件如接触压力、载荷类型、温度、滑动速度有关，可以认为是各种工作条件因素的综合影响因子，对于相同材料副，在一定工作条件范围内的 k 值基本相同，具体数值需要通过试验测定；f_C 为自润滑关节轴承结构相关的参数；m 为表面压力对磨损率的影响指数，m 对同一材料副和工作条件而言是常数，但需要通过分析计算或试验的方法确定，一般来说，对于跑合过的表面，取 $m \approx 1$；P 为当量载荷(N)，对于自润滑推力关节轴承为当量轴向载荷，对于自润滑向心关节轴承为当量径向载荷；n 为自润滑关节轴承的摆动速度(r/s)，对作摆动的自润滑关节轴

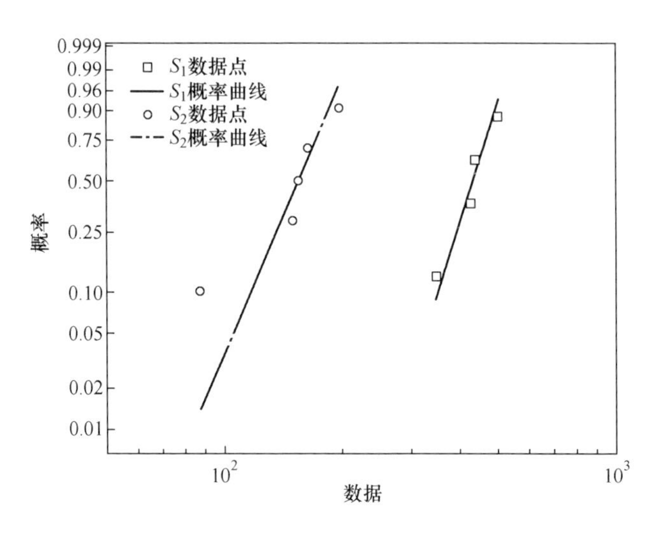

图 7-30 威布尔分布检验

承来说,一般不直接给出 n,而是给出摆动频率 f(单位:次/min)和摆动角度 β(单位:度),满足关系式:

$$n = \frac{4f\beta}{360} \times 60 = \frac{2f\beta}{3}(\mathrm{r/s}) \tag{7-36}$$

由式(7-35)关节轴承磨损寿命与加速应力即载荷呈幂律关系,因此选择逆幂律模型为加速模型。结合三参数威布尔分布对应的加速模型(如本书第 4 章式(4-11)和式(4-12)),得到关节轴承加速退化试验加速模型为

$$\ln\eta_i = \lambda + b\ln S_i \tag{7-37}$$

$$\ln\gamma_i = \delta + b\ln S_i \tag{7-38}$$

式中:λ、δ、b 均为和应力无关的未知常数。

这里由于关节轴承恒定应力加速退化试验中只有一个退化失效模式,属于单一失效的情况,可以依据表 7-16 中的伪失效数据,利用第 4 章式(4-24)求解参数,求得各参数估计结果如表 7-17 所示。

表 7-17 关节轴承加速退化试验参数估计结果

参数	λ	b	δ	β	$(\ln L)_{\max}$
估计值	24.9414	−1.7688	0	6.4476	−46.9209

由此得到关节轴承在应力水平 S_i 下的寿命分布为

$$F(t \mid S_i) = 1 - \exp\left[-\left(\frac{t - \exp(-1.7688 \cdot \ln S_i)}{\exp(24.9414 - 1.7688 \cdot \ln S_i)}\right)^{6.4476}\right]$$

$$= 1 - \exp\left[-\left(\frac{t - S_i^{-1.7688}}{2.4981 \times 10^{10} \cdot S_i^{-1.7688}}\right)^{6.4476}\right] \tag{7-39}$$

于是使用应力水平 $S_i = 5\text{kN}$ 下的关节轴承寿命分布为

$$F(t \mid S_0) = 1 - \exp\left[-\left(\frac{t}{7159.7405}\right)^{6.4476}\right] \tag{7-40}$$

使用应力下的失效概率密度和寿命分布曲线如图 7-31 所示，平均寿命为 6668h，合计 1.2×10^7 摆次。由此可以看出，通过对关节轴承 160h 的加速退化试验，预测到关节轴承 6668h 的平均寿命，加速比为 41.7，加速效果明显，大大缩减了轴承寿命预测所需的试验时间，提高了试验效率。

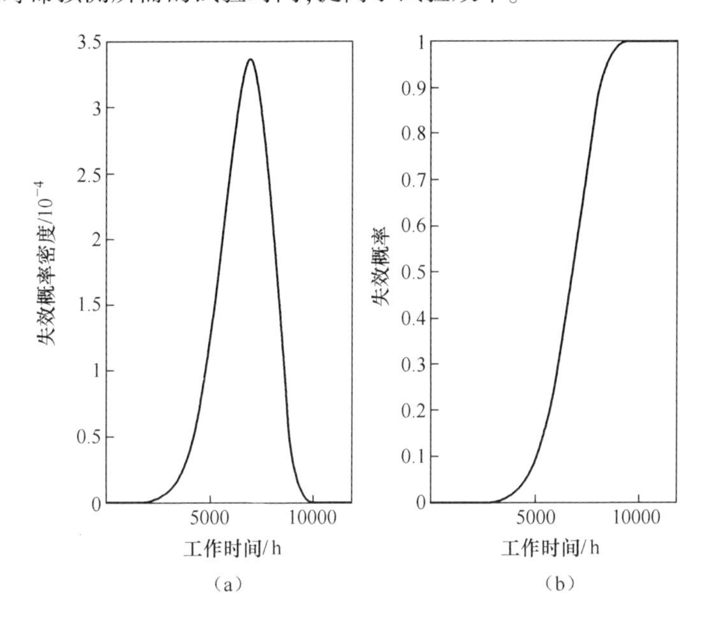

图 7-31 使用应力下的失效概率密度曲线(a)和失效概率曲线(b)

3. 关节轴承磨损寿命模型验证

从图 7-28 和图 7-29 所示的关节轴承磨损量与时间的拟合结果可以看出，关节轴承磨损量与时间呈线性关系，也即磨损速度保持恒定，从图 7-28 和图 7-29 中结果看，相同应力水平下的关节轴承磨损量与时间关系曲线的斜率基本一致，说明在相同的工作条件下，关节轴承的磨损速度基本相同。

由上一节估计得到的关节轴承在应力水平 S_i 下寿命分布模型（即式(7-39)），可以得到关节轴承平均寿命与应力水平的关系为

$$\begin{aligned} T(S_i) &= \eta_i[\Gamma(1 + \beta^{-1})] + \gamma_i \\ &= 2.4981 \times 10^{10} S_i^{-1.7688} \times 0.93137 + S_i^{-1.7688} \end{aligned}$$

$$= 2.3266 \times 10^{10} S_i^{-1.7688} \tag{7-41}$$

对比式(7-41)与式(7-35)易知,本章所述型号关节轴承在当前试验条件下:表面压力对磨损率的影响指数 $m = 1.6291$,$H = 0.3$,$n = 400\text{r/s} = 1.44 \times 10^6\text{r/h}$,由此可以得到$\dfrac{f_C}{k} = 1.1168 \times 10^{17}$。由于$f_C$和$k$是关节轴承的结构参数和材料参数,因此对于相同型号的关节轴承,f_C和k保持不变。于是式(7-35)可写为

$$L = \frac{Hf_C}{kP^m n} = \frac{1.1168 \times 10^{17} H}{P^{1.7688} n} \tag{7-42}$$

通过式(7-42)可以计算该型号关节轴承在不同载荷、不同摆速和不同失效标准下的寿命。式中 P 单位为 N,n 单位为 r/h,得到的寿命 L 的单位为 h。表 7-18中列举了磨损失效阈值 $H=0.3$ 和 $H=0.25$ 时,该轴承在两个试验条件(24kN 和 42kN)下利用式(7-42)计算得到的寿命与轴承试验结果对比结果(轴承试验结果是通过表 7-16 中得到的各试验轴承退化估计模型,结合磨损失效阈值得到各轴承伪失效寿命,然后取平均值得到)。从表中结果对比可以看出,二者结果非常接近,相对误差最大为 6.175%,平均为 3.0753%,表明式(7-40)结果与实际试验结果吻合得很好,也说明了关节轴承磨损寿命计算模型(7-35)的正确性。

表 7-18 关节轴承磨损寿命计算结果对比

磨损失效阈值 H/mm	载荷/kN	试验结果/h	模型计算结果/h	相对误差
0.3	24	429.2109	415.9556	3.187%
	42	150.0508	154.5835	2.932%
0.25	24	346.6558	346.6297	0.008%
	42	120.8654	128.8196	6.175%

本节针对关节轴承寿命预测问题,以自润滑向心关节轴承 GE20ET-2RS 为对象,开展关节轴承加速退化试验,对加速退化试验数据进行建模分析,给出关节轴承寿命预测结果,验证了基于加速退化试验的关节轴承寿命预测理论与方法的有效性,给出了关节轴承加速试验建模分析完整案例。

本应用验证表明,加速退化试验大大缩短了关节轴承寿命预测所需要的试验时间,加速效果明显,预测结果与试验结果吻合。

参考文献

[1] 谭源源．装备贮存寿命产品加速试验技术研究[D]. 长沙:国防科技大学, 2010.

[2] 静密封橡胶零件贮存期快速测定方法:HG/T 3087—2001. [S]:2001.

[3] 张详坡. 基于加速试验的轴承寿命预测理论与方法研究[D]. 长沙: 国防科技大学, 2013.

[4] 刘泽九．滚动轴承应用手册[M]. 2 版. 北京: 机械工业出版社, 2006.

附　　录

附录1　多失效模式独立场合步进应力加速寿命试验仿真数据

$S_1 = 40℃$				$S_2 = 70℃$				$S_3 = 100℃$	
失效时间/h	失效模式	失效时间/h	失效模式	失效时间/h	失效模式	失效时间/h	失效模式	失效时间/h	失效模式
757.4945	2	525.9885	2	1031.196	2	1171.565	2	1255.728	1
807.3917	2	372.7273	2	1034.45	1	1017.2	2	1294.552	1
505.8482	1	322.4644	1	1018.103	2	1088.545	1	1252.061	1
523.2688	1	344.5418	1	1050.829	2	1003.947	1	1338.415	1
655.3542	1	530.5851	1	1060.521	2	1089.671	1	1319.078	2
505.5876	1	723.4851	2	1026.417	1	1080.027	1	1344.921	2
872.4543	2	674.6379	2	1004.624	1	1023.888	2	1255.368	2
627.032	1	470.608	2	1032.252	2	1035.116	2	1258.69	2
593.346	1	793.7165	2	1045.5	2	1020.21	1	1327.288	1
350.6206	1	779.852	1	1072.166	1	1198.7	2	1267.42	2
798.966	2	489.0623	1	1201.178	2	1075	1	1309.527	1
892.3635	2	729.5502	1	1013.324	2	1114.221	1	1334.271	1
589.9411	1	757.185	1	1098.432	1	1048.588	2	1352.337	1
723.0313	2			1156.42	1	1091.229	1	1381.734	2
				1110.804	1	1051.411	2	1263.906	2
				1152.753	1	1116.08	1	1271.404	1
				1095.244	2	1059.593	2	1289.839	2
				1071.74	1	1171.816	2	1289.302	2
				1107.114	1	1218.303	2	1250.626	2

续表

$S_1=40℃$				$S_2=70℃$				$S_3=100℃$	
				1237.352	1	1023.946	1	1251.697	2
				1047.889	1	1116.312	1	1254.039	2
								1287.929	2
								1400	+
								1400	+
								1400	+
								1400	+

注:失效模式标记为“+”的数据为截尾数据。

附录 2　单参数 Archimedean Copula

序号	$C(u,\nu \mid \theta)$	$\varphi(t \mid \theta)$	Ranθ
1	$[\max(u^{-\theta}+\nu^{-\theta}-1,0)]^{-1/\theta}$	$\frac{1}{\theta}(t^{-\theta}-1)$	$[-1,\infty)\backslash\{0\}$
2	$\max\{1-[(1-u)^{\theta}+(1-\nu)^{\theta}]^{1/\theta},0\}$	$(1-t)^{\theta}$	$[-1,\infty)$
3	$\frac{u\nu}{1-\theta(1-u)(1-\nu)}$	$\ln\frac{1-\theta(1-t)}{t}$	$[-1,1)$
4	$\exp\{-[(-\ln u)^{\theta}+(-\ln\nu)^{\theta}]^{1/\theta}\}$	$(-\ln t)^{\theta}$	$[1,\infty)$
5	$-\frac{1}{\theta}\ln\left(1+\frac{(e^{-\theta u}-1)(e^{-\theta\nu}-1)}{e^{-\theta}-1}\right)$	$-\ln\frac{e^{-\theta t}-1}{e^{-\theta}-1}$	$(-\infty,\infty)\backslash\{0\}$
6	$1-[(1-u)^{\theta}+(1-\nu)^{\theta}-(1-u)^{\theta}(1-\nu)^{\theta}]^{1/\theta}$	$-\ln[1-(1-t)^{\theta}]$	$[1,\infty)$
7	$\max[\theta u\nu+(1-\theta)(u+\nu-1),0]$	$-\ln[\theta t-(1-\theta)]$	$(0,1]$
8	$\max\left[\frac{\theta^2 u\nu-(1-u)(1-\nu)}{\theta^2-(\theta-1)^2(1-u)(1-\nu)},0\right]$	$\frac{1-t}{1+(\theta-1)t}$	$[1,\infty)$
9	$u\nu\exp(-\theta\ln u\ln\nu)$	$\ln(1-\theta\ln t)$	$(0,1]$

续表

序号	$C(u,\nu \mid \theta)$	$\varphi(t \mid \theta)$	$\mathrm{Ran}\theta$
10	$u\nu/[1+(1-u^{\theta})(1-\nu^{\theta})]^{1/\theta}$	$\ln(2t^{-\theta}-1)$	$(0,1]$
11	$[\max(u^{\theta}\nu^{\theta}-2(1-u^{\theta})(1-\nu^{\theta}),0)]^{1/\theta}$	$\ln(2-t^{-\theta})$	$(0,1/2]$
12	$\{1+[(u^{-1}-1)^{\theta}+(\nu^{-1}-1)^{\theta}]^{1/\theta}\}^{-1}$	$\left(\frac{1}{t}-1\right)^{\theta}$	$[1,\infty)$
13	$\exp\{1-[(1-\ln u)^{\theta}+(1-\ln \nu)^{\theta}-1]^{1/\theta}\}$	$(1-\ln t)^{\theta}-1$	$(0,\infty)$
14	$\{1+[(u^{-1/\theta}-1)+(\nu^{-1/\theta}-1)]^{1/\theta}\}^{-\theta}$	$(t^{-1/\theta}-1)^{\theta}$	$[1,\infty)$
15	$\{\max(1-[(1-u^{1/\theta})^{\theta}+(1-\nu^{1/\theta})^{\theta}]^{1/\theta},0)\}^{\theta}$	$(1-t^{1/\theta})^{\theta}$	$[1,\infty)$
16	$\frac{1}{2}(S+\sqrt{S^2+4S}),S=u+\nu-1-\theta\left(\frac{1}{u}+\frac{1}{\nu}-1\right)$	$\left(\frac{\theta}{t}+1\right)(1-t)$	$[1,\infty)$
17	$\left\{1+\frac{[(1+u)^{-\theta}-1][(1+\nu)^{-\theta}-1]}{2^{-\theta}-1}\right\}-1$	$-\ln\frac{(1+t)^{-\theta}-1}{2^{-\theta}-1}$	$(-\infty,\infty)\setminus\{0\}$
18	$\max\left(1+\frac{\theta}{\ln[\mathrm{e}^{\theta/(u-1)}+\mathrm{e}^{\theta/(\nu-1)}]},0\right)$	$\mathrm{e}^{\theta/(t-1)}$	$[2,\infty)$
19	$\frac{\theta}{\ln(\mathrm{e}^{\theta/u}+\mathrm{e}^{\theta/\nu}-\mathrm{e}^{\theta})}$	$\mathrm{e}^{\theta/t}-\mathrm{e}^{\theta}$	$(0,\infty)$
20	$[\ln(\exp(u^{-\theta})+\exp(\nu^{-\theta})-\mathrm{e})]^{-1/\theta}$	$\exp(t^{-\theta})-\mathrm{e}$	$(0,\infty)$
21	$1-[1-(\max\{[1-(1-u)^{\theta}]^{1/\theta}+[1-(1-\nu)^{\theta}]^{1/\theta}-1,0\})^{\theta}]^{1/\theta}$	$1-[1-(1-t)^{\theta}]^{1/\theta}$	$[1,\infty)$
22	$\max\{[1-(1-u^{\theta})\sqrt{1-(1-\nu^{\theta})^2}-(1-\nu^{\theta})\sqrt{1-(1-u^{\theta})^2}]^{1/\theta},0\}$	$\arcsin(1-t^{\theta})$	$(0,1]$

附录 3　多失效模式相关场合加速退化试验数据

应力水平	样本编号	失效模式 1					失效模式 2				
		50h	150h	250h	325h	400h	50h	150h	250h	325h	400h
333	1	0.0393	0.0884	0.128	0.1833	0.2086	0.0434	0.1166	0.1691	0.2445	0.2813
	2	0.0193	0.1146	0.1649	0.2039	0.281	0.0562	0.1185	0.1878	0.2274	0.2661
	3	0.223	0.6352	1.0324	1.3239	1.6544	0.1027	0.2804	0.4427	0.5682	0.7162
	4	0.0396	0.0881	0.1394	0.2108	0.2229	0.0546	0.1137	0.1939	0.2384	0.2961
	5	0.0466	0.0836	0.1323	0.1637	0.1933	0.0441	0.1083	0.1692	0.238	0.2876
	6	0.0389	0.0887	0.1488	0.1751	0.2009	0.042	0.1206	0.181	0.2191	0.2865
	7	0.0855	0.2036	0.3284	0.4308	0.5327	0.0554	0.1601	0.2669	0.3305	0.3892
	8	0.0178	0.0659	0.1045	0.1443	0.1971	0.0366	0.1063	0.1777	0.2085	0.2523
	9	0.0289	0.0896	0.1259	0.1409	0.1777	0.027	0.0862	0.1338	0.1822	0.2396
	10	0.1005	0.324	0.5344	0.6918	0.8456	0.0846	0.1915	0.303	0.403	0.4985
	11	0.0415	0.0898	0.1314	0.1653	0.222	0.0302	0.0988	0.1779	0.2402	0.2949
	12	0.0239	0.0794	0.132	0.1645	0.1791	0.0761	0.1329	0.1837	0.2261	0.2988
	13	0.0335	0.083	0.1502	0.203	0.2509	0.0347	0.122	0.196	0.2407	0.3067
	14	0.0634	0.1477	0.2601	0.3399	0.3905	0.042	0.1324	0.2182	0.2853	0.3296
	15	0.028	0.0402	0.0666	0.1037	0.1052	0.0284	0.057	0.108	0.1498	0.172
	16	0.0287	0.046	0.0781	0.0995	0.1309	0.0411	0.0966	0.1486	0.1594	0.2203
	17	0.1345	0.3832	0.6334	0.8103	0.99	0.1015	0.2504	0.4149	0.5426	0.6705
	18	0.0285	0.0494	0.0978	0.0954	0.1492	0.0464	0.0944	0.1348	0.1735	0.2186
	19	0.0136	0.0558	0.1142	0.1442	0.1469	0.0377	0.0994	0.1589	0.2058	0.2356
	20	0.0348	0.1272	0.1733	0.2124	0.2926	0.064	0.1218	0.1822	0.2543	0.3114
403	21	0.0366	0.1361	0.2251	0.2903	0.3674	0.0519	0.156	0.2605	0.3313	0.3944
	22	0.0422	0.1038	0.188	0.2226	0.2741	0.0452	0.1537	0.2369	0.2871	0.3371
	23	0.0794	0.2348	0.3878	0.5205	0.6237	0.0761	0.2172	0.3488	0.4314	0.5351
	24	0.0556	0.1904	0.3124	0.4138	0.4941	0.0686	0.1929	0.3206	0.4063	0.4859
	25	0.0646	0.1784	0.2752	0.361	0.457	0.0792	0.1855	0.2954	0.3795	0.4736

续表

应力水平	样本编号	失效模式 1					失效模式 2				
		50h	150h	250h	325h	400h	50h	150h	250h	325h	400h
403	26	0. 2355	0. 646	1. 0919	1. 416	1. 7442	0. 1221	0. 3632	0. 6017	0. 7641	0. 9383
	27	0. 1008	0. 2806	0. 4556	0. 5876	0. 7177	0. 0649	0. 2287	0. 3659	0. 453	0. 5651
	28	0. 0606	0. 1727	0. 2857	0. 3616	0. 4484	0. 0697	0. 2064	0. 3496	0. 434	0. 513
	29	0. 0719	0. 1434	0. 2453	0. 3255	0. 3676	0. 0726	0. 1658	0. 2549	0. 3471	0. 4067
	30	0. 0845	0. 2693	0. 3796	0. 4844	0. 6021	0. 0584	0. 1767	0. 319	0. 3823	0. 4777
	31	0. 0753	0. 1694	0. 2359	0. 3137	0. 3832	0. 0613	0. 1794	0. 2801	0. 3579	0. 4485
	32	0. 0543	0. 1466	0. 2603	0. 3182	0. 3979	0. 0854	0. 1911	0. 3025	0. 3871	0. 4694
	33	0. 081	0. 2852	0. 4721	0. 6288	0. 7814	0. 0911	0. 1952	0. 3327	0. 4435	0. 5319
	34	0. 1694	0. 4281	0. 7175	0. 9312	1. 1471	0. 0915	0. 2528	0. 403	0. 5176	0. 6393
	35	0. 2404	0. 6856	1. 1499	1. 4903	1. 7944	0. 1208	0. 342	0. 5795	0. 7333	0. 9285
	36	0. 5872	1. 7185	2. 8359	3. 6705	4. 5214	0. 1508	0. 4158	0. 6865	0. 9105	1. 1134
	37	0. 0652	0. 2103	0. 3671	0. 4822	0. 5808	0. 0815	0. 2034	0. 3289	0. 4193	0. 5096
	38	0. 0472	0. 1823	0. 2982	0. 3558	0. 4583	0. 0674	0. 2303	0. 3431	0. 4358	0. 5495
	39	0. 0632	0. 2035	0. 3369	0. 4377	0. 5334	0. 0589	0. 1837	0. 3103	0. 4137	0. 5033
	40	0. 1379	0. 4171	0. 6481	0. 8584	1. 0547	0. 0894	0. 2708	0. 4594	0. 6053	0. 7544
483	41	0. 1581	0. 4459	0. 7365	0. 9666	1. 1847	0. 1061	0. 294	0. 4853	0. 6455	0. 7692
	42	0. 1871	0. 5877	0. 9794	1. 2925	1. 5821	0. 1361	0. 3714	0. 6124	0. 7865	0. 9694
	43	0. 1995	0. 599	0. 9645	1. 2684	1. 5482	0. 1102	0. 349	0. 5839	0. 7748	0. 959
	44	0. 5581	1. 6613	2. 7525	3. 6228	4. 4238	0. 2075	0. 5608	0. 9392	1. 2202	1. 5005
	45	0. 1378	0. 3988	0. 653	0. 8433	1. 0419	0. 0895	0. 2834	0. 4422	0. 5732	0. 704
	46	0. 0679	0. 1728	0. 2786	0. 3661	0. 4379	0. 1112	0. 242	0. 3624	0. 4764	0. 6137
	47	0. 097	0. 2428	0. 3769	0. 4864	0. 616	0. 0689	0. 2327	0. 393	0. 4829	0. 6101
	48	0. 0755	0. 2034	0. 3176	0. 4244	0. 5262	0. 0995	0. 2293	0. 3658	0. 4897	0. 5838
	49	0. 2913	0. 8128	1. 3476	1. 7245	2. 1174	0. 1467	0. 425	0. 7153	0. 9337	1. 1637
	50	0. 0726	0. 2179	0. 3564	0. 4829	0. 5818	0. 0953	0. 2297	0. 374	0. 4527	0. 5558
	51	0. 1406	0. 3247	0. 5329	0. 6956	0. 8576	0. 0807	0. 2809	0. 4471	0. 6122	0. 7638
	52	0. 0976	0. 2744	0. 4323	0. 5828	0. 7104	0. 0814	0. 2726	0. 4576	0. 574	0. 7297
	53	0. 0736	0. 218	0. 3467	0. 4474	0. 5499	0. 0908	0. 2225	0. 3811	0. 4954	0. 6345

续表

应力水平	样本编号	失效模式 1					失效模式 2				
		50h	150h	250h	325h	400h	50h	150h	250h	325h	400h
483	54	0. 2117	0. 5629	0. 9422	1. 2325	1. 5042	0. 1404	0. 4353	0. 7042	0. 9113	1. 1045
	55	0. 0975	0. 3445	0. 5672	0. 7269	0. 8904	0. 1057	0. 268	0. 4417	0. 5478	0. 7011
	56	0. 1464	0. 3818	0. 6395	0. 8561	1. 0412	0. 1251	0. 3137	0. 5114	0. 6527	0. 8286
	57	0. 0918	0. 2576	0. 4132	0. 5336	0. 6507	0. 0895	0. 27	0. 4366	0. 5564	0. 6577
	58	0. 0837	0. 2646	0. 4507	0. 5654	0. 7235	0. 0977	0. 2825	0. 4539	0. 5845	0. 7132
	59	0. 0986	0. 2965	0. 4883	0. 6334	0. 7589	0. 0924	0. 2743	0. 4493	0. 5749	0. 7044
	60	0. 1024	0. 3506	0. 5313	0. 6931	0. 8464	0. 0979	0. 3062	0. 5035	0. 6465	0. 7991

内 容 简 介

机电产品是装备的重要组成部分，通常具有高可靠长寿命要求，加速试验技术是实现其高可靠长寿命及安全稳定运行的核心技术。本书是紧扣我国机电装备高可靠长寿命工程需求的加速试验技术专著，全书系统阐述了机电产品单失效模式、多失效模式、突发失效及退化失效等不同场合的加速试验建模分析技术，涵盖建模方法、求解算法和信息融合技术。

本书可供从事机械电子工程以及可靠性工程相关的研究人员和工程人员阅读，可在提升我国机电装备质量及完成相关工程任务中发挥重要作用，同时对我国其他类型装备的可靠性与寿命相关理论研究与工程实际亦会有积极参考作用。

Electromechanical products are important part of equipments. They usually have high reliability and long life requirements. Accelerated test is the core technology to realize their high reliability, long life, safe and stable operation. This book is a monograph on accelerated test technology that closely adheres to the requirements of high reliability and long life in engineering of electromechanical equipment in China. The whole book systematically expounds the accelerated test modeling and analysis technology in different occasions such as single failure mode, multiple failure mode, hard failure and degradation failure of electromechanical products, including modeling methods, solution algorithms and information fusion technology.

This book can be read by researchers and engineers engaged in mechanical and electronic engineering and reliability engineering. It can play an important role in improving the quality of electromechanical equipment and completing relevant engineering tasks in China. At the same time, it will also have a positive reference for the theoretical research and engineering practice of reliability and life of other types of equipment in China.